计算机类本科规划教材

微机原理及应用

李　鹏　主编

雷　鸣　白　凯　许琼方　陈沅涛　参编

電子工業出版社
Publishing House of Electronics Industry
北京 · BEIJING

内 容 简 介

本书以16位和32位微机为基础，全面、系统地介绍了现代微型计算机的基本组成结构、工作原理、硬件配置和接口技术。主要内容包括：基本硬件逻辑知识、微型计算机系统组成、微处理器、指令系统与汇编语言程序设计、存储器技术、输入/输出接口技术及中断、定时/计数技术及其应用、串行接口和并行接口技术及其应用、模/数和数/模转换技术、总线技术等。重点讲述了存储器系统的知识，包括高速缓冲存储器技术、虚拟存储器技术、SRAM、DRAM，以及32位、64位存储器的组织等。本书每章都有适量的例题与习题，帮助读者巩固和应用学到的知识。

为便于教师组织教学与学生自学，本书配有电子教案，读者可以登录华信教育资源网（www.hxedu.com.cn）注册下载。

本书内容精练，由浅入深，通俗易懂，紧密联系实际，实用性强，能反映现代微机的新知识、新技术。可以作为普通高等院校本、专科“微机原理与接口技术”、“微机原理及应用”和“计算机组成原理”等课程的用书，由于本书还介绍了数字逻辑及逻辑部件等预备知识，因此，还可以作为普通高校理工科专业“计算机硬件基础”课程教材。同时也可以作为计算机系统开发应用科研人员和希望深入学习微机应用技术的广大读者的参考书。

图书在版编目（CIP）数据

微机原理及应用 / 李鹏主编. —北京：电子工业出版社，2014.1
计算机类本科规划教材
ISBN 978-7-121-22073-9

I. ①微… II. ①李… III. ①微型计算机－高等学校－教材 IV. ①TP36

中国版本图书馆 CIP 数据核字（2013）第 291533 号

策划编辑：索蓉霞
责任编辑：索蓉霞
印　　刷：北京虎彩文化传播有限公司
装　　订：北京虎彩文化传播有限公司
出版发行：电子工业出版社
　　　　　北京市海淀区万寿路 173 信箱　　邮编：100036
开　　本：787×1092　1/16　　印张：20.75　字数：532 千字
版　　次：2014 年 1 月第 1 版
印　　次：2022 年 8 月第 12 次印刷
定　　价：39.80 元

凡所购买电子工业出版社图书有缺损问题，请向购买书店调换。若书店售缺，请与本社发行部联系，联系及邮购电话：（010）88254888。

质量投诉请发邮件至 zlts@phei.com.cn，盗版侵权举报请发邮件至 dbqq@phei.com.cn。
服务热线：（010）88258888。

前　言

“微机原理及应用”是计算机、通信、自动化、测控仪器、机械制造及其自动化等专业一门十分重要的专业基础课程。编写本书的目的是让读者从理论和实践上掌握微型计算机的工作原理和汇编语言程序设计，掌握微机的组成结构和常用的接口技术，建立微型计算机系统的整体概念，了解当前微机的新技术与新理论，学会微机系统接口的设计方法及编程应用。培养学生初步具备微机硬、软件开发应用的能力，为相关后续课程的学习奠定良好的基础。

在当今，微机中的CPU一般已经由单核更换为双核或四核，但是，其CPU仍然遵循IA-32结构；虽然出现了64位CPU，但是，微机中32位CPU仍然占主导地位。因此，本书以32位系列微处理器为主线，保留经典的微机技术，增加计算机的新知识。为解决微机原理及应用教材覆盖知识面宽、教与学难度大的困惑，作者在编写教材过程中，注意到了由浅入深和内容结构优化组合的问题。

全书共11章，主要内容包括：

第1章　介绍了数字逻辑、基本的逻辑部件和计算机运算基础，对于具有先导课程作基础的学生，教师在教学计划中可以根据情况省略。

第2章　微型计算机系统概述，介绍了微型计算机系统组成，包括16位微机结构、32位微机结构，以及当前微机的分层结构、软件系统等，期望学生建立微型计算机的整体概念，明确下一步学习的要求。

第3章　微处理器，介绍了16位、32位微处理器、多核处理器，IA-32处理器的工作模式，Pentium微处理器的功能结构、引脚信号、总线周期、超标量流水线技术等。

第4章　将指令系统与汇编语言程序设计合成一章，包括16位、32位指令系统及汇编语言编程。本章配合大量程序例题，突出了重点，期望便于教学、让学生容易理解与掌握。

第5章　存储器技术，包括主存储器、外存储器和虚拟存储器技术等。主存储器包括SRAM、ROM、DRAM，16位、32位、64位微机的内存组织，高速缓冲存储器（Cache控制器82385和多核处理器的Cache）。外存包含硬盘和光盘存储器。

第6章　输入/输出接口技术及中断，将外设接口基本技术、DMA及中断系统整合成一章。内容丰富，包含I/O端口技术、16位与32位机输入/输出端口的译码、输入/输出传送数据的方式，DMA技术、可编程中断控制器82C59A、实模式的中断技术、保护模式的中断技术等。

第7章　微机的并行接口技术及应用，重点介绍了可编程并行接口芯片8255A及综合应用举例、微机的并行打印机接口技术。

第8章　定时/计数技术，主要介绍了可编程时间间隔定时器芯片82C54及应用举例，简单介绍了定时器/计数器8253。

第9章　微机的串行通信接口技术，介绍了可编程异步通信接口芯片INS8250及其编程、EIA RS-232-C串行通信接口标准、通用串行总线USB，还介绍了基于串行传输的键盘接口技术和鼠标接口技术。

第 10 章　模/数和数/模转换技术，重点介绍了 D/A 转换芯片 DAC0832 和 DAC1210、A/D 转换芯片 ADC0809 和 AD574，并阐述了各芯片与计算机的硬件连接及软件编程。

第 11 章　总线技术，介绍了总线的基本知识，重点阐述了外部总线 IDE、局部总线 PCI 和高速图形加速接口 AGP。

本书每章都有适量的例题与习题，帮助读者巩固和应用学到的知识。建议理论教学安排 48～54 学时，实践教学根据实际情况，可安排 10～18 学时。**为便于教师组织教学与学生自学，本书配有电子教案，读者可以登录华信教育资源网（www.hxedu.com.cn）注册下载。**

本书由李鹏主编，负责大纲的制定与统稿，并编写第 1、4、6、8、10 章。雷鸣编写第 5 章，白凯编写第 7 章，陈沅涛（长沙理工大学）编写第 3、9 章，许琼方（衡阳师范学院）编写第 2、11 章。赵立辉、林华、魏登峰、张健、徐阳等老师参加了编程、调试与校对等工作。

武汉大学甘良才教授（博导）对本书的编写和审稿付出了辛勤的劳动。衡阳师范学院李浪教授对本书的大纲提出了宝贵建议，武汉大学禹立老师给予了许多具体的指导与帮助。索蓉霞编辑仔细审阅与修改了全部书稿。在此一并表示最真诚的感谢！

由于时间仓促与编者的学识水平有限，疏漏和不当之处在所难免，敬请读者不吝指正，以便在今后的修订中加以改进。

编　者

2014 年 1 月

目　录

第 1 章　数字电路基础与计算机运算基础

1.1　逻辑代数的基本运算和逻辑门电路

1.1.1　逻辑代数的基本运算规则和基本公式

逻辑代数是由常量（0、1）、逻辑变量集及“与”、“或”、“非”等逻辑运算符所构成的代数系统。

逻辑变量集是指逻辑代数中所有可能变量的集合，可以用任何字母表示，每个变量的取值只能为 1 或 0，在逻辑运算中，1 代表“真”，0 代表“假”，在计算机系统中，往往用半导体器件的高电平和低电平（触发器的两个状态）表示。

1．逻辑代数的基本运算规则

“与”运算（逻辑乘）：

$0\cdot 0=0$，　$0\cdot 1=0$，　$1\cdot 0=0$，　$1\cdot 1=1$

$A\cdot 0=0$，　$A\cdot 1=A$，　$A\cdot A=A$，　$A\cdot \overline{A}=0$

“或”运算（逻辑加）：

$0+0=0$，　$0+1=1$，　$1+0=1$，　$1+1=1$

$A+0=A$，　$A+1=1$，　$A+A=A$，　$A+\overline{A}=1$

“非”运算（逻辑非）：

$\overline{1}=0$，　$\overline{0}=1$，　$\overline{\overline{A}}=A$

2．逻辑代数基本公式

交换律：

$A+B=B+A$，　$A\cdot B=B\cdot A$

结合律：

$A+(B+C)=(A+B)+C$，　$(A\cdot B)\cdot C=A\cdot(B\cdot C)$

分配律：

$A\cdot(B+C)=A\cdot B+A\cdot C$，　$A+B\cdot C=(A+B)\cdot(A+C)$

吸收律：

$A+A\cdot B=A$，　$A\cdot(A+B)=A$

反演律：

$\overline{ABC}=\overline{A}+\overline{B}+\overline{C}$，　$\overline{A+B+C}=\overline{A}\cdot\overline{B}\cdot\overline{C}$

1.1.2　门电路

计算机所执行的逻辑运算、控制与传输等操作都是依据逻辑电路来完成的，逻辑电路包括组合逻辑电路和时序逻辑电路，它们都是由基本门电路组成的，基本门电路包括与门、或门、非门和异或门。逻辑电路具有输入和输出的功能，输入端和输出端均具有两个状态，即高电平和低电平，例如，高电平3.6V，低电平0.3V，在正逻辑的情况下，分别表示逻辑1和逻辑0。

1.“与门”电路

“与门”电路具有两个或两个以上输入端和一个输出端，输出端的逻辑状态取决于两个或两个以上输入端实现逻辑乘运算的结果。2输入与门的真值表如表1-1所示，逻辑函数式是：

$Y = A \wedge B$，或 $Y = A \cdot B$，或简化为 $Y = AB$，“与门”逻辑符号如图1-1(a)所示，“与”逻辑的实例见图1-1(b)。在图1-1(b)中，设开关A、B向下（接通）为1，向上（断开）为0，则只有当开关A、B均接通时，灯泡才点亮；灯泡点亮为1，熄灭为0。

表1-1 “与门”真值表

输入		输出
A	B	Y
0	0	0
0	1	0
1	0	0
1	1	1

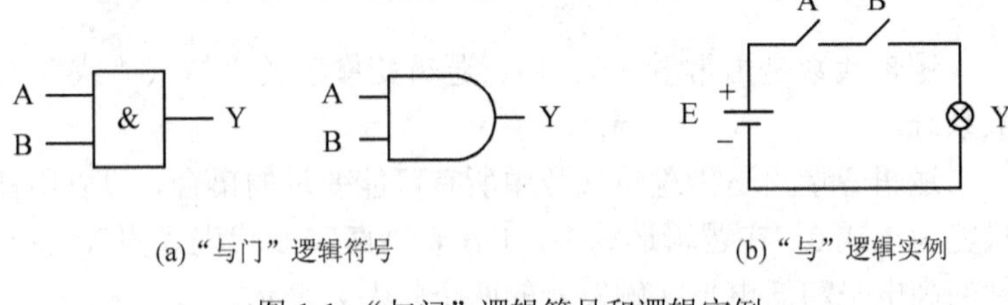

(a)“与门”逻辑符号 (b)“与”逻辑实例

图1-1 “与门”逻辑符号和逻辑实例

由以上分析可以看出，逻辑函数式、真值表及逻辑符号（或逻辑电路图）分别都是表示逻辑关系的一种形式，即对于同一个命题（某一个逻辑关系），可以用其逻辑函数式表示，也可以用其真值表表示，还可以用其逻辑电路图表示，每一种表示都有其特定的功能。值得注意的是真值表，所谓真值表是根据命题（或逻辑关系式）中各变量的各种可能组合状态及对应的运算结果，用穷举法综合成的一个表，从表中可以看出输出函数与输入变量之间的逻辑关系，也可以利用它来求出逻辑表达式，并进行化简。

2.“或门”电路

“或门”电路具有两个或两个以上输入端和一个输出端，输出端的逻辑状态取决于两个或两个以上输入端实现逻辑或运算的结果。2输入或门的真值表如表1-2所示，逻辑函数式是：

$$Y = A \vee B\text{，或 } Y = A + B$$

“或门”逻辑符号如图1-2(a)所示，或逻辑的实例见图1-2(b)。在图1-2(b)中，设开关A、B接通为1，断开为0，则当开关A、B任意一个接通时，灯泡就点亮；灯泡点亮为1，熄灭为0。

表1-2 “或门”真值表

输入		输出
A	B	Y
0	0	0
0	1	1
1	0	1
1	1	1

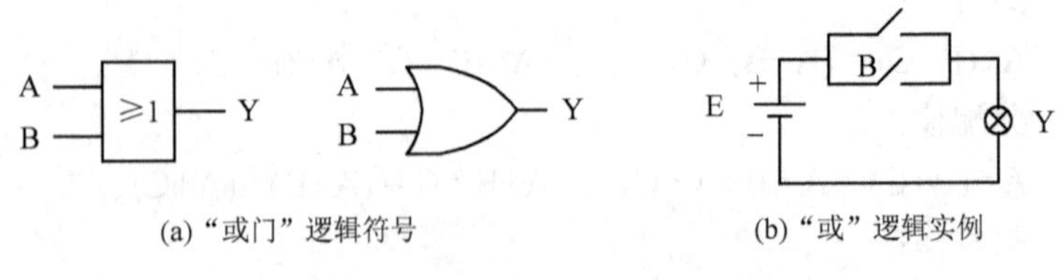

(a)“或门”逻辑符号 (b)“或”逻辑实例

图1-2 “或门”逻辑符号和逻辑实例

3.“非门”电路

“非门”电路具有一个输入端和一个输出端，输出端的逻辑状态是输入端逻辑状态的相反状态。“非门”的真值表如表1-3所示，逻辑函数式是：

$$Y=\overline{A}$$

“非门”逻辑符号如图 1-3(a)所示，非逻辑的实例见图 1-3(b)。在图 1-3(b)中，设开关 A 接通为 1，断开为 0，则当开关 A 断开时，灯泡就点亮，当开关 A 接通时，灯泡就熄灭；灯泡点亮为 1，熄灭为 0。

表 1-3　“非门”真值表

输入	输出
A	Y
0	1
1	0

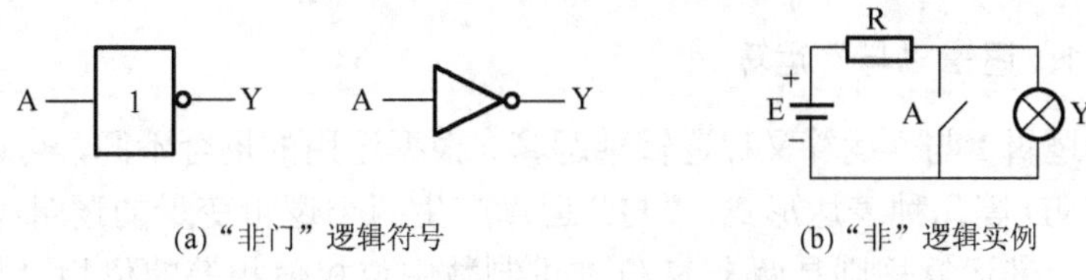

(a)“非门”逻辑符号　(b)“非”逻辑实例

图 1-3　“非门”逻辑符号和逻辑实例

4.“异或门”电路

“异或门”电路具有两个输入端和一个输出端，输出端的逻辑状态取决于两个输入端实现逻辑异或运算的结果。异或门的真值表如表 1-4 所示，逻辑函数式是：

$$Y=A\oplus B$$

“异或门”逻辑符号如图 1-4(a)所示，异或逻辑的实例见图 1-4(b)。

在图 1-4(b)中，设开关 A、B 向上为 1，向下为 0，只有当开关 A、B 一个向上一个朝下时，灯泡就点亮；灯泡点亮为 1，熄灭为 0。

表 1-4　“异或门”真值表

输入		输出
A	B	Y
0	0	0
0	1	1
1	0	1
1	1	0

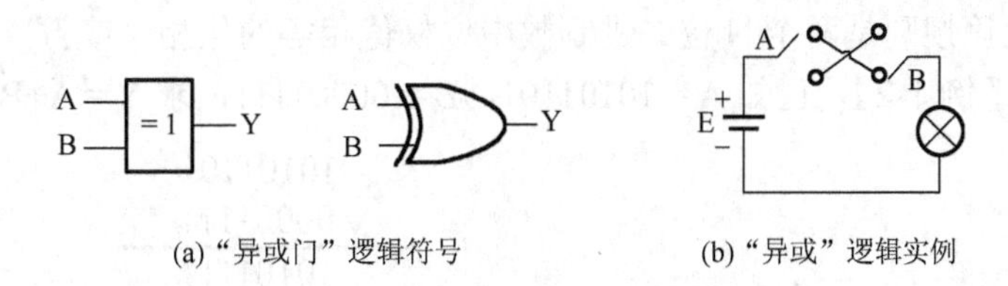

(a)“异或门”逻辑符号　(b)“异或”逻辑实例

图 1-4　“异或门”逻辑符号和逻辑实例

5．其他逻辑符号

在数字逻辑电路中，为了便于描述与识图，常采用图 1-5 所示的逻辑符号，图中描述了 8 种逻辑符号及其对应的逻辑表达式。

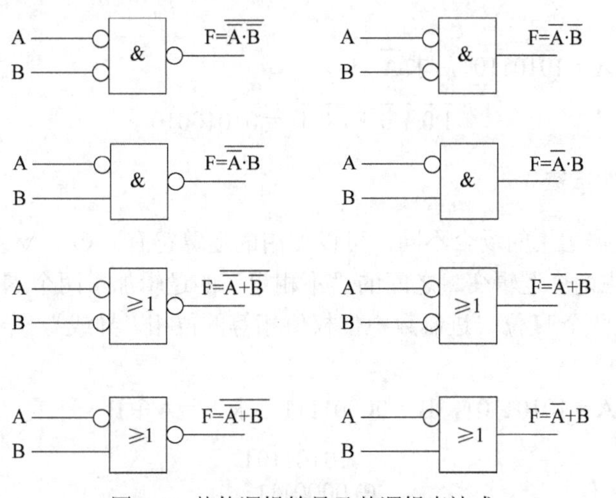

图 1-5　其他逻辑符号及其逻辑表达式

1.1.3 逻辑运算

根据逻辑运算的规则，应用逻辑器件可以设计计算机中的逻辑运算部件，逻辑运算部件可以实现两个N位二进制数的运算，例如，逻辑“与”、逻辑“或”、逻辑“异或”等运算。

1．逻辑“与”运算

逻辑“与”运算又称逻辑乘运算，根据运用的场合不同，可以使用的运算符有：×、•、∧及AND等几种表达形式，“与”运算产生两个逻辑变量的逻辑积，两个N位二进制数实现逻辑与，其运算规则是两个N位二进制数中位权值相等的位相“与”，产生N位二进制数的逻辑积。

【例 1-1】 已知A＝10101101，B＝00001111，求Y＝A•B。

$$\begin{array}{r} 10101101 \\ \wedge\, 00001111 \\ \hline 00001101 \end{array}$$

2．逻辑“或”运算

逻辑“或”运算又称逻辑加运算，根据运用的场合不同，可以使用的运算符有：+、∨及OR等几种表达形式，“或”运算产生两个逻辑变量的逻辑或，两个N位二进制数实现逻辑或，其运算规则是两个N位二进制数中位权值相等的位相“或”，产生N位二进制数的逻辑或。

【例 1-2】 已知A＝10101101，B＝00001111，求Y＝A+B。

$$\begin{array}{r} 10101101 \\ \vee\, 00001111 \\ \hline 10101111 \end{array}$$

3．逻辑“非”运算

逻辑“非”运算对单一的逻辑变量进行求反运算，为逻辑否定，逻辑1取反为逻辑0，逻辑0取反为逻辑1，如果对变量A取反，其运算符是在变量上边画一横线，用表达式表示为：$Y=\overline{A}$。对N位二进制数求反，是将N位二进制数中各位逐位取反，其结果就是原二进制数的反。

【例 1-3】 已知A＝10101101，求$\overline{A}$。

$$\overline{1}\,\overline{0}\,\overline{1}\,\overline{0}\,\overline{1}\,\overline{1}\,\overline{0}\,\overline{1} = 01010010$$

4．逻辑“异或”运算

逻辑“异或”根据运用的场合不同，可以使用的运算符有：⊕、∀及XOR等几种表达形式，“异或”运算产生两个逻辑变量之间的“不相等”的逻辑加，两个N位二进制数实现逻辑异或，其运算规则是两个N位二进制数中位权值相等的位相“异或”，产生N位二进制数的逻辑异或。

【例 1-4】 已知A＝10101101，B＝00001111，求Y＝A⊕B

$$\begin{array}{r} 10101101 \\ \oplus\, 00001111 \\ \hline 10100010 \end{array}$$

1.1.4　加法电路

1．一位全加器

一位全加器的逻辑电路如图 1-6(a)所示，图 1-6(b)是一位全加器的逻辑符号。从图 1-6(a)中可以看出，A_i 是被加数，B_i 是加数，C_i 是低一位相加后，向本位产生的进位，S_i 是本位和，C_{i+1} 是本位相加后，向高位产生的进位信号。

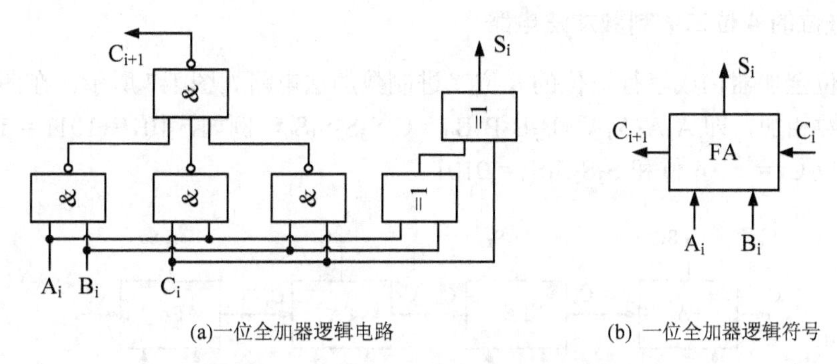

(a)一位全加器逻辑电路　(b) 一位全加器逻辑符号

图 1-6　一位全加器逻辑符号和逻辑电路

一位全加器的真值表如表 1-5 所示，从表中可以看出，真值表可以由 1 到多个输入变量和 1 到多个输出函数组成，一位全加器有 3 个输入变量和两个输出函数。

表 1-5　一位全加器的真值表

输入变量			输出函数	
A_i	B_i	C_i	C_{i+1}	S_i
0	0	0	0	0
0	0	1	0	1
0	1	0	0	1
0	1	1	1	0
1	0	0	0	1
1	0	1	1	0
1	1	0	1	0
1	1	1	1	1

依据真值表中的内容，通过写最小项的方法，可以找出一位全加器的逻辑函数表达式，并且运用逻辑代数的基本运算规则和基本公式进行化简：

$$\begin{aligned}S_i &= \overline{A_i}\,\overline{B_i}\,C_i + \overline{A_i}\,B_i\,\overline{C_i} + A_i\,\overline{B_i}\,\overline{C_i} + A_i\,B_i\,C_i \\ &= \overline{A_i}\,(\overline{B_i}\,C_i + B_i\,\overline{C_i}) + A_i(\overline{B_i}\,\overline{C_i} + B_i\,C_i) \\ &= \overline{A_i}\,(B_i \oplus C_i) + A_i(\overline{B_i \oplus C_i}) \\ &= A_i \oplus B_i \oplus C_i \end{aligned} \qquad (1\text{-}1)$$

$$\begin{aligned}C_{i+1} &= \overline{A_i}\,B_i\,C_i + A_i\,\overline{B_i}\,C_i + A_i\,B_i\,\overline{C_i} + A_i\,B_i\,C_i \\ &= \overline{A_i}\,B_i\,C_i + A_i\,\overline{B_i}\,C_i + A_i\,B_i\,\overline{C_i} + A_i\,B_i\,C_i + A_i\,B_i\,C_i + A_i\,B_i\,C_i \\ &= \overline{A_i}\,B_i\,C_i + A_i\,B_i\,C_i + A_i\,\overline{B_i}\,C_i + A_i\,B_i\,C_i + A_i\,B_i\,\overline{C_i} + A_i\,B_i\,C_i\end{aligned}$$

$$= B_i C_i(\overline{A_i} + A_i) + A_i C_i(\overline{B_i} + B_i) + A_i B_i(\overline{C_i} + C_i)$$

$$= B_i C_i + A_i C_i + A_i B_i$$

$$= \overline{\overline{B_i C_i + A_i C_i + A_i B_i}}$$

$$= \overline{\overline{A_i B_i} . \overline{B_i C_i} . \overline{A_i C_i}} \quad (1\text{-}2)$$

根据式（1-1）和式（1-2），设计出一位全加器的逻辑电路图如图 1-6(a)所示。

2．串行进位的 4 位二进制数加法电路

用 4 个一位全加器构成串行进位的 4 位二进制数加法电路如图 1-7 所示。在图中，实现两个 4 位二进制数相加，即 $A_3A_2A_1A_0+B_3B_2B_1B_0 = C_4S_3S_2S_1S_0$。例如，1010+1011 = 10101，在结果中，最高进位 $C_4 = 1$，4 位和 $S_3S_2S_1S_0 = 0101$。

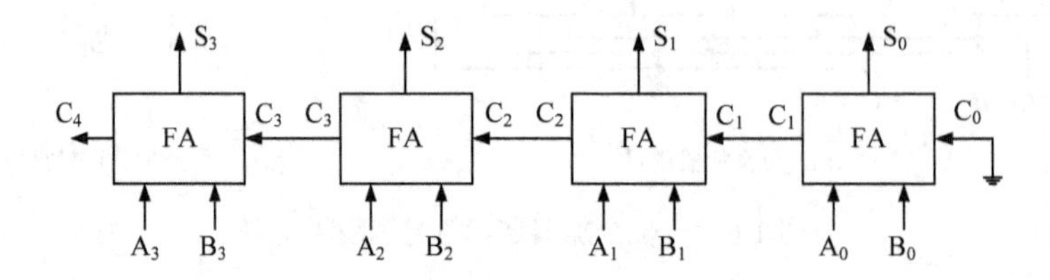

图 1-7　串行进位的 4 位二进制数加法电路

1.2　基本逻辑部件

微型计算机中的基本逻辑部件主要有寄存器、计数器、译码器及三态缓冲器等，构成基本逻辑部件的基本单元电路则是各种门电路和触发器，触发器主要包括同步 R-S 触发器、D 触发器、J-K 触发器及 T 触发器等。逻辑部件的主要作用是对二进制数进行存储、传送及变换等。

1.2.1　触发器

各类触发器都是由基本的门电路组成，触发器是具有记忆二进制数的基本逻辑电路，它有两个互补的输出端，它能接收、保持和输出二进制的信息。

1．基本 R-S 触发器

基本 R-S 触发器由两个与非门的输入输出端交叉连接构成，如图 1-8 所示。它是最简单的触发器，具有两个互补的输出端，一般触发器的输出级由它构成。两个输入端分别是 $\overline{R}$ 和 $\overline{S}$，其中，$\overline{S}$ 端被称为置位端，$\overline{R}$ 端被称为复位端，两个互补的输出端 Q 和 $\overline{Q}$ 分别称为原变量输出端和反变量输出端。当 $\overline{S}$ 和 $\overline{R}$ 分别为 0 和 1 时，则 Q = 1，$\overline{Q}$ = 0。反之，当 $\overline{S}$ 和 $\overline{R}$ 分别为 1 和 0 时，则 Q = 0，$\overline{Q}$ = 1。当 $\overline{S}$ 和 $\overline{R}$ 都为 1 时，触发器的状态保持不变。而当 $\overline{S}$ 和 $\overline{R}$ 都为 0 时，Q 和 $\overline{Q}$ 都为 1。一旦 $\overline{R}$ 和 $\overline{S}$ 都变成 1 时，则输出端的状态不确定。

2．同步 R-S 触发器

在基本 R-S 触发器中，触发器输出端的状态直接由输入端的状态来确定，没有控制信号的参与。在一般的触发器中，都有一个时钟脉冲信号 CP（Clock Pulse）来控制触发器的翻转（或

称触发）。有了时钟脉冲信号 CP 后，触发器的状态不是在输入信号（R，S）变化时立刻转换，而是只有在时钟脉冲信号 CP 到来后才触发。当然，触发器被触发后，可能翻转，也可能这次触发后，不翻转，即保持原状态不变。如果多个触发器使用同一个时钟脉冲，则多个触发器都在同一时刻触发，故称为同步 R-S 触发器。显然，前面的基本 R-S 触发器又可称为异步 R-S 触发器。

同步 R-S 触发器的逻辑图如图 1-9 所示，它由基本 R-S 触发器和两个与非门构成，时钟脉冲信号 CP 同时控制两个与非门的输入端，S 端和 R 端分别位于 Q 和 $\overline{Q}$ 两边。

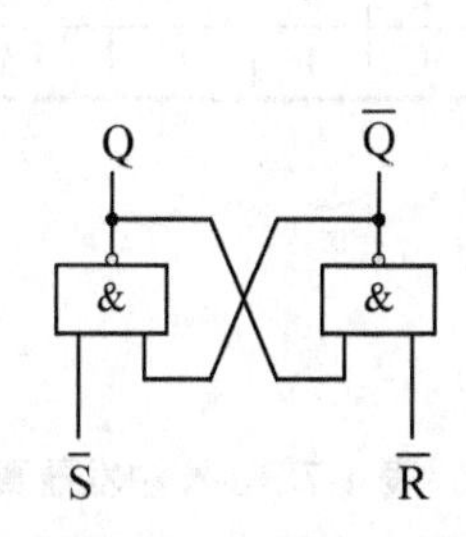

图 1-8 基本 R-S 触发器的逻辑图

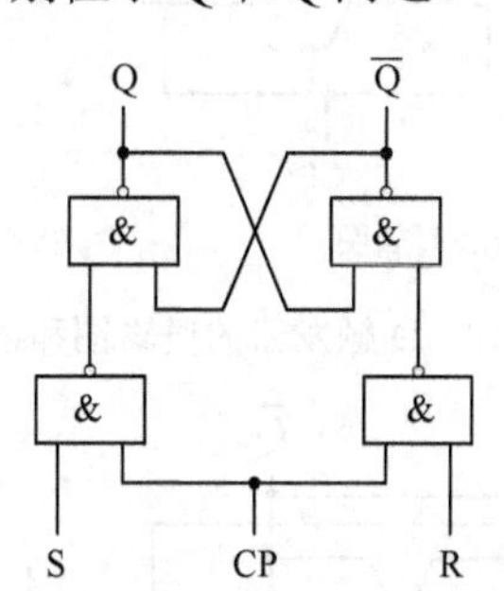

图 1-9 同步 R-S 触发器的逻辑图

其工作原理分两种情况：第一，当时钟脉冲信号 CP = 0 时，两个与非门的输入端均被封锁，即 S 和 R 端信号的状态不会影响两个与非门的输出，此时，两个与非门输出恒为 1，基本 R-S 触发器的输出状态保持不变。第二，当时钟脉冲信号 CP = 1 时，两个与非门的输出状态则分别由 S 和 R 的状态来确定。值得注意的是：当 S = 1，R = 0 时，则 Q = 1，$\overline{Q}$ = 0，Q 和 S 状态相同，$\overline{Q}$ 和 R 状态相同。反过来，当 S = 0，R = 1 时，则 Q = 0，$\overline{Q}$ = 1，也是 Q 和 S 状态相同，$\overline{Q}$ 和 R 状态相同。R、S 都为 0 时，触发器的状态保持不变。R、S 都为 1 时，时钟脉冲信号 CP 由 0 变 1 时，触发器的两个输出端均为 1 状态，一旦 CP 由 1 变为 0 时，则触发器的输出状态不确定。同步 R-S 触发器一般用在主从式 R-S 触发器中，作为主从式 R-S 触发器中的从触发器，或者在应用过程中，使其不可能出现 R、S 同时为 1 的状态。

3．D 触发器

由以上可知，同步式 R-S 触发器不允许 R 端和 S 端同时输入 1 信号，如果保留 S 端，且改名为 D 端，而 R 输入端连接到另一个与非门的输出端，时钟脉冲信号 CP 的连接及其他电路都不改变，则构成了电平触发的 D 触发器，图 1-10 为 D 触发器的逻辑图和逻辑符号，真值表如表 1-6 所示。

主要工作原理是：当 CP 为逻辑 1 时，该触发器的输出随输入 D 端的状态变化而改变，而当 CP = 0 时，两个与非门均输出为 1 状态，基本 R-S 触发器保持。可以概括为：当 CP = 1 时，D 触发器被触发，触发后的输出状态 Q^{n+1} 与 D 有关，且与输入端 D 的数据相同，而与前一时刻的输出状态 Q^n 无关，当 CP = 0 时，D 触发器锁存数据不变。

4．J-K 触发器

J-K 触发器的逻辑图及逻辑符号如图 1-11 所示，真值表如表 1-7 所示。它是在同步 R-S 触发器的基础上，增加了两条反馈连线，并将 S 端改名为 J 端，R 端改名为 K 端。主要工作原理是：因为 Q 和 $\overline{Q}$ 总是互补的两个输出端，分别控制两个与非门，使得两个与非门不可能同时处于开启的状态，也就允许 J、K 两个输入端可以出现四种组合中的任意一种。

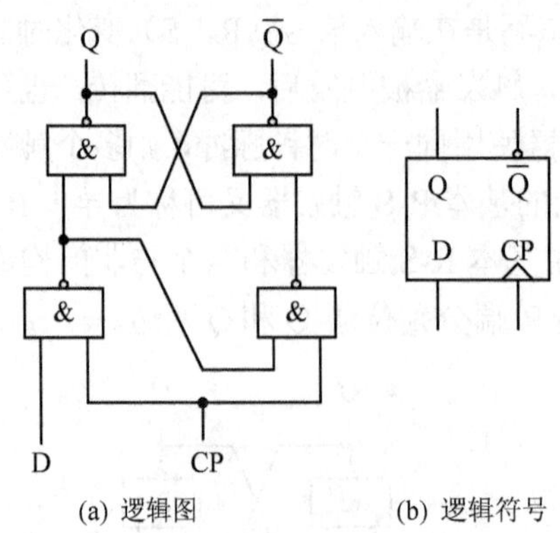

(a) 逻辑图　　(b) 逻辑符号

图 1-10　D 触发器的逻辑图和逻辑符号

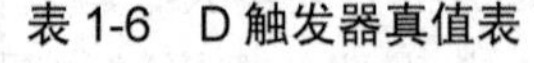

表 1-6　D 触发器真值表

CP	D	Q^{n+1}	说明
0	×	Q^n	状态不变
1	0	0	置 0
1	1	1	置 1

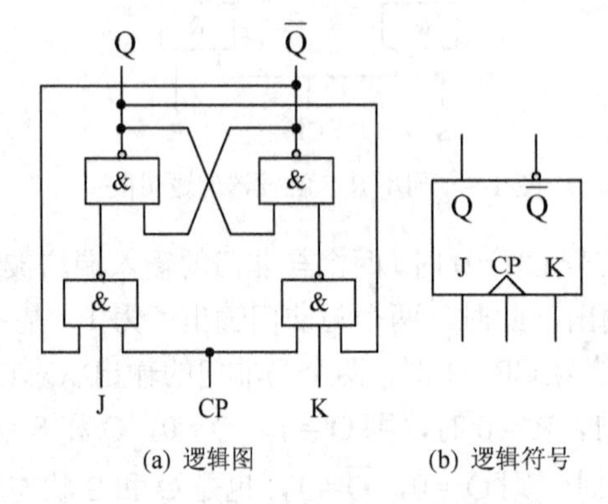

(a) 逻辑图　　(b) 逻辑符号

图 1-11　J-K 触发器的逻辑图和逻辑符号

表 1-7　J-K 触发器真值表

CP	J	K	Q^{n+1}	说明
0	×	×	Q^n	状态不变
1	0	0	Q^n	状态不变
1	1	1	$\overline{Q^n}$	状态变反
1	1	0	1	置 1
1	0	1	0	置 0

5. T 触发器

将上述 J-K 触发器的 J、K 连接起来，作为 T 触发器的输入端 T，便构成了 T 触发器，逻辑图与逻辑符号如图 1-12 所示。当 T = 0 时，相当于 J-K 触发器的 J、K 均输入 0 的情况，在 CP 触发后，T 触发器保持不变。而当 T = 1 时，相当于 J-K 触发器的 J、K 均输入 1 的情况，在 CP 触发后，T 触发器状态变反，其真值表如表 1-8 所示。

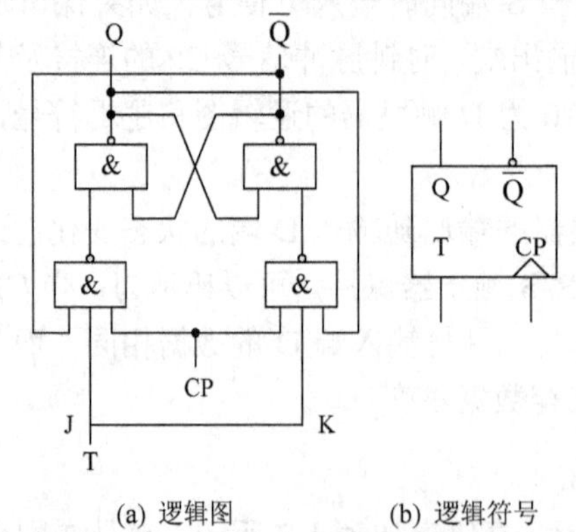

(a) 逻辑图　　(b) 逻辑符号

图 1-12　T 触发器的逻辑图和逻辑符号

表 1-8　T 触发器真值表

CP	T	Q^{n+1}	说明
0	×	Q^n	状态不变
1	0	Q^n	状态不变
1	1	$\overline{Q^n}$	状态变反

1.2.2　寄存器

寄存器是用来存放二进制信息的一种时序电路，它具有接收和存储二进制信息的功能，也是微机中用得最多的逻辑部件之一，在各种微处理器内部有许多不同宽度的寄存器。寄存器有许多不同的类型，通常，按照有无移位功能分，可分为基本寄存器和移位寄存器。移位寄存器按照移位方向分，可以分为单向移位寄存器和双向移位寄存器。按照数据的输入方式分，可以分为并行输入和串行输入。按照数据的输出方式分，可以分为并行输出和串行输出。

图 1-13 是并行输入并行输出的 4 位寄存器，可以并行接收和寄存 4 位二进制数，组成寄存器的基本电路是触发器，该寄存器由 4 个具有异步复位端的 D 触发器、一个非门及一个驱动器组成。当 $\overline{CR}=0$ 时，4 个 D 触发器的 Q 端都清为 0 状态；当 $\overline{CR}=1$ 时，D 触发器可以接收数据，在 CP 脉冲的上升沿，寄存器接收数据，使得 $Q_3=D_3$，$Q_2=D_2$，$Q_1=D_1$，$Q_0=D_0$。如果扩充 4 个相同的 D 触发器，则可以构成并行输入并行输出的 8 位寄存器。

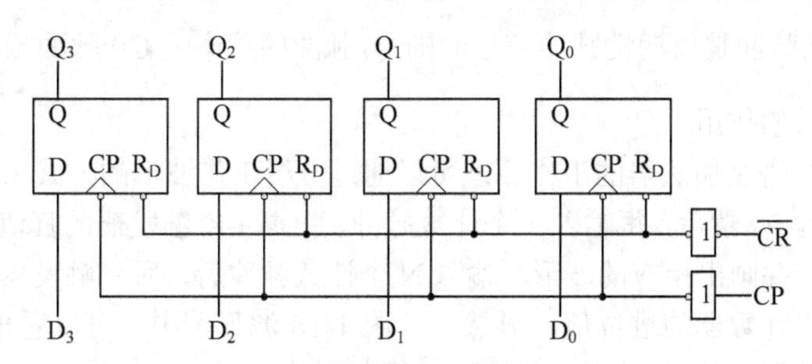

图 1-13　并行输入并行输出的 4 位寄存器

1.2.3　移位寄存器

图 1-14 是串行输入的 4 位移位寄存器，它由 4 个 D 触发器组成，前一个 D 触发器的输出端（Q 端）接至下一个触发器的数据输入端（D 端），二进制数从左端输入，经过 4 个移位时钟脉冲后，数据到达 Q_3，并从 Q_3 输出，该移位寄存器是按照串行输入和串行输出方式工作的，也可以从寄存器的 Q_3、Q_2、Q_1、Q_0 输出，在这种情况下，移位寄存器是按串行输入并行输出方式工作的。如果在 Q_3 的右边扩充 4 个相同的 D 触发器，相当于 2 个 4 位移位寄存器的串接，便可以构成串行输入的 8 位移位寄存器。

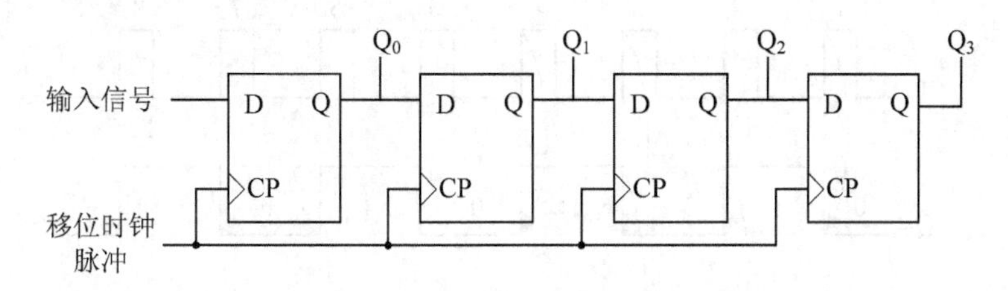

图 1-14　串行输入的 4 位移位寄存器

1.2.4　计数器

计数器也是微型计算机中常用的一种逻辑部件。按加、减计数的功能分，它分为加计数器和减计数器；按工作方式分，可以分为同步计数器和异步计数器；按进位制分，可以分为二进制计数器、二–十进制或称 BCD（Binary Coded Decimal）计数器和任意进制计数器。

由 3 个 J-K 触发器构成的 3 位同步二进制加计数器的逻辑电路图如图 1-15 所示，3 个 J-K 触发器的时钟脉冲 CP 公用一个时钟脉冲信号，所以称之为同步计数器，时钟脉冲 CP 也就是计数脉冲输入端。注意，工作波形图说明组成计数器的 3 个 J-K 触发器都是下降沿触发的触发器。如果 3 个 J-K 触发器的初始状态为 0，输入 7 个时钟脉冲 CP 后，也就是记忆 7 个脉冲后，3 个触发器均为 1 状态，即为 111，表示十进制数是 7。再输入一个 CP 脉冲后，3 个触发器的输出端均回到了 0 状态，如图 1-16 所示为其工作波形图。这样，用 3 个触发器构成的是按二进制加计数方式计数的，于是，实现了一个八进制加计数器，每输入 8 个 CP 脉冲后，在 Q_2 端输出一个完整的脉冲，从另一方面讲，只要 Q_2 端输出一个完整的脉冲，说明已经记忆了 8 个脉冲，故称之为八进制计数器。

如果 CP 脉冲是周期性脉冲信号，且脉冲周期是 1ms，则 Q_2 的周期是 8ms，只要 Q_2 出现一次下降沿，说明有了 8ms 的定时时间，因此，计数器可以实现定时的作用。

同样，如果 CP 脉冲是周期性脉冲信号，则 Q_2 脉冲的频率是 CP 脉冲频率的 $\frac{1}{8}$，因此，计数器又可以实现分频的作用。

了解 3 位同步二进制加法器的工作原理可以通过分析工作波形的方式来解决，首先设 3 个触发器的初始状态为 0，然后，每输入一个计数脉冲，根据 J-K 触发器的真值表分析出每个 J-K 触发器的输出状态，并画出相应的波形。输入 N 个计数脉冲后，所有触发器的输出状态回到 0 状态，则可以判断出计数器的进位值，显然，从图 1-16 波形图中，可以看出图 1-15 是一个 3 位同步二进制加计数器，从 Q_2 端看，能实现八进制计数。

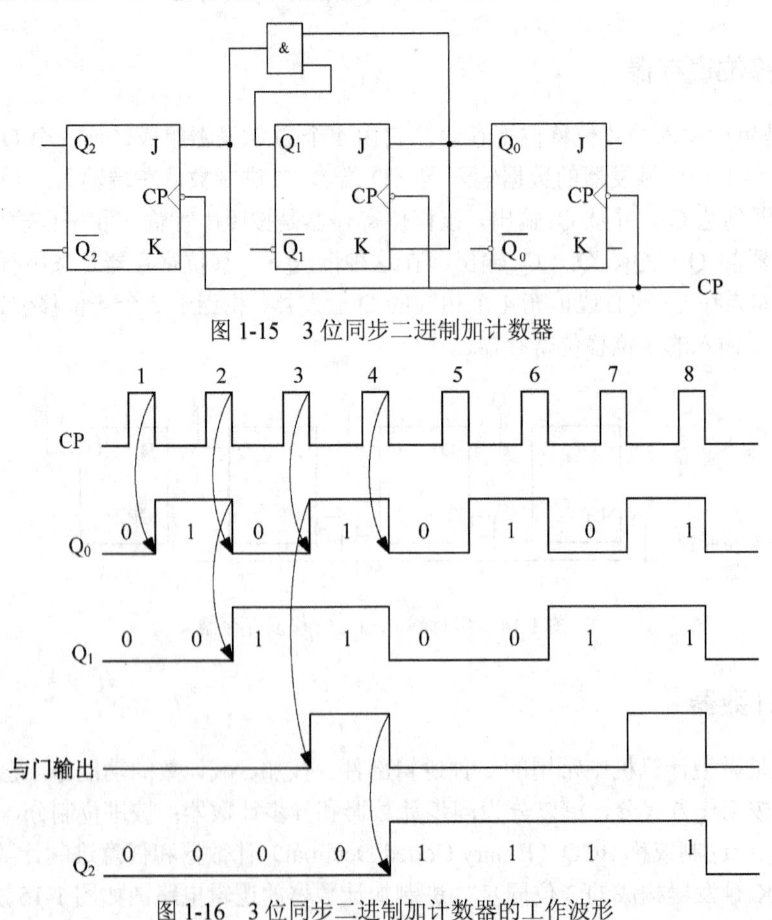

图 1-15　3 位同步二进制加计数器

图 1-16　3 位同步二进制加计数器的工作波形

1.2.5　三态输出门与缓冲器

三态输出与缓冲是微机及微机应用系统中常用的技术，实现的逻辑器件称为三态输出门或缓冲器。

三态输出门电路可以输出 3 种状态：逻辑 1、逻辑 0 及高阻状态，简称三态门。按照正逻辑讨论，逻辑 1 就是指高电平，一般为 3.6V 左右，逻辑 0 就是指低电平，一般为 0V，所谓高阻状态是指输出端既不与电源的正端相连，也不与地端相连通，输出端对地电阻相当于无穷大，所以称之为高阻状态。三态门的关键是有一个控制端 C，常用的四种三态门如图 1-17 所示，例如，最左边的三态门，当控制端 C = 0 时，输出端处于高阻状态，而当控制端 C = 1 时，三态门允许工作，输出 F = A。

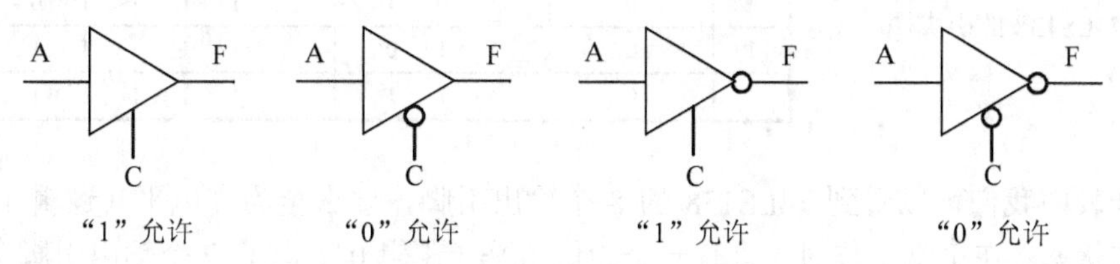

图 1-17　4 种类型的三态门

如果在并行输出寄存器的每一个输出 Q 端上连接一个三态门，这种并行输出寄存器就称之为三态缓冲寄存器，也称之为缓冲器，例如，在微型计算机的数据总线上，一般挂接许多输入设备，计算机在某一时间片段，只能与一个输入设备连通，其他设备的输出寄存器均处于高阻状态，起到了缓冲的作用。

在微处理器的数据总线上，由于数据总线上的数据既要从微处理器流出到存储器或输出设备，也要从外部流入到微处理器内部，所以，在计算机数据总线上具有双向三态门的结构。双向三态门的逻辑图如图 1-18 所示，当方向控制信号 DIR = 1 时，上面的三态门工作，下面的三态门处于高阻状态，数据 D_j 传向 D_i；当方向控制信号 DIR = 0 时，下面的三态门工作，上面的三态门处于高阻状态，数据 D_i 传向 D_j。

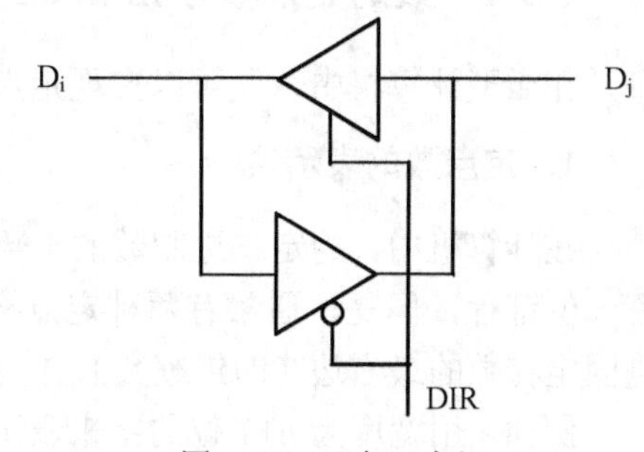

图 1-18　双向三态门

1.2.6　二进制译码器

译码为编码的反过程，译码将编码时赋予代码的含义"翻译"过来，译码器的输出与输入有唯一的对应关系，当输入某一组代码时，对应输出端有一个特定的有效信号输出，有效信号可为高电平，也可以是低电平。实现译码的逻辑电路称为译码器，译码器分为二进制译码器和二–十进制译码器。

74LS138 集成芯片是一个 3 线—8 线的二进制译码器，输出有效电平是低电平。74LS138 在计算机中常用于译码产生输入/输出的端口地址。74LS138 的引脚图如图 1-19 所示，C、B、A 分别是 3 位二进制的输入端。 G_1、$\overline{G_{2A}}$、$\overline{G_{2B}}$ 是 3 个选通端，只有当 $G_1 = 1$、$\overline{G_{2A}} = 0$、$\overline{G_{2B}} = 0$ 时，74LS138 才能译码产生输出信号，$\overline{Y_7} \sim \overline{Y_0}$ 共 8 个输出端，哪一个输出端为有效的低电平，就取决于 C、B、A 所输入的 3 位二进制数，具体功能如表 1-9 所示。

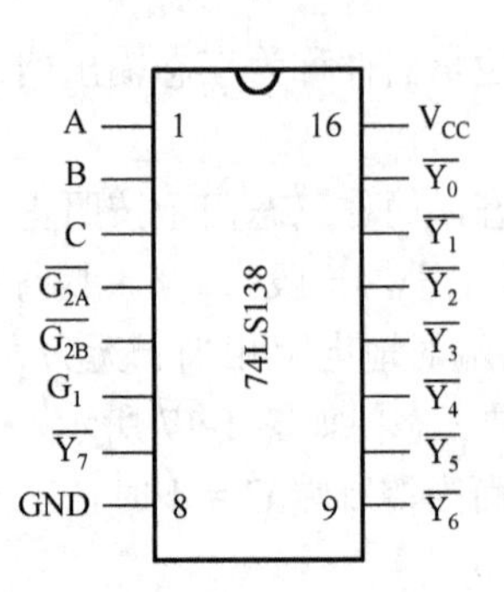

图 1-19 74LS138 的引脚图

表 1-9 74LS138 的功能表

输入			输出							
G_1	$\overline{G_{2A}}+\overline{G_{2B}}$	C B A	$\overline{Y_0}$	$\overline{Y_1}$	$\overline{Y_2}$	$\overline{Y_3}$	$\overline{Y_4}$	$\overline{Y_5}$	$\overline{Y_6}$	$\overline{Y_7}$
0	×	× × ×	1	1	1	1	1	1	1	1
×	1	× × ×	1	1	1	1	1	1	1	1
1	0	0 0 0	0	1	1	1	1	1	1	1
1	0	0 0 1	1	0	1	1	1	1	1	1
1	0	0 1 0	1	1	0	1	1	1	1	1
1	0	0 1 1	1	1	1	0	1	1	1	1
1	0	1 0 0	1	1	1	1	0	1	1	1
1	0	1 0 1	1	1	1	1	1	0	1	1
1	0	1 1 0	1	1	1	1	1	1	0	1
1	0	1 1 1	1	1	1	1	1	1	1	0

从功能表中我们可以看到 74LS138 的 8 个输出引脚，要么全为高电平（逻辑 1），即芯片处于不工作状态；在正常工作时，只有一个为低电平（逻辑 0），其余 7 个输出引脚全为高电平（逻辑 1）。

1.3 计算机运算基础

1.3.1 数的定点表示法和 32 位浮点数标准格式

在微型计算机中，既可以实现定点运算，又可以实现浮点运算。

1. 定点数的表示法

在计算机中，约定二进制数的小数点位置固定在某一位，原理上讲，小数点的位置固定在哪一位都行，但是，通常有两种定点格式，一是将小数点固定在数的最左边（即纯小数），二是固定在数的最右边（即纯整数），前者通常用作浮点数的尾数，后者通常被用在定点运算中。

例如，用宽度为 n+1 位的字来表示定点数 X，其中 X_0 表示数的符号，例如 1 代表负数，0 代表正数，其余位代表它的数位，对于任意定点数 $X = X_0X_1X_2 \cdots X_n$，在定点计算机中可表示为：

① 如果 X 为纯小数，小数点固定在 X_0 与 X_1 之间，数 X 的表示范围为：

$$0 \leqslant |X| \leqslant 1-2^{-n} \tag{1-3}$$

② 如果 X 为纯整数，小数点固定在 X_n 的右边，数 X 的表示范围为：

$$0 \leqslant |X| \leqslant 2^{n}-1 \tag{1-4}$$

2. 浮点数的表示法

任意一个十进制数 N 可以写成：

$$N = 10^{E} \times M \tag{1-5}$$

同样任意一个二进制数 N 可以写成：

$$N = 2^{e} \times m \tag{1-6}$$

例如，$N = 101.1101 = 2^{0011} \times 0.1011101$

其中，m 为浮点数的尾数，是一个纯小数，e 是比例因子的指数，称为浮点数的指数，是一个纯整数，比例因子的基数是一个常数，这里取值为 2。

由上例可以看出，在计算机中存放一个完整的浮点数，应该包括阶码、阶符、尾数以及尾数的符号（数符）共 4 部分，如下所示：

E_S	$E_1E_2\cdots E_m$	M_S	$M_1M_2\cdots M_n$
阶符	阶码	数符	尾数

现在，一般按照 IEEE 754 标准，采用 32 位浮点数和 64 位浮点数两种标准格式。

32 位浮点数标准格式如下：

31	30　　　23	22　　　0
S	E	M

在 32 位浮点数中，约定基数 R = 2，S 是尾数的符号位，即浮点数的符号位，它占一位，安排在最高位，0 表示正数，1 表示负数，尾数 M 占 23 位，放在低位部分，当然是纯小数。E 是阶码，占 8 位，阶码采用了移码方法来表示，将阶码上移 127，即 E = e+127。因为 8 位移码值的范围是 00000000B～11111111B，所以能表示的真值 e 的范围是–127～+128。

在实用中，规格化 IEEE 754 标准浮点数为了提高浮点数的精度，在作浮点数调整时，对浮点数的尾数进行规格化，即尾数域的最左边总是有一位整数 1，不予存取，在计算过程中，默认有一个整数 1 存在，实际上将尾数扩充到了 24 位。这才是规格化的 IEEE 754 标准的浮点数。

【例 1-5】 设 $N = 2^{0111} \times 0.1011101$，求数 N 规格化的 32 位 IEEE 754 标准的浮点数。

解：$N = 2^{00000111} \times 0.10111010000000000000000$

$= 2^{00000110} \times 1.01110100000000000000000$

于是，其浮点数格式：

S 为 0，E = e+127 = 00000110+01111111 = 10000101，最后，M = 01110100000000000000000。

根据规格化 32 位浮点数的表示形式，可以反过来求数 N 的真值，采用如下公式：

$$N = (-1)^S \times (1.M) \times 2^{E-127} \tag{1-7}$$

在实际情况中，采用规格化尾数方法，尾数最左边位 1 被隐藏，可以扩充浮点数表示的范围，从而提高处理数据的精度。

1.3.2　原码、反码与补码

1．机器数与真值

计算机中传输与加工处理的信息均为二进制数，二进制数的逻辑 1 和逻辑 0 分别用于代表高电平和低电平，计算机只能识别 1 和 0 两个状态，那么如何确定与识别正二进制数和负二进制数呢？解决的办法是将二进制数最高位作为符号位，例如 1 表示负数，0 表示正数，若字长取 8 位，10001111B 则可以代表–15，00001111B 则可以代表+15，这便构成了计算机所识别的数，因此，带符号的二进制数称为机器数，机器数所代表的值称为真值。在微机中，机器数有三种表示法，即原码、反码与补码。

2．原码表示法

若定点整数的原码形式为 $X_0X_1X_2\cdots X_n$，则原码表示的定义是：

$$[X]_{原}=\begin{cases}X & 2^n > X \geqslant 0\\ 2^n - X = 2^n + |X| & 0 \geqslant X > -2^n\end{cases} \quad (1\text{-}8)$$

X_0为符号位，若 n = 7，即字长 8 位，则：

① X 取值范围：−127～+127

② $[+127]_{原}$ = 01111111

③ $[-127]_{原}$ = 11111111

④ $[+0]_{原}$ = 00000000

⑤ $[-0]_{原}$ = 10000000

原码表示法简单易懂，但是加法运算电路复杂，不容易实现。

3．反码表示法

定点整数反码表示的定义是：

$$[X]_{反}=\begin{cases}X & 2^n > X \geqslant 0\\ (2^{n+1}-1)+X & 0 \geqslant X > -2^n\end{cases} \quad (1\text{-}9)$$

同样，若 n 取 7，即字长 8 位，那么：

① X 取值范围：−127～+127

② $[+127]_{反}$ = 01111111

③ $[-127]_{反}$ = 10000000

④ $[+0]_{反}$ = 00000000

⑤ $[-0]_{反}$ = 11111111

4．补码表示法

定点整数补码表示的定义是：

$$[X]_{补}=\begin{cases}X & 2^n > X \geqslant 0\\ 2^{n+1} + X = 2^{n+1} - |X| & 0 \geqslant X > -2^n\end{cases} \quad (1\text{-}10)$$

同样，如果 n 取 7，即字长 8 位，那么：

① X 取值范围：−128～+127

② $[+127]_{补}$ = 01111111

③ $[-128]_{补}$ = 10000000

④ $[+0]_{补} = [-0]_{补}$ = 00000000

⑤ $[-127]_{补}$ = 10000001

已知一个数的补码，通过再一次求补，便可还原出真值，即$[[X]_{补}]_{补} = X$。

【例 1-6】 设机器字长 8 位，X = 68，Y = −68，分别求出 X 和 Y 的原码、反码及补码。

解： $[X]_{原} = [X]_{反} = [X]_{补}$ = 01000100

$[Y]_{原}$ = 11000100

$[Y]_{反}$ = 10111011

$[Y]_{补}$ = 10111100

5．补码的加减法运算及溢出判断

计算机中的基本运算有算术运算和逻辑运算两种：逻辑运算包括逻辑非、逻辑乘、逻辑或等，均是按位进行的，即权值对应的位进行逻辑运算；算术运算包括加、减、乘、除四则运算，运算过程中有进位与借位，根据选取的算法，找出运算规律，以便用物理器件来实现其运算。实际应用中往往用补码作加减法运算，因为使用补码运算来设计与实现加减法运算电路都很方便。

（1）补码加法运算

规则：$[X]_{补}+[Y]_{补} = [X+Y]_{补}$　（1-11）

条件：X、Y 及(X+Y)都在定义域内。

特点：符号位参与运算；以 2^{n+1} 为模进行加法，最高位相加产生的进位自然丢掉。

根据运算后结果的符号位，对结果求补，即 $[[X+Y]_{补}]_{补} = X+Y$，便可还原出真值。

在下面所有例子的运算过程中，假定字长均是 8 位。

【例 1-7】 已知 X = +00001111，Y = +01000000，求 X+Y。

解：$[X]_{补} = 00001111$　　$[Y]_{补} = 01000000$

```
   00001111
 + 01000000
 ----------
   01001111
```

$01001111 = [X+Y]_{补} = X+Y$，结果正确。

【例 1-8】 已知 X = −00001111，Y = 01000000，求 X+Y。

解：$[X]_{补} = 11110001$　　$[Y]_{补} = 01000000$

```
    11110001
  + 01000000
 -----------
 [1]00110001
```

[1] $00110001 = [X+Y]_{补} = X+Y$，结果正确。

（2）补码减法运算

由于 X−Y = X+(−Y)，所以补码减法运算仍可用加法运算电路来完成，即 $[X]_{补}+[-Y]_{补} = [X-Y]_{补}$，同样通过 $[[X-Y]_{补}]_{补} = X-Y$，可以还原出真值。条件是 X、−Y、(X−Y)必须在定义域内。

【例 1-9】 已知 X = 01000000，Y = 00001111，求 X-Y。

解：$[X]_{补} = 01000000$　　$[-Y]_{补} = 11110001$

```
    01000000
  + 11110001
 -----------
 [1]00110001
```

[1] $00110001 = [X-Y]_{补} = X-Y$，结果正确。

（3）溢出的判断

若参与操作的两数在定义域内，但运算结果超出了字长范围内补码所能允许表示的值，所计算出的结果产生了错误，称之为溢出。

例如字长 8 位，补码表示数的范围是：$-128 \leqslant X \leqslant +127$，若字长 n 位，补码所能表示数的范围是 $-2^{n-1} \leqslant X \leqslant 2^{n-1}-1$，当运算结果超出这个范围时，便产生溢出，两个正数相加可能产生正的溢出，两个负数相加可能会产生负的溢出，正负两数相加不会产生溢出。

【例 1-10】 两个正数相加产生溢出示例。

```
 C7C6
   0 1 0 0 0 0 0 0        +64
 + 0 1 0 0 0 0 0 1        +65
 -----------------      -----
   1 0 0 0 0 0 0 1       +129>+127，结果错误，产生了溢出。
```

两个正数相加，结果为负数形式，这是由于+129>+127 的原因，从上式可看出 $C_6 = 1$，$C_7 = 0$，$OF = C_6 \oplus C_7 = 1 \oplus 0 = 1$，溢出标志 OF = 1，表示有溢出。

【例 1-11】 用补码列竖式的方法，计算–128–1，并判断是否有溢出。

$$
\begin{array}{rl}
 & C_7C_6 \\
[-128]_{补} = & 1\,0\,0\,0\,0\,0\,0\,0 \\
+\,[-1]_{补} = & \underline{1\,1\,1\,1\,1\,1\,1\,1} \\
 & \boxed{1}\,0\,1\,1\,1\,1\,1\,1\,1
\end{array}
$$

两个负数相加，结果为正数形式，这是由于–128–1 = –129<–128 的原因，从上式可看出 $C_6 = 0$，$C_7 = 1$，$OF = C_6 \oplus C_7 = 0 \oplus 1 = 1$，表示有溢出。

【例 1-12】 计算 64–1。

$$
\begin{array}{rl}
 & C_7C_6 \\
[+64]_{补} = & 0\,1\,0\,0\,0\,0\,0\,0 \\
+\;\;[-1]_{补} = & \underline{1\,1\,1\,1\,1\,1\,1\,1} \\
 & \boxed{1}\,0\,0\,1\,1\,1\,1\,1\,1
\end{array}
$$

运算结果正确。$C_7 = 1$，$C_6 = 1$，则 $OF = C_6 \oplus C_7 = 1 \oplus 1 = 0$，无溢出。

（4）可控的补码加法/减法电路

可控的补码加法/减法电路如图 1-20 所示，其基本结构是由 8 个一位全加器构成串行进位加法电路，可以实现两个 8 位二进制数相加。设二进制数 $A = A_7A_6A_5A_4A_3A_2A_1A_0$，A 是被加数，或被减数，$B = B_7B_6B_5B_4B_3B_2B_1B_0$，B 是加数，或为减数，M 是控制位，当 M = 0 时，则 $C_0 = 0$，且 B_7～B_0 都与逻辑 0 异或，分别经过一个异或门，都不会反相就送至对应的一位全加器，因此，可以实现 A+B 操作；当 M = 1 时，此时 B_7～B_0 都与逻辑 1 异或，分别经过一个异或门，都会反相后送至对应的一位全加器，且 $C_0 = M = 1$，所以，实现了 B 取反、最末位+1 的操作，即：

$$A+(\overline{B}+1) = A+(-B)_{补}$$

于是，当 M = 1 时，完成 A-B 操作。V 是溢出位，$V = C_7 \oplus C_6$ 。

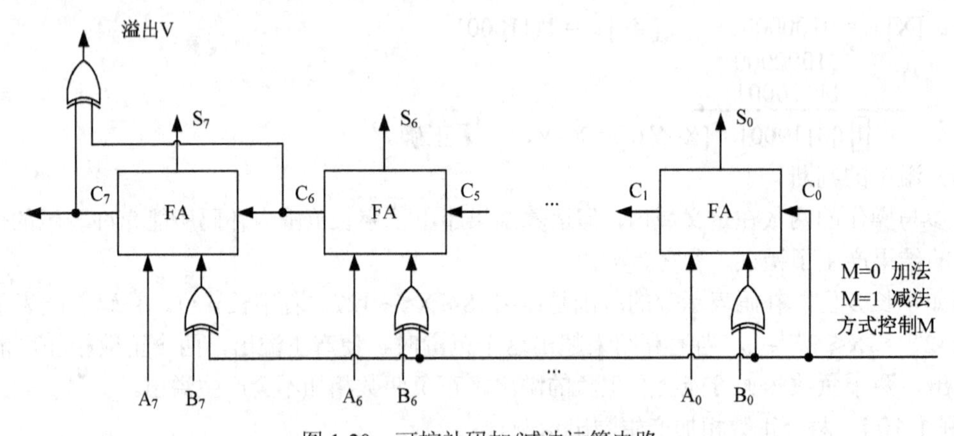

图 1-20　可控补码加/减法运算电路

1.3.3　二-十进制码与 ASCII 码

1. 二-十进制码（BCD 码）

（1）BCD 码的表示

二–十进制码（BCD 码）是一种常用的数字代码，这种编码方法是将每个十进制数用 4 位二进制数表示，从而实现了用二进制数来表示十进制数。在计算机中，计算机不仅要处理二进制数，通常还要处理十进制数，例如，用 80x86 指令编程，既可以实现两个二进制数加减运算，也可以实现两个 BCD 码的加减运算。首先，要将十进制数用二进制编码来表示，以便进行算术运算。

计算机中常用的 BCD 码是 8421 码，称为 8421BCD 码或标准 BCD 码。每个 BCD 码每位上对应的权值与二进制权值相同，十进制数 0～9 的 BCD 码为 0000、0001、…、1001，而 1010～1111 这 6 种编码不被使用。标准 BCD 码只需要用 4 位二进制表示一个十进制数，在书写时，为了与二进制数相区别，可以在每 4 位二进制数之间留一空格，例如，98 可以写成 1001 1000，或者写成（10011000）BCD。

注意，在使用汇编语言编程时，如果要通过汇编指令输入 BCD 数时，例如，十进制数（10011000）BCD，还得写为 10011000B 或 98H，这是因为宏汇编程序不认识（10011000）BCD，另外，如果直接输入 98，宏汇编程序会自动将 98 转换成二进制数，数值大小被改变。

（2）8421BCD 码的加法

从补码加/减法运算电路可以知道，计算机中的基本运算电路只能作二进制加法运算，如果利用它实现 BCD 码相加，必须要找出将二进制加法运算电路转换为标准 BCD 码相加的规则，然后遵循该规则设计出 BCD 码相加的运算电路。通过下面的举例，可以找出运用加法电路实现 BCD 码相加的规则，从而可以在二进制加法运算电路的基础之上，增加少许电路就设计出 BCD 码的加法电路。

【例 1-13】 两个 2 位的 BCD 码相加，不需要修正的示例。

```
  0100 0101
+ 0101 0100
-----------
  1001 1001        结果正确
```

【例 1-14】 两个 2 位的 BCD 相加，需要修正的示例。

```
  0100 0101
+ 0101 0101
-----------
  1001 1010        结果不正确
+       110        个位加 6 修正
-----------
  1010 0000        结果还不正确
+  110             十位加 6 修正
-----------
 10000 0000        结果正确
```

由此可得出用二进制加法电路相加，实现 BCD 码加法的两条规则：

① 若两个 8421BCD 数对应的 BCD 码位用二进制加法相加后，如果向高位 BCD 码产生了进位，说明已经逢十六进一。二进制加法运算电路只能逢十六进一，不能逢十进一，结果丢掉了 6，为了补 6，必须要加 6 修正。

② 若两个 8421BCD 数对应的 BCD 码位用二进制加法相加，产生的和小于 10，结果正确；如果产生的和大于或等于 10，则在和数上加 6 修正，可以产生进位，从而可以正确实现两个一位 BCD 数相加。

在 8421BCD 数加法电路中，除了包含基本的二进制加法电路之外，还应该包括用作加 6 修正的二进制加法电路。

（3）8421BCD 码的减法

两个 8421BCD 数相减，有如下两条规则：

① 两个 8421BCD 数对应的 BCD 码位采用二进制相减，不发生借位则结果正确。

② 两个 8421BCD 数对应的 BCD 码位采用二进制相减，若 BCD 码位的低位向高位发生了借位，由于是二进制数运算，借一位当作 16，而实际上借一位只能当作 10，所以在低位上要作减 6 修正。

2. ASCII 码（美国信息交换标准代码）

计算机能够识别各种数字，进行算术运算和逻辑运算，而且还能够识别各种字母和符号。比如，计算机的输入输出设备均以 ASCII 码传输字母、各种符号，以及空格、换行等控制符的 ASCII 码，文件编辑以及各种管理也使用 ASCII 码。而微机只能识别 0 和 1 两种状态，仍然需要用二进制编码方式表示各种字母与符号，乃至操作控制。

计算机中常用的是 7 位 ASCII 码，共计 128 个，称为 128 个 ASCII 字符，如表 1-10 所示。128 个 ASCII 字符可以分为两部分，一部分由 94 个编码组成，另一部分由 34 个编码组成。前者包括（0～9）10 个阿拉伯数字、52 个英文大小写字母、32 个标点符号和运算符的 ASCII 码；后者包括 34 个控制命令的 ASCII 码，称为控制字符，其编码值为 0～32 和 127，控制计算机输入/输出设备的操作，以及计算机软件的执行情况，34 个控制字符的功能表如表 1-11 所示。

表 1-10 ASCII 码编码表

低位 LSB		高位 MSB							
		0 000	1 001	2 010	3 011	4 100	5 101	6 110	7 111
0	0000	NUL	DLE	SP	0	@	P	、	p
1	0001	SOH	DC1	!	1	A	Q	a	q
2	0010	STX	DC2	″	2	B	R	b	r
3	0011	ETX	DC3	#	3	C	S	c	s
4	0100	EOT	DC4	$	4	D	T	d	t
5	0101	ENQ	NAK	%	5	E	U	e	u
6	0110	ACK	SYN	&	6	F	V	f	v
7	0111	BEL	ETB	’	7	G	W	g	w
8	1000	BS	CAN	（	8	H	X	h	x
9	1001	HT	EM	）	9	I	Y	i	y
A	1010	LF	SUB	*	：	J	Z	j	z
B	1011	VT	ESC	+	；	K	[	k	{
C	1100	FF	FS	，	<	L	\	l	|
D	1101	CR	GS	-	=	M	]	m	}
E	1110	SO	RS	•	>	N	↑	n	～
F	1111	SI	US	/	?	O	←	o	DEL

表 1-11 34 个控制字符的功能表

控制符	功能说明	控制符	功能说明	控制符	功能说明	控制符	功能说明
NUL	空	HT	横向列表（穿孔卡片指信令）	FF	走纸控制（换页）	DC3	设备控制 3
SOH	标题开始	LF	换行	CR	回车	DC4	设备控制 4
STX	正文开始	SYN	空转同步	SO	移位输出	NAK	否定应答
ETX	正文结束	ETB	信息组传送结束	SI	移位输入	FS	文件分隔符
EOT	传输结束	CAN	作废	SP	空格	GS	组分隔符
ENQ	询问	EM	纸尽	DLE	数据链换码	RS	记录分隔符
ACK	承认	SUB	取代	DC1	设备控制 1	US	单元分隔符
BEL	响铃	ESC	换码	DC2	设备控制 2	DEL	删除
BS	退一格	VT	垂直制表				

由于选用 7 位二进制数编码表示一个 ASCII 码，所以，ASCII 码字节中的最高位（D_7）没有使用，但是，为了正确传输数据，这一位通常被用作奇偶校验位，可以用它来构成奇校验码来传输，或者构成偶校验码来传输。也可以恒置 1，称为标记校验，还可以恒取 0，称作空格校验。

【例 1-15】 求大写字母 A 和数值 9 的 ASCII 码，并写出其奇校验码、偶校验码、标记校验码及空格校验码。

解：查表 1-10，求得大写字母 A 和数值 9 的 ASCII 码分别是 01000001B 和 00111001B，其奇校验码、偶校验码、标记校验码及空格校验码如表 1-12 所示。

表 1-12　奇校验码、偶校验码、标记校验码及空格校验码

字母和数值	ASCII 码	奇校验码	偶校验码	标记校验码	空格校验码
A	01000001	11000001	01000001	11000001	01000001
9	00111001	10111001	00111001	10111001	00111001

思考题与习题

1．逻辑代数的基本运算规则有哪些？

2．简述名词的概念：寄存器、三态缓冲寄存器、计数器。

3．何谓二进制译码器？

4．什么叫溢出？判断溢出的方法是什么？

5．写出逻辑与的真值表。

6．分析 D 触发器真值表所表达的含义。

7．J-K 触发器如何转换成 D 触发器？

8．写出一位全加器的真值表。

9．用一位全加器的逻辑符号组成一个 8 位的加法电路。

10．设机器字长为 8 位，已知 X = –36，Y = 37，用补码计算 X+Y = ？，问是否有溢出？

11．设机器字长为 16 位，将下列十进制数分别转换成二进制数、十六进制数和 BCD 数。

（1）66　　（2）126　　（3）259　　（4）514

12．设字长为 8 位，写出下列 X、Y 的原码、反码和补码。

（1）X = –78　　（2）Y = 32　　（3）X = –64　　（4）Y = –32

13．试用 8 位二进制写出以下数字、字母和控制符的 ASCII 码，并写出每个 ASCII 码对应的奇校验码、偶校验码、标记校验码及空格校验码。

（1）A　　（2）CR　　（3）8　　（4）NUL

14．设两个 BCD 数 M = 1001 1001，N = 0101 1001，试用列竖式的方法计算 M+N，注意要做加 6 修正运算。

15．若规格化 32 位浮点数 N 的二进制存储格式为 41360000H，求其对应的十进制数值。

16．已知二进制数 X = 10111101.1011，求其规格化的 32 位浮点数。

17．已知二进制数 A = 10101001，B = 10100010，试计算 Y = A·B，X = A＋B，以及 Z = A ⊕ B 的值。

18．已知二进制数 A = 10110100，对二进制数 A 求反。

第 2 章　微型计算机系统概述

2.1　微型计算机系统组成

微型计算机系统由硬件与软件两大部分组成，分别称为硬件（Hardware）系统与软件（Software）系统。学习本章的目的是期望读者能够建立微机系统的整体概念。

2.1.1　微机的基本结构

根据冯·诺伊曼（Von Neumann）计算机的基本思想，微型计算机的硬件系统由运算器、控制器、存储器、输入及输出（I/O）设备五大部分组成。微型计算机（简称微机）的运算器和控制器一起集成在微处理器芯片内，称之为中央处理单元（Central Processor Unit，CPU）。微机的基本结构如图 2-1 所示，它由 CPU、内存储器、各类 I/O 接口、相应的 I/O 设备，以及连接各部件的地址总线、数据总线、控制总线组成。

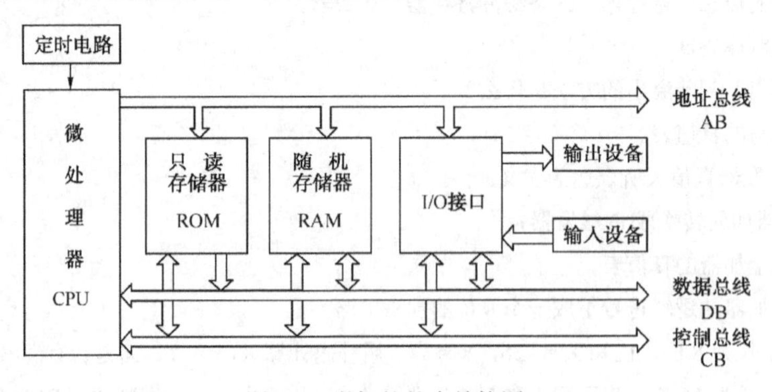

图 2-1　微机的基本结构图

1．微处理器

微处理器（Microprocessor）简称 μP 或 MP 或 CPU。CPU 是采用大规模和超大规模集成电路技术将算术逻辑部件 ALU（Arithmetic Logic Unit）、控制部件 CU（Control Unit）和寄存器组 R（Registers）等三个基本部分及内部总线集成在一块半导体芯片上构成的电子器件。随着半导体技术的提高，微处理器芯片的集成度越来越高，功能越来越复杂，微处理器的不断发展使得微型计算机不断地更新换代。

2．存储器

存储器包括只读存储器（ROM）和随机存取存储器（RAM）两类，存储器的功能主要是用于存放程序与数据。程序是指令的有序集合，也是计算机运行的依据，数据则是计算机操作的对象。无论是程序还是数据，在计算机的存储器中都以二进制的形式表示，不是高电平逻辑“1”，就是低电平逻辑“0”，统称为信息。计算机执行程序之前，必须把这些信息存放到一定范围的存储器中。存储器被划分成许许多多的小单元，称为存储单元，一个存储单元包括 8 位

(bit) 二进制数，即一字节（Byte）。在微机中，存储器均按字节（一字节由 8 位二进制信息组成）编址，即每个字节有一个二进制地址编码。给每个存储单元分配的一个固定地址，称为单元地址，由 CPU 发出的地址信息对各个存储单元进行寻址，并由 CPU 确定对选中的存储单元进行读操作还是写操作，如图 2-2 所示。

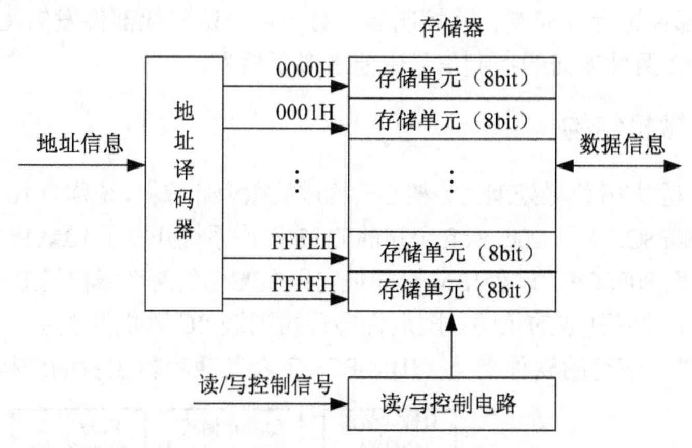

图 2-2 存储器的地址分配与存储单元

CPU 从存储器中读出数据，或者是把数据存入存储器中，都称为访问存储器，从存储器中读出数据称读访问，数据存入存储器称为写访问。CPU 访问存储器时，首先发出待访问存储单元的地址，其次要发出读操作命令或写操作命令，并进行数据的输入和输出。

3．输入/输出（I/O）接口

I/O 接口（Interface）是 CPU 与 I/O 设备之间的连接电路，不同的 I/O 设备有不同的 I/O 接口电路，例如，显示器通过显卡与 CPU 相连接，键盘通过键盘接口电路与 CPU 相连接，网络通过网卡才能与 CPU 连接。由于不同外设的工作速度及驱动方式等差别很大，没有一种外设能够与微处理器的总线直接相连接，各种 I/O 接口电路就是为了完成这一匹配任务而设计的，一般 I/O 接口电路可以实现信号的变换、数据的缓冲与传送、中断的控制、输出控制信号和输入状态信号等。

4．总线

总线（BUS）包括地址总线、数据总线和控制总线三种。所谓总线，它将多个功能部件连接起来，并提供传送信息的公共通道，能为多个功能部件分时共享。总线上能同时传送二进制信息的位数称为总线宽度。

CPU 通过三种总线连接存储器和 I/O 接口，构成了微型计算机的基本结构。

（1）地址总线

地址总线（Address Bus，AB）是 CPU 发出的地址信息，用于对存储器和 I/O 接口进行寻址，以便 CPU 对存储器和 I/O 接口的指定单元进行读/写操作。地址总线的宽度决定了 CPU 访问存储器的最大容量。例如，8086CPU 有 20 位地址线，能访问存储器的容量是 2^{20} 字节=1MB。

（2）数据总线

数据总线（Data Bus，DB）是 CPU 和存储器、CPU 和 I/O 接口之间传送信息的数据通路，数据总线传输的方向为双向传输，可由 CPU 传输信息给存储器或 I/O 接口，或者反方向传输。

数据总线的宽度越宽，CPU 传输数据信息的速度越快，8086 CPU 数据总线为 16 位，现在微机 CPU 的外部数据总线 64 位，分别表示 CPU 一次可以与存储器传送 16 位和 64 位二进制信息。

（3）控制总线

CPU 的控制总线（Control Bus，CB）按照传输方向分为两种：一种是由 CPU 发出的控制信号，用以对其他部件进行读控制、写控制等；另一种则是其他部件发向 CPU 的，反过来实现对 CPU 的控制。在两种方向的控制信号中前者多于后者。

2.1.2 16 位微机结构

IBM PC/XT/AT 是以 16 位微处理器为核心所构成的微型计算机，统称为 16 位 IBM PC 系列机，IBM 公司选用 Intel 8088CPU 和 Microsoft 公司的 DOS 操作系统开发了 IBM PC，IBM PC /AT 则以 80286CPU 为核心，而 8086CPU 只有 IBM 公司把它用在PS/2 的两个低档机上（25 型和 30 型）。

IBM 公司采用了技术开放的策略，随后许多公司围绕 PC 微机开发生产了许多配套的产品及其兼容机，并提供了应有的软件支持。IBM PC/AT 及其兼容机主板的结构如图 2-3 所示。

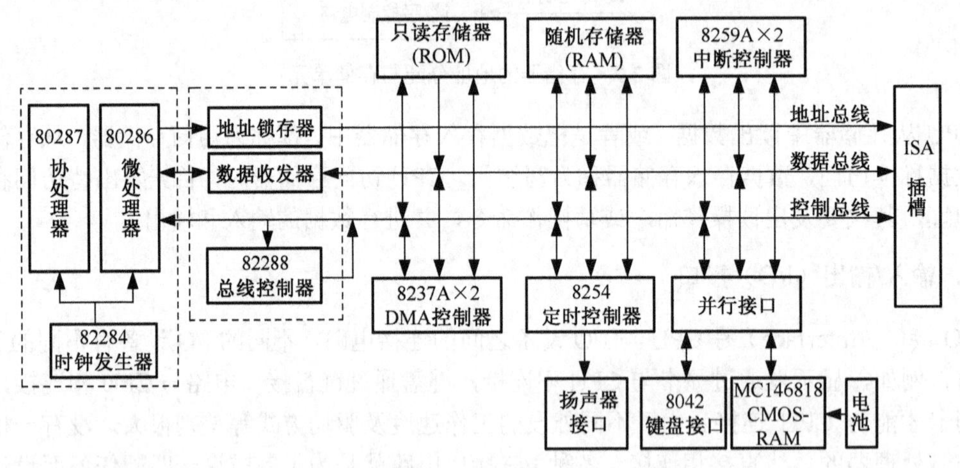

图 2-3 IBM PC/AT 及其兼容机的主板结构

1．微处理器

图 2-3 中选用 80286 作为主处理器，80286 工作在实地址方式时，与 8086 完全兼容，还可以工作在保护虚地址方式。图 2-3 中 80287 数字数据处理器（NDP）作为协处理器，8087 的指令包括一整套算术指令，以及强有力的指数、对数及三角函数指令，它采用普通 80 位内部浮点数格式，处理不同格式的数据。图 2-3 中 82284 是 80286 CPU 的时钟发生器/驱动器，向系统提供 8MHz 的工作时钟。从总线结构上分析，80286CPU 的地址总线、数据总线和控制总线是第一层，也称 CPU 总线。

2．局部总线

CPU 总线经过地址锁存器、数据收发器及 82288 总线控制器变换与驱动后，产生了系统的地址总线、数据总线及控制总线，称其为局部总线，它是主板上 CPU、主存储器和各类接口的公共通道。IBM 公司将 IBM AT 的结构定为 PC 工业标准结构（Industry Standard Architecture，ISA），其局部总线被称之为 ISA 总线。为了便于扩充 I/O 接口卡，增加 IBM AT 的应用范围，将 ISA 总线在主板上制作成多个插槽。

3．主存储器

主存储器由半导体随机存取存储器 RAM 芯片和只读存储器 ROM 芯片组成。

RAM 用于存放操作系统、各种应用程序以及程序运行所需要的数据。

ROM 中主要固化了操作系统中最底层的程序，即基本输入/输出系统（Basic Input/Output System，BIOS），也称 ROM-BIOS。它由许多子程序组成，用来驱动与管理键盘、打印机、磁盘、显示器、RS-232-C 串行通信等设备， BIOS 中子程序的执行是由操作系统的调用来实现的，用户也可以调用 BIOS 中的子程序，完成对外设的驱动。

4．各类 I/O 接口

图 2-3 中，两片 8237A 直接存储器存取（Direct Memory Access，DMA）芯片级联，构成 7 个独立的可编程 DMA 通道。DMA 的主要作用是控制主存大量数据不经过 CPU 而直接与硬磁盘之间的相互快速传输。

两片 8259A 中断控制器芯片级联，可以管理 15 级可屏蔽中断的申请，控制 15 个外部中断源设备与 CPU 并行工作。

一片可编程时间间隔定时器芯片 8254 用于定时，其输出脉冲信号作为扬声器的声源。

MC146818 是日历时钟/CMOS RAM 芯片，提供系统的时钟等。

并行接口作为 CPU 与键盘之间的通信接口，CPU 通过并行接口读取每一个键的键值，并控制扬声器发音的时间间隔等。

2.1.3　32 位微机结构

以 80386 处理器指令集结构为标准的微处理器统称为 Intel 32 位结构（Intel Architecture-32，IA-32）， 在 20 多年的应用与发展进程中，产生了许多型号的主板。

Intel Core 2 是 Pentium 系列的处理器，以其为控制中心组成的主板构成了多层次的结构，如图 2-4 所示。该微机控制中心的分层结构包含：1 个 CPU、3 个外围芯片、5 种接口及 7 类总线，系统结构满足所谓的 1-3-5-7 规则。1-3-5-7 规则是指主要的结构，但是，实际上有增也有减。

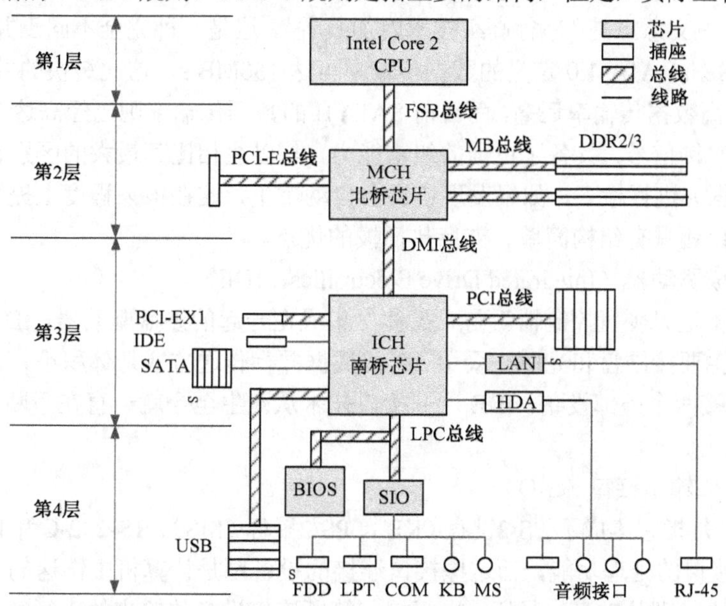

图 2-4　Intel Core 2 微机控制中心的分层结构图

1．1 个 CPU

微机系统以 CPU 为中心进行设计，CPU 位于系统分层结构的顶层（第一层），控制全系统的运行状态。从系统性能上分析，CPU 的运行速度最快，上层的数据逐层传输到下层，其传输速度逐渐减低，性能下降；从系统组成上分析，CPU 的更新换代，必然导致外围芯片组（南桥、北桥等）及内存结构的改变。

2．3 个外围芯片

3 个外围芯片包括北桥芯片（MCH）、南桥芯片（ICH）及 BIOS 芯片（FWH）等，其各自功能说明如下。

北桥芯片具有三大接口的功能，包括 CPU 与内存之间的接口、CPU 与显示器之间的接口，以及 CPU 与南桥芯片之间的接口。北桥芯片相对南桥芯片，直接连接设备要少一些，但是，传输数据量要大许多，北桥芯片的好坏直接影响主板的性能。

南桥芯片提供多种低速外设的接口，并与之相连接。南桥芯片负责 I/O 总线之间的通信，如 PCI、USB、LAN、HDA、SATA、IDE、LPC 等总线，实时时钟控制器、高级电源管理、IDE 控制及附加功能等。不同的南桥芯片在功能上会存在很大的差异，厂商会根据成本控制及市场定位来选择搭配，而且甚至可以选择其他厂商的南桥芯片。

BIOS 芯片主要解决硬件系统与软件系统之间的兼容问题。

BIOS 芯片中固化了 BIOS 一组设置程序，只有在开机时才可以运行该设置程序，并对计算机系统进行设置，其主要功能是为计算机提供最底层的、最直接的硬件设置和控制。

CMOS 主要用于存储 BIOS 设置程序所设置的参数与数据，而 BIOS 设置程序主要对基本输入/输出系统进行管理和设置，使系统运行在最好状态下，使用 BIOS 设置程序还可以排除系统故障或者诊断系统问题。注意，使用的主板不同，BIOS 具体设置项目有所不同。

3．5 种接口

（1）串行 ATA（Advanced Technology Attachment）接口

串行 ATA 的中文意思是“串行高级技术附加装置”，这是一种完全不同于并行 ATA 的新型硬盘接口类型，Serial ATA 1.0 定义的数据传输率可达 150MB/s，这比最快的并行 ATA 所能达到 133MB/s 的最高数据传输率还高，而目前 SATA II 的数据传输率则已经高达 300MB/s。SATA 总线使用嵌入式时钟信号，具备了更强的纠错能力，与以往相比其最大的区别在于能对传输指令（不仅仅是数据）进行检查，如果发现错误会自动矫正，这在很大程度上提高了数据传输的可靠性。串行接口还具有结构简单、支持热插拔的优点。

（2）电子集成驱动器（Integrated Drive Electronics，IDE）

它的本意是指把“硬盘控制器”与“盘体”集成在一起的硬盘驱动器，IDE 是现在普遍使用的外部接口，主要接硬盘和光驱。采用 16 位数据并行传送方式，体积小、数据传输快。一个 IDE 接口只能接两个外部设备。IDE 这一接口技术从诞生至今就一直在不断发展，性能也不断地提高。

（3）超级输入/输出接口（SIO）

所谓“超级”是指它集成了 PS/2键盘（KB）、PS/2鼠标（MS）、RS-232-C 串口通信（COM）、并口（LPT）等接口的处理功能，而这些接口连接的设备都是计算机中慢速的 I/O 设备。它的主要功能包括负责处理从键盘、鼠标、串行接口等所连接设备传输来的串行数据，将它们转换成为并行数据传送到 CPU，将 CPU 传输来的并行数据变换成串行数据送往串行设备，同时也负责并行接口（LPT）、软驱接口（FDD）数据的传输与处理。

（4）LAN（Local Area Network）接口

LAN 接口被称为局域网接口，LAN 接口是内网接口，主要用于路由器与局域网进行连接，因局域网类型也是多种多样的，所以也就决定了路由器的局域网接口类型也可能是多样的。不同的网络有不同的接口类型，常见的以太网接口主要有 AUI、BNC 和 RJ-45 接口等。路由器或者交换机上的 LAN 口，一般是指局域网口，RJ-45 接口就是一般的网线接头。

图 2-4 中的 RJ-45 接口是常见的双绞线以太网接口，因为在快速以太网中也主要采用双绞线作为传输介质，所以根据端口的通信速率不同，RJ-45 接口又可分为 10Base-T 网 RJ-45 接口和 100Base-TX 网 RJ-45 接口两类。其中，10Base-T 网的 RJ-45 接口在路由器中通常标识为“ETH”，而 100Base-TX 网的 RJ-45 端口则通常标识为“10/100bTX”。

RJ-45 接口引脚的名称如下：

1　TX+ Tranceive Data+　（发信号+）；

2　TX- Tranceive Data-　（发信号–）；

3　RX+ Receive Data+　（收信号+）；

4　n/c Not connected　（空脚）；

5　n/c Not connected　（空脚）；

6　RX- Receive Data-　（收信号–）；

7　n/c Not connected　（空脚）；

8　n/c Not connected　（空脚）。

（5）高级数字化音频接口（HDA）

该音频接口往往还需要外接音频扩大器，然后驱动音响设备。部分高端产品还提供无线局域网接口、蓝牙接口、IEEE1394 接口及 RAID 接口。

4．7 类总线

7 类总线包括：

① 前端总线（FSB）；

② 内存总线（MB）；

③ 南北桥连接总线（DMI）；

④ 图形显示总线（PCI-E）；

⑤ 通用串行设备总线（USB）；

⑥ 少针脚总线（LPC）；

⑦ 外部设备互连总线（PCI）。

2.1.4　微型计算机的主板

随着微型计算机的不断发展，微型计算机硬件系统越来越复杂，微型计算机从基本结构上看，它由 CPU、存储器、输入接口和输出接口及总线组成，也称为主机板或系统板，一块主板主要由线路板和它上面的各种元器件组成。图 2-5 是一块主机板图，共计由 14 部分组成，下面逐一介绍微型计算机各部分的组成。

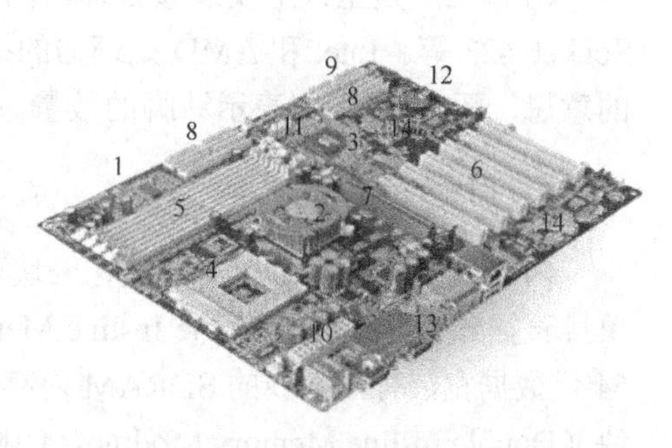

图 2-5　主板图

1．线路板

线路板又称印制电路板，它实际上是由几层树脂材料黏合在一起的，采用铜箔走线作为连接线。一般微型计算机的 PCB 线路板分为四层，最上层和最下层是信号层，中间两层是接地层和电源层。一些要求较高的主板的线路板可为 6～8 层。

一块成品的主板首先在 PCB 基板上根据需要安装好各种元器件，然后用 SMT 自动贴片机将 IC 芯片和贴片元件焊接上去，再手工接插一些机器无法完成的工作，最后通过波峰/回流焊接工艺将这些插接元器件牢牢地固定在 PCB 上，生产出来的主板最后必须检测调试通过。

2．北桥芯片

计算机的芯片组（Chipset）是主板的核心组成部分之一，按照在主板上的排列位置的不同，通常分为北桥芯片（如图 2-6 所示）和南桥芯片（如图 2-7 所示），北桥芯片一般提供对 CPU 的类型和主频、内存的类型和最大容量、ISA/PCI/AGP 插槽、ECC 纠错等的支持，通常在主板上靠近 CPU 附近，在此芯片上一般装有散热片，以防止发热过量导致损坏。

北桥芯片是主桥，一般北桥芯片可以和不同的南桥芯片进行搭配使用。例如，图 2-5 中的 VIA KT400 芯片组则由 KT400 北桥芯片和 VT8235 等南桥芯片组成；又如，Intel 公司的 i845GE 芯片组由 82845GE GMCH 北桥芯片和 ICH4（FW82801DB）南桥芯片组成。

3．南桥芯片

主板上南桥芯片用来与 I/O 设备及 ISA 设备相连，并负责管理中断及 DMA 通道，让设备工作得更顺畅，它提供对 KBC（键盘控制器）、RTC（实时时钟控制器）、USB（通用串行总线）和 ACPI（高级能源管理）等的支持。

图 2-6　北桥芯片图

图 2-7　南桥芯片图

4．CPU 插座

CPU 插座是主板上安装微处理器的一种插座。CPU 插座主要有 Socket 370、Socket 478、Socket 423 等。Intel 和 AMD 处理器的插座都称为“Socket xxx”，其中的“Socket”就是插座的意思，而“xxx”则表示针脚的数量。现在，流行的是 LGA 无针脚触点插座。

5．内存插槽

内存条由若干存储芯片安装在一块印制电路板上，早期的内存条为 32 位数据宽、72 引线单排直插式存储模块（Single In-line Memory Module，SIMM），其容量较小；后来的内存条为 64 位数据宽，有 168 线的 SDRAM 内存条和 184 线的 DDR 内存条等，称为双排直插式存储模块（Double In-line Memory Module，DIMM）。

内存插槽是主板上用来安装内存的一种插槽。目前常见的内存插槽为 SDRAM 内存、DDR 内存插槽（如图 2-8 所示），它们插针的数量、插针的定义等都是不尽相同的，不同的内存条在不同的内存插槽上不能互换使用。对于 168 线的 SDRAM 内存和 184 线的 DDR 内存，其主要外观区别在于 SDRAM 内存插槽上有两个缺口，而 DDR 内存插槽上只有一个。

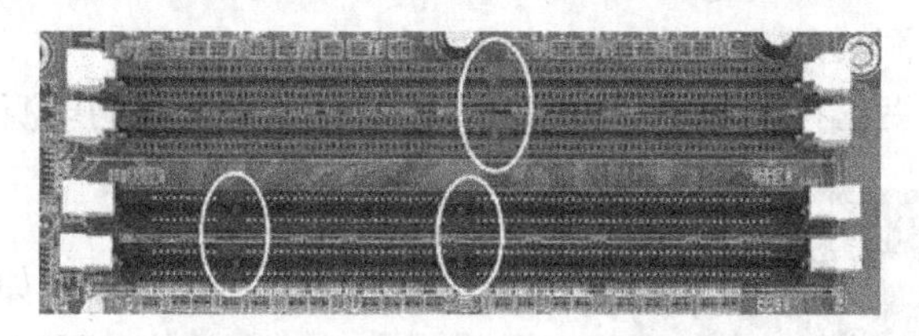

图 2-8　SDRAM 和 DDR 内存插槽

6．PCI 插槽

PCI（Peripheral Component Interconnect）总线插槽是由 Intel 公司推出的一种局部总线。它定义了 32 位数据总线，且可扩展为 64 位。它为显卡、声卡、网卡、电视卡、MODEM 等设备提供了连接接口，PCI 总线的基本工作频率为 33MHz，最大传输速率可达 132MB/s。

7．AGP 插槽

AGP（Accelerated Graphics Port）图形加速端口是专供 3D 加速卡（3D 显卡）使用的接口。它直接与主板的北桥芯片相连，且该接口让视频处理器与系统主内存直接相连，避免经过窄带宽的 PCI 总线而形成系统瓶颈。增加了 3D 图形数据传输速率，在显存容量不足的情况下还可以调用系统主内存，所以它拥有很高的传输速率。AGP 接口主要可分为 AGP1X/2X/4X/8X 等类型。

8．ATA 接口

ATA 接口是用来连接硬盘和光驱等设备而设的。主流的 IDE 接口有 ATA33/66/100/133。

9．软驱接口

软驱接口共有 34 条针脚，它是用来连接软盘驱动器的。

10．电源插座及主板供电部分

电源插座主要有 AT 电源插座和 ATX 电源插座两种，现在主板一般采用 ATX 电源插座，ATX 电源插座采用了防止插反的设计，在电源插座附近一般还有主板的供电及稳压电路。

11．BIOS 及电池

BIOS 是一块装入了启动和自检程序的 EPROM 或 EEPROM 集成块。实际上它是被固化在 ROM（只读存储器）芯片上的一组程序，为计算机提供最低级、最直接的硬件控制与支持。此外，在 BIOS 芯片附近一般还有一块可充电的电池，它为 BIOS 提供备用电源，如图 2-9 所示。

图 2-9　BIOS 及电池图

由于半导体技术的发展，现在的 ROM BIOS 多采用 Flash ROM（闪烁只读存储器），它是一种在线可擦除可编程的只读存储器，通过刷新程序，就可以对本机的 Flash ROM 进行重写，方便地实现 BIOS 升级。因此，目前用它取代了 EPROM 芯片。

12．机箱前置面板接头

机箱前置面板接头是主板用来连接机箱上的电源开关、系统复位、硬盘电源指示灯等排线的地方。一般来说，ATX 结构的机箱上有一个总电源的开关接线（Power SW），它是一个两芯的插头，和系统复位（Reset）的接头一样，按下时短路，松开时开路。按一下，计算机的总电源被接通，再按一下电源关闭。

机箱前置面板还有两芯接头的硬盘指示灯、两芯或三芯插头的电源指示灯。

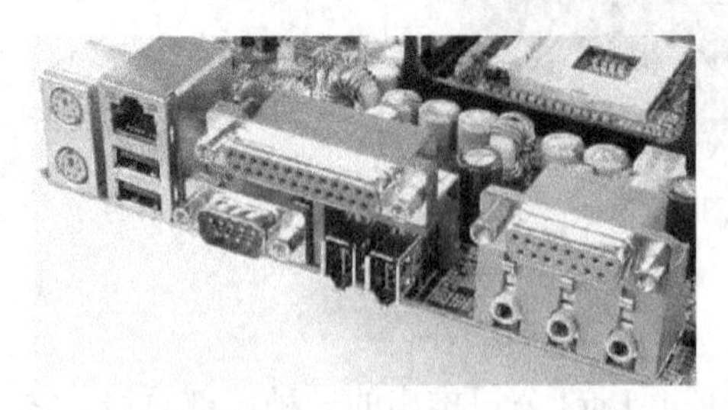

图 2-10 外部接口图

13．外部接口

ATX 主板的外部接口（如图 2-10 所示）都是统一集成在主板后半部的。现在的主板一般都符合一种规范，就是用不同的颜色区别不同的接口。一般键盘和鼠标都是采用 PS/2 圆口，只是键盘接口一般为紫色，鼠标接口一般为绿色。而 USB 接口为扁平状，可接 MODEM、光驱、扫描仪等 USB 接口的外设。而串口为 9 针插座，可连接 MODEM 和其他串口进行串行通信。25 孔的并口插座一般用于连接打印机，15 孔的插座用于连接显示器，网口插座位于鼠标接口旁。

14．其他主要芯片

主板上还有很多重要芯片，下面主要介绍以下几种。

（1）AC97 声卡芯片

AC97 是一个由 Intel、Yamaha 等多家厂商联合研发并制定的一个音频电路系统标准。主板上集成的 AC97 声卡芯片主要可分为软声卡和硬声卡两种芯片。

AC97 软声卡在主板上集成了数字模拟信号转换芯片，如 ALC201、ALC650、AD1885 等，而真正的声卡被集成到北桥芯片中，软声卡会加重 CPU 的运行负担。

AC97 硬声卡在主板上集成了一个声卡芯片，如创新 CT5880 和支持 6 声道的 CMI8738 等，硬声卡芯片具有独立的声音处理功能，并直接输出模拟的声音信号。硬声卡芯片相对比软声卡的成本高一些，但对 CPU 的占用很少。

（2）网卡芯片

常见的整合网卡所选择的芯片主要有 10/100Mb/s RealTek 公司的 8100 系列芯片及威盛网卡芯片等。中高端主板有 Intel、3COM、Alten 和 Broadcom 等公司的千兆网卡芯片等，如图 2-11 所示。

图 2-11 3COM 公司 3C940 千兆网卡芯片

（3）输入/输出控制芯片

输入/输出控制芯片提供了对并口、串口、PS2 口、USB 口及 CPU 风扇等的管理与支持。常见的输入/输出控制芯片有华邦电子的 W83627HF、W83627THF 系列等。

（4）频率发生器芯片

频率发生器芯片产生一定频率的时钟信号，作为 CPU 的工作频率。在主板上采用专用的频率发生器芯片来产生多组不同频率的时钟信号。

频率发生器芯片的型号很多，以 RTM862-431 和 ICS 950224AF 两种时钟频率发生器应用较普遍，如图 2-12 所示。

(a) RTM862-431 时钟发生器　　(b) ICS 950224AF 时钟发生器

图 2-12　两种时钟频率发生器

时钟频率发生器不仅要直接提供 CPU 所需的内部工作频率，而且还要提供其他外设和总线所需要的多种时钟信号。其主要工作原理是：先由晶振产生稳定的脉冲信号，然后由时钟频率发生器进行整形和分频，最后再分别传送到各个功能部件。

2.1.5　微型计算机的软件组成

计算机软件（Software）是指为运行、维护、管理、应用计算机所编制的程序，以及程序运行所需要的数据文档资料的总和。一般把软件划分为系统软件和应用软件。其中系统软件为计算机使用提供最基本的功能，但是并不针对某一特定应用领域。而应用软件则恰好相反，不同的应用软件根据用户和所服务的领域提供不同的功能。

1．系统软件

系统软件是用于控制、管理及维护计算机资源的软件。系统软件有五大类，主要包括操作系统、各种程序设计语言、数据库管理系统、设备驱动程序及工具类程序。

（1）操作系统

操作系统（Operating System，OS）是配置在计算机硬件上的第一层软件，是管理计算机硬件与软件资源的程序，同时也是计算机系统的内核与基石。操作系统是控制其他程序运行、管理系统资源并为用户提供操作界面的系统软件的集合。操作系统具有诸如管理与配置内存、决定系统资源供需的优先次序、控制输入与输出设备、操作网络与管理文件系统等基本事务。操作系统的型态与版本多样，不同计算机安装的操作系统可从简单到复杂，可从手机的嵌入式系统到超级电脑的大型操作系统。例如，微软 Windows XP、Windows 7、Windows 8、苹果 iOS、中标麒麟桌面操作系统、Linux Desktop、UNIX、DOS 等。

操作系统的主要功能是资源管理、程序控制和人机交互等。计算机系统的资源可分为设备资源和信息资源两大类。设备资源指的是组成计算机的硬件设备，如中央处理器、主存储器、磁盘存储器、打印机、磁带存储器、显示器、键盘输入设备和鼠标等。信息资源指的是存放于计算机内的各种数据，如文件、程序库、知识库、系统软件和应用软件等。

以现代观点而言，一个标准个人计算机的操作系统应该提供进程管理、记忆空间管理、文件系统、网络通讯、安全机制、使用者界面、驱动程序等功能。

随着微机的发展，操作系统得到了不断的提高与更新。按应用领域划分主要有三种：桌面操作系统、服务器操作系统和嵌入式操作系统。

20 世纪 80 年代微软公司研发了一个磁盘操作系统，称为 PC DOS（Diskette Operating System）。随着 IBM PC 及其兼容机的成功与推广，PC DOS 改名为 MS-DOS。由于许多应用软件是基于 MS-DOS 操作系统下运行的，因此，后来的 Windows 操作系统一般具有 MS-DOS 的兼容能力。例如，MS-DOS7.0 与以前的 MS-DOS 版本兼容，而它又是 Windows 95 的组成部分。

Windows 操作系统是基于图形用户界面的多用户操作系统，最初是基于 DOS 图形界面的扩充而开发的，1985 推出了第一版，相继推出的典型 Windows 操作系统有：Windows2.0、Windows95、Windows98、WindowsNT、Windows2000、WindowsXP、Windows7、Windows8 等。2001 年推出的 WindowsXP 是第一个既适合家庭应用，又适合商业用户使用的 Windows 操作系统，它包括家庭版（Home Edition）和商业版（Professional Edition）两个版本，支持 32 位的体系结构和受保护的内存模式，最大可支持在 4GB 内存范围内程序的运行。

Windows 8 是由微软公司开发的，具有革命性变化的操作系统。该系统旨在让人们的日常计算机操作更加简单和快捷，为人们提供高效易行的工作环境。Windows8 将支持来自 Intel、AMD 和 ARM 的芯片架构。也就是说，下一代 Windows 系统还将支持来自 NVIDIA、高通和德州仪器等合作伙伴的 ARM 系统，意味着 Windows 系统开始向更多平台迈进，包括平板机。

（2）各种程序设计语言

程序设计语言是用来专门编写软件的语言。用户选用不同的程序设计语言编写各种应用程序，程序设计语言由发展的先后可分为机器语言、汇编语言和高级语言，高级语言是软件开发者常用的语言，它的发展非常快，常见的有 C、C++、C#、VC、VB、Java 等。

（3）数据库管理系统

“数据库”是为了实现一定的目的按某种规则组织起来的数据的“集合”。数据库管理系统是用户与数据库之间的接口，它为用户提供了完整的操作命令。例如，如何建立、修改和查询数据库中的信息，如何对数据库中的信息进行统计和排序等处理。数据库管理系统是对数据库进行有效管理和操作的一种系统软件。当前微机中比较流行的数据库管理系统有 DB2、Sybase、Oracle、SQL Server 等。

（4）设备驱动程序

在微型计算机系统中，外部设备有键盘、打印机、图形显示器及网络等。计算机如何对这些外部设备进行输入、输出操作呢？那就需要有设备驱动程序，设备驱动程序是操作系统中用于控制特定设备的软件组件，只有安装并配置了设备驱动程序之后，计算机才能使用外部设备。设备驱动程序可以被静态地编译进系统，即当计算机启动时，包含在操作系统中的设备驱动程序被自动加载，供用户随时使用。或者通过动态内核链接工具“kld”在需要时加载。

（5）工具类程序

用户借助工具类程序可以方便地使用计算机，以及对计算机进行维护和管理等，主要的工具类程序有测试程序、诊断程序及编辑程序等。

2. 应用软件

应用软件是为了某种特定的用途而开发的软件及其有关资料。它可以是一个特定的程序，比如一个图像浏览器；也可以是一组功能联系紧密、可以互相协作的程序的集合，比如微软的 Office 软件；也可以是一个由众多独立程序组成的庞大的软件系统，比如数据库管理系统。

应用软件必须在系统软件的环境下才能运行，才能被用户使用。常用的应用软件有文字处理软件、电子表格软件、信息管理软件、绘图与图像处理软件、实时控制软件、网络通信软件和教育与娱乐方面的软件。

（1）文字处理软件

文字处理软件主要用于输入文字，还可以简单绘图或插入图文件，对输入的文字和插图进行编辑、排版和打印输出等，典型的文字处理软件有 Word。

（2）电子表格软件

电子表格软件主要用于在计算机上建立用户所需要的各种表格。用户可以十分方便地建立表格及表格中的数据，并使用电子表格软件自动地统计分析数据、绘图及打印输出等。常用的有 Excel。

（3）信息管理软件

信息管理软件是借助数据库管理系统和有关工具软件开发的各种信息管理系统，比如人事管理系统、工资管理系统、物质管理系统等。

（4）绘图与图像处理软件

绘图与图像处理软件在工程设计和文化艺术等方面应用十分普遍，相应地可以划分为两大类：一类是绘图软件，例如，辅助设计软件 AutoCAD 被广泛用于机械工程设计，Core lDRAW 被广泛用于建筑、电子线路等方面的绘图及图形彩色处理。另一类是专门用于对图像进行加工处理、制作动画的软件，例如，常见的有 Photoshop 软件等。

（5）实时控制软件

随着计算机控制技术的发展，工业自动控制应用越来越普及，通用的实时控制软件也得到了推广应用，例如，工控组态软件。

（6）网络通信软件

网络通信软件中的应用软件应该指网络工具软件，包括网页浏览、下载工具、电子邮件、网页制作工具等。

（7）教育与娱乐方面的软件

媒体工具软件可以进行媒体播放、媒体制作、媒体管理等，用于处理音频、视频等信息。常见的媒体工具软件有：Winamp（MP3 播放软件）、Media Player（媒体播放器）、Authorware（多媒体制作工具）及其他网络多媒体播放软件等。

2.1.6 微型计算机系统

微型计算机系统的基本组成结构如图 2-13 所示，由微型计算机、软件、I/O 设备及电源等组成。微型计算机由微处理器、存储器、I/O 接口电路及总线四部分组成；软件由系统软件和应用软件组成。系统软件包括操作系统和一系列系统实用程序，比如编辑程序、汇编程序、编译程序、调试程序等。应用软件则是为解决各类问题所编写的应用程序。在系统软件的支持下，微型计算机系统中的硬件功能才能发挥，用户才能方便地使用计算机。

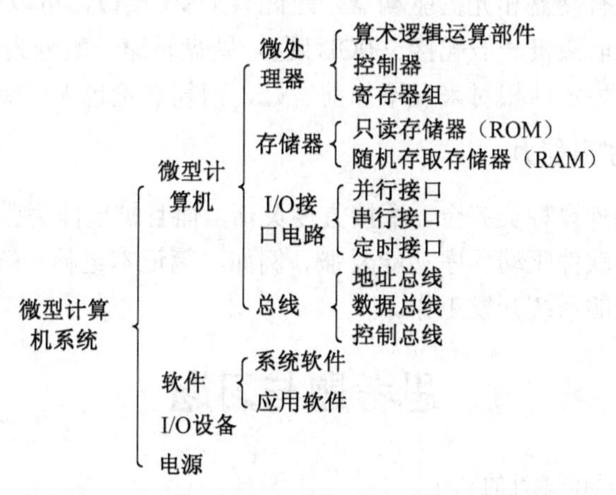

图 2-13　微型计算机系统的基本组成结构示意图

2.2 微型计算机系统的主要性能指标

1．字长

字长是CPU内部一次能并行处理二进制数码的位数，字长取决于CPU内部寄存器、运算器和数据总线的位数。字长越长，一个字所能表示数据的精度就越高，处理速度也更加快。根据所使用的CPU不同，微型计算机可分为8位、16位、32位和64位几种。因此，微型计算机根据字长可分为8位机、16位机、32位机和64位机。

2．主存储器容量

主存也称内存，主存的容量以字节（Byte）为单元，简写为B，字节数量的大小，由CPU能发出地址线位数多少来确定。现在微机上配置的内存容量一般为2～4GB。

3．CPU的主要性能指标

现在人们关注的CPU特性大致包括以下几项：

（1）CPU的外频。CPU的外频是指CPU的基准频率，或称工作频率，也就是外部时钟频率。

（2）CPU的主频。CPU的主频是指CPU内核工作的时钟频率，主频=基准频率的X倍频。早期Intel 8086 CPU的主频是10MHz，而Intel 酷睿 i7 920外部时钟频率是133MHz，经过20倍频后，其主频是2.66GHz。

（3）工作电压。工作电压指的是CPU正常工作所需的电压。

（4）流水线技术。是指指令流水线的级数及超标量技术。

（5）超线程技术。超线程技术（Hyper-Threading）是一种同步多线程执行技术。采用此技术的 CPU 内部集成了两个逻辑处理单元，相当于两个处理器实体，可以同时处理两个独立的线程。

（6）高速缓存。是指CPU内部的L_1高速缓冲存储器，现在CPU内部一般具有两级Cache。

（7）多核技术。当前微型计算机的微处理器采用的是多核技术，主要有双核、四核、六核等。

4．外存储器容量

微型计算机一般配有硬盘和光盘驱动器，还配有USB接口，可以外接U盘，这些外存储器中，硬盘容量最大，当前微机一般配接500GB硬盘。硬盘转速一般分为5400rpmin和7200rpmin等，后者更快一点，但稳定性相对来说不如前者好，消耗热量也大一点。

5．外设的配置与扩展能力

一般要求微机配接外设种类齐全，配接方便灵活，而且扩展能力强。这势必要求微机主板上硬件接口功能齐全，软件驱动程序功能要强。例如，笔记本电脑一般缺少 RS-232-C 串行接口，这不利于科研人员的系统开发工作。

思考题与习题

1．微机中的存储器是如何编址的？

2．微型计算机主要由哪几部分组成？

3．微机的基本结构包括哪 3 种总线？

4．微机中地址总线的作用是什么？

5．假设四种 CPU 主存地址线分别为 16 位、20 位、24 位和 32 位，试问每种 CPU 可寻址内存多少字节？

6．BIOS 的作用有哪些？

7．微型计算机的硬件系统由哪些部件组成？

8．CPU 的主要性能指标有哪些？

9．什么是操作系统？

10．操作系统的功能有哪些？

11．16 位微机结构中有哪些 I/O 接口，各自的主要功能是什么？

12．Intel Core 2 微机的分层结构中包括哪 3 个外围芯片？有哪 7 种总线？

13．超级输入/输出接口（SIO）包括哪些外设的接口？

14．RJ-45 接口中有哪 4 条有用的信号线？

15．简述设备驱动程序的作用。

第3章 微 处 理 器

由大规模集成电路组成的具有控制器和运算器功能的中央处理器（Central Processing Unit，CPU），统称为微处理器（Microprocessor，MP）。随着大规模和超大规模集成电路工艺和技术的发展，微处理器的集成度越来越高，微处理器的组成越来越复杂，其功能越来越强大。微处理器的发展过程经历了从经典的16位微处理器8086到80286、80386、80486、Pentium、双核及多核等系列微处理器的演变和应用。

本章将介绍16位和32位微处理器的编程结构，主要介绍微处理器中的寄存器组、CPU对存储器的管理技术、CPU的引脚及其工作时序，为学习汇编语言编程和32位微机原理奠定必要的基础知识。还要介绍Pentium微处理器关于指令的超标量流水技术，以及多核微处理器等。

3.1 微处理器的基本功能和基本组成

3.1.1 微处理器的基本功能

微处理器是微机的运算和控制处理部件，也是指挥微机各部件协调工作的控制中心。主要的基本功能包括：

① 指令控制功能，即控制程序顺序执行的功能。

② 操作控制功能，程序是由有序指令的集合而成，CPU执行程序就是要逐条执行程序中的指令，一条指令的执行往往由若干操作信号的组合来实现，CPU根据指令操作码和时序信号，产生各种操作控制信号，以便正确地选择数据通路，从而完成取指令和执行指令的控制。

操作控制功能大体上分为时间控制功能和数据加工功能。时间控制功能，对指令的各个操作实施时间片段及先后顺序的精确定时，使得计算机有条不紊地自动工作。数据加工功能，对操作数实现算术运算和逻辑运算，完成对原始信息的加工和处理操作。

操作控制器的组成类型分为两类：

① 硬布线控制器，它是采用时序逻辑技术来实现的；

② 微程序控制器，它是采用存储逻辑来实现的。

3.1.2 微处理器的基本组成

从早期的微处理器看，它主要包括运算器和控制器两大部分。随着大规模集成电路技术的快速发展，早期CPU外部的一些功能部件逐步被集成到CPU内部去了，例如浮点运算部件、高速缓冲存储器（Cache）及Cache总裁器等被移入CPU内，因此，CPU内部最基本的组成分为三大部分，即运算器、控制器和高速缓冲存储器。

1．运算器与寄存器

图3-1是运算器的示意图，运算器要对二进制数进行算术运算、逻辑运算及信息传输等，

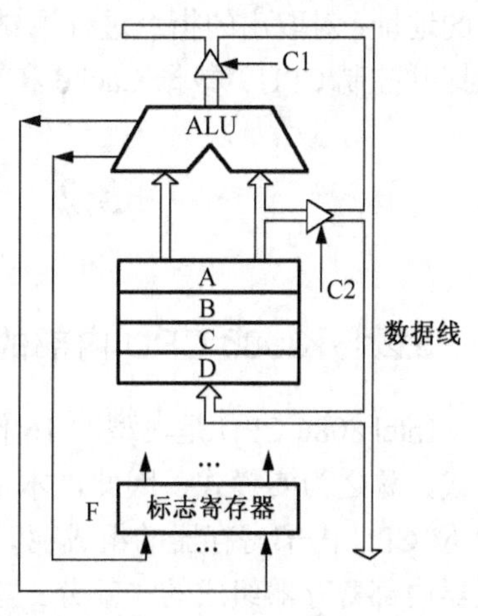

图3-1 运算器示意图

主要是进行加、减、乘、除、逻辑与、逻辑或、逻辑异或、逻辑非及提供数据传输的通路等，因此，运算器常称为算术逻辑运算单元（ALU）。图3-1中算术逻辑运算单元有两组数据输入端和一组数据输出端，由于它是ALU的基本组成，图中只示意了A、B、C、D共4个寄存器，在控制器的作用下，根据所执行的指令，选择相应两个寄存器的值送入ALU中，做相应的操作，运算结果经过缓冲器（C1有效）被送到指定的地方存储。A、B、C、D 4个寄存器中存放二进制数也可以经过缓冲器（C2有效），送往其他寄存器或存储器中存放，运算器在处理数据过程中，对于标志寄存器F会产生影响，比如进位标志CF、溢出标志OF等，其结果一定会被存放到标志寄存器F中。数据线是CPU内部数据传输的公共通路。

2．高速缓冲存储器（Cache）

从Pentium CPU开始，CPU内部分为指令Cache和数据Cache，Cache是小容量的读/写存储器，分别用于存放计算机当前所执行的程序和执行程序所需用的数据。它们都是通过确定的映射方式，从主存储器中通过突发总线（Burst Bus）技术传送到CPU内部来的，也就是说，CPU能将当前要执行的部分程序和程序执行过程中所需要的部分数据，使用快速的办法，从主存储器中取到CPU内部的高速缓冲存储器中，使得CPU在近期一时间片段不需要访问主存储器，而是只需访问CPU内部缓冲存储器，称其为访问CPU内部Cache的命中率很高。由于CPU访问Cache和访问主存储器相比较，所花时间短许多，所以大大提高了CPU的工作速度。

3．控制器

控制器最基本部件由指令指针（Instruction Pointer，IP）、指令寄存器（Instruction Register，IR）、指令译码器（Instruction Decoder，ID）及操作控制器（OC）等组成，图3-2是基本控制器的示意图。

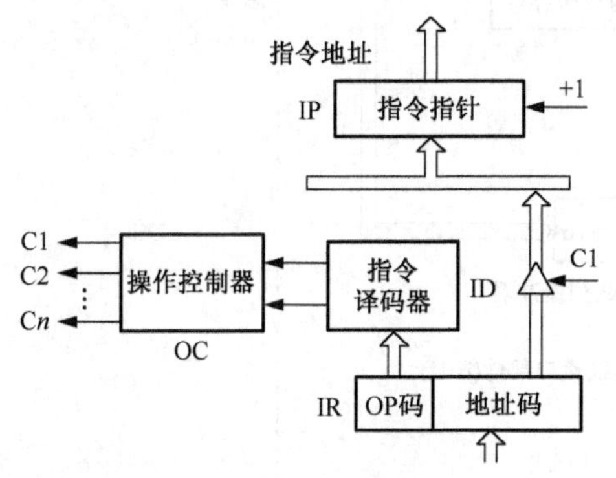

图3-2 基本控制器示意图

在图3-2中，指令指针中存放存储器地址，为了保证程序能够连续地顺利执行，CPU必须自动记忆下一条指令存放在内存中的地址，所以指令指针又称为指令计数器，它有自动加1的功能。

指令寄存器用来保存计算机当前正在执行或即将执行的指令。当一条指令被执行时，首先，CPU从内存取出指令的操作码，并存入IR中，以便指令译码器进行译码分析。

指令译码器用来对指令进行译码，以确定指令的性质和操作。

操作控制器（OC）根据不同的指令，产生不同的微操作命令（电平信号或脉冲信号），以控制各个部件的微操作。

控制器根据当前所执行的指令，协调和指挥计算机系统有条不紊地操作。其主要功能有：从主存储器或指令高速缓存（Cache）中取出指令，并指向下一条指令在主存储器或指令Cache

中的地址；对取出的指令进行测试与译码，并产生相应的操作控制信号，实现当前指令的执行；指挥并控制 CPU、数据 Cache 和输入/输出设备之间数据传输的方向等。

3.2 微处理器内部的寄存器

3.2.1 8086 CPU 内部的寄存器

Intel 8086 CPU 是典型的 16 位微处理器，在 80x86 的 32 位机中，兼容了 8086 CPU 的工作方式，称之为实模式，因此，本节主要讨论 8086 CPU 内部寄存器的组成，为什么不直接讨论 32 位 CPU 内部寄存器的组成呢？因为 16 位的 8086 CPU 是基础，其内部寄存器是 32 位微处理器内部寄存器组成的一部分。在汇编语言程序的结构中，32 位机兼容 16 位汇编语言程序设计，即在 32 位机上可以直接运行 16 位汇编语言程序，并且，只要掌握了 16 位机的指令系统，就可以很方便地扩充到 32 位的指令系统并编写 32 位汇编语言程序。

1. 8086 CPU 内部组成

8086 CPU 内部组成如图 3-3 所示，从图中可以看出，它由两大部件组成，分为总线接口部件（Bus Interface Unit，BIU）和执行部件（Execution Unit，EU）。

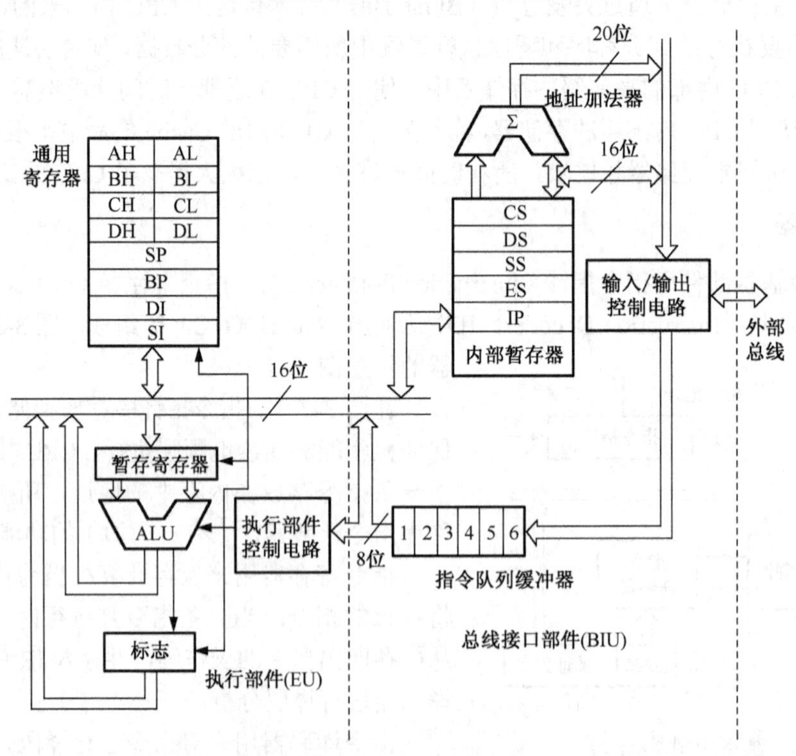

图 3-3 8086 CPU 内部组成图

（1）总线接口部件 BIU

总线接口部件 BIU 的主要功能：8086 CPU 内部集成了 CPU 与外部存储器及 I/O 端口的接口电路，它能够提供 16 位双向传输的数据总线；由 20 位地址加法器产生 20 位的物理地址，并发出 20 位物理地址；预取指令并存入先进先出的指令队列缓冲器中；总线接口部件 BIU 能将 8086 CPU 的内部总线与外部总线相连，发出各种总线控制信号，实现 CPU 对存储器的读/写控制及对 I/O 端口的读/写控制。

总线接口部件 BIU 主要组成部分如下：

① Σ 表示 20 位地址加法器，它能将 16 位逻辑地址变换成读/写存储器所需要的 20 位物理地址。

② 4 个 16 位段寄存器：

CS，代码段寄存器（Code Segment）；

DS，数据段寄存器（Data Segment）；

SS，堆栈段寄存器（Stack Segment）；

ES，附加段寄存器（Extra Segment）。

③ IP，16 位指令指针（Instruction Pointer），专用于存放下一条将要执行指令的偏移地址。

④ 输入/输出控制电路，用于控制总线的开放、关闭及信号传送的方向等。

⑤ 6 字节指令队列缓冲器，用于存放预先从存储器取出的 6 字节的指令代码。

总线接口部件 BIU 的基本工作原理：代码段寄存器 CS 中的 16 位段基地址左移 4 位，并且低 4 位补 4 个 0，加上 16 位指令指针 IP 的值，产生 20 位物理地址（实际地址），这由 20 位地址加法器完成，20 位物理地址存入地址寄存器，并由地址寄存器输出端连接到 CPU 的外部地址总线，然后，通过总线控制逻辑发出存储器读信号，从 20 位物理地址指定的存储单元中取出指令，送到指令缓冲队列中等待执行。

通常 CPU 从内存取出指令并填满 6 字节指令队列缓冲器后，EU 可从指令队列中取出指令来执行。EU 从指令队列输出端取出指令后，BIU 便自动调整指令队列输出端的指针。当指令队列中有 2 个或 2 个以上的字节空出时，BIU 将从内存按代码的顺序自动取出后续的代码填入指令队列中。当指令队列已装满，EU 没有向 BIU 申请读/写存储器及 I/O 端口的操作数时，则 BIU 不会执行任何总线操作，处于一种空闲状态。

EU 从指令队列取走指令并译码后，如果需要从存储器或 I/O 端口读/写操作数，EU 便向 BIU 传递偏移地址，BIU 只要收到 EU 送来的偏移地址，就通过地址加法器，将现行数据段及送来的偏移地址组成 20 位的物理地址，根据现行的 20 位物理地址，通过执行存储器的读/写总线周期来完成读/写操作，或者通过执行 I/O 端口的读/写总线周期来完成读/写 I/O 端口的操作。

指令指针寄存器 IP 有自动加 1 的功能，它指向下一条指令在当前代码段内的偏移地址。

（2）执行部件 EU

执行部件 EU 的主要功能：从 BIU 中的指令队列获取指令，对指令进行译码分析并执行。向 BIU 提出访问存储器或 I/O 接口的请求，执行指令所需要的操作数和运算结果都是通过总线接口部件与指定的内存单元或外设端口进行传送的。

执行部件 EU 的主要组成部分如下：

① ALU，算术逻辑部件（Arithmetic Logic Unit）。ALU 可以对 2 个 8 位或 16 位的二进制数进行算术运算和逻辑运算，以及对 8 位或 16 位的二进制数作移位操作等。

② 暂存器，由 16 位寄存器组成，用于暂时存放参加运算的操作数。

③ FLAGS，标志寄存器，也称程序状态字 PSW，用于存放 ALU 运算结果的标志等。

④ 通用寄存器组，8 个通用的 16 位寄存器，AX、BX、CX、DX、SI、DI、堆栈指针 SP 和基址指针 BP。

执行部件EU的基本工作原理：EU从BIU的指令队列输出端取出指令并进行译码，若执行指令需要访问存储器或I/O端口，EU向BIU发出请求，BIU根据当前指令所要访问存储器或I/O端口的地址，将自动完成相应的操作。

当EU执行转移指令时，总线接口部件BIU则清除指令队列，根据转移指令的新地址取出指令代码，立即送给EU执行，并且从后继指令序列中取指令，随后重新依次填满指令队列。

EU根据指令要求向EU内部各部件发出控制命令，完成执行指令的功能。

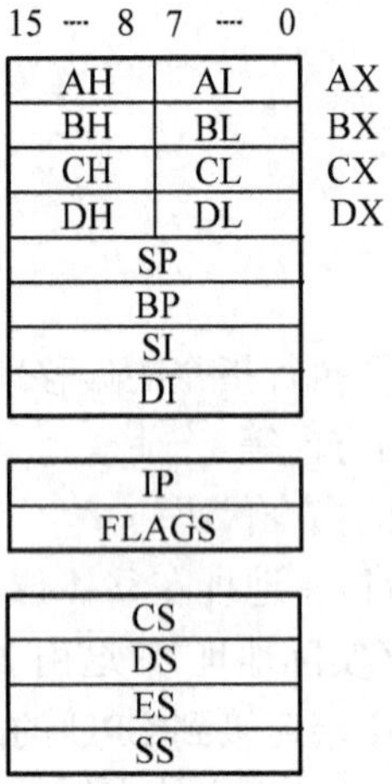

2. 8086 CPU内部的寄存器组

8086 CPU内部的寄存器是微处理器中的重要组成之一，在程序执行的过程中，它主要用来存放运算过程中所需要的操作数、操作数地址和中间结果等。

8086 CPU内包含4组16位寄存器，它们分别是通用寄存器组、段寄存器、指令指针寄存器及标志位寄存器。8086 CPU内部寄存器如图3-4所示。

15 … 8	7 … 0	
AH	AL	AX
BH	BL	BX
CH	CL	CX
DH	DL	DX
SP		
BP		
SI		
DI		
IP		
FLAGS		
CS		
DS		
ES		
SS		

图3-4 8086 CPU内部寄存器

（1）通用寄存器组

如图3-4所示，通用寄存器组由8个16位的寄存器组成，包括AX、BX、CX和DX共计4个16位的寄存器（也称之为数据寄存器），以及SP、BP、SI、DI寄存器。

每个16位的数据寄存器都可以分为两个8位的寄存器使用，高8位寄存器的名称为AH、BH、CH和DH，低8位寄存器的名称为AL、BL、CL和DL。

在汇编语言程序设计中，这4个16位的数据寄存器除了作为数据寄存器使用之外，每个寄存器还有它们各自的专门用法（具体使用方法见第4章），其中：

① AX，累加器，用于算术运算、逻辑运算以及在输入/输出指令中作数据寄存器使用等。

② BX，基址寄存器，在间接寻址中作基址寄存器，常用作偏移地址访问数据段。

③ CX，计数寄存器，作为循环和串行操作等指令中的隐含计数器。

④ DX，数据寄存器，常用来存放双字长数据的高16位或存放外设端口的地址。

SP，BP，SI和DI这4个16位通用寄存器不能分成两个8位寄存器使用，可以作16位数据寄存器使用，也有各自的特殊应用场合。具体如下：

① SP，堆栈指针（Stack Pointer），或称堆栈指示器，SP用于指示栈底或栈顶的偏移地址。

② BP，基址指针（Base Pointer），常用作偏移地址访问堆栈段。

③ SI，源变址寄存器 （Source Index）。

④ DI，目的变址寄存器 （Destination Index）。

SI和DI通常与DS数据段寄存器一起使用，用来确定数据段中某一存储单元的地址。在进行字符串操作时，SI用于存放源操作数的偏移地址，DI用于存放目的操作数的偏移地址，SI与DS联用，DI与ES联用，分别寻址数据段和附加数据段。

（2）段寄存器

8086 CPU外部具有20位的地址线，在总线接口单元可以通过20位地址加法器，产生20位的物理地址，可以访问1MB的存储器。但是，8086 CPU内部所有寄存器都是16位的，采用寄存器间接寻址都只能寻址64KB的存储空间，因此，CPU对存储器采用分段技术，将1MB的存储空间分成若干逻辑段，每段存储容量最大为64KB。

如图 3-4 所示，在 8086 CPU 内部设有 4 个 16 位段寄存器，4 个段寄存器的内容把存储器分成了 4 个不同使用目的的存储空间，包括代码段寄存器 CS、数据段寄存器 DS、附加段寄存器 ES、堆栈段寄存器 SS。段寄存器与段内偏移地址组合形成 20 位物理地址，段内偏移地址可能存放在寄存器中，也可能存放在存储器中。

代码段寄存器 CS：定义了代码段的起始地址，用逻辑地址表示为：CS:0000H，代码段用来保存微处理器使用的程序代码。在 8086 系统中，用逻辑地址表示代码段的末地址：CS:XXXXH。在图 3-5 中，末地址是 CS:FFFFH，所以代码段的最大存储范围是：0000H～FFFFH，即最大存储空间为 64KB。

数据段寄存器 DS：定义了数据段的起始地址，用逻辑地址表示为：DS:0000H，在图 3-6 中，末地址是 DS:FFFFH，所以数据段的最大存储范围是：0000H～FFFFH，即最大存储空间为 64KB。数据段用来保存程序执行过程中所使用的数据及存放程序运行后的结果。

逻辑地址	存储器
	⋮
CS:0000H	$D_7D_6D_5D_4D_3D_2D_1D_0$
CS:0001H	$D_7D_6D_5D_4D_3D_2D_1D_0$
CS:0002H	
⋮	
CS:FFFFH	$D_7D_6D_5D_4D_3D_2D_1D_0$
	⋮

图 3-5　代码段存储空间示意图

逻辑地址	存储器
	⋮
DS:0000H	$D_7D_6D_5D_4D_3D_2D_1D_0$
DS:0001H	$D_7D_6D_5D_4D_3D_2D_1D_0$
DS:0002H	
⋮	
DS:FFFFH	$D_7D_6D_5D_4D_3D_2D_1D_0$
	⋮

图 3-6　数据段存储空间示意图

附加段寄存器 ES：与数据段寄存器类似，附加段寄存器 ES 定义了附加段的起始地址，附加段的最大存储空间也为 64KB。附加数据段是为某些串操作指令存放操作数而附加的一个数据段，附加段是串操作指令隐含的一个数据段。附加段也可以作为一般数据段使用，作为数据段空间不满足程序需求的补充。

堆栈段寄存器 SS：堆栈段寄存器 SS 定义了堆栈段的起始地址，堆栈段是一个特殊的随机存取存储区，堆栈段寄存器 SS 与堆栈指针 SP 共同确定堆栈段内的存取地址（SS：SP），其最大存储空间为 64KB。堆栈段用来临时保存程序执行过程中代码的地址信息、有关寄存器的内容及传递参数等。

（3）指令指针 IP

16 位指令指针 IP：用来存放将要执行的下一条指令在当前代码段中的偏移地址，它与代码段寄存器 CS 联用（CS：IP），以确定下一条指令的物理地址。

顺序执行程序时，CPU 每取出一个指令字节，IP 自动加 1，指向代码段中下一个要读取的字节；当 CPU 实现段内的程序转移时，IP 单独发生改变；当 CPU 实现段间的程序转移时，CS 和 IP 同时发生改变。

【例 3-1】 设存放在 CS 中的当前代码段基地址值是 8000H，IP 中存放下一条将要执行指令的段内偏移地址是 0500H，求其物理地址 PA。

解：PA = 8000H×16+0500H = 80500H。

画出本例中存储器及代码段的示意图如图 3-7 所示。

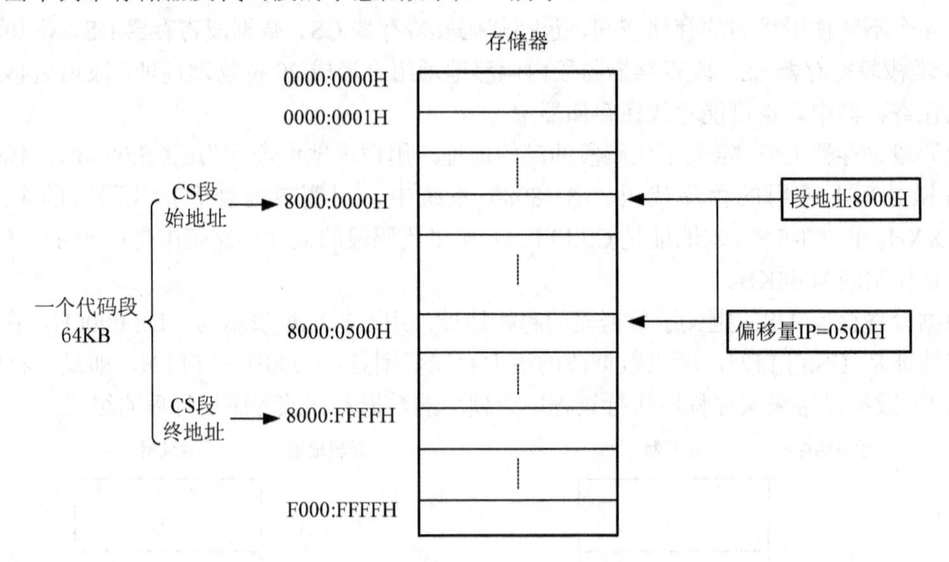

图 3-7 存储器及代码段的示意图

（4）标志寄存器（FLAGS）

在 16 位标志寄存器中，实际使用了其中的 9 位，9 位标志位如图 3-8 所示。9 个标志位分成两类：

一类是 6 位状态标志，CF、PF、AF、ZF、SF 和 OF，主要用于反映算术运算指令和逻辑运算指令执行结果的状态，例如，运算结果是否是 0，是正数还是负数等，以“0”或“1”的状态存放在标志寄存器的确定位中，用作后续条件转移指令的查询与转移控制条件。

另一类是 3 位控制标志，TF、IF 和 DF，用来控制 CPU 的操作。

D_{15}	D_{14}	D_{13}	D_{12}	D_{11}	D_{10}	D_9	D_8	D_7	D_6	D_5	D_4	D_3	D_2	D_1	D_0
				OF	DF	IF	TF	SF	ZF		AF		PF		CF

图 3-8 标志寄存器

① CF，进位标志（Carry Flag），当前运算后最高位有进位或借位时，CF = 1，否则 CF = 0。

② PF，奇偶校验标志（Parity Flag），当前运算后，结果的低 8 位中“1”的个数为奇数时，PF = 0，否则 PF = 1。

③ AF，辅助进位标志（Auxiliary Carry Flag），当前运算后，结果低 4 位向高 4 位有进位或借位时，AF = 1，否则 AF = 0。通常用于对 8421BCD 码算术运算结果进行调整。

④ ZF，零标志（Zero Flag），当前运算后，运算结果为 0 时，ZF = 1，表示 0 成立，否则，ZF = 0。

⑤ SF，符号标志（Sign Flag），当前运算结果的最高位为 1 时，则符号标志 SF = 1，否则 SF = 0。

⑥ OF，溢出标志（Overflow Flag），当前运算结果有溢出时，溢出标志 OF = 1，否则 OF = 0。

溢出是指补码运算的结果超出了所选字长能表示数的范围。例如，8 位补码所能表示数的范围是−128～+127，16 位补码所能表示数的范围是−32768～+32767。

CPU执行加、减、乘、除指令都会影响溢出标志，关于加法和减法指令影响标志位的判断方法可以归纳为：

两数相加，若两个加数的最高位为0，正确结果应该是正数，而和的最高位为1，则产生上溢出；

两数相加，若两个加数的最高位为1，正确结果应该是负数，而和的最高位为0，则产生下溢出；

两数相加，若两个加数的最高位相异时，不可能产生溢出；

两数相减，若被减数的最高位为0，减数的最高位为1，正确结果应该是正数，而差的最高位为1，则产生上溢出；

两数相减，若被减数的最高位为1，减数的最高位为0，正确结果应该是负数，而差的最高位为0，则产生下溢出；

两数相减，被减数及减数的最高位相同时，不可能产生溢出。

【例3-2】 请指出执行下列加法操作后各个标志位的状态。

```
      1010 0100
   +  1100 0101
   ------------
     10110 1001
```

执行以上操作后，各状态标志位的状态应为：

CF = 1，AF = 0，PF = 1，ZF = 0，SF = 0，OF = 1。

⑦ DF，方向标志（Direction Flag），该标志用于控制串操作指令中地址指针的变化方向。

DF = 0，每执行一次串操作后，存储器地址自动增加。

DF = 1，每执行一次串操作后，存储器地址自动减少。

⑧ IF，中断允许标志（Interrupt Flag），该标志用于控制8086 CPU是否响应外部可屏蔽中断（INTR）请求。

IF = 0，禁止CPU接收外部可屏蔽中断请求。

IF = 1，允许CPU响应外部可屏蔽中断请求。

⑨ TF，陷井标志（Trap Flag），常称为单步标志。在调试程序时，可设置CPU工作在单步方式。TF = 1时，8086 CPU每执行完一条指令就自动产生一个内部中断， 于是，CPU运行单步中断服务程序，会把当前 CPU 中各寄存器的值在屏幕上显示出来，通过单步执行指令，使用户能逐条跟踪程序的运行情况。当TF = 0时，8086 CPU不能单步执行指令，但允许连续执行指令。

3.2.2 80386 CPU内部的寄存器

1985年首款32位CPU（80386微处理器）被推出之后，便确定了80386CPU的指令集结构（Instruction Set Architecture），作为以后开发80x86 CPU系列处理器的标准，称其为32位结构（Architecture-32，IA-32），后来的80486、Pentium等微处理器统称为IA-32处理器。

程序是指令的有序集合，而指令是建立在 CPU 内部寄存器的基础之上的。所以，80386的编程结构是指80386内部寄存器的结构及各寄存器的应用场合。

图3-9给出了32位微处理器内部的寄存器集。它兼容8086 CPU原来的8个16位通用寄存器，还兼容了原来的8个8位的寄存器AH、AL、BH、BL、CH、CL、DH、DL；并且将原来的8个16位通用寄存器均扩展成（Extended）32位的寄存器，即EAX、EBX、ECX、EDX、

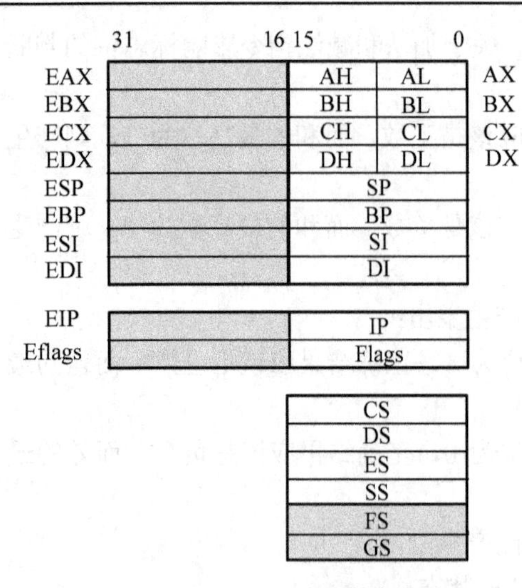

图 3-9 32 位 CPU 内部的寄存器

ESI、EDI、EBP、ESP；保留了 8086 CPU 的 4 个 16 位的段寄存器，还增加了 2 个 16 位的数据段寄存器 FS 和 GS。

可以使用保留的 8 位和 16 位寄存器编程，还可以使用 32 位寄存器编程。80386 CPU 也分为通用寄存器、指令指针、标志寄存器及段寄存器等四类。

1. 通用寄存器

8 个 32 位通用寄存器按照它们的功能差别，可以分为通用数据寄存器和指令指针与变址寄存器。

（1）通用数据寄存器

4 个 32 位的通用数据寄存器：EAX、EBX、ECX 和 EDX。通用数据寄存器可用来存放 8 位、16 位或 32 位的操作数。

EAX，累加器，EAX 可以作为通用寄存器使用，包括 8 位寄存器（AH 和 AL）、16 位寄存器（AX）及 32 位寄存器（EAX）。如果作为通用 8 位或 16 位寄存器使用，其使用方法与 8086CPU 相同。当 CPU 执行乘法指令、除法指令及调整指令时，EAX 有其固定的特殊用法，EAX 还可以作为存储器的偏移地址访问存储器等。

EBX，基址寄存器，EBX 可以作为通用寄存器和存储器的偏移地址使用。

ECX，计数寄存器，ECX 可以作为通用寄存器和存储器的偏移地址使用。移位和循环指令一般用 CL 寄存器计数，重复的串操作指令一般用 CX 计数，LOOP/LOOPD 等指令用 CX 或 ECX 计数。

EDX，数据寄存器，EDX 可以作为通用寄存器和存储器的偏移地址使用。CPU 执行乘法指令时，EDX 固定用来存放部分乘积，CPU 执行除法指令时，EDX 固定用来存放被除数及余数等。

（2）指针及变址寄存器

4 个 32 位的通用寄存器（ESP、EBP、ESI、EDI）的使用有如下两种情况：①作一般的 32 位数据寄存器使用。②作一般的 16 位数据寄存器（SP、BP、SI、DI）使用，与 8086 CPU 中的 SP、BP、SI、DI 兼容。

ESP、EBP、ESI、EDI 均有各自的专用场合：

ESP，32 位的堆栈指针，以 ESP 为偏移地址访问堆栈段，作 16 位的 SP 使用时，与 8086 的 SP 兼容。

EBP，32 位的基址指针，以 EBP 为偏移地址，默认访问的是堆栈段。作 16 位使用时，与 8086 的基址指针寄存器 BP 兼容。

ESI，32 位的源变址寄存器，在串操作指令的执行过程中，ESI（或 SI）指示源数据串所在数据段（DS）中的偏移地址。

EDI，32 位的目的变址寄存器，在串操作指令的执行过程中，EDI（或 DI）指示目的数据串所在附加数据段（ES）中的偏移地址。

2. 32 位的指令指针寄存器

扩展的指令指针 EIP（Extended Instruction Pointer）是一个 32 位的专用寄存器，用于存放指令所在存储单元地址的偏移量，与代码段寄存器 CS 配合使用，以便得到指令所在存储单元的地址。在程序的运行过程中，EIP 中的值不断地修改，不断地指向下一条指令。当 80386 CPU 工作在实模式时，32 位的 EIP 中仅低 16 位 IP 有效，与 8086 CPU 的 IP 兼容。

程序员不可能对 EIP（IP）进行存取操作，程序的正常顺序执行、转移指令、调用指令、返回指令，以及中断操作等均能够改变 EIP（IP）的值。

3．标志寄存器

图 3-10 描述了 80x86 及 Pentium 系列微处理器内部标志寄存器（EFlags）中各位的符号表示。从图中可以看出，8086/8088/80286 CPU 的标志寄存器都只有 16 位（15～0），随着微处理器的发展，80386DX 及以上 CPU 的标志寄存器都扩充到了 32 位（31～0），32 位微处理器工作在实模式，只需要用到低 16 位寄存器中的 6 个状态标志和 3 个控制标志。

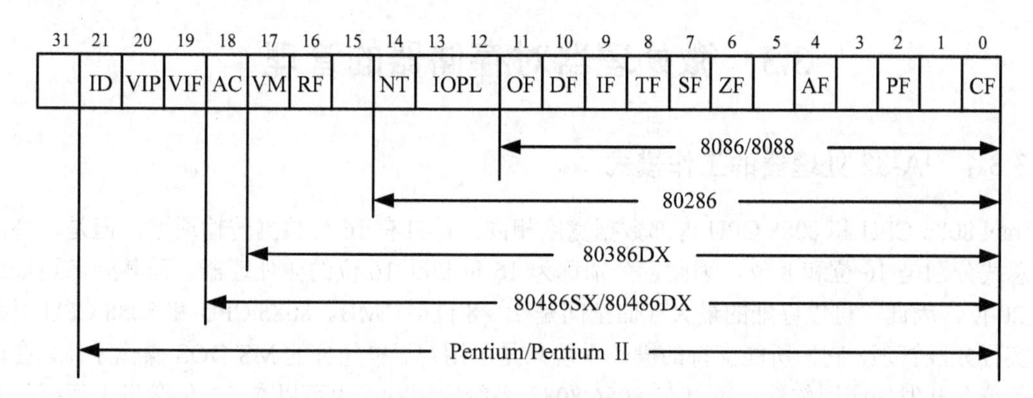

图 3-10　80x86 及 Pentium 系列微处理器的标志寄存器

在 8086 的 FLAGS 基础上，80286 CPU 新增了 NT 与 IOPL 位，而 32 位 CPU 先后又新增了 6 个标志位。

IOPL，两位 I/O 特权级的数值，表示允许执行输入/输出（I/O）指令的特权级，说明 I/O 操作处于 00～11 级特权中的哪一级才允许实现 I/O，00 级最高，11 级最低，它用于指明在保护模式下当前程序或任务的特权级 CPL，必须小于或等于 IOPL 的数值，才允许访问 I/O 地址空间。

NT，嵌套任务标志。控制中断或任务的嵌套，该位的置 1 与清 0 都是通过任务的控制转移来实现的，该位被置成 1 时，表示当前所执行的任务正嵌套在另一任务中，否则 NT = 0。

RF，恢复标志。该位置 1 时，即使遇到断点或调试故障，也不产生异常中断，成功地执行完每一条指令后，该位将自动清零。

恢复标志是一个与单步、断点调试程序一起使用的标志。在进入断点处理程序之前，先将 RF 置成 1，进入断点处理程序之后，RF 随同标志寄存器压入堆栈，当断点处理中断程序执行完后，返回到主程序时，标志寄存器的内容因中断返回指令的执行而被弹出，且恢复 RF = 1，用于禁止后续指令不再按断点指令执行。

VM（Virtual 8086 Mode），虚拟 86 模式标志。在保护模式下，若 VM 置 1，CPU 则转移到虚拟 8086 模式，在 VM 模式下，CPU 像一个高速的 8086 CPU 运行 8086 的指令，若 VM 清 0，则返回到保护模式。

AC，对准检查标志。若 AC 标志 = 1，且系统控制寄存器 CR_0 中 AM 位也为 1 状态，则允许且必须对特权级 3 的用户程序进行数据的对准检查。对准数据的标准是：CPU 访问存储器中16位的字数据时，其地址应该为偶数，访问存储器中32位的双字数据时，其地址应该为4的倍数，访问存储器中64位的4字数据时，其地址应该为8的倍数。一旦CPU检查到未对准地址访问内存时，将产生异常中断17。若AC = 0，则不执行对准检查。

ID，识别标志。如果该标志位能被置位和清零，则指明这个处理器能支持CPUID指令。CPUID指令可以提供该处理器的厂商、系列以及模式等信息。

VIF，虚拟中断标志。在虚拟86模式下，VIF是中断允许标志IF的一个复制。

VIP，虚拟中断等待标志。虚拟中断等待标志位指示是否有挂起的中断，当VIP = 1时，表示有一个中断正等待响应与处理。VIP与VIF用于控制虚拟中断。

4. 16位的段寄存器

32位微处理器新增加2个16位的段寄存器：FS和GS，这是2个附加的数据段寄存器。

3.3 微处理器对存储器的管理

3.3.1 IA-32处理器的工作模式

Intel 8086 CPU和8088 CPU内部数据宽度相同，都具有16位数据传输通道，但是，外部数据总线分别是16位和8位，因此，分别称为16位和准16位的微处理器。而其外部地址线都是20位，因此，可以寻址的最大存储空间是$2^{20}\times8$位 = 1MB。8086 CPU和8088 CPU对存储器实行分段管理，它们所能支持的操作系统只是单用户、单任务的MS-DOS操作系统。在该操作系统下开发的应用软件，可以在8086/8088系统中运行，也可以在32位微机上运行，32位微机能兼容DOS下所开发的应用软件。

Pentium系列微处理器内部数据传输与定点运算为32位，外部数据总线64位，寻址能力达到4GB，CPU芯片内部具有分段和分页管理部件，还具有多种保护机制，既可以支持MS-DOS操作系统，保持了与8086 CPU的兼容性能，还可以支持多用户、多任务的操作系统。

从80286 CPU开始，关于微处理器就出现了不同工作模式的概念，解决了CPU性能的提高与兼容性之间的矛盾问题。把微处理器的工作模式分为：实地址模式、保护模式、虚拟8086模式和系统管理模式。

（1）实地址模式（Real-Address Mode）

简称实模式，是指80286以上的微处理器所运行的8086的工作模式。在实模式，CPU寻址内存空间也是1MB，仍然采用分段管理存储器的方式，将存储器分成四种类型的段，每段存储空间最大为64KB。将1MB的存储空间保留两个区域，一个是1KB的中断向量表区（00000～003FFH），用于存放256个中断服务程序的入口地址，每个中断向量占4字节，另一个是初始化程序区（FFFF0H～FFFFFH），用于存放进入ROM引导区的一条跳转指令。

如图3-11所示，微机在复位后，包括上电复位或热启动复位，都工作在实模式，计算机对系统进行初始化、执行引导程序、为保护模式所需要的数据结构做好各种配置与准备工作等。在Windows操作系统下，可以由保护模式和V86模式切换到实模式。

（2）保护模式（Protected Virtual Address Mode）

保护模式又称虚地址模式，保护模式能够支持多任务的运行，能提供一系列的保护机制，该模式涵盖了处理器的所有特点和指令，能发挥出最好的性能。在保护模式下，CPU可以访问

4GB 的物理存储空间，支持段、页两级保护机制，段有 4 个特权级，页面有两个特权级，通过分页机制的使用，可以实现的虚拟逻辑存储空间高达 64TB。

（3）虚拟 8086 模式（Virtual 8086 Mode）

简称“V86 模式”，是运行在保护模式中的实模式，是为了让 8086 下的 16 位应用程序能在保护模式下执行。它不是一个真正的 CPU 模式，属于保护模式，是既有保护功能又能执行 8086 代码的工作模式。在 V86 模式下，微处理器能够迅速而且反复地在 V86 模式和保护模式之间切换，从保护模式进入 V86 模式，执行 8086 程序，从 V86 模式切换到保护模式，则继续执行原来的保护模式程序。即保护模式下的多任务机制可以让多个虚拟 8086 方式任务和非虚拟 8086 方式任务一起在处理器上运行。

（4）系统管理模式

Pentium 系列微处理器从 80486 继承下来了一种系统管理模式（SMM），通过软件或测到某种硬件条件满足时，可由其他模式进入 SMM。Pentium 系列微处理器的外部有两个引脚信号，是用于进入系统管理模式的信号，一是 $\overline{SMI}$，系统管理模式的中断请求信号，低电平有效，使 CPU 进入系统管理模式的中断请求输入信号。二是 $\overline{SMIACT}$，系统管理模式输出信号，低电平有效，当其有效，表示当前 CPU 处于系统管理模式。或者从先进可编程中断控制器 APIC 方面接收到 SMI 请求，使处理器进入系统管理模式。在该模式下，处理器保存了当前正在运行程序或任务的上下文关系之后，切换到一个独立的地址空间，启动系统管理模式的专用程序，实现电源的各种管理、系统安全等专用功能，这种管理功能的实现与操作系统和应用程序无关。

IA-32 处理器的 4 种工作模式的相互转换关系图如图 3-11 所示。

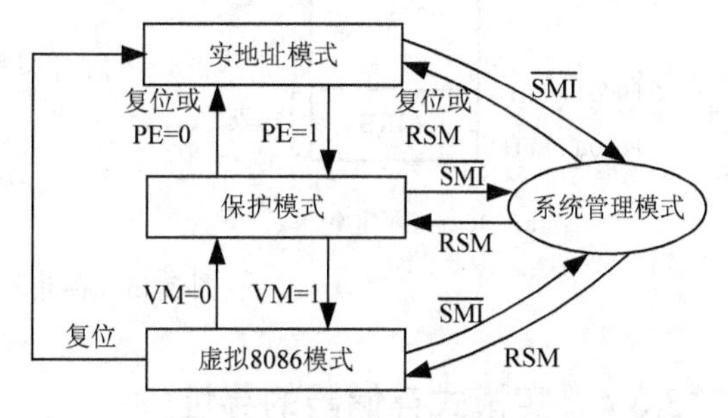

图 3-11　4 种工作模式的相互转换关系图

3.3.2　实模式存储器地址空间的划分

实模式 1MB 存储器地址空间的划分如图 3-12 所示，大致上分为 3 个存储区：

① 从 00000H～003FFH 是中断向量表区，共计有 1024 字节，1024 字节/4 字节 =256，用于存放 256 个中断向量（中断服务程序的入口地址），即每个中断向量包含 4 字节：2 字节的代码段值，2 字节的偏移地址。

② 从 FFFF0H～FFFFFH 是系统的初始化代码区。

③ 除上述之外，其他存储器区是通用区。

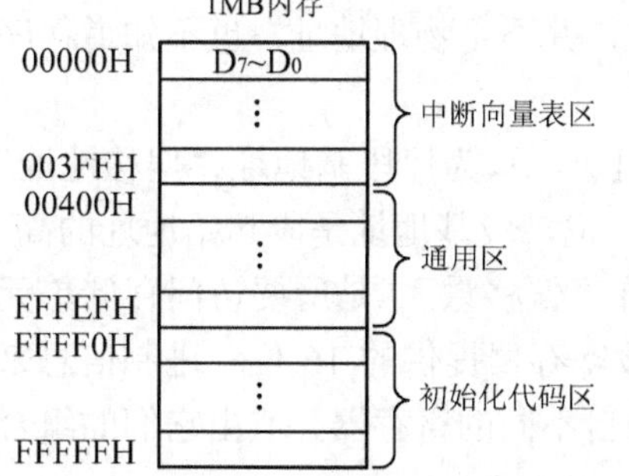

图 3-12　实模式 1MB 存储器地址空间划分

3.3.3　实模式存储器的分段管理

32 位微处理器在实模式下可寻址 4GB 内存中仅 1MB 的存储空间，地址范围是 00000H～FFFFFH。由于 2^{20} = 1MB，所以 CPU 要输出 20 位地址线，才能访问到 1MB 的内存空间。但是，微处理器在实模式下，访问存储器所采用的指令，仍然是使用 16 位寄存器或 16 位的直接地址作为偏移地址，2^{16} = 64KB，每段 64KB，与 8086 系统相同。

CPU对存储器实现分段管理，把存储器分成四种类型的段，即代码段、数据段、堆栈段和附加数据段。把16位段寄存器的值乘以16，获得20位的段首地址，那么，段寄存器的值就是段首地址的高16位，称其为“段基地址”（Segment Base Value），将段首地址加上16位的偏移地址，才能产生最终的物理地址。

系统的整个存储空间可以按照顺序，分成16个互不重叠的逻辑段，如图3-13(a)所示。存储器每个段的最大容量为64KB，根据各个不同的程序，操作系统安排大小不同的各类存储段，一般小于64KB，并不是一定要安排最大的64KB存储段。允许各逻辑段在整个存储空间中浮动，段与段之间可以是分开的，接连排列，部分重叠，还可以完全重叠，如图3-13(b)所示，其中，逻辑段1和逻辑段2是分开的，逻辑段2和逻辑段3是接连排列的，逻辑段3和逻辑段4有部分重迭，逻辑段5和逻辑段6是完全重叠的。

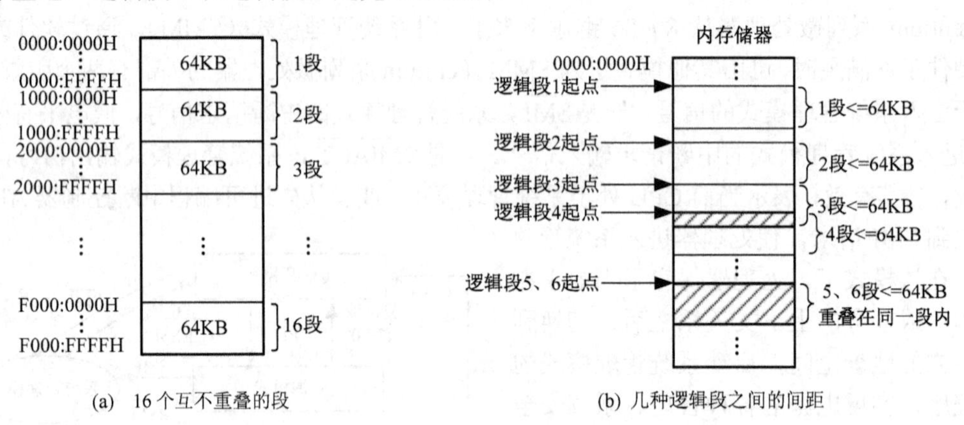

(a) 16个互不重叠的段　　(b) 几种逻辑段之间的间距

图3-13 存储器分段逻辑结构

3.3.4 实模式存储器的寻址

1. 实模式物理地址的产生

（1）逻辑地址

为什么要使用逻辑地址呢？还是追踪到8088/8086CPU，其内部寄存器设计成16位，而不是20位，8088/8086 CPU有20位地址线，CPU如何使用16位寄存器产生20位的地址呢？解决办法就是在CPU内部设置了对存储器实行分段管理的机制，分段管理的机制来产生20位的物理地址。显然，编程人员在编程时，使用的是逻辑地址，并不是物理地址，也不知道程序涉及的实际地址。

在实模式下，逻辑地址由段基地址与段内偏移地址组成，写为“段基地址：偏移地址”，例如，2000H：1000H。段基地址与段内偏移地址都是16位，段基地址是段起始地址的高16位，说明每个段在主存中的起始位置，段内偏移地址也称“偏移量”，是所要访问存储单元距离起始地址之间的字节距离。实模式的段基地址由6个段寄存器提供的16位二进制信息来确定，段寄存器与偏移量的搭配，按照指令的规定，可以来自不同的寄存器，或由它们的组合值提供，或由程序直接提供16位的偏移量。

（2）物理地址及其产生

物理地址是信息在内存中存放的实际地址，是CPU访问存储器时实际发出的地址信息。

CPU访问存储器所发出的20位物理地址是由当前逻辑地址转换产生的，是在CPU内部转换完成的。如图3-14所示，把逻辑地址的段基地址左移4位，低4位都补0，变成20位，再加上逻辑地址中的16位段内偏移量（或有效地址），最后产生20位物理地址。

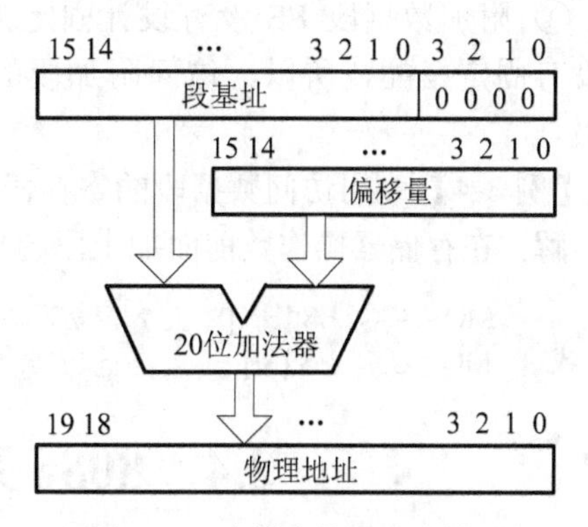

图3-14 实模式物理地址的形成

物理地址的计算公式是：

物理地址 = 段基地址×16+偏移量 (3-1)

【例3-3】 设数据段寄存器DS中的数值是3000H，源变址寄存器SI中数值是2000H，若以SI中的数值作为数据段内的偏移量，CPU访问数据段内物理地址是：

物理地址 = 3000H×16+2000H = 32000H

本例中存储器及数据段的示意图如图3-15所示。数据段最大是64KB，根据实际程序的安排，其存储空间的大小，一般情况下小于64KB。

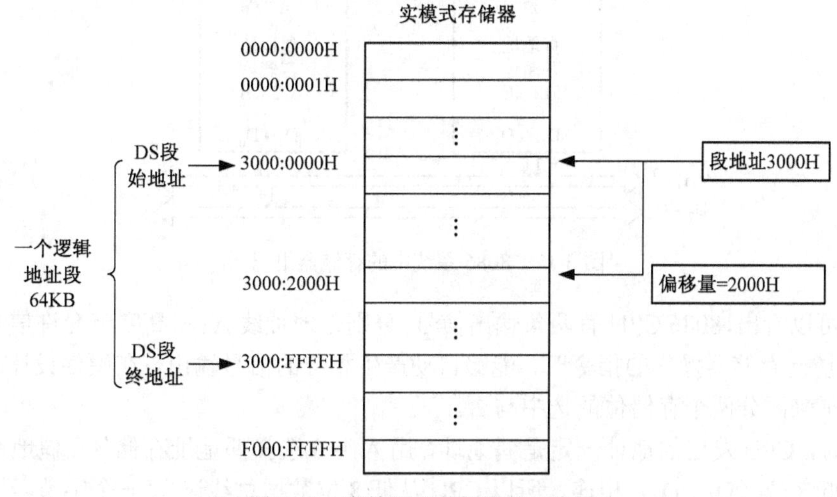

图3-15 存储器及数据段的示意图

2. 段寄存器与偏移地址寄存器的固定搭配

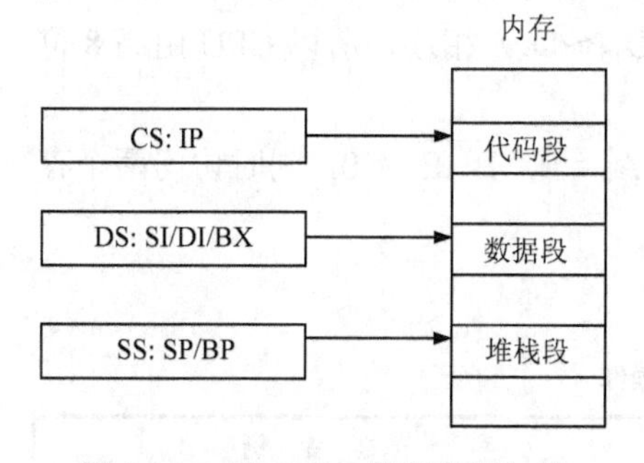

图3-16 8086 CPU段寄存器与偏移地址寄存器的固定搭配

8086 CPU段寄存器与偏移地址寄存器的固定搭配如图3-16所示。

从图中可以看出CS、DS和SS段寄存器的固定搭配关系如下：

① 当CPU执行程序，即从存储器中取指令时，CPU以CS寄存器的值作为段基址，加上IP中的16位偏移量，得到指令所在内存中的物理地址；

② CPU访问存储器的数据段是以DS为数据段的基地址，偏移量存放在SI或DI或BX寄存器中，按照式（3-1）计算得到操作数的物理地址；

③ 堆栈操作时是以SS为堆栈段的基地址，由SP或BP来提供偏移量；

④ 附加数据段 ES 没有设计固定搭配的偏移地址寄存器，如何访问附加数据段呢？由于没有固定搭配，所以，访问附加段的方式是在存储器寻址的操作数之前必须加上段超越前缀。

【例 3-4】 利用访问数据段的寄存器访问附加数据段，如何在指令中加段超越前缀“ES:”？

解：在存储器操作数前面加上段超越前缀：

```
    MOV AX，ES:[BX]        ；访问附加数据段 ES，而不是 DS 段
或  MOV CX，ES:[SI]        ；访问附加数据段 ES，而不是 DS 段
```

3.4 8086 系统中的存储器组织

在 8086 系统中，把 1MB 的存储器分成两个存储体，偶地址存储体和奇地址存储体，其存储容量各为 512KB，在每个存储体内的字节地址是不连续的，而在两个存储体之间的字节地址是连续的，构成了两个存储体之间的地址交叉，如图 3-17 所示。

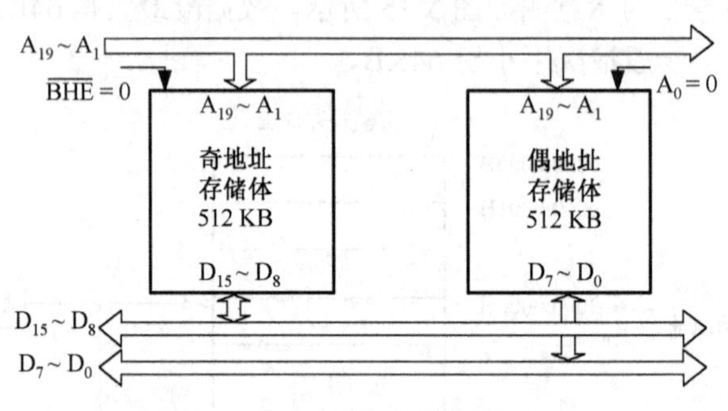

图 3-17 8086 系统中的存储器组织

从图中可以看出，8086 CPU 有两条输出信号，分别是地址线 A_0 和高字节允许信号线 $\overline{BHE}$，CPU 在执行访问存储器操作的指令时，能够自动产生相应的信号输出，在硬件设计时，用这两条信号的电平来区分两个存储体的选中与否。

$A_0=0$ 时，CPU 发出的地址一定是偶地址，用 $A_0=0$ 选择偶地址存储体，偶地址存储体与数据总线的低 8 位（D_7～D_0）相连，所以 CPU 从低 8 位数据总线读/写一个字节。

当 CPU 执行访问奇地址存储单元时，CPU 的高字节允许信号线 $\overline{BHE}$ 为低电平，用其低电平选中奇地址存储体，奇地址存储体与数据总线高 8 位（D_{15}～D_8）相连，所以 CPU 由高 8 位数据总线读/写一个字节。

当 CPU 执行访问偶地址的一个字存储单元时，此时，$A_0=0$，$\overline{BHE}=0$，同时访问两个存储体，各读/写一个字节，组成一个字。

A_0 与 $\overline{BHE}$ 的组合操作如表 3-1 所示。

表 3-1 $\overline{BHE}$ 和 A_0 的组合操作

$\overline{BHE}$	A0	操　作	指　令　例
0	0	从偶地址读/写一个字	MOV BX，[9900H]
0	1	从奇地址读/写一个字节	MOV AL，[8801H]
1	0	从偶地址读/写一个字节	MOV CH，[7700H]
1	1	无存储器操作	无

3.5　32 位微处理器

3.5.1　80386 CPU 的功能结构

32 位微处理器 80386 是一种与 80286 相兼容的高性能微处理器，它适用于高性能的应用领域和多用户、多任务操作系统。CPU 采用网格阵列封装，具有 132 条引出线。

1．80386 的主要特点

80386 内部包括寄存器组、ALU 和内部总线都是 32 位，能灵活处理 8、16 或 32 位 3 种数据类型，具有 32 位寻址的指令。

80386 外部采用 32 位数据总线 D_{31}～D_0，具有 32 位的外部总线接口功能。

外部有 32 位地址总线的能力，能寻址 4GB 的物理空间，其组成是 A_{31}～A_2 及 4 字节选择信号 $\overline{BE_3}$ ～ $\overline{BE_0}$ 组成，$\overline{BE_3}$ ～ $\overline{BE_0}$ 都是低电平有效，当其有效时，分别用来选择 4 个存储体，可以只访问一个字节、一个字或一个双字。

80386 可以工作在实地址模式和保护模式，在保护模式下，能寻址 64TB 虚拟存储空间，还可以转变到虚拟 8086 模式。无论采用哪一种工作模式，80386 均能运行 8088/8086、80286 的软件。

80386CPU 在硬件结构上由 6 个功能部件组成。它们都按照流水线方式工作，因此，CPU 的运行速度大大提高，可以达到 4MIPS。

CPU 支持存储器的段式管理与页式管理，易于实现虚拟存储器系统。支持多任务的执行，一条指令就可以完成任务的转换。

把程序的特权级分为 4 级，即 0、1、2、3，其中，0 级优先级最高，其次是 1 级、2 级、3 级。用户程序使用最低的 3 级。

2．80386 的功能结构

80386CPU 内部结构如图 3-18 所示，从功能部件上看，它除了具有总线接口部件 BIU 的功能之外，还有如下 6 个主要的组成部件：指令预取部件；指令译码部件；分段部件；分页部件；首次使用了控制 ROM；64 位移位器加法器。

由图中的虚线把它分为中央处理部件（CPU）、存储器管理部件（MMU）及总线接口部件（BIU）共三大部分组成。

（1）中央处理部件

两个指令队列：16 字节的预取指令队列，用于暂存从存储器中取来的指令代码，已译码指令队列，经指令译码器对指令代码译码后送入已译码的指令队列中，等待执行部件的执行。

如果在译码时测试到转移指令（过程调用、中断指令）等，则能提前通知总线接口部件去取出待转移的指令代码，实现取指令队列中指令的代换。

在执行部件中，80386 首次采用了微程序控制器（控制 ROM），CPU 指令的微程序都存放在控制 ROM 中，包含有相应的微指令译码器及时序控制信号的产生器。含有 32 位算术逻辑运算单元 ALU 及 8 个 32 位通用寄存器。设置了一个 64 位的桶形移位器和硬件乘/除电路，便于加速移位、循环及乘除法操作。

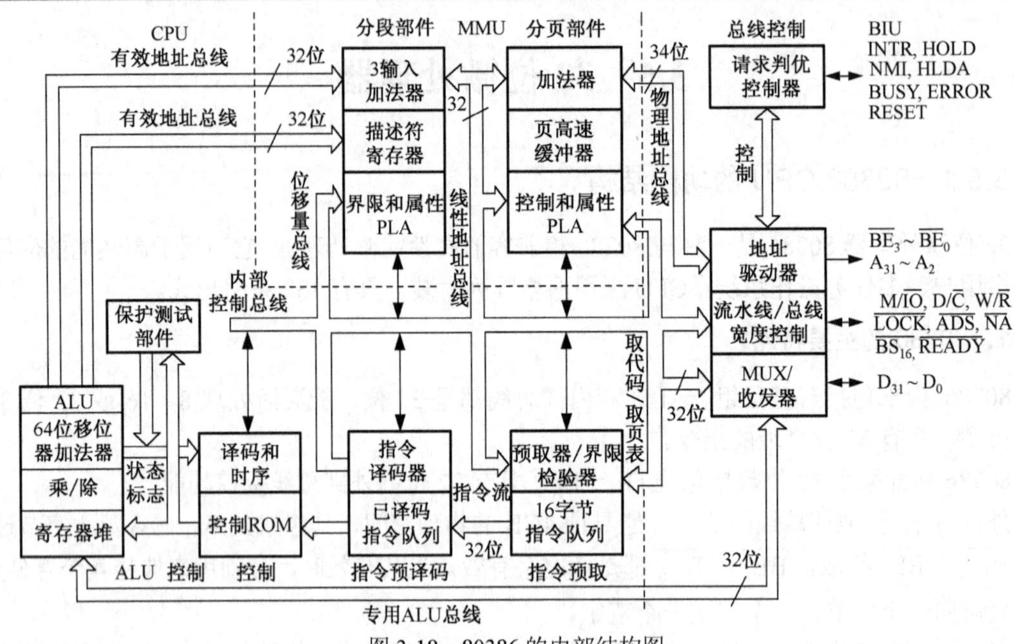

图 3-18 80386 的内部结构图

（2）存储器管理部件

存储器管理部件由分段部件与分页部件组成。

分段部件：将 16 位段寄存器的值及 32 位的虚地址值称为逻辑地址，根据段寄存器的值及 32 位的虚地址值，进行分段转换，产生 32 位的线性地址（中间地址）。如果还需要分页，分段管理的作用是将逻辑地址转换成 32 位的线性地址，而不是最后的物理地址。

分页部件：如果需要分页，每个段又可以分为多个页面。分页管理的作用是将线性地址转换成物理地址，便于实现虚拟存储器管理，通常在内存和外存之间以 4KB 大小的页为单位进行映像操作。

Pentium 微处理器能按照 4KB 和 4MB 两种大小页来分页。

（3）总线接口部件

总线接口部件控制 32 位地址线的输出，32 位数据总线的双向传输，并从 CPU 内部输出控制信息到 CPU 的外部，以及接受来自 CPU 外部的控制信息等。

3. 80486 的主要结构特点

80486 仍然是 IA-32 结构，与 80386 相比较，其主要结构特点如下：

① 引入了 5 级指令流水线结构，提高了指令的执行速度。

② 80486 与 80x86 在目标代码一级完全保持了向上的兼容性，80486 CPU 继承了与 8088/8086 的兼容性，继承了 V8086 模式，继承了 80386 的保护模式。

③ 采用了精简指令系统计算机（RISC）技术，减少了不规则的控制部分，从而缩短了指令的执行周期。

④ 将基本指令的微程序控制改为硬布线控制器控制，同时，保留了部分指令的微程序控制，可以缩短了基本指令的译码时间，提高部分指令的执行速度。

⑤ 首次 CPU 内部包含了 8KB 的高速缓冲存储器 Cache，由于技术有限，8KB 的 Cache 用于混合存放指令代码与数据。

⑥ 80386系统必须配备x87FPU数学协处理器，而80486 CPU集成了数学协处理器的功能，处理数据的速度有很大的提高。

⑦ 由于80486 CPU内部设置了高速缓冲存储器，高速缓冲存储器与主存之间数据传输量较大，因此，采用了突发总线（Burst Bus）技术，即系统取得某一存储器地址后，与该地址相关的某一块存储单元的内容都被连续地进行读或写访问，实现CPU内部高速缓冲存储器和主存之间数据的快速传输。

3.5.2 Pentium微处理器的功能结构

1. Pentium的字节选择信号

Pentium是1993年Intel公司推出的第五代微处理器，仍然是IA-32结构，属于单芯片超标量流水线微处理器， Pentium外部地址线有A_{31}～A_3，没有地址引线$A_2A_1A_0$，但是，它有字节选择信号$\overline{BE_7}\sim\overline{BE_0}$，它是通过使用$\overline{BE_7}\sim\overline{BE_0}$来代替$A_2A_1A_0$寻址的，用这8字节选择信号来寻址8位、16位、32位及64位存储器操作数。这8字节选择信号分别为0时，对应CPU地址线$A_2A_1A_0$的情况如表3-2所示。

表3-2 8字节选择信号与低3位地址的对应关系

8字节选择信号								3位地址		
$\overline{BE_7}$	$\overline{BE_6}$	$\overline{BE_5}$	$\overline{BE_4}$	$\overline{BE_3}$	$\overline{BE_2}$	$\overline{BE_1}$	$\overline{BE_0}$	A_2	A_1	A_0
1	1	1	1	1	1	1	0	0	0	0
1	1	1	1	1	1	0	1	0	0	1
1	1	1	1	1	0	1	1	0	1	0
1	1	1	1	0	1	1	1	0	1	1
1	1	1	0	1	1	1	1	1	0	0
1	1	0	1	1	1	1	1	1	0	1
1	0	1	1	1	1	1	1	1	1	0
0	1	1	1	1	1	1	1	1	1	1

如果仅$\overline{BE_1}$、$\overline{BE_0}$同时为0时，则相当于$A_2A_1A_0 = 000$及$A_2A_1A_0 = 001$的两种情况，此时，CPU访问连续两个字节；如果仅$\overline{BE_3}$、$\overline{BE_2}$、$\overline{BE_1}$、$\overline{BE_0}$同时为0时，则相当于$A_2A_1A_0 = 000$、$A_2A_1A_0 = 001$、$A_2A_1A_0 = 010$及$A_2A_1A_0 = 011$这4种情况，此时，CPU访问连续4个字节，即访问32位存储器操作数。

Pentium通往外部存储器的数据总线为64位，CPU内部的数据总线及主要寄存器的宽度等都为32位。外部64位数据总线（D_{63}～D_0）每次可以同时传输8字节的二进制信息，若选用主总线时钟频率66MHz计算，即存储器总线的时钟频率也为66MHz，则Pentium与主存储器交换数据的速率为66MHz×8B = 528MB/s。

Pentium的64位数据总线支持多种类型的总线周期，其中包括应用于Pentium微处理器内部高速缓冲存储器的突发模式，在突发模式下，在一个总线周期内，可以快速地对主存读出或写入32字节的数据，可以将主存中一个32字节的主存块读出并存入到Pentium 微处理器内部高速缓冲存储器的某一行中。

2. Pentium的体系结构

（1）Pentium微处理器内部的主要功能部件

Pentium 微处理器的功能结构图如图3-19所示。包括10大主要部件：总线部件；指令预取部件；指令译码器；U 流水线和 V 流水线；指令高速缓冲存储器 Cache；数据高速缓冲存储器 Cache；浮点处理部件 FPU；分支目标缓冲器 BTB；微程序控制器中的控制 ROM 及寄存器组等。

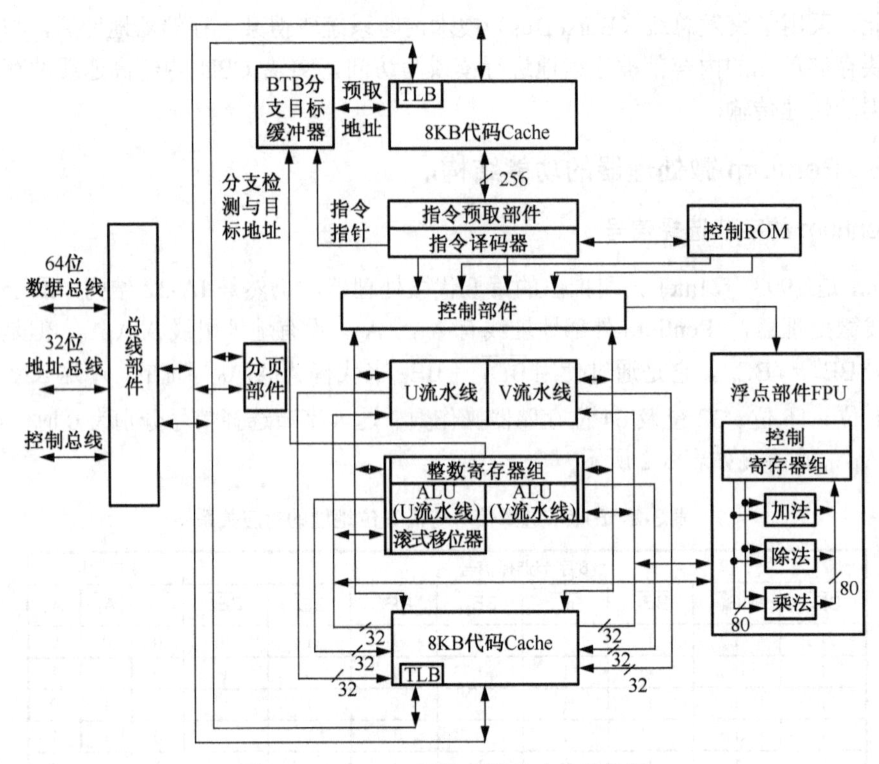

图 3-19 Pentium 微处理器的功能结构图

（2）体系结构特点

Pentium 微处理器体系结构特点表现在如下 4 个方面。

① 两个互相独立的 8KB 高速缓冲存储器

Pentium 微处理器在片内设置了 8KB 的指令 Cache 和 8KB 的数据 Cache，指令 Cache 与数据 Cache 均与 CPU 内部的 64 位数据线及 32 位地址线相连接。2 个 8KB Cache 相互独立，不同于 80486 CPU 中仅 8KB 指令与数据混合存放的一个 Cache。互相独立的指令 Cache 和数据 Cache 有利于 U、V 两条流水线的并行操作，它不仅可以从指令 Cache 预取指令和读/写数据 Cache，能无冲突地并行进行，而且可以同时与 CPU 内部的 U、V 两条流水线分别交换数据。

指令 Cache 中存放的代码是主存中一部分程序的副本，通过突发方式从主存中每次读取一块指令代码存入某一 Cache 行（32B）中，以便 CPU 执行程序时直接从 CPU 内部的指令 Cache 中取出并执行，可读/写的数据 Cache 是双端口结构，每个端口分别与 U、V 两条指令流水线交换整数数据。数据 Cache 与浮点运算部件交换浮点数据时，可以组合成 64 位数据端口。

② 相对 80486 重新设计的浮点运算部件

重新设计的浮点运算部件支持 IEEE754 标准的单、双精度格式的浮点数，浮点运算部件内有专门用于浮点运算的加法器、乘法器和除法器。80 位宽的 8 个寄存器构成了寄存器堆，使用一种临时实数的 80 位浮点数格式。

Pentium 微处理器内部的浮点运算采用了指令流水线作业技术，浮点运算流水线分成 8 段完成，而整数指令流水线分为5段完成，浮点指令运算的前4段在整数指令流水线中完成，后4段则在FPU中完成。

前4段在整数指令执行的U、V流水线中完成以下工作：

- 预取指令（PF）；
- 指令译码1（D_1）；
- 指令译码2（地址生成）（D_2）；
- 取操作数（EX）。

后4段在浮点运算部件中完成以下工作：

- 执行1（X_1）；
- 执行2（X_2）；
- 结果写回寄存器堆（WF）；
- 错误报告（ER）。

③ 采用分支目标缓冲器实现动态转移预测

采用分支目标缓冲器实现动态转移预测技术，可以减少指令流水作业中因分支转移等指令而引起的流水线断流现象。在U、V两条流水线执行指令时，一方面要对指令进行译码，另一方面要送给分支目标缓冲器实现动态转移预测下一条指令，以便将后续待执行的指令取出来，避免指令流水线断流的发生。

④ 超标量流水线

相对80486 CPU的一条指令流水线，Pentium 微处理器却扩充了一条指令流水线，分为U、V两条指令流水线。一条指令流水线称为标量流水线，两条指令流水线称为超标量流水线。

3.5.3 Pentium 微处理器的引脚信号

如图3-20所示，Pentium 微处理器的主要引脚信号按其功能划分为10类，图中给出了各类所包含的引脚信号及其I/O方向。下面主要介绍数据线及其控制信号、地址线及其控制信号、总线周期控制信号、Cache控制信号，以及其他6类信号。

1．数据线及其控制信号

（1）D_{63}～D_0，64位数据线。

（2）$\overline{BE_7}$～$\overline{BE_0}$，8位字节允许信号，低电平允许。

（3）DP_7～DP_0，8个数据校验位信号，双向。

（4）$\overline{PCHK}$，数据奇偶校验出错信号，输出，低电平有效。

（5）$\overline{PEN}$，数据奇偶校验允许信号，输入。

Pentium微处理器外部数据总线64位，共计8字节，分别按存放地址的高、低顺序，对应字节允许信号$\overline{BE_7}$～$\overline{BE_0}$。在所有的写总线周期，CPU 内部的总线接口单元为每个字节数据产生一个偶校验位输出，分别对应从DP_7～DP_0这8位引脚上输出。在所有的读总线周期，DP_7～DP_0作偶校验输入，CPU通过DP_7～DP_0对8个数据字节进行偶校验。

如果校验出错，则使$\overline{PCHK}$为逻辑0送至外部电路，导致数据字节校验出错中断。

2．地址线及其控制信号

（1）A_{31}～A_3，29位地址线。当总线突发式操作时，A_{31}～A_5不改变，A_4、A_3依次提供00、

01、10、11 四个地址，可以分别寻址 8 字节的数据，以实现存储器与 CPU 内部 Cache 的映射操作。

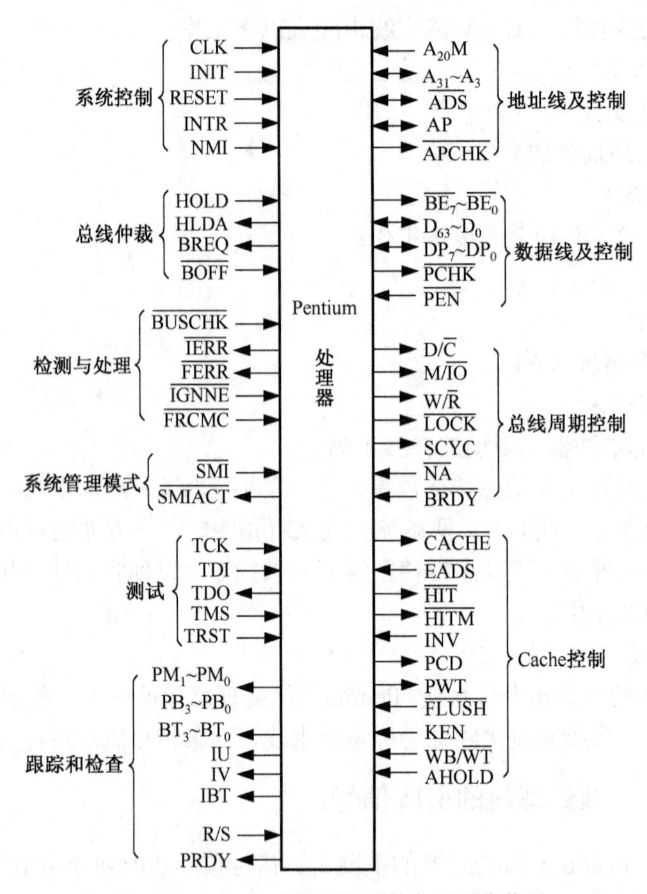

图 3-20 Pentium 微处理器的主要引脚信号

（2）$\overline{A_{20}M}$，输入信号，此信号为 0 时，将屏蔽含 A_{20} 以上的地址线。

（3）$\overline{ADS}$，地址数据选通信号。当处理器发出有效的存储器地址或 I/O 地址时，该信号变低电平，表示 CPU 已启动一个总线周期，相当于 8086 的地址锁存允许信号 ALE。

（4）AP，地址的整体偶校验位，双向。

（5）$\overline{APCHK}$，地址的偶校验出错指示信号，输出线，低电平有效。

32 位地址线中，只有 A_{31}～A_3，没有 A_2～A_0 的引脚。但是，A_2～A_0 组合成字节允许信号 $\overline{BE_7}$～$\overline{BE_0}$，Pentium 有 $\overline{BE_7}$～$\overline{BE_0}$ 共 8 条输出引脚，构成 32 位地址仍然可以寻址 4GB 主存。Pentium 微处理器与 8086 CPU 一样，也可以寻址 64K 个 8 位的 I/O 端口。

只要地址引脚 A_{31}～A_3 上输出地址时，Pentium 微处理器就要在 AP 引脚上输出地址的偶校验位，存储器子系统会对地址信息进行校验；当读取 CPU 内部 Cache 时，CPU 要对请求的地址进行同样的偶校验操作，如果校验地址有错，则地址校验信号 $\overline{APCHK}$ 输出低电平。

3. 总线周期控制信号

（1）D/$\overline{C}$，数据/控制信号。输出线，为高电平时，表示当前总线周期传输的是数据，为低电平时，指示当前总线周期传输的是指令。

（2）$M/\overline{IO}$，指示访问存储器还是访问输入/输出设备的信号。它与 8086CPU 同名引脚的功能相同，输出线，为高电平时，指示当前总线周期访问存储器，为低电平时，则为访问 I/O 端口。

（3）$W/\overline{R}$，写/读控制信号。输出线，为高电平时，表示当前总线周期为 CPU 写存储器或写输出端口，为低电平时，指示为读存储器或读输入端口。

处理器利用总线周期完成对存储器和 I/O 端口的数据读写操作，这主要由读/写控制信号 $W/\overline{R}$、存储器/输入输出访问信号 $M/\overline{IO}$、数据/控制信号 $D/\overline{C}$ 的组合来确定的。这形成了 Pentium 处理器的基本总线周期，如表 3-3 所示。

表 3-3　Pentium 微处理器的基本总线周期

$M/\overline{IO}$	$D/\overline{C}$	$W/\overline{R}$	总线周期的操作
0	0	0	2 个可屏蔽中断响应总线周期
0	0	1	特殊总线周期
0	1	0	I/O 读周期
0	1	1	I/O 写周期
1	0	0	代码读周期（取指周期）
1	0	1	保留
1	1	0	存储器读周期
1	1	1	存储器写周期

（4）$\overline{LOCK}$，总线封锁信号。输出，低电平有效。当其有效时，当前总线被锁定，使得其他主模块不可能获得总线控制权，从而确保 Pentium 微处理器当前对总线的控制权。

（5）SCYS，分割周期信号。输出，高电平有效。当其有效，表示当前所访问的字、双字及四字均为未对准字。因此，若需要增加一个总线周期才能完成这次传输，便要对总线周期进行分割。

（6）$\overline{NA}$，下一个地址有效信号。输入，低电平有效。当其有低电平输入时，CPU 便在当前总线周期完成之前就将下一个地址送到地址总线上，开始下一个总线周期，从总线上构成流水线操作方式。Pentium 微处理器允许 2 个总线周期构成总线流水线。

（7）$\overline{BRDY}$，突发就绪信号。输入，低电平有效。当其有效，表示外设已处于准备好状态，可以进行数据传输。如果此信号在连续多个周期内有效，则为突发传输状态。

4. Cache 控制信号

（1）$\overline{CACHE}$，Cache 控制信号。输出，低电平有效。指示处理器内部的 Cache 在进行读或写操作。

（2）$\overline{EADS}$，外部地址有效信号。输入，低电平有效。表示外部送来了有效地址，用于访问内部 Cache。

（3）$\overline{HIT}$，Cache 命中信号。输出，低电平有效。当其有效时，表示 Cache 被命中。

（4）$\overline{HITM}$，Cache 修改信号。输出，低电平有效。表示当前命中的 Cache 已被修改过。

（5）INV，无效请求信号。若此输入信号为高电平，使 Cache 区域不可再使用。

（6）PCD，Cache 禁止信号。输出，高电平有效。有效时，禁止访问片外的 Cache。

（7）PWT，CPU 外部 Cache 的控制信号。

（8）$\overline{FLUSH}$，Cache 擦除信号。

（9）$\overline{KEN}$，Cache 允许信号。输入，低电平有效时，当前总线周期传输的数据可以传送到 Cache 中。

（10）WB/$\overline{WT}$，写 CPU 内 Cache 方式的选择信号。

（11）AHOLD，地址保持/请求信号。

读/写控制信号 W/$\overline{R}$、存储器/输入输出访问信号 M/$\overline{IO}$、数据/控制信号 D/$\overline{C}$、Cache 控制信号 $\overline{CACHE}$、Cache 允许信号 $\overline{KEN}$ 的组合及相应总线周期的操作如表 3-4 所示。

表 3-4 Pentium 微处理器控制信号的组合及相应总线周期的操作

M/$\overline{IO}$	D/$\overline{C}$	W/$\overline{R}$	$\overline{CACHE}$	$\overline{KEN}$	总线周期的操作	传送次数
0	0	0	1	×	2 个中断响应总线周期	每个总线周期传送 1 次
0	0	1	1	×	特殊总线周期	1
0	1	0	1	×	读外设接口，≤32 位，非缓存式	1
0	1	1	1	×	写外设接口，≤32 位，非缓存式	1
1	0	0	1	×	代码读，64 位，非缓存式	1
1	0	0	×	1	代码读，64 位，非缓存式	1
1	0	0	0	0	代码读，256 位突发式数据线填充	4
1	1	0	1	×	读存储器数据，≤64 位，非缓存式	1
1	1	0	×	1	读存储器数据，≤64 位，非缓存式	1
1	1	0	0	0	读存储器数据，256 位突发式数据线填充	4
1	1	1	1	×	写数据到存储器，≤64 位，非缓存式	1
1	1	1	0	×	256 位突发式回写	4

从表 3-4 可以看出：如果从存储器中读出的数据被存入 CPU 中的高速缓存中，称之为缓存式（数据填充），其他都称为非缓存式。

在缓存式条件下，$\overline{CACHE}$ 和 $\overline{KEN}$ 必须同时有效，将主存的代码或数据以 256 位突发式方式读出，并存入处理器的高速缓存中。

5. 检测与处理信号

（1）$\overline{BUSCHK}$，总线检查信号。

（2）$\overline{IERR}$，输出，内部奇偶出错或功能性冗余校验出错信号。

（3）$\overline{FERR}$，浮点运算出错信号。输出，低电平有效。

（4）$\overline{FRCMC}$，冗余校验控制信号。输入，低电平有效。CPU 进行冗余校验。

（5）$\overline{IGNNE}$，忽略浮点运算错误的信号。输入，低电平有效。CPU 会忽略浮点运算产生的错误。

6. 总线仲裁信号

（1）HOLD，总线请求信号。输入，高电平请求。由其他主控模块向 CPU 发出的申请总线控制权的输入信号。

（2）HLDA，总线请求响应信号。输出，高电平有效时，表示 CPU 已让出总线控制权。

（3）BREQ，总线周期请求信号。

（4）$\overline{BOFF}$，强制让出总线信号。输入，低电平有效。CPU 采样到 $\overline{BOFF}$ 为低电平时，立即放弃总线控制权，直到 $\overline{BOFF}$ 变为无效电平时，CPU 才启动被暂停的总线周期。

7. 系统管理模式信号

（1）$\overline{SMI}$，使CPU进入系统管理模式的中断请求输入信号。

（2）$\overline{SMIACT}$，系统管理模式信号。输出，低电平有效时，表示当前CPU处于系统管理模式。

8. 跟踪和检查信号

（1）PM_1～PM_0及BP_3～BP_0，PM_1～PM_0是性能监测信号，BP_3～BP_0是与调试寄存器DR_3～DR_0中的断点相匹配且输出到外部的信号。

（2）BT_3～BT_0，分支地址输出信号。

（3）IU，U指令流水线信号，高电平有效。

（4）IV，V指令流水线信号，高电平有效。

（5）IBT，输出，高电平有效，表示指令发生分支。

（6）$R/\overline{S}$，探针信号。输出，此信号由高电平跳变到低电平时，将会使CPU停止执行指令而进入空闲状态。

（7）PRDY，$R/\overline{S}$的响应信号。输出，高电平有效时，表示CPU当前已停止指令的执行，可以进入测试状态。

9. 测试信号

（1）TCK，测试时钟信号输入端。

（2）TDI，串行测试数据输入端。

（3）TDO，测试数据结果输出端。

（4）TMS，测试方式选择端。

（5）$\overline{TRST}$，测试复位输入端。当输入低电平后，系统退出测试状态。

10. 系统控制信号

（1）INTR，可屏蔽中断请求输入信号。

（2）NMR，非屏蔽中断请求输入信号。

（3）RESET，系统复位信号。输入，高电平复位。

（4）CLK，系统时钟输入信号，由主板提供时钟脉冲。

（5）INIT，初始化信号。输入，高电平有效。

3.5.4 Pentium 微处理器的总线周期

1. 总线周期

在实现微处理器与存储器及I/O接口之间数据的传输过程中，微处理器的地址信号、控制信号及数据信号三者之间有严格的时间先后关系，通常称之为处理器的时序或总线周期。通过总线周期可以深入了解微机系统的工作原理。

通常有3类周期：

第一类，时钟周期。时钟周期是指微处理器工作主频脉冲的周期。

第二类，指令周期。执行一条指令所需要的时间称为指令周期，它包括取指令、指令译码和执行等操作，不同指令的指令周期是不相同的。

第三类，总线周期。微处理器通过总线实现一次访问存储器或I/O接口操作所经历的时间称为总线周期，总线周期可以分为存储器读、存储器写、I/O端口读、I/O端口写以及取出指令等5种基本的总线周期。一个指令周期由一个或几个总线周期组成，每条指令都有一个取指令的总线周期，但不是每条指令都需要另外的4种总线周期。

2．8086CPU总线读周期

8086CPU主要引脚及其连接如图3-21所示。

AD_{15}～AD_0，16位地址/数据复用信号，在总线周期，CPU先通过这16条信号线发出16位地址A_{15}～A_0，然后用作16条数据线D_{15}～D_0。

A_{19}/S_6～A_{16}/S_3，4位地址/开关复用信号，在总线周期，CPU先通过这4条信号线发出地址A_{19} ～A_{16}，然后用作4条开关信号S_6～S_3。

$\overline{BHE}/S_7$，高字节允许/开关信号S_7复用信号，在总线周期，CPU先发出高字节允许信号，再作为S_7开关信号。当$\overline{BHE}$有效（为“0”）时，微处理器要访问存储器的高字节（奇地址字节）。

AEL，地址锁存信号。它是一个很关键的输出信号，参考图3-21及图3-22，在一个总线周期的T_1状态，AEL输出高电平，地址/数据复用信号、地址/开关复用信号均输出地址信息，$\overline{BHE}/S_7$复用信号输出高字节允许$\overline{BHE}$信号，在AEL的下降沿将上述的地址信息及$\overline{BHE}$信号全部锁存到CPU外部的锁存器中，然后，这些引脚作为复用的另一功能使用。

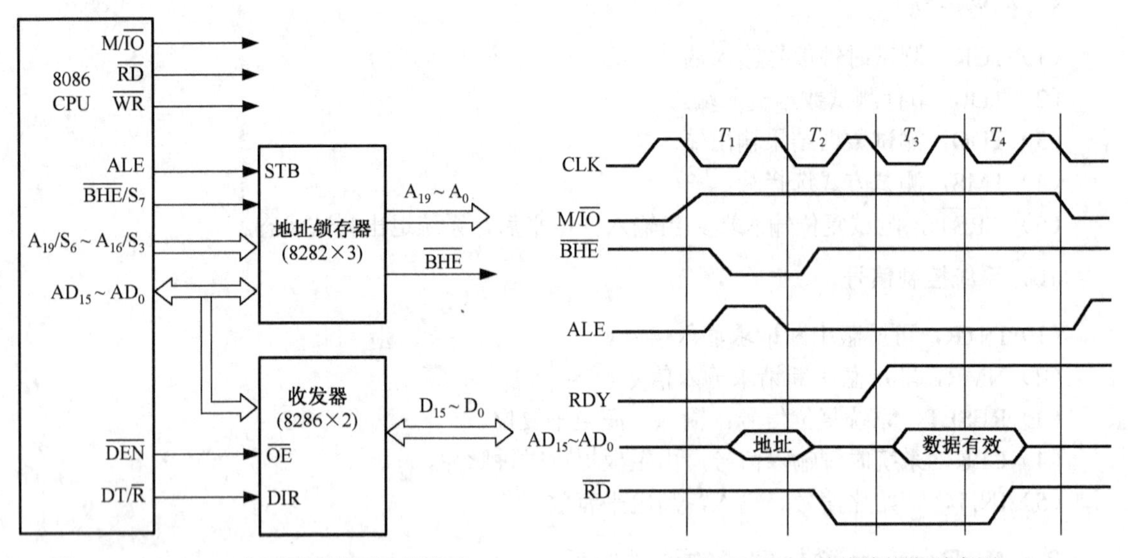

图3-21 8086CPU主要引脚信号及其连接　　图3-22 8086总线读周期时序图

$M/\overline{IO}$，它与Pentium的同名信号的功能相同。CPU发出$M/\overline{IO}$信号，$M/\overline{IO}$=“1”，指示CPU访问存储器，$M/\overline{IO}$=“0”，指示CPU访问I/O端口。

$\overline{WR}$，写信号。当处理器输出数据到存储器或I/O端口时，$\overline{WR}$有效，为低电平。

$\overline{RD}$，读信号。当处理器读存储器或I/O端口的数据时，$\overline{RD}$有效，为低电平。

$\overline{DEN}$，数据允许信号。当用8286作为数据总线收发器时，8286芯片是8位双向传输的三态缓冲器，8086CPU的$\overline{DEN}$作为收发器工作允许$\overline{OE}$端的控制信号，$\overline{OE}$=“0”，允许数据通过数据总线收发器，否则禁止通过。

$DT/\overline{R}$，数据发送和接收信号，$DT/\overline{R}$用于控制8286数据传送的方向。

当8086CPU处于读或写存储器（或I/O端口）时，$\overline{DEN}$有效（为“0”），指示数据总线上有数据传输，此时，如果是写周期，则DT/$\overline{R}$ = “1”；如果是读周期，则DT/$\overline{R}$ = “0”。

8086的读总线周期如图3-22所示，它由4个时钟周期（CLK）组成，M/$\overline{IO}$是8086输出的控制信号，当M/$\overline{IO}$ = “0”时，表明当前CPU访问输入/输出接口，而M/$\overline{IO}$ = “1”时，则访问存储器。

如果当前的数据段寄存器DS = 2000H，CPU执行MOV AX,[1000H]指令，在取指、译码后的读存储器周期，CPU将物理地址21000H（2000H×16+1000H）先发到地址总线上。由于要访问奇地址字节，所以$\overline{BHE}$ = “0”，地址与$\overline{BHE}$信息在地址锁存信号ALE的下降沿都被锁存于锁存器中。与此同时，M/$\overline{IO}$ = “1”，$\overline{RD}$ = “0”，$\overline{WR}$无效。在时钟周期的T_3、T_4数据有效，被CPU读入AX寄存器中。固定一次读存储器需要4个时钟周期。若读输入设备中某端口的数据，其区别仅在于CPU发出的M/$\overline{IO}$ = “0”，而不是“1”。

注意，8086 CPU在T_3的下降沿采集数据总线上的数据，实现了一次读存储器或读输入端口的操作。

3．8086CPU总线写周期

8086CPU写总线周期如图3-23所示，它也由4个时钟周期组成，当M/$\overline{IO}$ = “0”时，表明当前CPU写输入/输出端口，而M/$\overline{IO}$ = “1”时，则写存储器。

与总线读周期的主要区别是写有效，而不是读有效，因此，$\overline{WR}$ = “0”，$\overline{RD}$ = “1”。

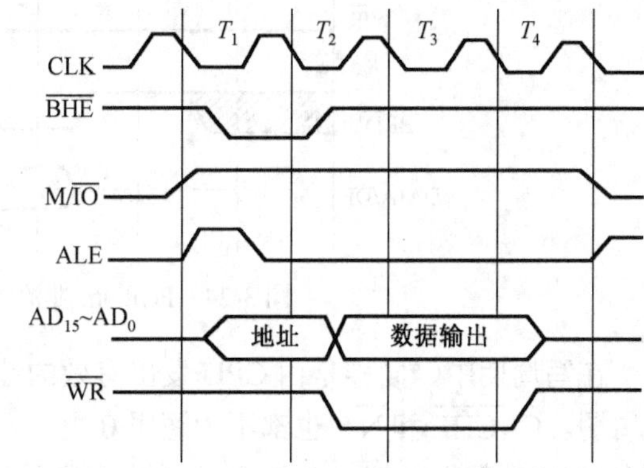

图3-23　8086总线写周期时序图

例如，CPU执行MOV [5000H]，BX指令时，在写存储器周期中，CPU首先通过地址/数据信号线输出地址信息及$\overline{BHE}$（为“0”），当CPU的外围电路通过地址锁存信号ALE把地址信号寄存下来后，于是CPU接着把BX中的16位数据通过地址/数据信号线输出，在$\overline{WR}$ = “0”期间完成写操作。

4．Pentium的总线周期

从实现的功能上看，处理器的总线周期有：存储器读、存储器写、输入端口读、输出端口写，还有中断响应周期等。

从总线周期之间的关联来看，有非流水线和流水线总线周期之分。

从总线周期内传输数据数量上看，有单数据传输（非缓存式）与突发方式（缓存式）的多个数据传输之分。

（1）Pentium非流水线式读/写总线周期

CPU在采用非流水线式总线周期操作时，当前一个总线周期操作尚未完成时绝不会启动下一个总线操作，即前后相邻两个总线周期不会发生重叠操作现象。

图3-24描述了非流水线式单数据的读/写总线周期，每个周期至少需要两个时钟周期（T_1和T_2），左边是读周期，右边是写周期。读/写总线周期都是由地址选通信号$\overline{ADS}$有效时启动，并由$\overline{BRDY}$信号有效时控制结束。

在读周期，当地址出现在地址总线ADDR上时，$\overline{ADS}$和W/$\overline{R}$变为逻辑0，表示读操作周期开始，由于在此周期，$\overline{\text{CACHE}}$和$\overline{\text{NA}}$都不为逻辑 0 电平，表明该读周期是非缓存式及非流水线式。图 3-24 中的第一个 T_2 结束时，Pentium 微处理器采样$\overline{\text{BRDY}}$信号，发现为无效的逻辑 1 电平，所以插入一个 T_2 脉冲，而在第二个 T_2 结束时，因$\overline{\text{BRDY}}$为逻辑 0 电平，CPU 就执行读数据传送，于是结束读总线周期。

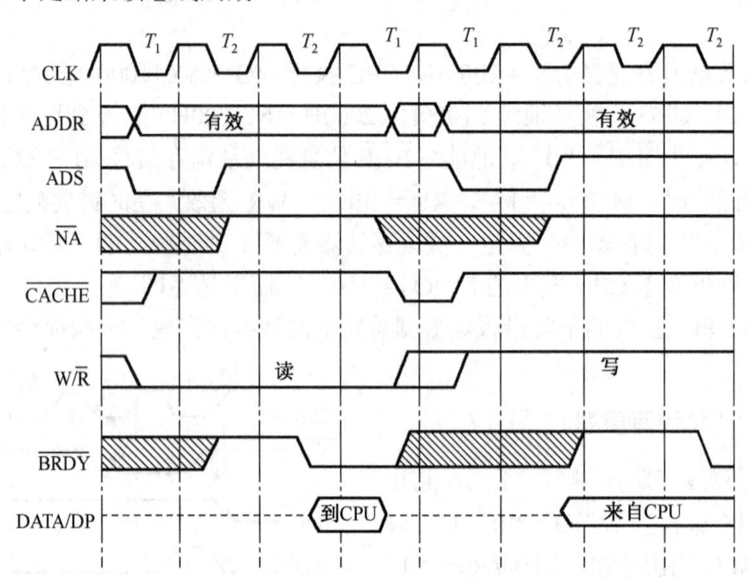

图 3-24 Pentium 非流水线式读和写周期时序图

在写周期中，同样是由 CPU 发出有效的地址信息及有效的地址选通信号$\overline{\text{ADS}}$时，启动该写周期。$\overline{\text{CACHE}}$和$\overline{\text{NA}}$也都不为逻辑 0 电平，指示该写周期既不是缓存式，也不是流水线式。来自 CPU 的数据在第一个 T_2 状态就出现在数据总线上，W/$\overline{\text{R}}$ 是高电平，写有效。由于$\overline{\text{BRDY}}$信号在前两个 T_2 状态都没有准备好，延迟到第三个 T_2 状态时$\overline{\text{BRDY}}$信号才有效，于是结束这次的写总线周期。

（2）Pentium 流水线式读/写总线周期

所谓流水线式总线周期是指当前总线周期完成数据输入/输出的同时，还完成了下一个总线周期的地址、总线周期指示码及有关控制信息的输出，实现地址传输与数据传输的并行操作，可以提高总线的利用率，相对先传输地址后才能传输该地址所寻址数据的非流水总线周期，则加快了数据的传输。这需要 Pentium 微处理器的下一个地址有效信号有效，即引脚$\overline{\text{NA}}$ ="0"，允许 CPU 以流水线式总线周期工作。

（3）Pentium 突发式读总线周期

突发式读总线周期的时序如图 3-25 所示。

突发式读总线周期的要点：

① 在突发式读总线周期，W/$\overline{\text{R}}$ 为逻辑 0。

② 突发式读总线周期从主存读取的数据存入处理器内部的高速缓存中，要对高速缓存进行填充（写）操作，所以，在突发式读总线周期，$\overline{\text{CACHE}}$信号一直处于逻辑 0 状态。

③ 在突发式读总线周期，为了实现写高速缓存的操作，必须在传送第一个数据之前的一个 T_2 状态，向 CPU 输入一个有效的允许写高速缓存的信号（$\overline{\text{KEN}}$ = "0"）。$\overline{\text{KEN}}$对突发式写总线周期无效。

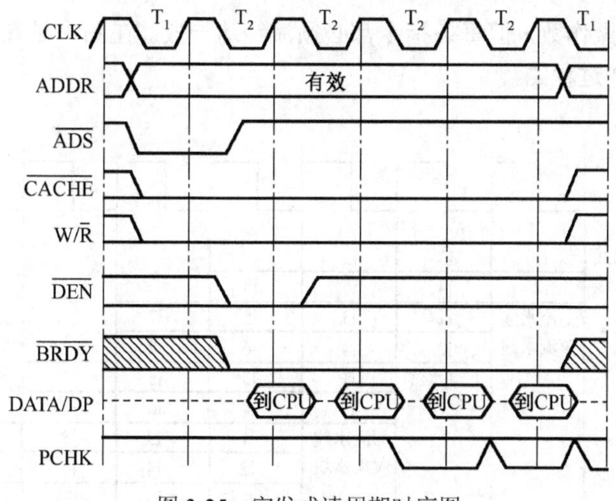

图 3-25 突发式读周期时序图

④ 突发式读/写总线周期都占 5 个时钟周期，每个突发式总线周期传输 256 位数据。前 2 个总线周期传输一个 64 位数据，后 3 个时钟周期分别传输一个 64 位的数据，共计传输 256 位数据。

⑤ 在进行 4 次数据传输的过程中，突发就绪信号 $\overline{\text{BRDY}}$ 一直处于有效状态。而突发式写总线周期是将处理器中高速缓存的数据回写到主存中，操作过程类似于突发式读总线周期，不过，W/$\overline{\text{R}}$ 是高电平。

3.6 超标量流水线技术

3.6.1 U、V 流水线的基本原理

Pentium 两条整数指令流水线分别称为 U 流水线和 V 流水线，取名“U”、“V”，有先后顺序及相邻的之意。两条指令流水线同时执行先后两条相邻的指令，先一条在 U 流水线中执行，后一条在 V 流水线中执行。U 流水线能执行指令系统中的所有指令，而 V 流水线只能执行简单的整数指令和少数浮点数指令。

U、V 流水线工作的基本原理如图 3-26 所示，图中列举的 4 对指令都是简单指令，U、V 两条流水线中整数指令流水线均由 5 段组成，分别为预取指令（PF）、指令译码 1（D1）、指令译码 2（地址生成）（D2）、指令执行（EX）和结果写回（WB），每条指令流水线都有各自的 ALU、地址形成电路，以及与数据 Cache 的接口等。

第一段是预取指令段（PF），在这一段，每个时钟周期内要从指令 Cache 中取出两条指令，并将取出的指令存入预取缓冲器中，例如，在第 1 个 PCLK 内，取出 i1 和 i2 指令。

第二段是指令译码 1 段（D1），在这一段，要确认指令的操作码、寻址方式，以及完成指令的配对检查和转移指令的预测，前后连续的两条指令 i1 和 i2 都要被译码完成，最终要判断这两条指令能否并行发送到下一段。注意，在图中是在第 2 个 PCLK 内完成对 i1 和 i2 指令译码 1 过程的。

第三段是指令译码 2 段（D2），在这一段，要计算并产生存储器操作数的地址，不是所有

指令都要计算存储器操作数，但每条指令都必须流经这一段。在图中是在第 3 个 PCLK 内完成对 i1 和 i2 指令译码 2 过程的。

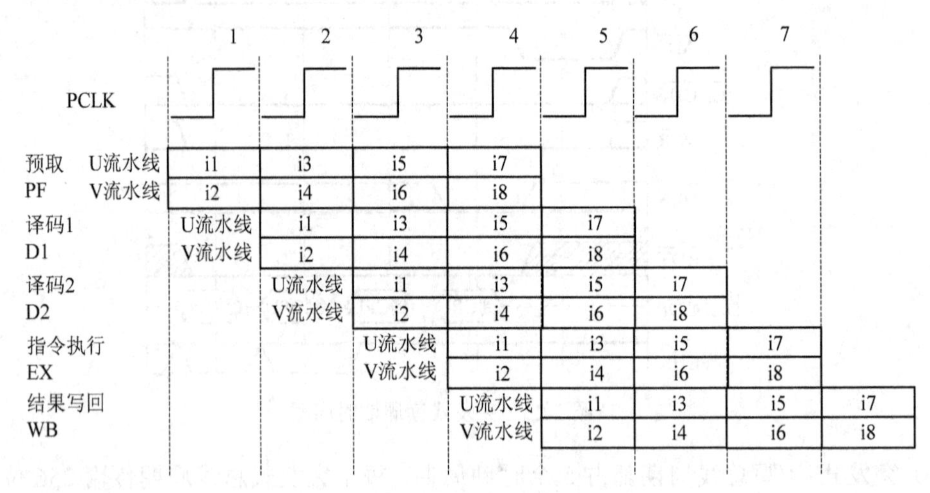

图 3-26　U、V 流水线工作的基本原理

第四段是执行段（EX），此段主要在 ALU、桶形移位器和其他功能部件中完成指定的运算。在图中是在第 4 个 PCLK 内完成对 i1 和 i2 指令执行过程的。

第五段是写回段（WB），将计算结果写回到标志寄存器、目的寄存器及其他目的地方。在图中是在第 5 个 PCLK 内完成对 i1 和 i2 指令结果写回过程的。

由于流水线分为 5 段，经过 5 个时钟 PCLK 后，写回 i1 和 i2 指令执行完成后的结果，即执行完两条指令 i1 和 i2，在第 6 个时钟后，执行完两条指令 i3 和 i4，在第 7 个时钟后，又执行完 i5 和 i6 两条指令，因此，Pentium 的超标量流水线在执行简单指令时，一个时钟周期就可以执行 2 条指令。

3.6.2 “按序发送”与“按序完成”的调度策略

Pentium 对 U、V 流水线为什么要采取“按序发送”与“按序完成”的调度策略呢？主要是因为程序中相邻两条指令不一定都是简单指令，可能会有数据相关等问题，使得不是所有两条指令都能够完全并行执行。

【例 3-5】 两条指令都是简单指令，可以同时发送的示例。

```
MOV    DX， BX
MOV    ECX，EDI
```

上述两条指令互不相关，称为简单指令，可以同时发送到下一段，不需要停顿时间，可以完全并行执行。

【例 3-6】 两条指令存在写后读数据相关（RAW）问题示例。

```
ADD    DX，BX        ；i1 条
MOV    CX，DX        ；i2 条
```

如果 i1 条 i2 条指令同时进入 U、V 流水线，i1 条指令的结果尚未存入 DX 中，i2 条指令就要读取 DX 中的数据，由于有写后读数据相关问题，i2 条指令在执行过程中要有一个等的片段，否则，就会产生错误的结果。由此，引出了一个“按序发送”与“按序完成”的调度策略。

图 3-27 描述了"按序发送"和"按序完成"的调度策略。

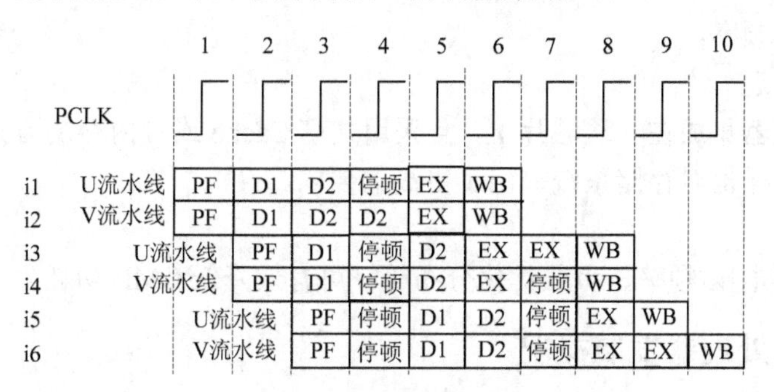

图 3-27　按序发送与按序完成的调度策略

"按序发送"和"按序完成"的调度策略主要有如下几种情况：

（1）图中的 i1 和 i2 两条指令，在 D1 段经配对检查符合配对条件，这两条指令被同时发送到 D2 段，也必须同时离开 D2 段发送到 EX 段，但是由于 i2 条指令未有执行完，i1 条指令停顿一个时钟周期后，i1 和 i2 才同时发送到 EX 段，在第 6 个时钟周期同时写回结果（WB）。

（2）因 i2 条指令在 D2 段延长了一个时钟周期，所以 i3、i4 在 D1 段进入 D2 段之间，都停顿了一个时钟周期。由于 i3 条指令在 EX 段执行时间较长，占用了两个时钟周期，因此，V 流水线中的 i4 条指令停顿一个时钟周期，等待 i3 条指令执行完后一起发送到 WB 段。

（3）i5、i6 两条指令有两次因为流水线中前面指令的停顿，也引起了两次停顿。U 流水线中的 i5 条指令在 EX 段能按时完成，所以在第 9 个时钟周期执行完成，i6 条指令因 EX 段占用了两个时钟周期，在第 10 个时钟周期才写回结果。反过来，如果 i6 条指令执行快于 i5 条指令，i6 不得提前写回结果，结论是：V 流水线不得早于 U 流水线结束一条指令的执行过程。

3.7　多核处理器

多核（Multi-core）技术是将多个处理器核心集成在一个半导体芯片上，各处理器核心耦合紧密，构成一个多核处理器（Multiprocessor）系统，整个芯片作为一个统一的结构对外提供服务。多核处理器首先通过集成多个单线程处理核心或者集成多个同时多线程处理核心，使得整个处理器可同时执行的线程数或任务数是单处理器的数倍，这极大地提升了处理器的并行性能。其次，多个核集成在片内，极大地缩短了核间的互连线，核与核之间通信延迟变低，提高了通信效率，数据传输带宽也得到提高。多核结构有效共享片上资源，提高片上资源的利用率，功耗也随着器件的减少得到了降低。这一多核处理器系统中的多个处理器核心能够有效地并行执行多个进程或线程，可以同时共享系统总线、内存等资源。

多核心处理器就是基于单个（芯片）处理器上拥有多个功能相同的处理器核心，多核处理器主要的优点如下。

（1）控制逻辑简单

相对超标量微处理器结构和超长指令字结构而言，单芯片多处理器结构的控制逻辑复杂性要明显低很多。相应的单芯片多处理器的硬件实现必然要简单得多。

（2）高主频

由于单芯片多处理器结构的控制逻辑相对简单，包含极少的全局信号，引线延迟对其影响比较小，因此，在同等工艺条件下，单芯片多处理器能获得比超标量微处理器和超长指令字微处理器更高的工作频率。

（3）低通信延迟

由于多个处理器集成在一块芯片上，且采用共享 Cache 或者内存的方式，多线程的通信延迟会明显降低，这样也对存储系统提出了更高的要求。

（4）低功耗

通过动态调节电压/频率、负载优化分布等，可有效降低 CMP 功耗。

3.7.1 多核处理器发展概况

自 1996 年美国斯坦福大学首次提出片上多处理器（CMP）思想和首个多核结构原型，到 2001 年推出第一个商用多核处理器 POWER4，再到 2005 年 Intel 和 AMD 多核处理器的大规模应用，最后到现在多核成为市场主流，多核处理器经历了十几年的发展。在这个过程中，多核处理器的应用范围已覆盖了多媒体计算、嵌入式设备、个人计算机、商用服务器和高性能计算机等众多领域，多核技术及其相关研究也迅速发展，比如多核结构设计方法、片上互连技术、可重构技术、下一代众核技术等。

2005 年 4 月，Intel 第一款用于 P4 计算机的双核处理器至尊版问世，该奔腾处理器主频为 3.2GHz，采用 Intel 955X 高速芯片组。Intel 多核超线程技术能够使一个执行内核发挥两枚逻辑处理器的作用。2005 年 5 月，双核处理器 Pentium D 随 Intel 945 高速芯片组家族一同推出，增强了环绕立体声音频、高清晰度视频和增强图形功能。

2006 年 1 月，Intel 发布了 Pentium D 9xx 系列处理器，包括了支持 VT 虚拟化技术的 Pentium D 960（3.60GHz）、950（3.40GHz）和不支持 VT 的 Pentium D 945（3.4 GHz）、925（3GHz）等。2006 年 7 月，Intel 发布了 65nm 的双内核处理器酷睿 2（Core 2 Duo），即酷睿二代，是 Intel 推出的新一代基于 Intel Core 微结构产品体系的统称。它的上一代是采用 Yonah 微结构的处理器产品，被命名为 Core Duo，即酷睿一代。Intel 酷睿 2 是一个跨平台的构架体系，包括服务器版、桌面版、移动版三大领域。其中，服务器版的开发代号为 Woodcrest，桌面版的开发代号为 Conroe，移动版的开发代号为 Merom。

Intel 酷睿 2 结构体系已经完全摒弃了 Pentium M 微结构和 Pentium 4 Net Burst 微结构。首先酷睿 2 CPU 支持移动 64 位计算模式，为以后迈向运算速度更快的时代提供了坚实的硬件基础。高端的 7 系列拥有 4MB 二级缓存，比酷睿仅拥有 2MB 二级缓存则高出了一倍，更大的二级缓存意味着多任务处理能力更为强劲，处理的时间大大缩短。酷睿 2 CPU 还提供对 EM64T 与 SSE4 指令集的支持。由于对 EM64T 的支持使得其可以拥有更大的内存寻址空间。SSE4 指令集相比于酷睿的 SSE3 指令集，更强调了多媒体的处理速度，并有多处优化。

2006 年 11 月，Intel 四核处理器正式发布。2008 年，Intel 推出了 64 位 4 个内核的基于 Nehalem 结构的 Core i7（酷睿 i7）处理器。内核代号为 Bloomfield。拥有 8MB 三级缓存，支持三通道的 DDR3 内存，处理器采用 LGA1366 针脚设计，支持第二代超线程技术，即处理器能以 8 线程运行。

Intel 随后推出的基于 Nehalem 结构的双核处理器 Core i5（酷睿 i5），其依旧采用整合内存控制器，三级缓存模式，L_3 Cache 最大可达到 24MB。Core i5 采用的是成熟的 DMI（Direct Media Interface）技术，相当于内部集成所有北桥的功能，采用 DMI 用于准南桥通信，并且只支持双通道的 DDR3 内存。

Nehalem 构架的酷睿 i5 和酷睿 i7 处理器是目前 Intel 新一代的处理器，具有诸多的先进特性，比如 Turbo Boost、Intel 智能互连技术（QPI）、Intel 智能高速缓存技术等。酷睿 i5 和酷睿 i7 处理器前端总线频率都是 1333MHz。

3.7.2 多核处理器结构

1. 早期 4 核处理器的结构

Hydra 处理器是 1996 年美国斯坦福大学研制的一个集成了 4 个核心的处理器，这在当时是一种新型的处理器结构，整体结构如图 3-28 所示。Hydra 处理器的核与核之间通过总线结构，共享片上二级缓存 L_2、存储器端口和 I/O 访问端口。4 个核心采用了通用的百万指令级（MIPS）处理器，每个独立的处理核心有私有的一级缓存 L_1，其中指令缓存和数据缓存相互分离。4 个核心共享的二级缓存 L_2，采用 DRAM 存储。核心之间、核心到二级缓存 L_2、主存与片内，以及 I/O 设备与片内的通信都是由总线结构来实现的。Hydra 处理器被认为是一种典型的多核结构，不仅在于它是第一个多核处理器设计原型，还因为它采用了共享二级缓存 L_2 的同构对称设计和高速总线的核间通信方式。

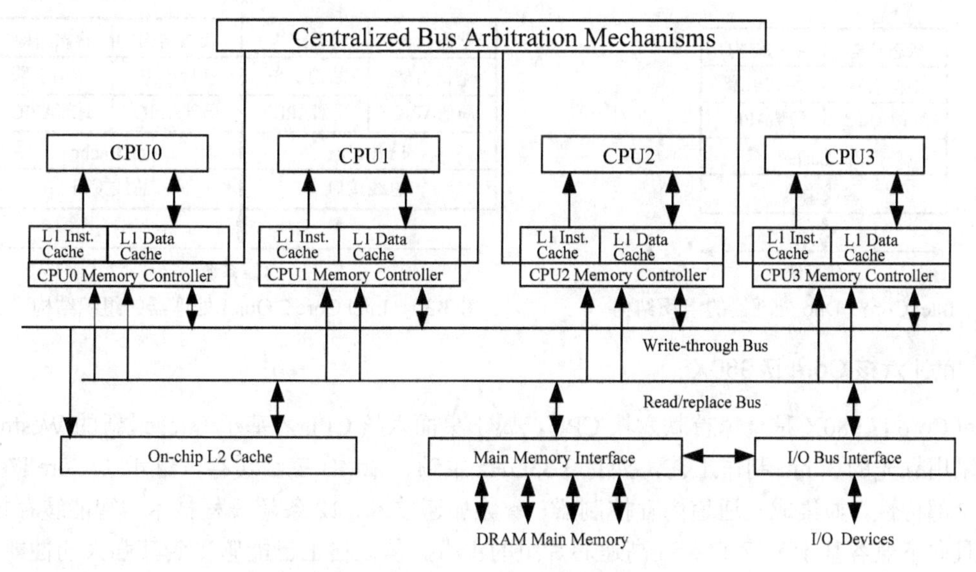

图 3-28 Hydra 处理器结构

2. Intel酷睿2 双核和酷睿2 四核处理器的组织结构

Intel 酷睿2 双核（Core 2 Duo）和酷睿2 四核处理器（Core 2 Quad）的组织结构分别如图 3-29 和 3-30 所示，Intel 酷睿双核（Core Duo）是基于 Pentium M 微结构的，而 Intel酷睿2 双核和酷睿2 四核处理器是基于 Intel Core 微结构实现的。Intel Core 微结构（Intel Core Micro architecture）是英特尔 2006 年宣布的一种新处理器结构，取代了旧有的 Net Burst 及 Pentium M 微结构，并综合利用了 Net Burst 和 Pentium M 微结构的优势，使得 Intel Core 微结构的处理器提高了执行性能和降低了执行功耗。

Intel Core 微结构内部采用了微程序控制器，具有一个 L_1 Cache（数据），两个核共享的 L_2 Cache，减少使用前端总线进行数据交换，工作效率更高。从 L_2 Cache 预取指令并译码，4 个译码单元在每个时钟可以译码 4 条指令或具有宏联合的 5 条指令，具有 3 个不同功能的算术逻辑运算单元 ALU，都支持 128 位 SIMD 指令的执行，Core 微结构中大多数 SIMD 指令可以在一个时钟周期内完成。

同一个指令使用不同的数据流被多个处理器执行，称之为单指令流多数据流（SIMD），多媒体指令利用了单指令流多数据流的思想。

Core 微结构采用了指令超标量流水线技术，可以乱序处理指令，在每个时钟处理 4 条指令。Core 微结构有一个更大带宽的动态执行核心，并采用了智能 Cache、智能存储器及先进的数字媒体等技术。

从图 3-29 可以看出，Intel酷睿2 双核由两个 Intel Core 微结构实现，而图 3-30 则由 4 个 Intel Core 微结构组成。

四核处理器即基于单个半导体的一个处理器上拥有四个一样功能的处理器核心。换句话说，将四个物理处理器核心整合入一个核中。

四核 CPU 实际上是将两个双核处理器封装在一起，如果四核处理器中有任何一个缺陷，都能够让整个处理器报废。Core 2 Extreme QX6700 在 WindowsXP 系统下被视作四颗 CPU，但是分属两组核心的两颗 4MB 的二级缓存并不能够直接互访，影响执行效率。

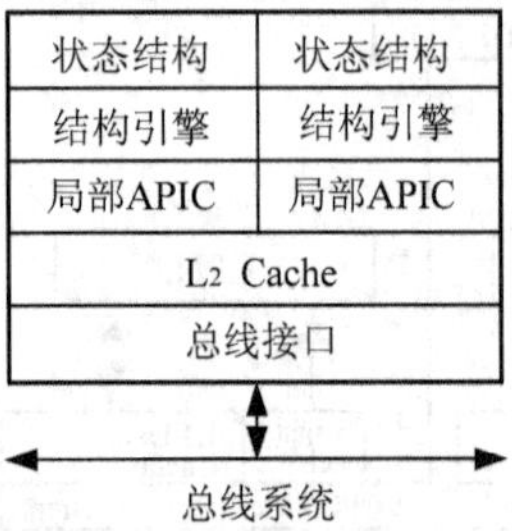

状态结构
状态结构
结构引擎
结构引擎
局部APIC
局部APIC
L_2 Cache
总线接口
总线系统

图 3-29 Intel Core 2 Duo 处理器的组织结构

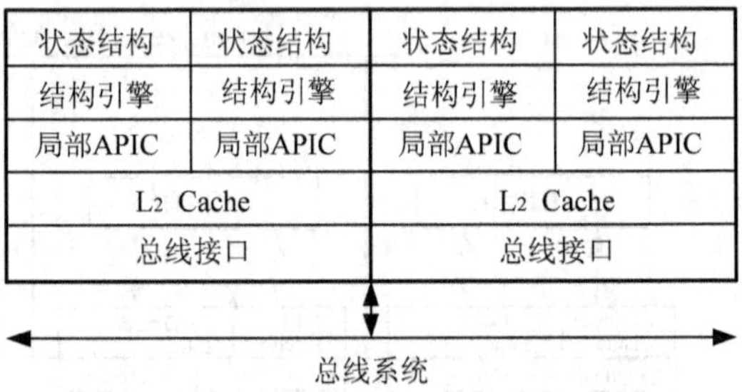

状态结构
状态结构
状态结构
状态结构
结构引擎
结构引擎
结构引擎
结构引擎
局部APIC
局部APIC
局部APIC
局部APIC
L_2 Cache
L_2 Cache
总线接口
总线接口
总线系统

图 3-30 Intel Core 2 Quad 处理器的组织结构

3. Intel 六核 Core i7 980X

Intel Core i7 980X 是全球首款六核 CPU，属于桌面六核 CPU，基于 Intel 最新的 Westmere 架构，采用领先的 32nm 制作工艺，拥有 3.33GHz 主频、12MB 三级缓存，继承了 Core i7 900 系列的全部特性，如集成三通道内存控制器、睿频加速技术、12 条超线程技术、智能缓存技术等，并且向下兼容基于英特尔®X58 高速芯片组的主板。从规格上已能感受到其强大的性能。

Westmere 架构的 Core i7 980X 继承了 Nehalem 架构的优势，同样采用了三级缓存设计及智能缓存技术，L_1 和 L_2 缓存为内核缓存，具有超低延迟，其中 L_1 缓存由 32KB 指令缓存和 32KB 数据缓存组成。每个内核具有 256KB 的 L_2 缓存。L_3 是共享缓存，容量从原来 8MB 增加到 12MB，被六个核心共享使用，以确保六核运算效率的最大化。

虽然 Core i7 980X 处理器核心数量、性能与制造工艺较以往的多核处理器有了较大的提升，但是，Core i7 980X 处理器使用的外围芯片组仍然是 X58，让主板厂商可以简单地通过对 BIOS 的升级方式来支持新的 Core i7 980X 处理器，而且可以节省资源，保护计算机用户的利益，图 3-31 是 Intel Core i7 980X 主板结构图。

32 纳米英特尔® 酷睿™ i7-980X 处理器
3 通道 2 DPC DDR3 1066
英特尔® 快速通道互联技术
英特尔® X58 高速芯片组
2x16 或 4x8 PCIe 2.0
ICH 10/R
• 6 个 SATA 端口
• 12 个 USB 2.0 端口

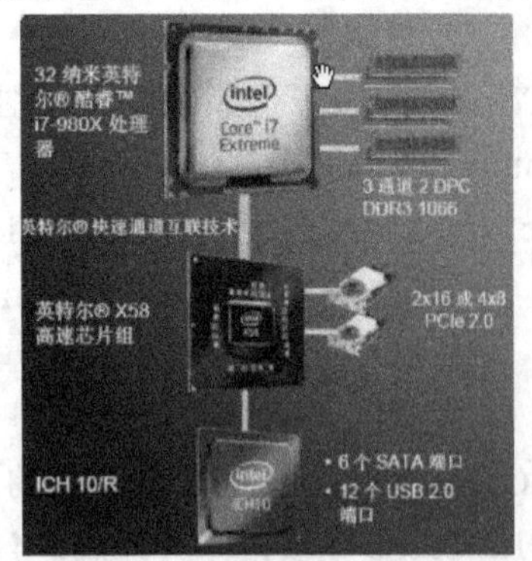

图 3-31 Intel Core i7 980X 主板结构图

思考题与习题

1．微处理器的基本功能有哪些？

2．微处理器的基本组成有哪些？

3．微处理器工作模式有哪三种？实模式有哪些特征？

4．16位微处理器8086有哪些通用寄存器？

5．16位微处理器8086有哪4个段寄存器？每个段寄存器的作用是什么？

6．如何理解32位微处理器的通用寄存器与16位的通用寄存器兼容？

7．什么叫段基地址？什么叫偏移地址？

8．段寄存器与32位偏移地址寄存器的固定搭配如何？

9．8086 CPU由哪两大部分组成？它们的主要功能各是什么？

10．什么是逻辑地址？什么是物理地址？如何将逻辑地址转换为物理地址？

11．设X = 30H，Y = 88H，进行X+Y和X−Y运算后，8086 CPU中标志寄存器FLAGS的6个状态标志位的状态分别是什么状态？

12．什么叫存储器地址交叉？微机的存储器为什么要用存储器地址交叉技术？

13．已知逻辑地址如下，请将实模式逻辑地址转变成物理地址。

（1）FFFFH：0011H　　（2）0145H：1018H

（3）4000H：8800H　　（4）B821H：A456H

14．在8086系统中，CPU执行访问存储器指令时，$\overline{BHE} = 1$，$A_0 = 0$，说明当前CPU要访问哪一个存储体？

15．Pentium 微处理器主要结构特点有哪4点？

16．下列各组指令中，哪些会产生数据相关？哪些会产生资源相关？

```
(1) DIV    AX,  SI
    SUB    AX,  DI
(2) MOV    AX,  BX
    ADD    CX,  SI
(3) MOV    AX,  DX
    ADD    BX,  AX
(4) MOV    CX,  BX
    MOV    BX,  DI
(5) MOV    [1000H],  CX
    MOV    [2000H],  DI
```

17．解释多核技术。

18．Intel Core微结构和Net Burst微结构在高速缓存方面有什么不同？

19．Pentium微处理器中两个8KB高速缓存的容量是如何计算得出的？

20．Pentium的超标量流水线共分几段，其中整数段有几段？

21．如果使用突发式读总线周期，把内存的256位代码读入CPU的代码高速缓存中，控制信号$M/\overline{IO}$、$D/\overline{C}$、$W/\overline{R}$、$\overline{CACHE}$及$\overline{KEN}$各处于什么状态？

22．如果使用突发式写总线周期，把CPU高速缓存中256位数据写入内存，控制信号$M/\overline{IO}$、$D/\overline{C}$、$W/\overline{R}$、$\overline{CACHE}$及$\overline{KEN}$各处于什么状态？

23．解释流水总线周期的工作原理。

24．解释时钟周期、指令周期以及总线周期。

25．在 Debug 调试程序中，标志寄存器中 6 个状态标志的表示如表 3-5 所示，设字长 8 位，CPU 执行 99+66 之后，各个标志位的符号是什么？

表 3-5　Flags 中标志位的符号表示

标志位名	置位符号（=1）	复位符号（=0）
溢出标志 OF	OV	NV
符号标志 SF	NG	PL
零标志 ZF	ZR	NZ
辅助标志 AF	AC	NA
奇偶标志 PF	PE	PO
进位标志 CF	CY	NC

第4章　指令系统与汇编语言程序设计

微处理器的指令（Instruction）系统是指该微处理器能够执行的全部指令的集合，它与微处理器密切相关，不同微处理器有各自的指令系统。本章主要介绍：8086（16位）微处理器的寻址方式及指令系统；80386（32位）微处理器的寻址方式及32位微处理器的基本指令；常用的伪指令；完整段汇编语言编程；简化段汇编语言编程。

4.1　8086 CPU的寻址方式

4.1.1　指令一般格式

1．8086 CPU指令的格式

指令是用来指挥和控制计算机执行某种操作的命令。通常指令由操作码和操作数两部分组成，操作码说明计算机要执行哪种操作，如数据传送、加减运算、数据的输入与输出及程序的跳转等，操作数是指令操作的对象，有些指令需要操作数，有些则不需要。机器指令的一般组成格式：

```
操作码　操作数
```

例如：指令MOV　AL，29H

翻译成可以执行的机器码（或称为机器指令）是：B029H，其中，B0H是操作码，29H是操作数。一条指令包含操作码和操作数两部分，操作码确定该指令要进行的操作，操作数指出该指令需要的操作数或操作数的地址。

8086 CPU指令的格式可以细分为以下几种：

（1）零地址指令

格式：操作码

零地址指令中不提供操作数，也不提供操作数的地址，只有操作码。例如空操作指令NOP。

（2）单地址指令

格式：操作码　操作数

单地址指令也称为一地址指令，指令中只提供一个操作数（或一个操作数的地址）。例如：

```
INC  AH
INC  BYTE PTR[1100H]
```

说明：

① 操作对象是目的地址中的那个操作数，操作结束后，其运算结果存入目的地址中。

② 如果操作数是存储器操作数，其数据类型有字节（8bit）及字（16bit）等类型，必须明确数据类型。

在 INC　BYTE PTR[1100H]指令中，使用了数据类型说明符 PTR 对内存数据定义为字节（BYTE）属性。

（3）两地址指令

格式：操作码　目的操作数，源操作数

指令中包含两个操作数，由操作码确定这两个操作数所进行的操作后，结果存入目的操作数中。例如：

```
MOV   AH，BL          ；AH←(BL)
MOV   BH，[1100H]     ；BH←DS：[1100H]
```

说明：

① 目的操作数和源操作数应具有相同的数据类型，即必须同时是 8 或 16 位。

② 目的操作数不能是立即数。

③ 操作结束后，其操作结果送入目的操作数中，而源操作数并不会改变。

④ 源操作数和目的操作数不能同时为存储器操作数，例 ADD [BX]，[2000H]是错误指令。

⑤ 立即数不能作为目的操作数，例 MOV　20H，AL 是错误指令。

⑥ 在 MOV　BH，[1100H]指令中，有一个操作数 BH 明确是 8 位，[1100H]所指示的存储器操作数就不需要增加类型说明符了。

2．操作数的类型

操作数是指令操作的对象，8086 CPU 的操作数分为数据操作数和转移地址操作数两大类：

（1）数据操作数

① 立即操作数，指令要操作的数就在本条指令中，为方便起见，用 imm 表示：

imm，代表 8、16 位立即数。

immn：n（n 为 8 或 16）位立即数。

② 寄存器操作数，指令中要操作的数在指定的寄存器中，为方便起见，用 reg 表示：

reg：寄存器，代表 8 和 16 位

regn：n（n 为 8 或 16）位寄存器

③ 存储器操作数，指令中要操作的数存放在指定的存储器中，为方便起见，用 mem 表示：

mem：存储器操作数，代表 8、16 位。

memn：n（n 为 8 或 16）位存储器操作数。

④ 输入/输出（I/O）操作数，指令中要操作的数据来自输入/输出端口。

（2）转移地址操作数

转移地址操作数来自具体的指令，且指令中转移地址只有一个，它就是指令的目的操作数。

4.1.2　8086 CPU 寻址方式

指令中提供操作数或操作数地址的方法被称为寻址方式，根据 8086 CPU 的常用指令，可以归纳为 3 类寻址方式，立即寻址、寄存器寻址及存储器寻址，其中，存储器寻址又可以分为 7 种。

1．立即寻址

操作数位置：内存代码段。

立即寻址所提供的操作数直接放在指令中，它是紧跟在指令操作码后面的一个可用的 8 位或 16 位二进制补码表示的有符号数，也就是说，操作数的存放地址就是指令操作码的下一单元地址。

【例 4-1】 立即数传送到寄存器中示例。

```
MOV   BH，10H          ；将立即数 10H 传送到 BH 中
MOV   BX，2345H        ；将立即数 2345H 传送给 BX
```

说明：立即数在所有指令中都不可能用作目的操作数，

2．寄存器寻址

操作数位置：在 CPU 的某个寄存器中。

寄存器中寄存的内容就是要寻找的操作数。

【例 4-2】 增 1 指令示例。

```
INC   CX         ；CX←（CX）+1
```

INC 为加 1 指令操作符，其操作数地址为寄存器 CX 在机器指令中的编码，不同寄存器使用不同的编码加以编排。本条指令的操作数就在 CX 中，假定执行前，（CX）= 6789H，则执行后（CX）= 678AH。

对于 16 位增 1 指令：INC reg16，reg16 代表 8 个 16 位寄存器，在 8 位的操作码中，低 3 位是 8 个寄存器的编码，如表 4-1 所示。

表 4-1　INC reg16 指令的编码

汇编指令（INC reg16）	OP（$D_7 D_6 D_5 D_4 D_3$）	REG（编码）（D_2 D_1 D_0）	十六进制机器指令
INC AX	0 1 0 0 0	0 0 0	40H
INC CX	0 1 0 0 0	0 0 1	41H
INC DX	0 1 0 0 0	0 1 0	42H
INC BX	0 1 0 0 0	0 1 1	43H
INC SP	0 1 0 0 0	1 0 0	44H
INC BP	0 1 0 0 0	1 0 1	45H
INC SI	0 1 0 0 0	1 1 0	46H
INC DI	0 1 0 0 0	1 1 1	47H

【例 4-3】 寄存器之间的传送指令示例。

```
MOV   CX，AX  ；CX ←（AX）
```

3．存储器寻址

微处理器访问存储器的方式最多，可以细分为 7 种寻址方式。

在 8086、80286 微处理器中，默认的段寄存器与 16 位寄存器的固定搭配如表 4-2 所示，其中的位移量可以是正数，也可以是负数。从下面的 7 种存储器寻址及以后的串操作指令中，可以逐步理解表 4-2 中的组合关系。

表 4-2　段寄存器与 16 位偏移地址寄存器的固定搭配

段寄存器	基址寄存器	变址寄存器	位移量	物理地址的用途
DS	BX	SI DI	8 位、16 位 （带符号数）	数据段内地址
SS	BP	SI DI	8 位、16 位 （带符号数）	堆栈段内地址
CS	IP	无	无	指令地址
ES	无	只有串操作时默认 DI	无	附加数据段内地址（目地址）

（1）直接寻址

直接寻址指令中直接给出了16位的偏移地址。

物理地址 = 段寄存器DS值×16+偏移地址。

【例4-4】 内存中的数据传送到CPU的寄存器示例。

```
MOV   BL，[3330H]                ；访问DS段
```

物理地址 =DS×16+3330H

```
MOV   AX，[2222H]                ；访问DS段
```

物理地址 =DS×16+2222H

说明：直接寻址默认访问DS数据段。

（2）基址寻址

基址寻址指令中以基址寄存器BX或BP中值为16位的偏移地址访问内存。

物理地址 = 段寄存器值×16+偏移地址。

【例4-5】 以基址寄存器作为间接寻址，将内存中的数据传送到CPU的寄存器。

```
MOV   AL，[BX]                   ；访问DS段
MOV   DX，[BP]                   ；访问SS段
```

（3）相对基址寻址

相对基址寻址是在基址寄存器的基础上，加上一个带符号的8位或16位的位移量。

【例4-6】 以相对基址寄存器寻址的方式，将内存中的数据传送到CPU的寄存器。

```
MOV   AL，[BX+30H]               ；访问DS段
MOV   DX，[BP-1110H]             ；访问SS段
```

（4）变址寻址

变址寻址是以源变址寄存器SI或目的变址寄存器DI中值为16位的偏移地址访问内存。

物理地址 = 段寄存器DS值×16+SI或DI中的值。

说明：所访问的数据段一定是DS数据段。

【例4-7】 以变址寄存器作为间接寻址，将内存中的数据传送到CPU的寄存器。

```
MOV   BL，[SI]                   ；访问DS段
MOV   AX，[DI]                   ；访问DS段
```

说明：如果要访问附加数据段，可以采用段超越前缀方法解决，方法如下：

```
MOV   DX，ES:[DI]
```

（5）相对变址寻址

相对变址寻址是在变址寄存器的基础上，加上一个带符号的8位或16位的位移量。

【例4-8】 以相对变址寄存器作为寻址方式，将内存中的数据传送到CPU的寄存器。

```
MOV   AL，[SI-56H]               ；访问DS段
MOV   DX，[DI+4000H]             ；访问DS段
```

（6）基址加变址寻址

指令中以基址寄存器中的值加上变址寄存器的值所换算的结果作为偏移地址访问内存，基址寄存器与变址寄存器的组合及默认访问的段，见表4-2。

【例 4-9】 以基址加变址作为寻址方式，将内存中的数据传送到 CPU 的寄存器。

```
MOV   AL,  [BX+SI]    ；访问 DS 段，可以写成 MOV AL，[BX][SI]形式
MOV   CL,  [BX+DI]    ；访问 DS 段，可以写成 MOV CL，[BX][DI]形式
MOV   DX,  [BP+DI]    ；访问 SS 段，可以写成 MOV DX，[BP][DI]形式
```

（7）相对基址加变址寻址

相对基址加变址寻址是在基址加变址寻址的基础之上，加上一个带符号的 8 位或 16 位的位移量，最后形成一个 16 位的偏移地址。

【例 4-10】 以相对基址加变址作为寻址方式，将内存中的数据传送到 CPU 的寄存器。

```
MOV   AL，[BX+DI+90H]     ；访问 DS 段，可以写成 MOV AL，[BX][DI+90H]形式
MOV   DX，[BP+SI-20H]     ；访问 SS 段，可以写成 MOV DX，[BP][SI-20H]形式
```

说明：相对基址加变址寻址所访问的段见表 4-2。

综上所述，一条指令包含操作码和操作数两部分，操作码确定该指令要进行的操作，操作数指出该指令需要的操作数或操作数的地址。操作数在计算机中的位置大致分三类，而存取方式比较复杂，表 4-3 概括了操作数在计算机中的位置及存取方式。

表 4-3　操作数在计算机中的位置及存取方式

数据存放的位置	存 取 方 式
寄存器	CPU 可直接存取
外设（端口）	用 IN、OUT 指令读/写（输入/输出）
内存	在内存的数据段、附加数据段或堆栈段，可利用存储器寻址的各种寻址方式存取
	在内存的代码段（立即寻址）

4.2　16 位微处理器指令系统

16 位微处理器共计有 133 种基本指令，使用不同的寻址方式，并结合数据类型（字节、字）的组合，可以构成近 1000 种操作指令。指令系统可以分为以下七大类：

① 数据传送指令
② 算术运算指令
③ 位操作指令（包括逻辑运算指令和移位指令）
④ 字符串操作指令
⑤ 控制转移指令
⑥ 符号扩展指令
⑦ 处理机控制指令

为了方便介绍指令，对几个符号的规定说明如下：

OPS：源操作数，代表 8 位和 16 位二进制数据；

OPSn：n（n 为 8 或 16）位源操作数；

OPD：目的操作数，代表 8 和 16 位二进制数据；

OPDn：n（n 为或 16）位目操作数；

seg：段寄存器；

（reg）：表示寄存器中寄存的数值。

4.2.1 数据传送指令

数据传送指令是将数据、地址或立即数传送到寄存器或存储器中，可以分为一般数据传送指令、堆栈操作指令、地址传送指令和输入/输出指令。

1．一般数据传送指令

（1）传送指令

指令格式：MOV OPD，OPS

将源操作数传送到目的地址中，即（OPD）←（OPS）。

MOV 有如下五种具体形式：

① MOV reg，reg ；两个寄存器之间的数据传送，如 MOV AL，BH

② MOV reg，mem ；内存单元数据传送给寄存器，读内存，如 MOV BX，[SI]

③ MOV mem，reg ；寄存器的数据传送给内存单元，写内存，如 MOV [DI]，AX

④ MOV reg，imm ；立即数传送给寄存器，如 MOV BX，9678H

⑤ MOV mem，imm ；立即数传送给内存单元，如 MOV WORD PTR [SI]，1122H

用于段寄存器的传送指令有三种形式：

① MOV seg，reg ；寄存器数据传送给数据段寄存器，如 MOV DS，AX

② MOV reg，seg ；段寄存器数据传送给寄存器，如 MOV AX，DS

③ MOV mem，seg ；段寄存器数据传送给内存单元，如 MOV [DI]，DS

说明：当段寄存器作为目的操作数时，不允许是 CS 和 SS 段寄存器，但所有段寄存器都可以作为源操作数。

【例 4-11】 使用 CX 作暂存寄存器，简单编程，实现 AX 和 BX 的值交换。

```
MOV  CX，AX    ；CX←(AX)
MOV  AX，BX    ；AX←(BX)
MOV  BX，CX    ；BX←(CX)
```

（2）数据交换指令

指令格式：XCHG OPD，OPS

将 8 位源操作数与 8 位目的操作数的内容互换，或将 16 位源操作数与 16 位目的操作数的内容互换，即（OPS）←→（OPD）。

XCHG 一般有如下三种格式：

```
XCHG  reg，reg
XCHG  reg，mem
XCHG  mem，reg
```

【例 4-12】 数据交换指令示例。

```
XCHG  AH，AL          ；AH 和 AL 两个 8 位寄存器的值相互交换
XCHG  DX，BX          ；DX 和 BX 两个 16 位寄存器的值相互交换
XCHG  [1000H]，BX     ；DS:[1000H]存储字和 BX 寄存器的值相互交换
```

（3）查表转换指令

指令格式：XLAT

DS:[BX+AL]→AL，在 DS 段内，将（BX）为首地址、（AL）为偏移量的字节存储单元中的内容读出，并存入 AL 中。

说明：由于 AL 的值不能超过 256，所以表的大小也不能超过 256 字节。

（4）标志寄存器装入指令和标志寄存器保存指令

指令格式：LAHF

将标志寄存器低 8 位送 AH。

指令格式：SAHF

将 AH 的内容送入标志寄存器的低 8 位，而标志寄存器的高 8 位保持不变。该指令执行后，SF、ZF、AF、PF、CF 的值会发生变化，因为这 5 个标志位于标志寄存器的低 8 位。

2. 堆栈操作指令

堆栈是在内存 RAM 中开辟的一段特殊的存储空间。它的主要功能包括：

① 用来暂时存放程序的（断点）地址（CS 和 IP 的值）。

② 用以临时存放 CPU 寄存器和存储器中暂时不用的数据。

③ 可以作为两个程序之间传递数据的临时存放处。

堆栈是一种只允许在其一端进行数据插入或删除操作的线性表，该数据结构有其操作特点，堆栈操作分为入栈和出栈两种，入栈是将数据推入堆栈（或压入堆栈），出栈是将数据从堆栈中弹出。

CPU 按照“先进后出”或“后进先出”的原则存取堆栈段内的数据。如果把数据压入堆栈，则堆栈指针的值是减少的，即所谓的向下生成堆栈。由 SS:SP（16 位）指向栈底（栈空）或栈顶（栈不空）地址。

堆栈操作指令有以下几条。

（1）数据入栈指令

指令格式：PUSH　OPS16

将 OPS 中的 16 位数据压入堆栈中，且堆栈指针 SP 中的值减 2，PUSH 一般有如下两种形式：

① PUSH　reg16　　；寄存器 reg 必须是 16 位

② PUSH　mem16　　；内存中的数据必须是 16 位

【例 4-13】 数据入栈指令示例。

```
PUSH  AX
```

假定执行前，AX = 6699H，堆栈指针 SP = 2000H。

执行时，把 AX 的高 8 位（66H）压入堆栈段中 SP-1 的存储单元中，AX 的低 8 位（99H）压入堆栈段中 SP-2 的存储单元中，对于堆栈中数据的操作，按照“高字节存放高地址、低字节存放低地址”的规则存取。AX 的值被压入堆栈后，（SP）–2→（SP），堆栈指针 SP 中的数值变成 1FFEH，AX 的内容不变。入栈操作如图 4-1 所示。

（2）数据出栈指令

指令格式：POP　OPD16

将 SS:SP 所指定的一个字弹出给某一 16 位通用寄存器、数据段寄存器或某一字存储单元中。OPS 一定是 16 位，弹出栈的数据也是 16 位，POP OPD16 指令执行后，SP 加 2。

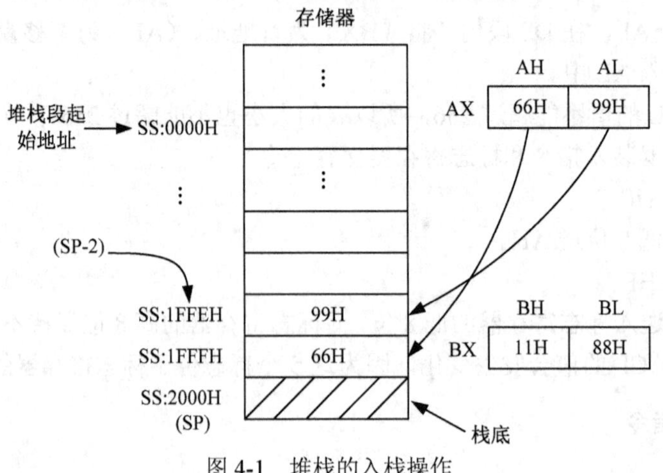

图 4-1 堆栈的入栈操作

POP 一般有如下三种形式：

① POP reg16

② POP seg ；seg 不能为 CS、SS

③ POP mem16 ；存储器长度必须是 16

【例 4-14】 假定在例 4-13 的基础上执行 POP BX 指令，分析执行过程。

假定执行前，BX = 1188H，SP = 1FFEH。执行后，BX = 6699H，（SP）+2 = 2000H，堆栈的出栈操作如图 4-2 所示。

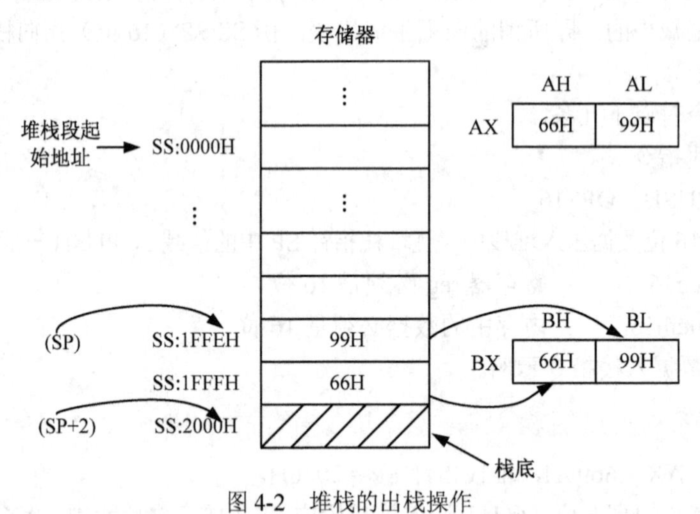

图 4-2 堆栈的出栈操作

【例 4-15】 利用 PUSH 和 POP 指令把寄存器 DX 和 BX 的值交换，编程实现。

```
PUSH    DX
PUSH    BX
POP     DX
POP     BX
```

（3）16 位标志寄存器入栈和出栈

```
PUSHF                  ；将 16 位标志寄存器 F 的值入栈
POPF                   ；将 SS:SP 所指定的一个字从堆栈弹出给 16 位的标志寄存器 F
```

【例 4-16】 将 0FF0H→FLAGS（标志寄存器），编程实现。

```
MOV   AX，0FF0H        ；将常量 0FF0H→AX
PUSH  AX               ；AX 入栈
POPF                   ；将 SS:[SP] 所指的堆栈中的 0FF0H 弹出给标志寄存器 F
```

从例 4-16 可以看出，当需要改变标志寄存器中的某些位时，除了用有关的标志操作指令外，还有一种有效的方法是将标志的各位值设好后压入堆栈，再用 POPF 指令置入标志寄存器中，这种方式可用于修改标志寄存器中 TF 等控制标志位。

3．地址传送指令

（1）传送偏移地址指令

指令格式：LEA　reg16，OPS

LEA（Load Effective Address）指令按 OPS 提供的寻址方式计算偏移地址，并将其送入 reg16 中。几点说明如下：

① 目的操作数一定是一个 16 通用寄存器。

② OPS 所提供的一定要是内存的一个偏移地址，可以是存储器的各种寻址方式。例如：

```
LEA   BX，[SI+2]      ；把（SI）+2 后的值传送给 BX
```

③ OPS 通常是变量名，取其偏移地址到 reg16 中。例如：

```
LEA   SI，VAR         ；把变量名 VAR 的偏移地址传送给 SI
```

把变量名 VAR 的偏移地址传送给某一个基址寄存器或变址寄存器，是汇编语言程序中常用的指令。

【例 4-17】如果数据段中数据的存储格式如图 4-3 所示，其中，变量名 VAR 指到 DS:0002H 处，顺序执行下列指令，理解各条指令的目的操作数值。

```
LEA   DI，VAR       ；DI = 0002H
LEA   SI，[DI+2]    ；SI = 0004H
MOV   AX，[DI]      ；AX = 0048H
MOV   BX，[DI+4]    ；BX = 0800H
MOV   DX，[SI]      ；DX = 00FEH
```

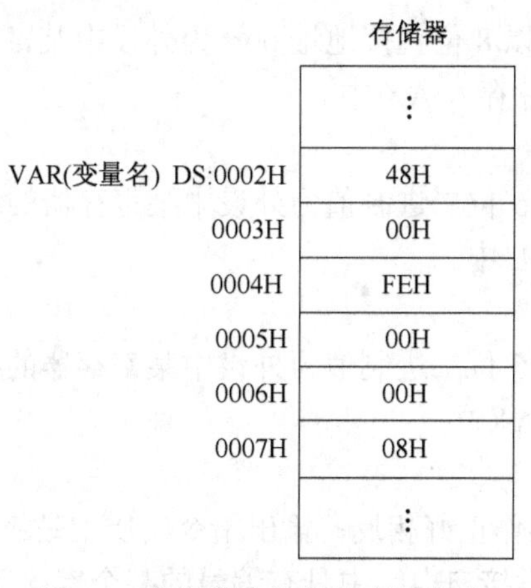

图 4-3　数据段中数据的存储格式

（2）传送偏移地址到寄存器并传送段值到数据段 DS 的指令

指令格式：LDS　OPD，OPS　　　；OPD ←（OPS），DS ←（OPS+2）

① OPD 一定是一个 16 的通用寄存器。

② OPS 所提供的一定是一个内存地址，包含 16 位的段值和 16 位的偏移地址。

【例 4-18】 LDS 指令示例。

设 XYZ 变量名定义的数据如下：

```
.DATA                          ；用简化段格式定义数据段
XYZ  DD  22228888H             ；XYZ 是变量名，DD 是定义双字的伪指令
```

执行指令 LDS　DI，XYZ 后，DI = 8888H，　DS = 2222H。

（3）传送偏移地址到寄存器并传送段值到附加数据段 ES 的指令

指令格式：LES　OPD，OPS

本条指令的功能、操作码的含义及使用与指令 LDS OPD，OPS 相类似，不同之处是，段值传送到 ES，而不是 DS。

4．输入/输出指令

输入/输出设备接口电路中有三种类型的寄存器：数据寄存器、状态寄存器和控制寄存器。每一设备寄存器都在 I/O 空间中被指定一个固定地址。主机对外设的识别、控制和数据交换都是通过对设备寄存器的读/写操作来实现的。

设备数据寄存器是输入/输出寄存器，状态寄存器是输入寄存器，控制寄存器是输出寄存器。计算机用输入（IN）/输出（OUT）指令对 I/O 寄存器进行 I/O 操作。

（1）基本输入指令

输入指令实现外部设备向主机输入信息，实质上是将外设接口电路中具有编号的某个寄存器（数据或状态寄存器）中存放的值读入计算机（CPU）中。16 位机的基本输入指令有 4 种形式。

① IN　AL，port

port 是 8 位的直接地址，以 8 位直接地址 port 为外设中某寄存器的编号，读取该外设寄存器中存放的 8 位二进制值，并存入 AL 中。

② IN　AX，port

port 是 8 位的直接地址，以 8 位直接地址 port 为外设中某寄存器的编号，读取该外设寄存器中存放的 16 位二进制值，并存入 AX 中。

③ IN　AL，DX

以 DX 寄存器中存放的 16 位二进制值为外设中某寄存器的编号，读取该外设寄存器中存放的 8 位二进制值，并存入 AL 中。

④ IN　AX，DX

以 DX 寄存器中存放的 16 位二进制值为外设中某寄存器的编号，读取该外设寄存器中存放的 16 位二进制值，并存入 AX 中。

（2）基本输出指令

输出指令与输入指令的操作正好相反，输出指令实质上是将计算机（CPU）中某个 8 位或 16 位的二进制信息输出给外设接口电路中具有编号的某个寄存器中存放。16 位机的输出指令有 4 种形式。

① OUT　port，AL

port 是 8 位的直接地址，以 8 位直接地址 port 为外设中某寄存器的编号，将 AL 中的 8 位二进制信息输出到该外设寄存器中。

② OUT　port，AX

port 是 8 位的直接地址，以 8 位直接地址 port 为外设中某寄存器的编号，将 AX 中的 16 位二进制信息输出到该外设寄存器中。

③ OUT　DX，AL

以 DX 寄存器中存放的 16 位二进制值为外设某寄存器的编号，将 AL 中的 8 位二进制信息输出到该外设寄存器中。

④ OUT　DX，AX

以 DX 寄存器中存放的 16 位二进制值为外设某寄存器的编号，将 AX 中的 16 位二进制信息输出到该外设寄存器中。

综上所述，数据传送指令可以划分为 5 类、14 种指令，如表 4-4 所示。

表 4-4　数据传送指令

一般数据传送指令	数据传送	MOV
	数据交换	XCHG
	查表转换	XLAT
堆栈操作指令	数据入栈	PUSH
	数据出栈	POP
标志寄存器传送指令	标志寄存器入栈	PUSHF
	标志寄存器出栈	POPF
	标志寄存器低 8 位送 AH	LAHF
	AH 送标志寄存器低 8 位	SAHF
地址传送指令	传送偏移地址	LEA
	送偏移地址并送段值到 DS	LDS
	送偏移地址并送段值到 ES	LES
输入/输出指令	输入	IN
	输出	OUT

4.2.2　算术运算指令

在 8086 指令系统中，算术运算指令包括加、减、乘、除 4 种运算指令，可以处理无符号和有符号的 8 位或 16 位二进制数，还可以进行压缩和非压缩 BCD 码的算术运算。

本节将对二进制算术运算指令作详细介绍，而 BCD 码算术运算调整指令不常用，不作全面介绍。

1．加法指令

（1）不带进位的加法指令

指令格式：ADD　OPD，OPS　　；OPD←（OPD）+（OPS）

影响标志位：AF、OF、PF、SF、ZF、CF

ADD 指令有下面 5 种形式：

① ADD reg，reg

例：ADD AH，BL

ADD AX，BX

② ADD reg，mem

例：ADD AX，[SI]

ADD AL，[SI]

③ ADD mem，reg

例：ADD [DI]，BH

ADD [2000H]，DX

④ ADD reg，imm

例：ADD AX，2

ADD AH，88H

⑤ ADD mem，imm

例：ADD BYTE PTR [BX]，08H

ADD WORD PTR [1000H]，2233H

【例4-19】 利用加法指令将表示0～9的二进制数0000～1001，转换成对应的字符（ASCII），即30H～39H。

分析：查ASCII表可知数据0～9的ASCII为30H～39H，数据和它对应的字符数据之间相差30H。假定AH中存放了数据（0～9）的某一个二进制数，因此，采用如下指令可实现此转换。

```
ADD AH，30H
```

（2）带进位的加法指令

指令格式：ADC OPD，OPS ；OPD ←（OPD）+（OPS）+ CF

影响的标志位是：AF、OF、PF、SF、ZF、CF

ADC指令也有5种格式，只需把ADD指令5种格式中的助记符ADD换成ADC就可以了。

由于计算机单个字长所能表示数的范围小、精度低，为了解决这个问题，一种有效的方法就是采用两个字或多个字存放一个数，这就是多倍精度数。而多倍精度数的求和，除了使用不带进位的加法指令之外，还要使用带进位加法指令 ADC 才能方便实现多个字相加。

【例4-20】 多倍精度数相加示例。

试编程使用16位加法运算，实现两个32位二进制数相加，即33338888H加22228111H，运算式如下：

	高16位	低16位
	3333H	8888H
	2222H	8111H
+	CF = 0	CF = 1
	5556H	0999H

主要程序段如下：

```
MOV  AX，8888H
ADD  AX，8111H            ；结果在 CF、AX 中，即 CF = 1，(AX) = 0999H
MOV  BX，3333H
ADC  BX，2222H            ；结果在 CF、BX 中
```

结果高 16 位在 BX 中，低 16 位在 AX 中，即（BX）= 5556H，（AX）= 0999H，CF = 0。

（3）加 1 指令

指令格式：INC　OPD　　　　；OPD ←（OPD）+ 1

影响的标志位是：AF、OF、PF、SF、ZF。

INC 指令有下面 2 种形式：

① INC　reg　　　　；例 INC AL 和 INC AX

② INC　mem　　　　；例 INC BYTE PTR [SI] 和 INC WORD PTR [SI]

2．减法指令

（1）不带借位减法指令

指令格式：SUB　OPD，OPS ；OPD ←（OPD）-（OPS）

影响的标志位是：AF、OF、PF、SF、ZF、CF。

SUB 指令有 5 种形式：

① SUB　reg，reg

例：SUB　AX，BX

② SUB　reg，mem

例：SUB　AH，[SI]

③ SUB　mem，reg

例：SUB　[DI]，AL

④ SUB　reg，imm

例：SUB　CX，20H

⑤ SUB　mem，imm

例：SUB　BYTE PTR [BX+SI]，30H

【例 4-21】 编程实现：利用减法指令，实现 1 个小写字母（"a"～"z"）到和其对应的大写字母（"A"～"Z"）之间的转换。将小写字母的 ASCII 码减去 20H，就变成对应大写字母的 ASCII 码。

程序如下：

```
MOV  AL，'y'
SUB  AL，20H   ；AL←(AL)– 20H，即(AL) = 'Y'
```

（2）带借位减法指令

指令格式：SBB　OPD，OPS　　　；OPD←(OPD)–(OPS)– CF

影响的标志位是：AF、OF、PF、SF、ZF、CF。

SBB 指令也有 5 种格式，就是把 SUB 指令 5 种格式中的 SUB 换成 SBB 即可。

与带进位加法指令类似，该指令主要用于多倍精度数的减法运算。在做减法时，若高位字节（或字）相减，一定要减去低字节（或字）不够减而产生的借位标志 CF。

【例 4-22】 多倍精度数相减示例。

试编程使用 16 位减法运算，实现两个 32 位二进制数相减，即 77772222H−11116666H，运算式如下：

	高16位	低16位
	7777H	2222H
	1111H	6666H
–	CF = 0	CF = 1
	6665H	BBBCH

主要程序段如下：

```
MOV  AX，2222H
SUB  AX，6666H      ；AX ← (AX) – 6666H，低 16 位之差在 AX 中，借位在 CF 中
MOV  BX，7777H
SBB  BX，1111H      ；BX ← (BX) –1111H – CF
```

（3）减 1 指令

指令格式：DEC　OPD　　；OPD ←(OPD)–1

影响的标志位是：AF、OF、PF、SF、ZF。

DEC 指令有下面 2 种形式：

① DEC　reg　　　　；例：DEC AX

② DEC　mem　　　　；例：DEC BYTE PTR [DI]

（4）比较指令

指令格式：CMP OPD，OPS；(OPD)–(OPS)

影响的标志位是：AF、OF、PF、SF、ZF、CF。

CMP 指令有下面 5 种形式：

① CMP　reg，reg

例：CMP　AX，BX

② CMP　mem，reg

例：CMP　[SI]，AX

③ CMP　reg，mem

例：CMP　AX，[SI]

④ CMP　reg，imm

例：CMP　AX，28H

⑤ CMP　mem，imm

例：CMP　BYTE PTR [SI]，56H

比较指令和减法指令同样是作减法运算，而且都按照相同的规则影响 6 个标志位，不同之处是减法指令要保存减法的结果到 OPD 中，而比较指令不保存减法的结果。这两条指令都是根据两数相减的差来设置标志位，如两数相减有借位，则将 CF 设置为 1，比较指令的功能是提供比较后的标志位，以便后续的条件转移指令根据当前某些标志位的值来做出程序的跳转或顺序执行。

3．乘法指令

如前所述，在计算机中，二进制数的减法运算是将减数变成补码后，与被减数相加来实现的。参与算术运算的二进制数可分为无符号数和带符号数（补码），无符号数运算要考虑进位值，计算机中的无符号数还包括操作数地址、循环次数、ASCII 码等。

带符号数在计算机中均采用补码表示，其最高位为符号位，计算机在进行运算时，并不单

独处理符号，而是将符号做为数值一起参加运算，带符号数的运算要考虑溢出问题。无符号数与带符号数的主要区别是：

① 数的表示范围不一样，如 8 位所能表示的带符号数的范围是-128～+127，而表示无符号数的范围则是 0～255。

② 带符号数的最高位（符号位）向左延伸，得到的补码所代表的真值不改变。无符号数的最高位不再代表符号而是真正的数值，因此不能做符号扩展，否则会发生数的改变。

为了区别带符号数与无符号数的运算，80x86 微处理器提供了无符号数乘、除法指令和带符号数乘、除法指令。

（1）无符号数的乘法指令

指令格式：　MUL　OPS　　　　；OPS 可以是 reg 和 mem 操作数

字节乘法：　AX ←（AL）*（OPS8）

字乘法：　DX：AX ←（AX）*（OPS16）

影响的标志位是：CF、OF，不影响 AF、PF、SF、ZF。

如果指令中 OPS 是 8 位数，默认的被乘数是 AL，而存放 16 位乘积的寄存器默认为 AX。

如果指令中 OPS 是 16 位数，默认的被乘数是 AX，而存放 32 位乘积的寄存器默认为 DX：AX。

AL 或 AX 中存放默认的被乘数，乘数 OPS 只能是存储器操作数或寄存器操作数，不能是立即数。参与运算的操作数及相乘后的结果均是无符号数。如果所得乘积的高位不为 0，即在 AH 或 DX 中包含有乘积的有效位，则 CF = 1、OF = 1　；否则 CF = 0、OF = 0。

【例 4-23】 MUL 指令示例。

设(AL)= 02H，(CH)= 82H，(AL)*(CH)→AX，执行 MUL CH 指令后，(AX)= 02H*82H = 0104H。

（2）带符号数乘法指令

指令格式：　IMUL　OPS　　　　；OPS 可以是 reg 和 mem 操作数

字节乘法：　AX ←（AL）*（OPS8）

字乘法：　DX：AX ←（AX）*（OPS16）

影响的标志位是：CF、OF，不影响 AF、PF、SF、ZF。

两个补码相乘，结果也是补码，其结果代表的真值应该是两个补码所代表真值的乘积。

如果乘积的高位（字节乘法指 AH、字乘法指 DX）不是低位的符号扩展，即在 AH 或 DX 中包含有乘积的有效位，则 CF = 1、OF = 1；否则 CF = 0、OF = 0。

IMUL 指令隐含被乘数、乘积和无符号数乘法指令相同，指令形式如下：

① IMUL　reg　　　　；reg 是 8、16 位乘数

② IMUL　mem　　　　；mem 是 8、16 位乘数

【例 4-24】 IMUL 指令示例。

设（AL）= 02H，（DL）= 81H（–127 的补码），（AL）*（DL）→AX，执行 IMUL DL 指令，即可实现 02H*（–127）补码，并传送给 AX，（AX）= FF02H =（–254）补码。

4．除法指令

（1）无符号数的除法指令

指令格式：　DIV　OPS

字节除法：　（AX）/（OPS8）　　　　；商→AL，余数→AH

字除法：　DX：AX）/（OPS16）　；商→AX，余数→DX

对标志位 CF、OF、AF、PF、SF、ZF 的影响均未定义。

如果除数为 0 或运算结果溢出，则会产生除法溢出中断，中止当前程序的运行。

OPS 只能是寄存器或存储器操作数，不能是立即数。例如：

```
DIV   reg8
DIV   mem8
```

（2）带符号数的除法指令

指令格式：　IDIV　OPS

字节除法：　（AX）/（OPS8）　；商→AL，余数→AH

字除法：　（DX：AX）/（OPS16）　；商→AX，余数→DX

对标志位 CF、OF、AF、PF、SF、ZF 的影响均未定义。

IDIV 指令与 DIV 指令类似，不同点是：相除后所得商的符号与数学上规定相同，但余数与被除数符号位同号。

综上所述，二进制算术运算指令见表 4-5。

表 4-5　算术运算指令

加法指令	不带进位加法	ADD
	带进位加法	ADC
	加 1	INC
减法指令	不带借位减法	SUB
	带借位减法	SBB
	减 1	DEC
	比较	CMP
乘法指令	无符号数乘法	MUL
	带符号数乘法	IMUL
除法指令	无符号数除法	DIV
	带符号数除法	IDIV

4.2.3　逻辑运算指令

80x86 微处理器提供了逻辑运算指令和移位指令，由于这类指令的操作是对寄存器或存储器中二进制数据位的操作，因此，也称这两类指令为位操作指令。

1.求补指令

指令格式：NEG　OPD

将 OPD 中的内容逐位取反，且末位加 1 后送入 OPD 中，即 0 减操作数。有两种形式：

① NEG　reg

② NEG　mem

【例 4-25】 NEG 指令示例。

设（BL）= 02H，执行 NEG BL 指令后，（BL）= FEH。

如果 OPD 是 0，执行该指令后，CF = 0；对于其他任何数取补，都会置位 CF 标志位；如果对−128（字节操作）、−32768（字操作）取补，则操作数不会变，但 OF 标志被置位，对 AF、SF、PF 及 ZF 标志的影响同 SUB 指令。

2．求反指令（逻辑非）

指令格式：NOT　OPD　　　；将 OPD 中的内容逐位取反后，送入 OPD 中。

两种形式如下：

① NOT　reg

② NOT　mem

【例 4-26】 NOT 指令示例。

设（BL）= 02H，执行 NOT BL 指令后，（BL）= FDH

【例 4-27】 用 NOT 和 INC 指令实现 NEG 指令功能示例。

分析：用下面两条指令求 BL 中二进制数的补码，它们和 NEG BL 指令的效果是等同的。

```
NOT   BL
INC   BL
```

3．逻辑与指令

指令格式：AND　OPD，OPS　　　；OPD←（OPD）∧（OPS）

影响的标志位是：CF、OF、PF、SF、ZF，而 AF 未定义。

逻辑与的规则是：1∧1 = 1，1∧0 = 0，0∧1 = 0，0∧0 = 0。

逻辑与指令用来在目的操作数中，使某些位置 0，而另一些位可以保持不变。逻辑与指令有 5 种形式：

① AND　reg，reg

例：AND　AX，CX

② AND　reg，mem

例：AND　AX，[BX]

③ AND　mem，reg

例：AND　[SI]，DX

④ AND　reg，imm

例：AND　AX，0002H

⑤ AND　mem，imm

例：AND　BYTE PTR [DI]，0FH

【例 4-28】 分析下面程序段中的 3 条指令执行后，AL 中的内容。

```
NUM EQU 1FH                  ；EQU 是等值伪指令，对符号 NUM 定义一个具体的数
MOV   AL，88H
AND   AL，NUM AND 0FH        ；CF = 0，SF = 0，OF = 0，ZF = 0，PF = 0
```

在第 3 条指令中，AND 出现了 2 次，这 2 个 AND 所代表的含义是不同的。第 2 个 AND 是常量运算符，“NUM AND 0FH”是一个逻辑与运算的表达式，经汇编后得出一个具体的数，本逻辑运算表达式经汇编后，其值是 0FH。第 1 个 AND 是逻辑与指令的操作码，它表示将 AL 中的内容 88H 和表达式“NUM AND 0FH”的值(0FH)进行逻辑与运算，结果为 08H，并存入 AL 中。

4．逻辑测试指令

指令格式：TEST　OPD，OPS　　　；（OPD）∧（OPS）

影响的标志位是：CF、OF、PF、SF、ZF，而 AF 未定义。

测试指令和逻辑与指令的共同点是：都是将 OPD 和 OPS 中的二进制信息位进行逐位的逻辑与运算。不同点在于：逻辑与指令的结果要存放到 OPD 中，但测试指令不保存结果到 OPD 中，OPD 中的内容不变。逻辑测试指令的意义是，根据逻辑与运算设置一些标志位，例如 ZF 标志，以便后续指令进行判断，确定程序的分支方向。

5．逻辑或指令

指令格式：OR　OPD，OPS　　　　；OPD ←（OPD）∨（OPS）

影响的标志位是：CF、OF、PF、SF、ZF，而 AF 未定义。

逻辑或的规则是：1∨1 = 1，1∨0 = 1，0∨1 = 1，0∨0 = 0。

逻辑或指令也有 5 种形式，和逻辑与指令相同。

【例 4-29】 试编程，利用逻辑或指令，实现将一个大写字母的 ASCII 码（'A'～ 'Z'）转换到和其对应的小写字母的 ASCII 码（'a'～ 'z'）。如将字母 B 的 ASCII 码变成 b 的 ASCII 码。

程序如下：

```
MOV   AH，'B'              ；把'B'传送给 AH
OR    AH，20H              ；AH ←（AH）∨ 20H
```

逻辑或指令的功能是对应于源操作数中为 1 的位，目的操作数中的相应位也置 1，其余位保持不变，本例中利用逻辑或指令将 AH 的 D_5 位置成 1 后，AH 中的值变为小写 a 的 ASCII 码。标志位 CF = 0，SF = 0，OF = 0，ZF = 0，PF = 0。

6．逻辑异或指令

指令格式：XOR　OPD，OPS　　　　；OPD ←（OPD）∀（OPS）

影响的标志位是：CF、OF、PF、SF、ZF，而 AF 未定义。

逻辑异或指令也有和逻辑或指令相同的 5 种形式。

逻辑异或的规则是：1∀1 = 0，1∀0 = 1，0∀1 = 1，0∀0 = 0。逻辑异或指令是将两个 n 位操作数进行逐位异或。

【例 4-30】 XOR 指令说明示例。

执行 XOR　AX，AX 后，AX = 0000H。

与 MOV　AX，0 指令及 SUB AX，AX 指令执行后的结果相同。

【例 4-31】 利用逻辑异或指令实现逻辑非运算。

分析：由于 1∀1 = 0，0∀1 = 1，所以指令 XOR CX，0FFFFH 能将 CX 的每 1 位求反，即实现了逻辑非运算，它的操作与 NOT CX 指令的操作等效。

4.2.4　移位指令

8086/8088 指令系统中的移位指令包括算术移位指令（SAL、SAR）、逻辑移位指令（SHL、SHR）及循环移位指令（ROL、ROR、RCL、RCR）共三类。

1．算术移位指令

（1）算术左移指令

算术左移指令有两种指令格式：

```
SAL   OPD，1
SAL   OPD，CL
```

这两条指令差别是当移位次数为 1 时，可以直接使用 SAL OPD，1 指令，当移位次数大于 1 时，必须先将移位次数送入 CL 中，然后使用 SAL OPD，CL 指令。

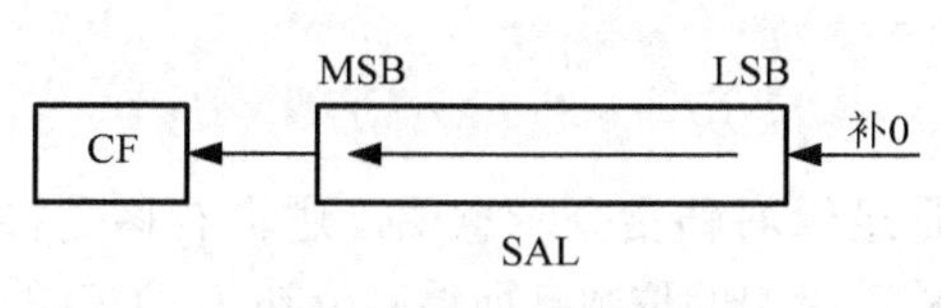

图 4-4　算术左移示意图

如图 4-4 所示，将目的操作数中所有位按操作码所规定的方式移动 1 位或按寄存器 CL 所规定的次数（0～255）移动，CL 中的值不变，如果 CL = 0 则不产生移动操作。其目的操作数可以是由各种寻址方式所提供的 8 位（或 16 位）的寄存器操作数或存储器操作数。将（OPD）向左移动指定的位数，而低位补入相应个数的 0。CF 的内容为最后移入位的值。

指令例：

```
SAL   AH，1   ；AH 中的值算术左移 1 位
SAL   BX，1   ；BX 中的值算术左移 1 位
SAL   AX，1   ；AX 中的值算术左移 1 位
SAL   AL，CL  ；AL 中的值算术左移位数由 CL 中的值（小于或等于目的操作数的位数）确定
SAL   AX，CL  ；AX 中的值算术左移，左移次数由 CL 中的值确定
```

【例 4-32】 将 AL 中的二进制值乘以 4。

```
MOV   CL，2
MOV   AL，4
SAL   AL，CL          ；AL 中的值算术左移 2 位，(AL) = 10H
```

由算术左移规则可知，一个数左移 1 位相当于无符号数乘以 2，所以指令 SAL AL，1 的操作和 ADD AL，AL 的操作等效。

（2）算术右移指令

指令格式：

```
SAR   OPD，1
SAR   OPD，CL
```

SAR 指令功能如图 4-5 所示，它是将（OPD）向右移动指定的位数，而最高位（符号位）保持不变。所以，对于算术右移指令向右移位后，左边补入的是符号位，正数补 0、负数补 1。CF 的内容为最后移入位的值。

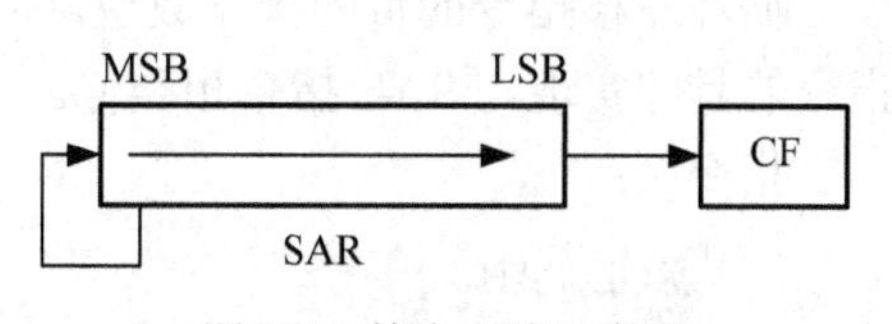

图 4-5　算术右移示意图

算术右移指令的目的操作数可以是 8 位、16 位，指令的具体实现与 SAL 指令相类似。

算术右移指令的符号位不改变，每右移一次，相对于带符号数的除 2 运算。例如字长 8 位，$[-8]_{补}$ = F8H，将 8 位的 F8H 算术右移一位后，其结果是 FCH，而带符号数 FCH 表示的真值是–4。

2．逻辑移位指令

（1）逻辑左移指令

指令格式：

```
SHL   OPD，1
SHL   OPD，CL
```

逻辑左移指令与算术左移指令（SAL）的功能完全相同，同一指令有两种表达形式。

（2）逻辑右移指令

指令格式：

```
SHR   OPD，1
SHR   OPD，CL
```

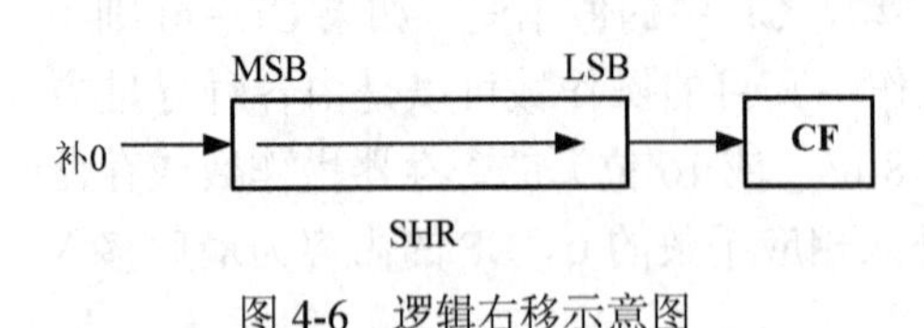

图 4-6 逻辑右移示意图

图 4-6 是逻辑右移指令示意图，逻辑右移是将（OPD）向右移动指定的位数，而最高位补 0。CF 的内容为最后移入位的值。逻辑右移指令的源操作数也可以是 8 位、16 位，如果执行一次逻辑右移指令，相当于无符号数除 2 运算，余数存入 CF 标志位。

【例 4-33】 利用逻辑左移和逻辑右移指令，将 0～9 的 ASCII 码转换成对应的 BCD 码。

主要程序段如下：

```
MOV   BH，'9'      ；BH 中初值为 9 的 ASCII 码，即为 00111001B
MOV   CL，4        ；移位次数 4 送给 CL
SHL   BH，CL       ；将 BH 中的二进制数逻辑左移 4 位后，（BH）= 10010000B
SHR   BH，CL       ；将 BH 的二进制数逻辑右移 4 位，即（BH）= 00001001B
```

3．循环移位指令

（1）不带进位的循环左移指令

指令格式：

```
ROL   OPD，1
ROL   OPD，CL
```

将（OPD）的最高位与最低位连接起来，组成一个环，将环中的所有位一起向左移动指定的位数，CF 的内容为最后移入位的值。图 4-7 是不带进位的循环左移指令示意图。

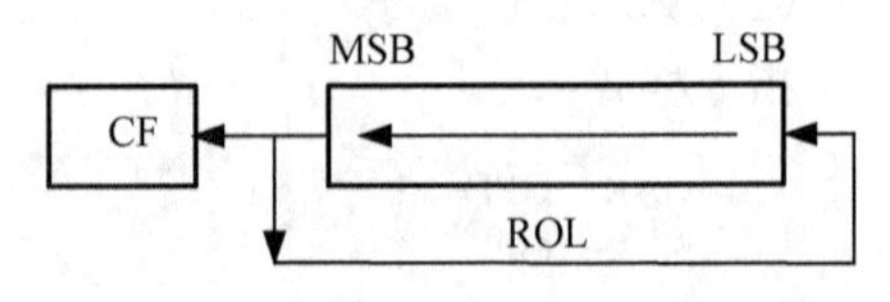

图 4-7 不带进位的循环左移指令示意图

循环左移指令的目的操作数也可以是 8 位、16 位。指令的具体实现与 SAL 指令相类似。

指令例：

```
ROL   AH，1              ；AH 中的值循环左移 1 位
ROL   WORD PTR[BX]，1    ；内存中邻近的两个字节组成的一个字循环左移 1 位
ROL   BX，CL             ；BX 中的值循环左移，循环左移位数由 CL 中值确定
```

（2）不带进位的循环右移指令

指令格式：

```
ROR   OPD，1
ROR   OPD，CL
```

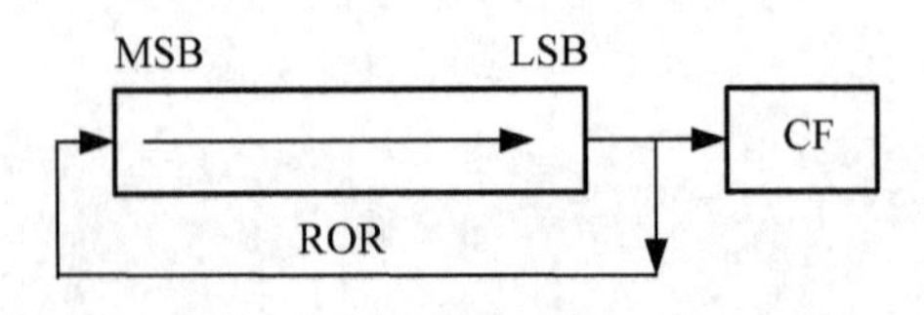

图 4-8 不带进位的循环右移指令示意图

图 4-8 是不带进位的循环右移指令示意图。按照图中组成的环，将环中的所有位一起向右移动指定的位数，CF 的内容为最后移入位的值。它与不带进位的循环左移指令类似，区别是移动方向彼此相反。

循环右移指令的目的操作数也可以是 8 位、16 位，指令的具体实现与 SAL 指令相类似。

【例 4-34】 利用 ROL 或 ROR 指令交换一个字的高字节和低字节。

```
MOV  BX，1122H
MOV  CL，8
ROL  BX，CL
```

执行 ROR BX，CL 指令或 ROL BX，CL 指令后，BX 中的内容都会变成 2211H，实现了一个字的高字节和低字节的位置相互交换。

（3）带进位的循环左移指令

指令格式：

```
RCL  OPD，1
RCL  OPD，CL
```

由图 4-9 组成带进位循环左移指令的示意图可以看出，其实质是将（OPD）连同 CF 一起向左循环移动指定的位数。

带进位的循环左移指令的目的操作数也可以是 8 位、16 位，指令的具体实现与 SAL 指令相类似。

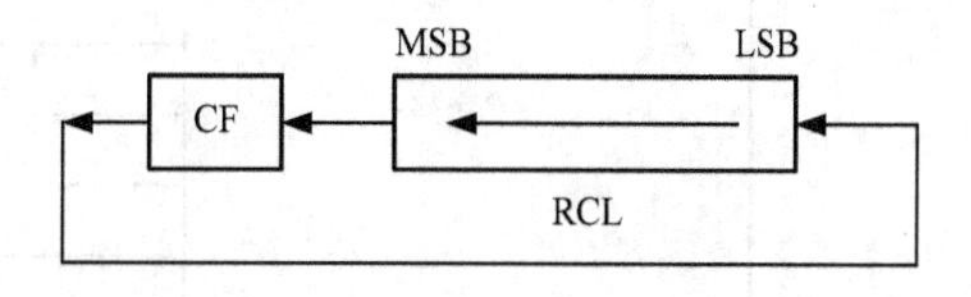

图 4-9　带进位的循环左移指令示意图

【例 4-35】 利用 SAL 和 RCL 指令，将 32 位二进制数 11223344H 算术左移一位。

分析：设低 16 位数在 AX 中，高 16 位数在 BX 中，实现 32 位算术左移的示意图如图 4-10 所示，首先将 AX 中数不带进位循环左移一位，最高位被移入 CF 中，接着执行带进位的循环左移指令，左移一位后，原先 CF 中的数先被移入高 16 位数的最低位，接着，高 16 数的最高位移入 CF 中，程序段如下：

```
MOV  AX，3344H
MOV  BX，1122H
SAL  AX，1
RCL  BX，1
```

最后，BX = 2244H，　AX = 6688H，CF = 0。

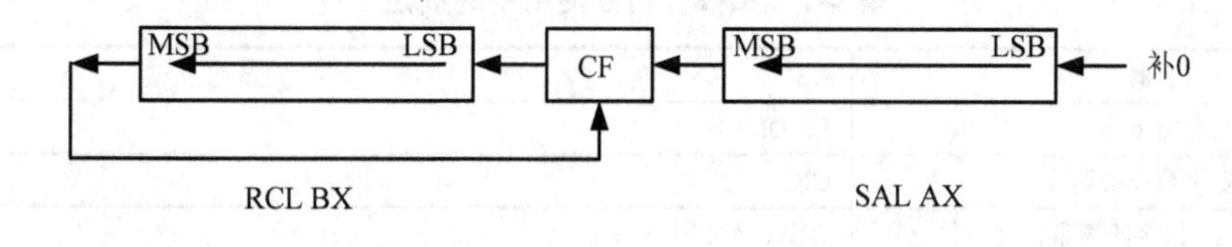

图 4-10　32 位二进制数算术左移的示意图

（4）带进位的循环右移指令

指令格式：

```
RCR  OPD，1
RCR  OPD，CL
```

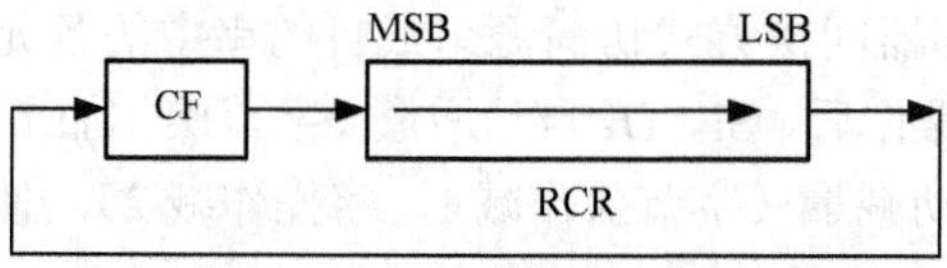

带进位循环右移指令的示意图如图 4-11 所示，由图可知，目的操作数（OPD）连同 CF 一起向右循环移动指定的位数。

图 4-11　带进位的循环右移指令示意图

带进位的循环右移指令的目的操作数也可以是 8 位、16 位，指令的具体实现与 SAL 指令相类似。

表 4-6 概括了逻辑运算指令和移位指令的助记符，可以把它们统称为位操作指令。

表 4-6 位操作指令

逻辑运算指令	求补	NEG
	求反	NOT
	逻辑与	AND
	逻辑测试	TEST
	逻辑或	OR
	逻辑异或	XOR
移位指令	算术左移	SAL
	算术右移	SAR
	逻辑左移	SHL
	逻辑右移	SHR
	不带进位的循环左移	ROL
	不带进位的循环右移	ROR
	带进位的循环左移	RCL
	带进位的循环右移	RCR

4.2.5 串操作指令

80x86 提供了几种串操作指令，只要按规定设置好初始条件，选用正确的串操作指令，就可以完成规定的操作。而且这些指令的前面可加重复前缀，能在条件满足的情况下反复执行，而不用考虑指针如何移动、循环次数如何控制等问题，从而可以简化程序的设计、节省存储空间、加快程序的运行速度。

如表 4-7 所示，串操作指令使用了许多隐含操作，16 位微处理器用 SI、DI 指示源串和目的串偏移地址，源串的数据一定是在数据段（DS），目的串的数据一定是在附加数据段（ES）中，重复次数一定要用 CX 作计数器。

表 4-7 串操作指令使用中的约定

源串指示器	DS:SI
目的串指示器	ES:DI
重复次数计数器	CX
SCAS 指令的搜索值	在 AL/AX 中
LODS 指令的目的操作数	AL/AX
STOS 指令的源操作数	AL/AX
传送方向	DF = 0（用 CLD 指令实现），SI、DI 自动增量
	DF = 1（用 STD 指令实现），SI、DI 自动减量
…SB	字节（串）操作
…SW	字（串）操作

修改地址指针的规定：所有串操作指令均以寄存器间接方式访问源串或目的串中的各元素，并自动修改 SI 和 DI 的内容。若 DF = 0，则每次操作后，SI、DI 自动增量（字节操作加 1、字操作加 2）；若 DF = 1，则每次操作后，SI、DI 自动减量（字节操作减 1、字操作减 2），使之指向下一个元素。

当指令带有重复前缀时，则指令重复执行，每执行一次，就检查一次重复条件是否成立，如果成立，则继续重复；否则终止重复，执行后续指令。

① REP：重复，每执行一次，CX 减 1，直到 CX = 0 时结束重复执行。通常用在 MOVS、STOS 和 LODS 指令前。

② REPE/REPZ：每执行一次，CX 减 1，并判断 ZF 标志是否为 1，只要 CX = 0，或 ZF = 0，则重复执行操作结束。通常用在 CMPS 和 SCAS 指令前。

③ REPNE/REPNZ：每执行一次，CX 减 1，并判断 ZF 标志是否为 1，只要 CX = 0，或 ZF = 1，则重复执行操作结束，通常用在 CMPS 和 SCAS 指令前。

在串操作之前用下面两条指令设置串传送的方向，CLD 指令设置传送为增量（址）方向，STD 指令设置传送为减量（址）方向。

```
CLD     ; DF = 0
STD     ; DF = 1
```

1. 串传输指令

串传输指令形式有如下 3 种：

① MOVSB

② MOVSW

③ MOVS 目的串名，源串名

修改地址指针：当 DF = 0 时，每传送一次后，SI、DI（中存放的地址值）自动增量（字节操作加 1、字操作加 2）；当 DF = 1 时，每传送一次后，SI、DI（中存放的地址值）自动减量（字节操作减 1、字操作减 2），及时修改地址指针。

该指令的功能是将以 DS:SI 为源地址的一个字节（或字）存储单元中的数据传送到以 ES:DI 为目的地址的内存中去，并自动修改指针，使之指向下一个字节（或字）存储单元，其中，MOVS 根据该字符串首地址定义的数据类型确定串操作的类型（字节、字），第①种和第②种格式用字符“B”、“W”指出了串操作的类型，并且默认目的串和源串的地址，指令不需要再说明操作数。

第③种“MOVS 目的串名，源串名”形式可以增加指令的可读性，它要求两个串名数据的类型一致，同为字节或同为字类型。

下面将要介绍的串操作指令也有这种可读性较强的格式，串传送指令不影响标志位。

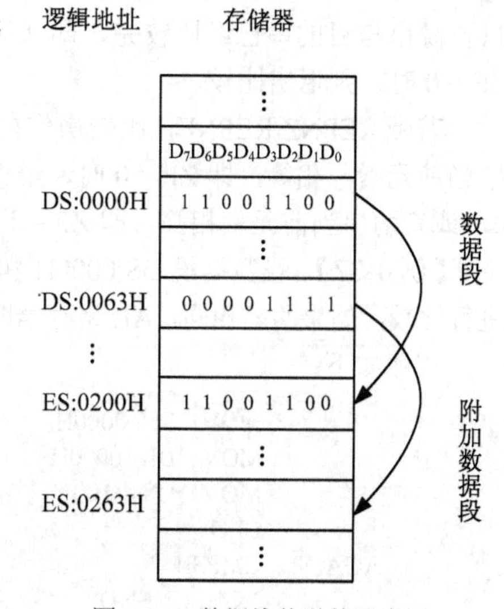

图 4-12　数据块传送的示意图

【例 4-36】 将数据段 DS:0000H 开始的 100 个字节传送到附加数据段 ES:0200H 开始的存储区，如图 4-12 所示，分别用不带重复前缀和带重复前缀的串传送指令 MOVSB 编程实现。

解 1：使用不带重复前缀的串传送指令编程。

```
MOV  SI，0000H
MOV  DI，0200H
```

```
        MOV  CX，0064H
        CLD                 ；增地址传送
ASD：   MOVSB
        DEC  CX
        JNZ  ASD
        …
```

解 2：使用带重复前缀的串传送指令编程。

```
    MOV  SI，0000H
    MOV  DI，0200H
    MOV  CX，0064H
    CLD                 ；增地址传送
    REP  MOVSB          ；每执行一次，CX 减 1，直到 CX = 0 时结束
    …
```

2. 串比较指令

串比较指令形式有如下两种：

① CMPSB ；字节串比较

② CMPSW ；字串比较

DS:[SI]–ES:[DI]，即将 DS:SI 所指的源串中的一个字节（字）存储单元中的数据与 ES:DI 所指的目的串中的一个字节（字）存储单元中的数据相减，并根据相减的结果设置标志位，但相减的结果不传送给目的串。

修改地址指针的方式与串传输指令相同。

串比较指令通常可带重复前缀 REPZ/REPE 和 REPNZ/REPNE。

若带 REPZ/REPE，必须使用 CX 作计数器，比较操作被规定为：当源串与目的串未比较完，即 CX≠0（重复次数还未为 0），并且两串当前元素相等，即 ZF = 1 时，继续比较；反之，只要源串与目的串已经比较完，即 CX = 0（重复次数为 0），或者两串当前元素不相等，即 ZF = 0 时，则退出比较。

若带 REPNZ/REPNE，比较操作被规定为：当源串与目的串未比较完，即 CX≠0，并且两串当前元素不相等，即 ZF = 0 时，继续比较；反之，只要源串与目的串已经比较完，即 CX = 0，或者两串当前元素相等，即 ZF = 1 时，则退出比较。

【例 4-37】 设数据段 DS:0000H 和 ES:0000H 开始处，均有 100 个字符，用串比较指令编程进行比较，如果两串相同，AL 寄存器赋 00H，如果不相同，则 AL 寄存器赋 FFH（–1 的补码）。

程序如下：

```
        MOV  SI，0000H
        MOV  DI，0000H
        MOV  CX，100
        CLD                 ；增地址比较
AGAIN:  CMPSB               ；比较两个字符
        JNZ  UNEND          ；出现不同的字符，转移到 UNEND 处
        DEC  CX
        JNZ  AGAIN
        MOV  AL，0
        JMP  POI
UNEND:  MOV  AL，0FFH
POI:    …
```

3. 串搜索指令

串搜索指令形式有如下两种：

① SCASB　　　　；字节串搜索

② SCASW　　　　；字串搜索

字节操作：　（AL）–（ES:[DI]）

字操作：　（AX）–（ES:[DI]）

根据相减的结果设置标志位，但结果并不保存。修改地址指针的方式与串传输指令相同。

由于搜索的结果并不保存，因此操作结束后，AL 或 AX 及目的串中的内容都不改变。该指令主要用于在一串数据中搜索某一个值，这个值要事先置入 AL 或 AX 中。该指令后面往往跟条件转移指令，用来根据搜索的结果确定转移方向。

SCAS 指令可带重复前缀 REPE/REPZ 或 REPNE/REPNZ。

如果带重复前缀 REPE/REPZ，搜索操作被规定为：当目的串未搜索完，即 CX≠0，且当前串元素等于搜索值，即 ZF = 1 时，继续搜索。

若带重复前缀 REPNE/REPNZ，搜索操作被规定为：当目的串未搜索完，即 CX≠0，且当前串元素不等于搜索值，即 ZF = 0 时，继续搜索。

【例 4-38】 设附加数据段 ES:0000H 开始处，有 100 个字符，用字节串搜索指令编程进行搜索，查找是否有大写字母 A 的 ASCII 码 41H，如果包含有 41H，则 AL 赋 00H，如果没有，则 AL 赋 FFH。

解 1：使用不带重复前缀的字符串搜索指令编程。

```
        MOV   DI，0000H
        MOV   AL，41H
        MOV   CX，0064H
        CLD                      ；增地址搜索
AGAIN:  SCASB                    ；比较两个字符
        JZ   FOUND               ；如果 ZF = 1，找到了 41H 关键字，转到 FOUND
        DEC   CX
        JNZ   AGAIN              ；没有搜索完，转到 AGAIN
        MOV   AH，0FFH           ；已经搜索完成，没有找到
        JMP   ASD
FOUND:  MOV   AH，00H
ASD:    MOV AL，AH
```

解 2：使用带重复前缀的字符串搜索指令编程。

```
        MOV   DI，0000H
        MOV   AL，41H
        MOV   CX，0064H
        CLD                      ；增地址搜索
        REPNE SCASB              ；找到了或找遍了（CX = 0），则执行下一条指令
        JZ   FOUND               ；如果找到了，转到 FOUND
        MOV   AH，0FFH           ；没有找到
        JMP   ASD
FOUND:  MOV   AH，00H
ASD:    MOV   AL，AH
```

4．串存储指令

串存储指令形式有如下两种：

① STOSB　　　；向目的地址中存字节串

② STOSW　　　；向目的地址中存字串

字节操作：　（ES:[DI]）←（AL）

字操作：　　（ES:[DI]）←（AX）

即将 AL 或 AX 中的数据送入 DI 所指的目的串中的一个字节或字存储单元中。

修改地址指针的方式与串传输指令相同。

该指令的执行不影响标志位。

【例 4-39】 将附加数据段 64KB 范围的内存单元全部清零。

解 1：使用不带重复前缀的串存储指令编程。

```
            MOV   DI，0000H
            MOV   AX，0000H
            MOV   CX，8000H
            CLD                    ；增地址传送
    AGAIN:  STOSW                  ；传送一个字
            DEC   CX
            JNZ   AGAIN            ；没有传送完，转到 AGAIN
            …                      ；已经传送完成
```

解 2：使用带重复前缀的串存储指令编程。

```
            MOV DI，0000H
            MOV AX，0000H
            MOV CX，8000H
            CLD                    ；增地址传送
            REP STOSW
            …                      ；已经传送完成
```

5．串装入指令

串装入指令形式有如下两种：

① LODSB　　　；从源地址中取字节串

② LODSW　　　；从源地址中取字串

字节操作：　AL ←（DS:[SI]）

字操作：　　AX ←（DS:[SI]）

即将 DS:SI 所指的源串中的一个字节（字）存储单元中的数据取出送入 AL（AX）中。

修改地址指针的方式与串传输指令相同。

由于该指令的目的地址为一固定的寄存器 AL（AX），如果带上重复前缀，源串的内容将连续不断地送入 AL（AX）中，操作结束后，寄存器 AL（AX）中只保存了串中最后一个元素的值。

综上所述，串操作指令如表 4-8 所示。

表 4-8　串操作指令

串传送指令	串传送指令	MOVS 目的串名，源串名
	字节串传送指令	MOVSB
	字串传送指令	MOVSW

续表

串比较指令	串比较指令	CMPS
	字节串比较指令	CMPSB
	字串比较指令	CMPSW
串搜索指令	串搜索指令	SCAS
	字节串搜索指令	SCASB
	字串搜索指令	SCASW
串装入指令	串装入指令	LODS
	字节串装入指令	LODSB
	字串装入指令	LODSW
串存储指令	串存储指令	STOS
	字节串存储指令	STOSB
	字串存储指令	STOSW

4.2.6 控制转移指令

控制转移指令分为条件转移指令和无条件转移指令两大类，控制转移指令共有 19 条，如表 4-9 所示。

表 4-9　控制转移指令

指令分类		指令名称	助记符	转移条件	功能说明
条件转移	简单条件转移	相等/等于 0 转	JE/JZ	ZF = 1	当前指令操作后，测试操作结果等于 0 转移
		不相等/不等于 0 转	JNE/JNZ	ZF = 0	当前指令操作后，测试操作结果不等于 0 转移
		为负转	JS	SF = 1	当前指令操作后，测试操作结果为负数转移
		为正转	JNS	SF = 0	当前指令操作后，测试操作结果为正数转移
		溢出转	JO	OF = 1	当前指令操作后，测试操作结果有溢出转移
		未溢出转	JNO	OF = 0	当前指令操作后，测试操作结果无溢出转移
		进位位为 1 转	JC	CF = 1	当前指令操作后，测试操作结果有进位或借位转移
		进位位为 0 转	JNC	CF = 0	当前指令操作后，测试操作结果无进位或借位转移
		偶转移	JP/JPE	PF = 1	当前指令操作后，测试操作结果中 1 的个数为偶数转移
		奇转移	JNP/JPO	PF = 0	当前指令操作后，测试操作结果中 1 的个数为奇数转移
	无符号数条件转移	高于转移	JA/JNBE	CF = 0 且 ZF = 0	当前指令操作后，测试操作结果无进位（借位）、并且测试操作结果不等于 0 转移
		高于或等于转移	JAE/JNB	CF = 0 或 ZF = 1	当前指令操作后，测试操作结果无进位（借位）、或测试操作结果等于 0 转移
		低于转移	JB/JNAE	CF = 1 且 ZF = 0	当前指令操作后，测试操作结果有进位（借位）、并且测试操作结果不等于 0 转移
		低于或等于转移	JBE/JNA	CF = 1 或 ZF = 1	当前指令操作后，测试操作结果有进位（借位）、或测试操作结果等于 0 转移
	带符号数条件转移	大于转移	JG/JNLE	SF = OF 且 ZF = 0	当前指令操作后，测试 SF 和 OF 具有相同的状态、并且测试操作结果不等于 0 转移
		大于或等于转移	JGE/JNL	SF = OF 且 ZF = 1	当前指令操作后，测试 SF 和 OF 具有相同的状态、并且测试结果等于 0 转移
		小于转移	JL/JNGE	SF≠OF 且 ZF = 0	当前指令操作后，测试 SF 和 OF 具有不同的状态、并且测试结果不等于 0 转移
		小于或等于转移	JLE/JNG	SF≠OF 且 ZF = 1	当前指令操作后，测试 SF 和 OF 具有不同的状态、并且测试操作结果等于 0 转移
无条件转移		无条件转移	JMP	无	无条件转移到指令中指定的目标地址处

注：表 4-9 中部分指令有两种助记符，如 JAE/JNB，在编程时，使用 JAE 和 JNB 等效。一条指令有两种写法。

条件转移指令根据标志寄存器中的一位状态标志（0 或 1）、或两位状态标志的状态，确定程序是否转移，如表 4-9 所示，条件转移指令共有 18 条，分为以下三类：

① 简单条件转移指令，这类指令根据单个标志的状态决定是否转移，共有 10 条。

② 无符号数条件转移指令，这类指令根据两个标志的状态决定程序是否转移，共有 4 条，它用于判断两个无符号数的大小。

③ 带符号数条件转移指令，这类指令也根据两个标志的状态决定程序是否转移，共有 4 条，它用于判断两个有符号数（补码）的大小。

指令格式：[标号:]操作符 短标号

功能：如果条件满足，则 IP+位移量→IP。

在转移指令中，位移量为当前 IP 到转移目的地址处的字节距离。在 8086/8088 状态下，位移量只能是 8 位，取值在−128～127 之间，当位移量为正时，表示向前转；当位移量为负时，表示向后转。

无条件转移指令不作任何判断，无条件地转移到指令中指定的目的地址处执行程序。

1．简单条件转移指令

8086/8088 CPU 中标志寄存器设置了进位标志 CF、零标志 ZF、符号标志 SF、溢出标志 OF、奇偶标志 PF 共计 5 个，80386/80486/Pentium CPU 保留了这 5 个标志。从表 4-9 可以看出，根据这 5 个状态标志位，设置了 10 条简单条件转移指令：

```
① JC  标号地址          ；如果有进位（借位），即 CF = 1 转移到标号地址
② JNC  标号地址         ；CF = 0 转移到标号地址
③ JE/JZ  标号地址       ；ZF = 1 转移到标号地址
④ JNE/JNZ  标号地址     ；ZF = 0 转移到标号地址
⑤ JS  标号地址          ；SF = 1 转移到标号地址
⑥ JNS  标号地址         ；SF = 0 转移到标号地址
⑦ JO  标号地址          ；OF = 1 转移到标号地址
⑧ JNO  标号地址         ；OF = 0 转移到标号地址
⑨ JP/JPE  标号地址      ；PF = 1 转移到标号地址
⑩ JNP/JPO 标号地址      ；PF = 0 转移到标号地址
```

【例 4-40】 简单条件转移指令使用说明示例。

设 AH = 0FH，BH = 90H，执行 ADD AH，BH 后，AH = 9FH，标志 CF = 0、ZF = 0、SF = 1、OF = 0、PF = 1。

如果执行 ADD AH，BH 后，紧接着分别执行下面 5 条简单条件转移指令，都会实现转移：

```
JNC  标号地址
JNE/JNZ  标号地址
JS  标号地址
JNO  标号地址
JP/JPE  标号地址
```

2．无符号数条件转移指令

无符号数条件转移指令比较的对象为两个无符号数，它通常跟在比较指令之后，根据运算结果设置的条件标志状态确定转移方向。根据比较 A、B 两数大小的结果，设置了 A 高于 B（JA

的含义是jump if above)、A高于或等于B（JAE)、A低于B（JB的含义是jump if below)、A低于或等于B（JBE）四条指令。

要比较两个无符号数的大小及相等情况，需要对这两个数作比较或减法操作，然后根据指令执行后对进位标志CF及零标志ZF的影响，就可以判断两数的大小与相等如何。设AX和BX中存放的都是无符号数，执行比较指令CMP AX，BX后，有两种情况：如果ZF = 1，说明两数相等；如果ZF = 0，说明两数不相等，在不相等的情况下，如果进位标志CF = 1，则AX＜BX，如果进位标志CF = 0，则AX＞BX。

【例4-41】 编程比较AX和BX中两数，如果AX高于BX，则转移，否则顺序执行程序。

主要程序段如下：

```
        CMP  AX，BX
        JA   NEXT        ；CF = 0且ZF = 0条件下转移
        …
NEXT:   …
```

3．带符号数条件转移指令

用二进制补码表示的正数和负数称为带符号数，两个补码比较，正数一定是大于负数；负数与负数比较，负值较多的一定是较小的值。

与无符号数条件转移指令类似，带符号数条件转移指令一般也是跟在比较或减法指令之后，根据运算结果设置的标志状态确定转移方向。同样根据比较A、B两数大小的结果有四种可能，设置了A大于B（JG的含义是jump if greater)、A大于或等于B（JGE)、A小于B（JL的含义是jump if less)、A小于或等于B（JLE）四条指令。

两个补码作比较或减法操作后，找出了判断两数大小的规则，见表4-10，它是根据对溢出标志OF、符号标志SF及零标志ZF的影响，来判断两数大小的。比较A和B两个带符号数后，如果ZF = 1，说明两数相等；如果ZF = 0，说明两数不相等，在不相等的情况下，如果溢出标志OF和符号标志SF的值相同，则A＞B；如果两个标志位相异，则A＜B。

表4-10　带符号数比较的规则

A比较B后			结果
ZF	OF	SF	
1	0	0	A=B
0	0	0	A＞B
0	0	1	A＜B
0	1	0	A＜B
0	1	1	A＞B

【例4-42】 带符号数条件转移指令使用示例。

设AL = +15 = 00001111B，BL = 11110000B（是–16的补码)。

执行CMP AL，BL后，ZF = 0，SF = 0，OF = 0，AL＞BL。

执行CMP BL，AL后，ZF = 0，SF = 1，OF = 0，BL＜AL。

因此，带符号数大小的比较，由ZF、SF和OF共3个标志位来确定。

4．与CX有关的转移指令

与CX有关的转移指令有如下4种形式。

① LOOP　标号

用CX做循环计数器，CX←（CX）-1，如果CX≠0时，循环，IP←IP+位移量；否则，顺序执行。它的功能相当于“DEC CX”和“JNZ 标号”两条指令的功能。

【例4-43】 编程实现用AL寄存器累加从1开始的10个奇数。

主要程序段如下：

```
        MOV  AH，01H          ；从 1 开始加
        MOV  AL，0            ；初始累加器为 0
        MOV  CX，000AH        ；加 10 次
XYZ:    ADD  AL，AH
        ADD  AH，2
        LOOP XYZ
        …
```

② LOOPE 标号 或 LOOPZ 标号

用 CX 做循环计数器，CX←（CX）-1，如果 CX≠0 且 ZF = 1，循环，IP←IP+位移量；否则，顺序执行。它的功能相当于“DEC CX”，当 ZF = 1（比较结果相等）时，跳转到标号处，否则执行下一条指令。

③ LOOPNE 标号 或 LOOPNZ 标号

用 CX 做循环计数器，CX←（CX）-1，如果 CX≠0 且 ZF = 0 时，转到标号处，即 IP←IP+位移量；否则，顺序执行。它的功能相当于“DEC CX”，当 ZF = 0（比较结果不相等）时，跳转到标号处，否则执行下一条指令。

④ JCXZ 标号

只测试 CX 的值，当 CX = 0 时转移到由标号处，否则执行下一条指令。

注意：所有和 CX 有关的转移指令不影响标志位，转移的位移量是一个字节，用 8 位二进制补码表示转移的范围。

5．无条件转移

无条件转移指令不受 CPU 状态标志的影响，CPU 执行无条件转移指令时，一定会转移到指令中指定的目的地址处执行程序，而且比条件转移指令转移的范围大得多，如果是段内转移，可以在 64KB 范围内转移，还可以转移到另一个代码段，转移的范围更加大。

无条件转移指令和转移的目的地址可以在同一段，也可以在另一段。前者称为段内转移或 NEAR 转移，后者称为段间转移或 FAR 转移。段内转移指令只改变指令指针 IP 的值，而段间转移指令则要同时改变指令指针 IP 和代码段寄存器的值。

无条件转移指令可通过多种寻址方式得到要转移的目的地址。常用的有直接寻址、间接寻址两种。根据转移是否在段内，又可分为 4 种方式，具体如下。

（1）段内直接转移指令

```
JMP 标号    ；IP←IP+位移量
```

编程时只需给出转移的目标指令标号，由汇编软件在汇编时自动计算当前指令和转移目标指令之间的位移量，当向地址增大方向转移时，位移量为正，反之，位移量为负（用补码表示），并且根据位移量大小自动形成短转移或近转移指令，分别转移的范围是–128～+127 之间和–32768～+32767 之间。

同时，汇编程序也提供短转移和近转移的类型说明符。

【例 4-44】 短转移类型说明符的使用示例。

```
JMP SHORT QWER
⋮
QWER: …
```

【例 4-45】 近转移类型说明符的使用示例。

```
        JMP NEAR PTR QWER
        …
QWER:   …
```

注意：近转移一定要加 ptr 类型说明。

（2）段内间接转移指令格式

```
JMP OPD                  ；IP←（OPD）
```

段内间接转移指令和段内间接调用指令的有效地址存放在寄存器或存储器中，分别用寄存器和存储器寻址的方式得到，由于是段内转移，所以不改变 CS 的值，只改变 IP 的值。

【例 4-46】 段内间接转移指令示例。

```
MOV   CX，1000H
JMP   CX                 ；IP←1000H
```

【例 4-47】 设（BX）= 1000H，（SI）= 2000H，计算转移地址值。

```
JMP WORD PTR[BX+SI]      ；IP←（1000H+2000H）
```

（3）段间直接转移指令

```
JMP   FAR   PTR 标号
```

程序从一个段转移到另一个段，这个远标号会被汇编成一个 4 字节的转移地址，即远标号的偏移地址送给 IP，其段值送给 CS。

FAR 是类型说明符，表示另一个段，这个标号是另一个程序段内的地址标号。

（4）段间间接转移指令

```
JMP FAR PTR MEM
```

段间间接转移指令，用一个双字存储单元存放着要跳转的目的地址，即存放在连续的两个字单元中，该指令执行后，低位字送给 IP，高位字送给 CS。

【例 4-48】 段间间接转移指示例。

```
MOV   WORD PTR[SI]，0080H
MOV   WORD PTR[SI+2]，1000H
JMP   FAR PTR[SI]
```

执行后，程序转移到另一个段内 1000H:0080H 处开始执行。

4.2.7　子程序调用和返回指令

1. 子程序的基本结构

子程序设计是使程序模块化的一种重要手段，将程序划分为若干个相对独立的子程序，确定各子程序的入口和出口参数，为各子程序分配不同的名字（入口地址），然后对每一个子程序编制独立的程序段，将这些子程序根据调用的需要，与主程序连成一个整体，这样既便于节省存储空间，又可以提高程序设计的效率和质量。

调用子程序（过程）的程序称为主程序，被调用的程序称为子程序。主程序和子程序是相对的，一个程序在一种场合是主程序，在另一种场合可能是过程。子程序可以被主程序多次调用，这就是程序段的共享。当主程序调用子程序时，CPU 就转去执行子程序，执行完毕后则需要返回到主程序的断点处继续向下执行。断点是指主程序中，转子程序指令的下一条指令在内存中存放的地址，包括CS和IP的值。

子程序和调用它的主程序可以在同一个代码段内，也可以分别在两个代码段内。主程序调用同一代码段内子程序称之为段内调用，而调用另一代码段内子程序称之为段间调用，相应子程序被定义为近（NEAR）属性和远（FAR）属性的子程序，分为两种基本结构。

（1）近（NEAR）属性结构

```
SUBN   PROC   NEAR             ; SUBN是子程序名，PROC是定义近或远的伪指令
START:   PUSH   AX             ; 在子程序入口处，通常要保护有关寄存器的值(保护现场)
         ...
         POP   AX              ; 最后要恢复现场，从堆栈弹出内容，赋给原寄存器
         RET                   ; 从子程序返回到调用它的主程序，主程序继续执行
SUBN    ENDP                   ; 定义子程序结束
```

（2）远（FAR）属性结构

```
SUBF   PROC   FAR              ; SUBF是子程序名，FAR表示SUBF是远属性子程序
START:   PUSH   AX
         ...
         POP   AX
         RET
SUBF   ENDP
```

以上两个子程序结构的区别仅在于子程序属性的定义，通常主程序与子程序处于同一个代码段内，子程序的属性一定是近的，因此，还可以省略NEAR。

为了方便地实现子程序的调用和返回，设置了调用子程序指令CALL和返回指令RET。无论是段内还是段间调用子程序，共同点是要引起IP的改变，段间调用时还会引起CS的改变。

2．子程序调用指令CALL

子程序调用指令CALL共有4种形式：段内直接调用、段内间接调用、段间直接调用、段间间接调用。

① 段内直接调用指令

```
CALL   子程序名
```

SP←（SP）- 2，SS:[SP] ←（IP） ；IP←（IP）+位移量，直接寻址，主程序和子程序共用一个代码段。段内直接调用指令是最常用的调用指令。

② 段内间接调用指令

```
CALL r16/mem16
```

SP←（SP）- 2，SS:[SP] ←（IP） ；IP←r16/mem16，间接寻址，由r16/mem16产生IP的方式与段内间接转移指令相同。

③ 段间直接调用指令

```
CALL FAR PTR  子程序名
```

SP←（SP）- 2，SS:[SP]←（CS），SP←（SP）- 2，SS:[SP] ←（IP），IP←子程序首地址的偏移地址，CS←子程序首地址的段值。段间直接调用指令涉及到的主程序和子程序不在同一代码段内。

④ 段间间接调用指令

```
CALL FAR PTR mem
```

SP←（SP）-2，SS:[SP]←（CS），SP←（SP）-2，SS:[SP] ←（IP），IP← mem　CS ← mem+2]。子程序可以被定义为近（NEAR）属性和远（FAR）属性，因此，汇编程序可以确定是段内还是段间调用。同时，也可以在调用指令中指定是近调用（NEAR PTR）还是远调用（FAR PTR）。

3．子程序返回指令 RET

RET 指令通常作为过程的最后一条指令，用来控制 CPU 返回到主程序的断点处继续向下执行。

返回指令有下面 6 种形式：

```
① RET          ；NEAR 或 FAR 类型返回
② RETN         ；NEAR 类型返回
③ RETF         ；FAR 类型返回
④ RET imm      ；NEAR 或 FAR 类型返回，并且从堆栈中释放 imm 个字节
⑤ RETN imm     ；NEAR 类型返回，并且从堆栈中释放 imm 个字节
⑥ RETF imm     ；FAR 类型返回，并且从堆栈中释放 imm 个字节
```

段内（NEAR）返回把 16 位断点地址弹出到 IP 中，SP+2→SP。

段间（FAR）返回把 16 位断点地址弹出到 IP 中，再把 16 位段首的值弹出到 CS 中。SP+4→SP。

汇编程序允许编程者在使用 RETN 和 RETF 时可以省略“N”或“F”，由汇编程序自动识别是 NEAR 或 FAR 返回。

4．子程序调用与返回指令对堆栈的操作

设主程序与子程序结构如下，其中，调用指令 CALL SUBN 下一条指令在内存的逻辑地址是 1000H:00A0H，在此称其为断点，子程序属性是近属性。

```
                ；主程序
                …
                MOV   AX，8822H
                CALL SUBN
   1000H:00A0H  ADD   AX，BX
                …
                ；子程序
          SUBN  PROC NEAR
        START:  PUSH   AX
                …
                POP   AX
                RET
          SUBN  ENDP
```

段内调用子程序的操作主要包括断点及现场的保护、如何找到子程序的入口地址，以及如何正确返回到主程序，继续执行主程序。

设堆栈栈底是 SS：2000H，调用与返回过程对堆栈的操作如图 4-13 所示。过程如下：

① 执行 CALL SUBN 后，把 CALL 指令下一条指令在内存中的偏移地址 00A0H（IP）压入堆栈。如果是段间调用，还要将断点处的 CS 值首先入栈，其次是偏移地址压入堆栈。

② 子程序入口的 EA 送 IP，执行子程序，注意，首先要把子程序中所涉及的寄存器的内容压入堆栈，称为保护现场。

③ 执行子程序后，恢复现场，再执行 RET 返回指令，其作用是把堆栈中保存的 IP 值弹出给 IP，以便能从断点处继续执行主程序。

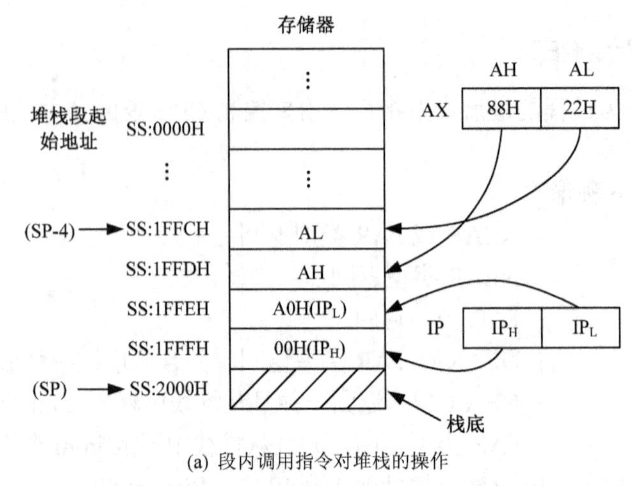

(a) 段内调用指令对堆栈的操作

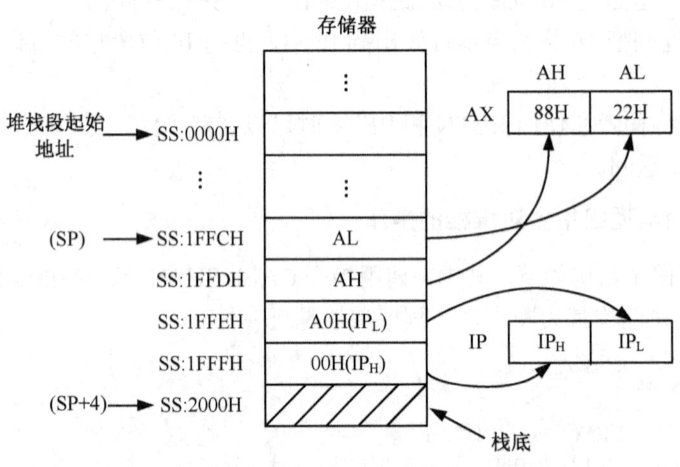

(b) 段内返回指令对堆栈的操作

图 4-13 调用与返回过程对堆栈的操作

4.2.8 中断调用指令

一台计算机常常需要从键盘接收字符、在显示器上输出显示字符、在打印机上输出打印，以及利用 RS-232-C 串行通信口与外部系统进行通信等。把计算机对外部设备进行操作的基本程序编写成子程序，作为 DOS 或 ROM-BIOS 的一部分，向程序员提供系统的基本输入和输出程序，用户采用中断的方式直接调用这些中断服务子程序，这是程序设计的一个重要方面。

DOS 提供了 75 个系统功能调用，编号从 0～57H，即中断类型号，主要分为设备管理、文件管理、目录管理及其他功能调用四大类。但在 0～57H 中，有很多编号没有使用，最常用的中断类型号是 21H，本节主要介绍“INT 21H”系统功能调用指令中的常用功能调用。

所有系统功能的调用格式都是一样的，包括 ROM-BIOS 的调用。系统功能调用的一般过程是：

① 将调用的功能号放入寄存器 AH 中；

② 设置好入口参数；

③ 执行常用的软中断指令“INT 21H”；

④ 调用结束后分析出口参数，检查调用是否成功。

下面介绍几种最常用的系统功能调用。

1．键盘输入

① 1 号功能调用

```
MOV   AH，1     ；1 号功能
INT   21H
```

系统执行该功能调用时将扫描键盘，等待有键按下。一旦有键按下，就将其字符的 ASCII 码读入，首先检查是否是 Ctrl+Break，若是，则从本次调用的执行中退出；否则将从键盘输入字符的 ASCII 码送 AL，同时将字符送显示器显示。

② 8 号功能调用

```
MOV   AH，8
INT   21H
```

该调用的功能与 1 号调用相似，只是从键盘输入的字符不送显示器显示，例如，当输入密码时可使用这个 8 号功能调用。

【例 4-49】 利用系统功能调用的 8 号功能调用，输入 Y 字符时，程序继续，否则退出。

主要程序如下：

```
        MOV   AH，8       ；8 号功能
        INT   21H
        CMP   AL，'Y'     ；键值的 ASCII 码在 AL 中，与大写 Y 的 ASCII 码比较
        JNZ   NEND        ；如果不是按下的 Y 键，转 NEND 后退出
        …                 ；继续执行
NEND:   MOV   AH，4CH
        INT   21H
```

2．单个字符的输出

① 显示器显示单个字符

```
MOV   AH，2             ；2 号功能
MOV   DL，'a'           ；显示字符'a'的 ASCII 码
INT   21H
```

上述指令将 DL 中的字符'a'送显示器显示，若 DL 中为 Ctrl+Break 的 ASCII 码，则从本次调用的执行过程中退出。

【例 4-50】 利用系统功能调用的 2 号功能调用，显示数字 9。

```
MOV   AH，2             ；2 号功能
MOV   DL，39H           ；9 的 ASCII 码给 DL，作为调用的入口参数
INT   21H
```

② 打印机输出

```
MOV  AH，5              ；5号功能
MOV  DL，'a'            ；打印字符'a'的ASCII码
INT  21H
```

将DL中的字符送打印机打印。

3．字符串的输入和输出

①字符串输入

```
MOV  AH，0AH              ；10号功能
MOV  DX，输入缓冲区首地址
INT  21H
```

字符串输入软中断类型号：21H

功能号：0AH

入口参数：DS:DX指向输入缓冲区，输入缓冲区的分配如下：第1个字节存放预定的输入字符数。第2个字节空出，待中断服务程序填入键盘连续输入到回车前实际输入的字符数。第3个字节及以后的字节，待中断服务程序按照输入字符的先后顺序填入字符串的ASCII码。

从键盘上向DS:DX所指的输入缓冲区输入字符串并送显示器显示。

在使用该调用之前，首先要在数据段中定义一个输入缓冲区：

```
BUF  DB 81
     DB ?
     DB 81 DUP（0）
```

BUF是变量名，它指到输入缓冲区的首地址，缓冲区的第1个字节规定了81个字节的缓冲区（不能是0）；“DB ？”定义1个字节，初始值是随机数，第2个字节存放实际输入字符的个数，由中断调用程序自动统计并存入。DUP（0）是重复定义伪指令，从键盘输入的字符从第3个字节开始存放，最后以回车（0DH）作为结束，回车符的ASCII码也被送入输入缓冲区，但不计入输入的字符个数之中。如果输入的字符个数超过了输入缓冲区的长度，则多余字符被删除，且扬声器发出　鸣声。

【例4-51】 利用系统功能调用的10号功能调用，从键盘输入一串字符。

```
BUF  DB 81
     DB ?
     DB  81 DUP（0）         ；缓冲区初始为81个00H
     …
     MOV  DX，SEG BUF        ；取BUF的段值给DX
     MOV  DS，DX             ；段值最终给DS，入口参数
     MOV  DX，OFFSET BUF     ；取BUF的偏移地址给DX，入口参数
     MOV  AH，0AH
     INT  21H                ；等待用户输入字符，回车键结束输入字符操作
```

② 字符串输出

```
MOV  AH，9
MOV  DX，待显示字符串首地址的偏移地址
INT  21H
```

将当前数据段中，由 DS:DX 所指向的并以'$'结尾的字符串输出到显示器显示。

【例 4-52】 利用系统功能调用的 9 号功能调用，从显示器显示一串字符。

```
BUF   DB  'Hello，Everybody !'，0DH，0AH，'$'  ；定义待显示的字符串
…
MOV   AH，09H              ；9 号功能
MOV   DX，OFFSET BUF ；取 BUF 的偏移地址给 DX，入口参数
INT   21H                  ；显示 Hello，Everybody !字符，且光标移至下一行
```

4．结束程序执行的功能调用

```
MOV   AH，4CH
INT   21H
```

结束程序执行，返回操作系统。

4.2.9　符号扩展指令

设有两个 8 位数的补码，分别如下：

$[X]_{补}$ = 01001111B，符号位是 0，是一个正数。

$[Y]_{补}$ = 11001111B，符号位是 1，是一个负数。

分别将它们扩充成 16 位的补码，其代表的真值不改变，则只需要将高 8 位用该数的符号位填充，这就是符号扩充的意思，两补码对符号位扩充后：

$[X]_{补}$ = 00000000 01001111B

$[Y]_{补}$ = 11111111 11001111B

在乘法和除法运算时，字乘法的运算结果是双精度数，字除法的被除数也要求是双精度数，这存在一个如何将单精度数转化为双精度数的问题，需要对被除数进行符号扩展。为了方便地进行乘、除运算，8086 CPU 设置了 2 种符号扩展指令。

（1）字节扩展成字指令

CBW：将 AL 的符号位（D_7 位）扩展到 AH 寄存器中，变成 16 位的符号数。

例如，如果 AL = 88H，执行 CBW 后，AH = FFH，AL 中值不变。

（2）字扩展成双字指令

CWD：将 AX 的符号位（D_{15} 位）扩展到 DX 寄存器中，即　　AX 的 D_{15} 位（符号位）到 DX 的 D_{15}～D_0 位，变成 32 位的符号数。

例如，如果 AX = 7788H，执行 CWD 后，DX = 0000H，AX 中值不变。

4.2.10　处理机控制指令

处理机控制指令用来控制各种 CPU 的操作。共分为两类，一类是针对标志位的指令，对标志位进行设置；另一类是对 CPU 状态进行控制的指令。

1．标志位控制指令

① 置进位标志指令

```
STC      ；1→CF
```

② 清除进位标志指令

```
CLC      ；0→CF
```

③ 进位标志取反指令

```
CMC        ; CF 求反→CF
```

④ 置方向标志指令

```
STD        ; 1→DF
```

⑤ 清除方向标志指令

```
CLD        ; 0→DF
```

⑥ 置中断标志指令

```
STI        ; 1→IF
```

⑦ 清除中断标志指令

```
CLI        ; 0→IF
```

2. CPU 状态控制指令

① 处理机暂停指令

```
HLT        ; CPU 进入暂停状态
```

HLT 指令使 CPU 进入暂停状态，这时 CPU 不往下执行程序。通常用 HLT 指令使 CPU 处于等待中断状态，而不用死循环程序的执行来等待。当中断发生时，使 CPU 脱离暂停状态，中断服务程序执行结束后，中断返回到 HLT 的下一条指令去执行。当 CPU 发生复位时，CPU 也一定会脱离暂停状态。

② 交权指令

```
ESC 6 位立即数，reg/mem
```

交权指令从内存地址取一操作数送到总线上，将浮点指令交给浮点处理器执行，用在具有 8087、80287、80387 浮点运算协处理器的系统中。

③ 等待指令

```
WAIT           ; CPU 进入等待状态
```

WAIT 指令在 CPU 的测试输入引脚为高电平（无效）时，使 CPU 进入等待状态，这时 CPU 不做任何操作。测试输入引脚为低电平（有效）时，CPU 脱离等待状态，继续执行 WAIT 的下一条指令。

④ 总线封锁前缀指令

```
LOCK
```

使 CPU 在执行该指令期间封锁总线，禁止其他的主设备占用总线。

⑤ 空操作指令

```
NOP
```

NOP 指令不执行任何操作，但占用一个字节的存储单元，空耗一个指令执行周期。它常用于程序调试，例如，删除指令时可用 NOP 指令填充。

4.3　汇编语言程序设计

4.3.1　机器语言与汇编语言

目前所使用的计算机语言分三类：机器语言、汇编语言和高级语言，其中机器语言和汇编语言都属于低级语言。

1．机器语言

机器指令（Machine Instruction）是用二进制按照一定的规则所编排的指令，机器指令也称为硬指令，它是面向机器的，一条机器指令的执行使计算机完成一个特定的操作。每种微处理器都规定了自己所特有的、一定数量的机器指令集，这些指令的集合称为该计算机的指令系统。机器指令集及使用它们编写程序的规则称为机器语言（Machine Language）。用机器语言构成的程序是计算机唯一能够直接执行的程序。因此，机器语言程序又称为目标程序，或称目的程序。

2．汇编语言

用机器语言编写的程序可以被机器直接识别并执行、无需翻译、程序执行效率高。缺点是编写程序相当麻烦、写出的程序也难以阅读和调试。为了克服这些缺点，人们用助记符表示机器指令的操作码，用变量代替操作数的存放地址，还可以在指令前加上标号，用来代表该指令的存放地址等。这种用符号书写、其主要操作与机器指令基本上一一对应、并遵循一定语法规则的计算机语言，称为汇编语言（Assembly Language）。用汇编语言书写的程序称为汇编语言源程序，汇编语言是为了方便程序员编程而设计的一种符号语言，用它编写的程序和用高级语言编写的程序一样，必须事先将它汇编（可理解为翻译）成目标码（可执行的程序），才能被计算机识别并执行。将汇编语言源程序汇编为目标程序的软件称为汇编程序。

Microsoft 公司的宏汇编程序 MASM6.X 是一个 IDE 环境（集成开发环境），它将汇编语言源程序的编辑、汇编、连接、执行、调试合为一体，呈现在程序员面前的是一个窗口，使程序的开发和调试结合紧密。MASM6.X 不仅可以汇编完整段源程序，而且能够汇编简化段模式的汇编语言源程序，可用于简化段程序的设计及汇编 32 位的指令，还提供了类似于高级语言的 If…Else 分支结构、While 和 Repeat/Until 循环结构等，使编写汇编语言程序和编写高级语言程序一样方便。现在最新的汇编程序 MASM32 支持 32 位段操作，可以构造出窗口程序，功能已接近于高级语言程序。

汇编程序的开发过程如图 4-14 所示，在编辑状态下，建立汇编语言源程序，经过（宏）汇编程序对汇编语言源程序进行汇编，生成后缀是.OBJ 的目标文件，再经过连接程序对目标文件连接，最后生成可执行的程序，并且调试与执行。

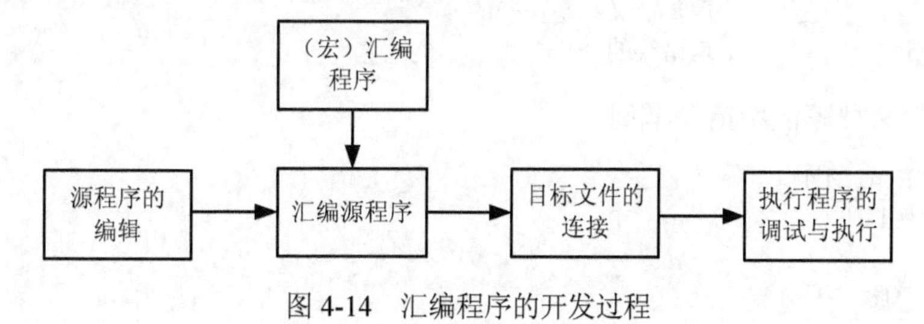

图 4-14　汇编程序的开发过程

4.3.2 汇编语言中的常量、变量和标号

1．常量

常量（常数）是指在将源程序汇编成目标程序期间已经有固定数值的量，它分成多种形式，在 80x86 汇编语言中使用的常量形式见表 4-11。

表 4-11 80x86 汇编语言中使用的常量

常量分类	格　式	X 的取值	举　例	说　明
二进制常量	XX…XB	0 或 1	01000001B	二进制常量的数据类型后缀为 B
八进制常量	XX…XO XX…XQ	0～7	1234Q	八进制常量的数据类型后缀为字母'O'或字母'Q'
十进制常量	XX…X XX…XD	0～9	123 123D	字母'D'可省略
十六进制常量	XX…XH	0～9 、A～F	1234H，0A12FH	十六进制常量的数据类型后缀为 H，如果它的第 1 位数是 A～F，则必须加一个 0 开头，以便和标识符相区别。
字符串常量	'XX…X' "XX…X"	ASCII 字符	'0123' "readme"	常称为字符串
符号常量				使用等值伪指令“EQU”和“ = ”定义

符号常量是利用一个标识符表达的一个数，MASM 提供等价机制，用来为常量定义一个符号名，使用“EQU”和“ = ”两个伪指令来定义符号名的值，有三种格式：

符号名　EQU　数值表达式

符号名　EQU　<字符串>

符号名　=　数值表达式

① 等价伪指令

格式：符号名 EQU 表达式

功能：用来为常量、表达式及其他各种符号定义一个等价的符号名，但它并不申请分配存储单元。例如：

```
N   EQU   120
M   EQU   N+20
```

② 等号伪指令

格式：符号名 = 表达式

功能：该语句的功能和 EQU 相似，不同的是等号伪指令所定义的符号名，可以被重新定义。例如，下面是几个语句的正误示例。

```
X = 120              ；是正确的
    …
X = 8                ；重复定义，是正确的
X = X+5              ；是错误的
```

【例 4-53】 两种等值伪指令举例。

```
NUMA EQU 24H
NUMB = 12H
…
MOV   AH，NUMA
```

```
MOV   AL, NUMB
ADD   AH, AL            ; AH = 36H
```

2．变量

变量定义格式如下：

```
[变量名]  数据类型定义伪指令  初始值[,…]
```

功能：定义一个数据存储区，其数据类型由所使用的数据类型定义伪指令指定，定义数据类型的常用伪指令如表 4-12 所示。

表 4-12　定义数据类型的伪指令

伪指令	类　型	所申请的字节数	数据范围
DB/BYTE	字节	1	0～255
DW/WORD	字	2	0～65535
DD/DWORD	双字	4	0～4294967295
DF/FWORD	三字	6	6 字节的整型数
DQ/QWORD	四字	8	8 字节的整型数
DT/TBYTE	10 字节 BCD 码	10	10 字节的整型数
SBYTE	带符号字节	1	-128～+127 有符号数
SWORD	带符号字	2	-32768～+32767 有符号数

在汇编语言中，变量名为用户自定义标识符，是所定义初值表中首元素的逻辑地址，常称为符号地址，它有段、偏移地址及变量的数据类型共 3 个属性。

① 变量名的段属性

指变量名所在段的段值，根据用户的定义当访问该变量时，它所在段的首地址一定要在某一段寄存器中。

② 变量的偏移地址

指变量所在段的首地址到变量所在存储单元之间的距离，用字节数表示。它表示一个变量在某段的相对位置，称为有效地址 EA（effective address），通常称为偏移地址。

③ 变量的数据类型

变量的数据类型决定了在内存中各变量元素的长度。

如果变量 VAL 的数据类型是字节类型，执行 MOV AL ,VAL 指令是正确的，执行 MOV AX，VAL 指令是错误的。

反之，如果变量 VAL 的数据类型是字类型，执行 MOV AL ,VAL 指令是错误的，执行 MOV AX，VAL 指令是正确的。

3．标号

① 标号作为机器指令所在内存地址的符号表示

用户编写程序时，将标号用在代码段某一指令的前面，表示这一条指令存放在内存的标号地址，用来提供一个转移地址，以便其他指令转移到此指令，为编写程序提供方便。例如：

```
START: MOV   AX ,   DATA         ; START 是标号地址
```

② 标号用来表示过程的入口地址

标号是子程序名（过程名），子程序名实际上是子程序入口地址的符号表示，即子程序的第一条机器指令存放在内存的地址。例如：

```
SUB1 PROC FAR    ；定义子程序 SUB1 是远标号，子程序和主程序不在同一代码段。
SUB2 PROC NEAR   ；定义子程序 SUB2 是近标号，子程序和主程序在同一代码段。
```

4．标识符

汇编语言中的符号常量名、变量名、段名、过程名、标号地址等都称为标识符。标识符是由字母、数字（0～9）、特殊字符等组成的字符串，字符串不能以数字作为开始字符，且标识符最大长度不能超过 31 个字符。

汇编语言对标识符中字母的大写和小写不作区分，如 MBCD、MBcD、mbcd 和 mBCd 都认为是同一个标识符。

不能使用汇编语言的保留字作变量名，如指令的助记符 ADD、SUB、MOV、LOOP、MUL 等都不能作为标识符。

5．定义字节单元伪指令

用 DB 伪指令来定义字节数据，可以分配一个字节或多个字节内存单元，并可以给它们赋初始值。初值表中每个数据的类型都是字节，可以是 0～255 的无符号数、–128～+127 带符号数，以及字符串常数。

【例 4-54】 数据段的定义如下，画出数据在内存中的分布，如图 4-15 所示。

```
DATA    SEGMENT
XYZ     DB  08，-2，'a'，0DH
QWE     DB  2 DUP(100)
WEN     DB  'AB'
DATA    ENDS
```

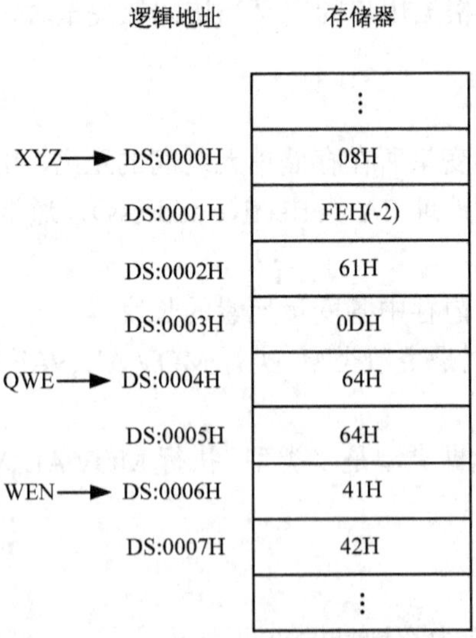

变量	逻辑地址	存储器
		⋮
XYZ→	DS:0000H	08H
	DS:0001H	FEH(-2)
	DS:0002H	61H
	DS:0003H	0DH
QWE→	DS:0004H	64H
	DS:0005H	64H
WEN→	DS:0006H	41H
	DS:0007H	42H
		⋮

图 4-15　数据在内存中的分布

6．定义字单元伪指令

用 DW 伪指令来定义字（Word）数据，可以分配一个字或多个字内存单元，并可以给它们赋初始值。初值表中每个数据的类型都是字，一个字单元可以存放一个 16 位的数据，例如，可以是 0～65535 之间的无符号数，或是–32768～+32767 之间的带符号数，还可以是一个段地址、一个偏移地址、两个字符等。

【例 4-55】 数据段的定义如下，画出数据在内存中的分布，如图 4-16 所示。

```
DATA    SEGMENT
NUM     DW 1122H，6276H
ZXC     DW 2 DUP (64H)
CHAR    DW 'ab'
DATA    ENDS
```

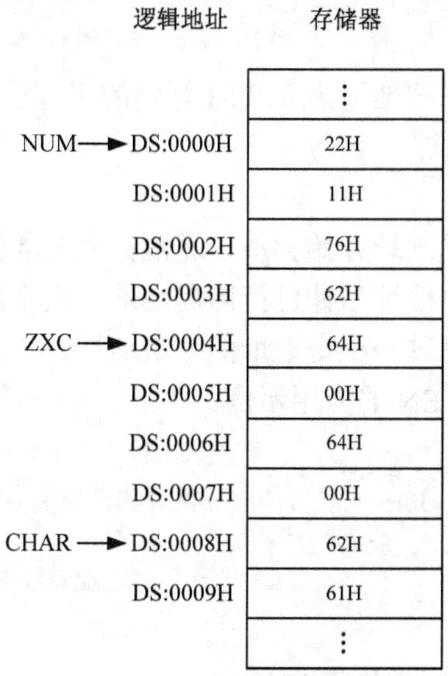

逻辑地址	存储器
	⋮
NUM→DS:0000H	22H
DS:0001H	11H
DS:0002H	76H
DS:0003H	62H
ZXC→DS:0004H	64H
DS:0005H	00H
DS:0006H	64H
DS:0007H	00H
CHAR→DS:0008H	62H
DS:0009H	61H
	⋮

图 4-16　数据在内存中的分布

7．定义双字单元伪指令

用 DD 伪指令来定义双字（Double Word）数据，可以分配一个双字或多个双字内存单元，并可以给它们赋初始值。初值表中每个数据的类型都是一个 32 位的双字，可以是有符号或无符号的 32 位整数，也可以用来表示一个远指针，即高位字是 16 位的段地址，低位字是 16 位的偏移地址。例如：

```
VARDD     DD 11223344H，13572468H
POINTDD   DD 10002200H                ；1000H 是段值，2200H 是偏移地址
```

8．其他数据定义伪指令

① DF——定义 3 个字的伪指令，用来为一个或多个 6 字节变量分配空间，还可以赋初始值。6 字节可在 32 位 CPU 中表示一个 48 位远指针，即 16 位段选择器：32 位偏移地址。

② DQ——定义 4 个字伪指令，用来为一个或多个 8 字节变量分配空间，并可以赋初始值。

③ DT——定义 5 个字伪指令，用来为一个或多个 10 字节变量分配空间，并可以赋初始值。

9．定位伪指令

如前所述，数据定义伪指令分配的数据是按顺序一个接一个存放在数据段中，同时，MASM 还提供了如下 2 种由用户指定偏移地址的伪指令。

① ORG 参数

ORG 是定义起始地址的伪指令，ORG 右边的 16 位二进制数值作为当前的偏移地址，使得

下一行的变量名或标号的偏移地址与当前的偏移地址相等，那么，这下一行的数据或指令从当前的偏移地址开始存放。

【例 4-56】 起始地址伪指令 ORG 的应用示例。

```
DATA   SEGMENT
    ORG 0100H
ASD     DB 11H，22H，33H，44H
DATA   ENDS
```

所定义的数据从数据段内偏移地址为 0100H 开始的字节单元存放，而从偏移地址 0000H～00FFH 的 100H 个内存单元被跳过。

② EVEN

使它后面的数据或指令从偶地址开始存放，通常称为对准伪指令。EVEN 伪指令使当前偏移地址指针指向偶数地址。若原地址指针已指向偶地址，则不做调整；否则将地址指针加 1，使地址指针变为偶数，即最多跳过一个奇地址的字节地址。

【例 4-57】 对准伪指令 EVEN 的应用示例。

```
 ATA      SEGMENT
NUM       DB 10H，20H，30H          ；NUM 的偏移地址为 0000H
          EVEN
LKJ       DB 80H                    ；跳过一个奇地址 0003H，LKJ 的偏移地址为 0004H
DATA      END
```

4.3.3 16 位完整段汇编语言程序设计

典型完整段汇编语言程序结构定义格式如下：

```
          DATA   SEGMENT                       ；定义数据段
          …                                    ；定义数据
          DATA   ENDS                          ；数据段结束
          STACK   SEGMENT STACK                ；定义堆栈段
          …                                    ；分配堆栈段的大小
          STACK   ENDS                         ；堆栈段结束
          CODE   SEGMENT 'CODE'                ；定义代码段
          ASSUME CS:CODE，DS:DATA，SS:STACK    ；确定 CS、DS、SS 指向的逻辑段
START:    MOV   AX，DATA                       ；设置数据段的段首址
          MOV   DS，AX                         ；为 DS 赋值
          …                                    ；程序代码
          MOV   AH，4CH                        ；功能号为 4CH
          INT   21H                            ；DOS 软中断调用，返回操作系统
          CODE   ENDS                          ；代码段结束
          END   START                          ；汇编结束，程序启动地址为 START
```

1. 顺序程序设计

顺序程序的结构特征是在整个程序的指令序列中无转移与调用等指令，使得计算机在执行这个指令序列的第一条指令后，接着利用指令计数器进行自动加计数，获得下一条指令在内存中的地址，一直顺序执行指令，直到程序结束。

【例 4-58】 在一个表格中，存放着 0～9 十个数字的立方值（如图 4-17 所示），试编程实现：从键盘输入 0～9 之间的任意一个数，查表找出这个数的立方值。

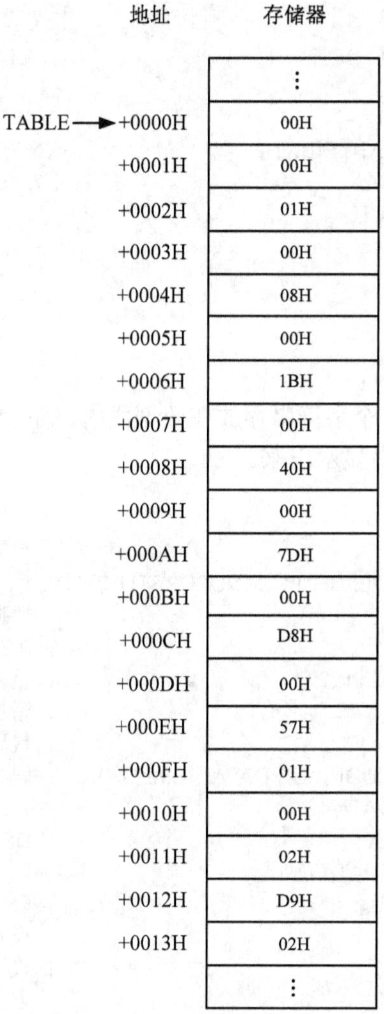

地址	存储器
	⋮
TABLE→+0000H	00H
+0001H	00H
+0002H	01H
+0003H	00H
+0004H	08H
+0005H	00H
+0006H	1BH
+0007H	00H
+0008H	40H
+0009H	00H
+000AH	7DH
+000BH	00H
+000CH	D8H
+000DH	00H
+000EH	57H
+000FH	01H
+0010H	00H
+0011H	02H
+0012H	D9H
+0013H	02H
	⋮

图 4-17　0～9 的立方表

程序如下：

```
DATA    SEGMENT                                  ；数据段
X       DB ?                                     ；先空出，准备存放键的数值
XXX     DW ?                                     ；先空出，准备存放立方值
PROMPT  DB 'PLEASE INPUT DATA:（0-9）$'           ；定义一串字符，字节类型
TABLE   DW 0，1，8，27，64，125，216，343，512，729   ；立方表，字类型
DATA    ENDS                                     ；数据段结束
CODE    SEGMENT 'CODE'                           ；定义代码段
        ASSUME CS:CODE，DS:DATA                   ；假定伪指令
START:  MOV   AX，DATA
        MOV   DS，AX
        LEA   DX，PROMPT                          ；取 PROMPT 的偏移地址给 DX
        MOV   AH，9                               ；功能号 9 给 AH
        INT   21H                                ；显示 PLEASE INPUT DATA:（0-9）
        MOV   AH，1                               ；键盘接收软中断的功能号 1 给 AH
        INT   21H                                ；DOS 软中断，等待按键
        AND   AL，0FH                             ；键的 ASCII 码在 AL 中，屏蔽高四位
```

```
        MOV   X, AL                          ; 键号存入X存储单元
        ADD   AL, AL
        MOV   BX, 0
        MOV   BL, AL
        MOV   AX, TABLE[BX]                  ; 取平方值给AX
        MOV   XXX, AX                        ; 平方值AX存入XXX存储单元
        MOV   AH, 4CH
        INT   21H
CODE    ENDS
        END START
```

2. 循环程序设计

【例4-59】在内存中，有一个字符串存放在数据段内，编写程序使之移动到附加的数据段，并将移动到附加数据段的字符串显示出来。

程序如下：

```
DATA    SEGMENT                              ; 数据段，提供源串
        SRC DB 'ABCDEFGHIJKLMNOPQRSTUVWXYZ$'   ; 定义一串字符，字节类型
DATA    ENDS                                 ; 数据段结束
EDATA   SEGMENT                              ; 附加数据段，提供目的地址
        DEST DB 27 DUP（?）                   ; 重复定义27个字节单元，初始值任意
EDATA   ENDS                                 ; 附加数据段结束
CODE    SEGMENT 'CODE'                       ; 代码段
        ASSUME CS:CODE, DS:DATA, ES:EDATA    ; 假定伪指令
START:  MOV   AX, DATA
        MOV   DS, AX                         ; DS指到数据段
        MOV   AX, EDATA
        MOV   ES, AX                         ; ES指到附加数据段
        CLD                                  ; 设置增址传送方向
        MOV   CX, 27                         ; 设置重复次数
        LEA   SI, SRC                        ; 取变量名SRC的偏移地址给SI
        LEA   DI, DEST                       ; 取变量名DEST的偏移地址给DI
        REP   MOVSB                          ; 重复传送
        MOV   AH, 9                          ; 利用9号中断显示目的串内容
        LEA   DX, DEST                       ; 变量名DEST的偏移地址→DX
        INT   21H
        MOV   AH, 2                          ; 利用2号中断显示回车换行
        MOV   DL, 0DH
        INT   21H
        MOV   DL, 0AH
        INT   21H
        MOV   AH, 4CH
        INT   21H
CODE    ENDS
        END START
```

3. 软中断调用程序设计

【例4-60】利用字符串输入软中断调用的功能，从键盘输入一串字符，并将输入字符串与程序中设定的字符串相比较，如果相同则显示“CONTINUE”，否则显示“ERROR”。

程序如下：

```
DATA     SEGMENT
PASS     DB 'CHANGJIAN'                    ；定义一串字符，字节类型
         N    EQU $-PASS
PASWR    DB 'PASSWORD? '，0DH，0AH，'$'
HUANC    DB 30
         DB ?
         DB 30 DUP (?)
OK       DB 0DH，0AH，' CONTINUE $'
ERROR    DB 0DH，0AH，' ERROR $'
DATA     ENDS                              ；数据段结束
CODE     SEGMENT 'CODE'                    ；代码段
         ASSUME CS:CODE，DS:DATA           ；假定伪指令
START:   MOV   AX，DATA
         MOV   DS，AX                      ；DS 指到数据段
         LEA   DX，PASWR
         MOV   AH，9
         INT   21H
         LEA   DX，HUANC
         MOV   AH，0AH
         INT   21H                         ；等待接受键盘输入字符
         LEA   DI，HUANC
         CMP BYTE PTR[DI+1]，N             ；首先比较个数是否相等？
         JNE   XSERROR                     ；如果不相等，则转出错处理
         MOV   CL，N
         LEA   SI，PASS
         LEA   DI, HUANC
JXBJ:    MOV   AL，[DI+2]
         CMP   AL，[SI]
         JNZ   XSERROR                     ；逐个比较，不相等则转出错处理
         INC   SI
         INC   DI
         DEC   CL
         JNZ   JXBJ
         JMP   DISOK                       ；比较结束，没有错误，转显示 CONTINUE
XSERROR:LEA DX，ERROR
         MOV   AH，9
         INT   21H
         JMP BEND
DISOK:   LEA   DX，OK
         MOV   AH，9
         INT   21H
BEND:    MOV AH，4CH
         INT 21H
CODE     ENDS
         END   START
```

4.3.4　32 位寻址方式

32 位微处理器一方面兼容了 16 位微处理器的寻址方式和指令系统，另一方面，对 16 位指令进行了扩充，新增了部分指令，还对存储器寻址方式也进行了扩充。本节重点介绍 32 位微处理器的寻址方式，并介绍 32 位机的常用指令。

1．立即寻址

立即寻址方式的操作数在内存代码段中。操作数是紧跟在指令操作码下一地址存储单元中的一个可用的 8、16 或 32 位二进制补码表示的有符号数。

【例 4-61】 32 位立即寻址指令示例。

```
MOV   EBX，88776655H                ；将立即数 88776655H 传送给 EBX
ADD   EAX，11223344H                ；EAX←（EAX）+11223344H
SUB   EBX，99887766H                ；EBX←（EBX ）- 99887766H
MOV   DWORD PTR[BX]，12340000H      ；DS: [BX]←12340000H
SAL   BH，8                         ；BH 寄存器的值算术左移 8 次
```

2．寄存器寻址

在寄存器寻址方式中，要寻找的操作数在 CPU 的某个寄存器中。例 4-62 列举了此方式的示例。

【例 4-62】 从源操作数看，下列指令都是寄存器寻址的指令，而且都是双操作数指令。

```
ADD   ECX，EAX              ；ECX ← （ECX）+ （EAX）
MOV   EAX，EBX              ；EAX ← （EBX）
SUB   ECX，EBX              ；ECX ← （ECX）-（EBX）
AND   ESI，EDI              ；ESI ← （ESI ）∧（EDI）
MOV   [ECX]，EAX            ；DS:[ECX] ←（EAX）
MOV   [EBX+ESI*4]，EAX      ；DS:[EBX+ESI*4] ←（EAX）
```

3．存储器寻址

存储器寻址方式操作数通常在内存的数据段和堆栈段中。32 位存储器寻址方式较 16 位存储器寻址方式有所扩充，如表 4-13 所示。

表 4-13 32 位存储器寻址方式

段寄存器	基址寄存器	变址寄存器	比例因子	位移量
DS	EAX EBX ECX EDX ESI EDI	EAX EBX ECX EDX ESI EDI EBP	1 2 4 8	8 位 32 位 （带符号数）
SS	ESP EBP			

从表 4-13 可以看出，32 位存储器寻址方式涉及段寄存器、基址寄存器、变址寄存器、比例因子和位移量等。

段内偏移地址称为有效地址 EA，32 位有效地址的公式：

$$EA = 基址+（变址\times比例因子）+位移量 \quad (4-1)$$

① 段基址寄存器包括：CS、SS、DS、ES、FS 和 GS，但 32 位存储器寻址默认访问的是 DS 或 SS 段。

② 基址寄存器较 16 位寻址方式，一是将 16 位扩充到了 32 位，二是将两个基址寄存器（BX 和 BP）扩充到了 8 个：EAX、EBX、ECX、EDX、ESI、EDI 和 ESP 和 EBP。

③ 如果以 EBP 和 ESP 为基址寄存器，默认访问的是堆栈段，段寄存器是 SS；以其他 6

个寄存器为基址寄存器，默认访问的是数据段 DS；如果数据存放在内存的其他附加数据段时，需使用段超越前缀“ES:”、“FS:”或“GS:”，才能访问到相应附加数据段中的数据。

④ 除 ESP 寄存器之外，其他 7 个寄存器均可以作变址寄存器，访问数据段。

⑤ 比例因子只能是 1、2、4、8。

⑥ 位移量是 8 位或 32 位的带符号数，所谓带符号数是指补码表示的二进制数。

⑦ 立即寻址时，段寄存器为 CS，以 IP（16 位）或 EIP（32 位）为段内偏移地址，找到指令的同时也就找到了数据。

⑧ 在串操作时，源串默认的段寄存器是 DS，目的串默认的段寄存器是 ES。

（1）直接寻址

在 MASM6.X 汇编环境下，程序是在实模式下运行的，操作数的物理地址由其所在段的段寄存器值左移 4 位与指令中直接给出的 16 位偏移地址相加形成，只能访问 8 位、16 位的存储器操作数；在 32 位寻址时，指令直接给出的 32 位偏移地址的高 16 位不起作用，由低 16 位作为偏移地址，操作数物理地址的形成与 16 位寻址基本相同，除了可以访问 8 位、16 位的存储器操作数外，还可以访问 32 位的存储器操作数。

在保护模式下，指令中给出的 32 位偏移地址，称为虚地址的一部分，要经过地址转换才能产生最后的物理地址。

【例 4-63】 直接寻址说明示例 1。

在 MASM6.X 开发环境下，32 位指令 MOV EAX，DS:[778812AAH]经汇编后，其机器码是：66A1AA12H。虽然偏移地址超过了 16 位，汇编时将忽略高 16 位（7788H），只把低 16 位当成有效地址 EA，经汇编与连接后，能产生可执行文件，可以从内存访问 32 位数据。注意：要加段说明“DS:”。

【例 4-64】 直接寻址说明示例 2。

假定数据段定义的双字变量为：

```
NUM DD 12349999H
```

其中，NUM 是变量名，经过汇编与连接，生成可执行的程序在执行时，NUM 有实际的物理地址，有一个与之相对应的段寄存器 DS 和偏移地址 EA。

在执行指令 MOV ESI，NUM 时，相当于直接寻址的指令，指令中直接给出了数据段内的有效地址，将根据变量名 NUM 的 DS 和 EA，从数据段内连续读取 4 字节数送给 ESI，即（ESI）= 12349999H。又如：

```
MOV   EBX，  [2000H]              ；直接寻址的传送指令
ADD   EBX，  [2000H]              ；直接寻址的加法指令
```

（2）基址寻址

基址寻址以任意一个基址寄存器中的值为偏移地址访问存储器。其中，以 EAX、EBX、ECX、EDX、ESI、EDI 作为基址寄存器时，访问的段是数据段 DS，以 EBP 和 ESP 作为基址寄存器时，访问的段是堆栈段 SS。

【例 4-65】 基址寄存器寻址指令示例。

```
MOV   DX，  [EAX]               ；访问 DS 段
MOV   BX，  [EBP]               ；访问 SS 段
ADD   DX，  [EBX]               ；访问 DS 段
SUB   BX，  [ESP]               ；访问 SS 段
```

（3）基址加位移寻址

该寻址方式以 8 个 32 位通用寄存器中任意一个寄存器作为基地址寄存器，再加上 8 位或 32 位的位移量，位移量可以是正整数，也可以是负整数，修改基地址寄存器的值使之成为所寻找操作数的偏移地址。默认的段与基址寻址相同。

【例 4-66】 基址加位移寻址指令示例。

```
MOV   CX，[EBX-16H]         ；访问 DS 段
MOV   DX，[EBP+68H]         ；访问 SS 段
```

4. 比例变址寻址

该寻址方式选取除 ESP 之外的 7 个 32 位通用寄存器中任意一个寄存器作为变址寄存器，将变址寄存器的值乘以一个比例常数（1、2、4、8），最后形成操作数的偏移地址。

【例 4-67】 比例变址寻址指令示例。

```
MOV   AX，  [EBX*2]         ；访问 DS 段
MOV   ECX，[EBP*8]          ；访问 DS 段
```

5. 比例变址加位移寻址

在比例变址寻址的基础上，再加上带符号的 8 位或 32 位的位移量，最后形成操作数的偏移地址，称之为比例变址加位移寻址。

【例 4-68】 比例变址加位移寻址指令示例。

```
MOV   CL，[EBX*8-55H]         ；访问 DS 段
MOV   EBX，[EBP*4+1122H]      ；访问 DS 段
```

6. 基址加比例变址寻址

以 8 个 32 位通用寄存器中任意一个寄存器作为基地址寄存器，加上比例变址值，即除 ESP 之外的 7 个 32 位通用寄存器中任意一个寄存器乘以一个比例常数（1、2、4、8），称为比例变址，所求得的代数和作为操作数的偏移地址。

由基址寄存器确定使用 DS 段还是 SS 段，其规定与基址寻址相同。

【例 4-69】 基址加比例变址寻址指令示例。

```
MOV   AX，[ECX+EBP*8]          ；访问 DS 段，ECX 是基址寄存器
MOV   AH，[EBP+EDX*2]          ；访问 SS 段，EBP 是基址寄存器
MOV   EAX，[EBX+ESI]           ；访问 DS 段，EBX 是基址寄存器
MOV   EDI，[ESP][EBP]          ；访问 SS 段，ESP 是基址寄存器
```

7. 基址加比例变址加位移寻址

这种寻址方式是在基址加比例变址寻址基础上，加上带符号的 8 位或 32 位的位移量，构成 32 位的偏移地址。

基址加比例变址加位移寻址是公式 EA＝ 基址+（变址*比例因子）+位移量的完整体现。

【例 4-70】 基址加比例变址加位移寻址指令示例 1。

```
MOV   EAX，4[EBP][EAX]             ；EBP 是基址寄存器，访问 SS 段
MOV   AX，[ECX+EBP*2+44H]          ；访问 DS 段
MOV   EBX，[EBP+ESI*4+1122H]       ；访问 SS 段
```

【例 4-71】 基址加比例变址加位移寻址指令示例 2。

```
MOV   EAX，3[EDX*2][EBP]          ；以 EBP 为基址寄存器，SS 为段寄存器
MOV   EAX，[EDX][EBP*2]           ；以 EDX 为基址寄存器，DS 为段寄存器
```

总结 32 位寻址方式中有关的规定如下：

① 直接寻址的指令访问存储器数据时，访问的一定是数据段 DS。

② 指令中没有基址寻址时，默认访问的是数据段 DS（包括用 EBP 作为变址寄存器）。

③ 如果指令中有基址寄存器存在，除基址寄存器为 ESP 和 EBP 时访问的是堆栈段 SS 之外，以其他 6 个基址寄存器为基地址时，默认访问的是数据段 DS。如果要访问其他 ES、FS、GS 数据段，则需要外加段超越前缀才可以访问到期望的数据。

④ 如果指令中既有基址寄存器，又有变址寄存器，通常书写在前面的是基址寄存器，后面的是变址寄存器，根据基址寄存器来确定访问的段。

⑤ 如果偏移地址中出现了 ESP，一定以 ESP 作基址寄存器，访问堆栈段。

⑥ 当表达式中出现比例因子时，把乘比例因子的那个寄存器当作变址寄存器，而不论顺序如何。

4.3.5　32 位微处理器扩充与新增指令

1．16 位和 32 位指令的区别

16 位微处理器编程时，所使用的立即数、寄存器操作数及存储器操作数只能是 8 位或 16 位。32 位微处理器编程时，其立即数、寄存器操作数和存储器操作数可以是 8、16、32 位。

16 位微处理器使用的 EA 是 16 位，32 位微处理器可使用的 EA 是 16 或 32 位。

16 位微处理器使用的段寄存器只能是 CS、SS、DS 和 ES，32 位微处理器使用的段寄存器可以是 CS、SS、DS、ES、FS 和 GS。

在 MASM6.X 环境下，有完整段编程格式与简化段编程格式，前者只能识别 16 位的操作数，后者可以识别 16 位和 32 位的操作数。

32 位微处理器将 16 位数据宽度扩充到了 32 位，而且 32 位微处理器新增了一些指令。例如，在指令格式上，新增了 3 操作数指令：

```
[标号:] 操作符 OPD，OPS，立即数 [；注释]
```

如：SHRD AX，BX，imm/CL　；将 BX 寄存器中的数右移进入 AX 中，移动次数由 imm 或 CL 中的值确定。

2．常用数据传送指令的扩充

（1）数据传送指令

指令格式：MOV OPD32，OPS32　　；OPD32 ←（OPS32）

例如：

```
MOV   reg32，reg32          ；如 MOV EAX，ECX
MOV   reg32，mem32          ；如 MOV EBX，[ESI]
MOV   mem32，reg32          ；如 MOV [ESI]，EBX
MOV   reg32，imm32          ；如 MOV ECX，12345678H
MOV   mem32，imm32          ；如 MOV DWORD PTR [SI]，12345678H
```

（2）数据交换指令

指令格式：XCHG OPD32，OPS32　　；（OPD32）←→（OPS32）

```
XCHG   reg32，reg32
XCHG   reg32，mem32
XCHG   mem32，reg32
```

（3）查表转换指令

指令格式：XLATB

功能：DS:[EBX+AL]→AL，将（EBX）为首地址、（AL）为偏移量的字节存储单元中的内容传送给 AL。

3．常用堆栈操作指令的扩充

（1）数据入栈指令

```
PUSH   reg32            ；32 位寄存器的内容入栈
PUSH   mem32            ；32 位存储器的数据入栈
PUSH   imm16/32         ；将 16 位或 32 位立即数压入堆栈
```

（2）数据出栈指令

```
POP reg32               ；堆栈内容弹出给 32 位寄存器
```

（3）8 个 16 位通用寄存器内容一起入栈和出栈指令

8 个 16 位寄存器入栈/出栈配对使用指令：PUSHA/POPA。

PUSHA：将 AX、CX、DX、BX、SP、BP、SI、DI 这 8 个 16 位通用寄存器的值依次压入堆栈，设 SP 的值是在此条指令未有执行之前的值，该指令执行后，则 SP-16→SP。

POPA：依次弹出堆栈中的 16 位字到 DI、SI、BP、SP、BX、DX、CX、AX 中，该指令执行后，SP+16→SP。

（4）8 个 32 位通用寄存器中的数值入栈和出栈指令

PUSHAD：将 EAX、ECX、EDX、EBX、ESP、EBP、ESI、EDI 共 8 个 32 位通用寄存器的值依次压入堆栈，设 ESP 的值是在此条指令未有执行之前的值，指令执行后，ESP-32→ESP。

POPAD：依次弹出堆栈中的 8 个 32 位（4 字节）数到 EDI、ESI、EBP、ESP、EBX、EDX、ECX、EAX 中，弹出完成后，ESP+32→ESP。

（5）32 位标志寄存器 EFLAGS 进栈和出栈指令

```
PUSHFD          ；将 32 位标志寄存器 EFLAGS 的值入栈
POPFD           ；从堆栈栈顶处连续弹出 4 字节送给 32 位的标志寄存器 EFLAGS
```

4．常用算术运算指令的扩充

（1）ADD 指令

指令格式：ADD OPD32，OPS32　；OPD32 ←（OPD32）+（OPS32）

ADD 5 种形式如下：

```
ADD   reg32，reg32        ；例：ADD   EAX，EBX
ADD   reg32，mem32        ；例：ADD   EAX，[SI]
ADD   mem32，reg32        ；例：ADD   [ESI]，EDX
ADD   reg32，imm32        ；例：ADD   EAX，2
ADD   mem32，imm32        ；例：ADD   DWORD PTR [EDI]，9904H
```

（2）ADC 指令（带进位加法指令）

指令格式：ADC　OPD32，OPS32　；OPD32 ←（OPD32）+（OPS32）+ CF

ADC 指令也有与 ADD 相同的 5 种形式，把 ADD 指令 5 种形式中的 ADD 换成 ADC，便是 ADC 的 5 种形式指令。

（3）INC 指令

指令格式：

INC　OPD32　　　　；OPD32 ←（OPD32）+ 1

```
INC   reg32              ；例 INC EAX
INC   mem32              ；例 INC DWORD PTR [SI]
```

（4）SUB 指令

指令格式：SUB　OPD32，OPS32 ；OPD32 ←（OPD32）–（OPS32）

SUB 指令也有 ADD 的 5 种具体形式。例：SUB　EAX，ECX。

（5）SBB 指令（带借位减法指令）

指令格式：SBB　OPD32，OPS32 ；OPD32 ←（OPD32）–（OPS32）– CF

影响的标志位是：AF、OF、PF、SF、ZF、CF

SBB 指令也有与 ADD 相同的 5 种形式。例：SBB　EAX，EDX。

（6）DEC 指令（减 1 指令）

指令格式：DEC　OPD32　　　　；OPD32 ←（OPD32）– 1

影响的标志位是：AF、OF、PF、SF、ZF

DEC 指令有下面两种形式：

```
DEC   reg32      ；例 DEC EAX
DEC   mem32      ；例 DEC DWORD PTR [SI]
```

（7）CMP 指令（比较指令）

指令格式：CMP　OPD32，OPS32　　；（OPD32）–（OPS32）

影响的标志位是：AF、OF、PF、SF、ZF、CF

CMP 指令也有与 ADD 相同的 5 种形式。例：CMP　EDX，ECX。

（8）MUL 指令（无符号数的乘法指令）

指令格式：　MUL　OPS32　　；OPS32 可以是 reg32 和 mem32 操作数

双字乘法：　（EAX）×（OPS32）→ EDX：EAX

影响的标志位是：CF、OF，不影响 AF、PF、SF、ZF。

（9）IMUL 指令（带符号数整数乘法指令）

指令格式：　IMUL　OPS32

双字乘法：　（EAX）×（OPS32）→ EDX：EAX

对标志位的影响：与 MUL 指令相同。

（10）DIV 指令（无符号数的除法指令）

指令格式：　DIV　OPS32

双字除法：　（EDX：EAX）/（OPS32）→ EAX（商）、EDX（余数）

对标志位的影响：CF、OF、AF、PF、SF、ZF 均未定义。

（11）IDIV 指令（带符号数的除法指令）

指令格式：　IDIV　OPS32

双字除法：　（EDX：EAX）/（OPS32）→ EAX（商）、EDX（余数）

对标志位的影响：CF、OF、AF、PF、SF、ZF 均未定义。

5. 逻辑运算指令的扩充

（1）求补指令

指令格式：NEG OPD32

功能：将 OPD32 中的内容逐位取反，且末位加 1 后送入 OPD32 中。

有两种形式：

```
NEG  reg32
NEG  mem32
```

（2）求反指令

指令格式：NOT OPD32

功能：将 OPD32 中的内容逐位取反后再送给 OPD32。

有两种形式：

```
NOT  reg32
NOT  mem32
```

（3）逻辑与指令

指令格式：AND OPD32，OPS32 ；OPD32←（OPD32）∧（OPS32）

影响的标志位是：CF、OF、PF、SF、ZF，而 AF 未定义。

逻辑与指令也有与 ADD 相同的 5 种形式。例如：

```
AND  EAX，EBX
AND  EAX，[ESI]
```

（4）逻辑测试指令

指令格式：TEST OPD32，OPS32 ；（OPD32）∧（OPS32）

影响的标志位是：CF、OF、PF、SF、ZF，而 AF 未定义。

逻辑测试指令也有与 ADD 相同的 5 种形式。

（5）逻辑或指令

指令格式：OR OPD32，OPS32 ；OPD32 ←（OPD32）∨（OPS32）

影响的标志位是：CF、OF、PF、SF、ZF，而 AF 未定义。

逻辑或指令也有与 ADD 相同的 5 种形式。

（6）逻辑异或指令

指令格式：XOR OPD32，OPS32 ；OPD32 ←（OPD32）∀（OPS32）

影响的标志位是：CF、OF、PF、SF、ZF，而 AF 未定义。

逻辑异或指令也有与 ADD 相同的 5 种形式。

6. 移位指令的扩充

在 32 位指令集中，兼容 16 位 CPU 的所有移位指令。同时，还将目的操作数由各种寻址方式所提供的 8 位和 16 位的寄存器操作数或存储器操作数的位数扩充到了 32 位。例如：

```
SAL  EAX，CL
RCR  EBX，1
```

32 位指令新增了以下两种指令：

（1）对立即数进行扩充的指令

```
移位指令操作码　OPD，imm
```

imm 是一个立即数，可以为 1，也可以大于 1。

例如：

```
ROR　CX，8
RCL　EBX，16
```

（2）支持 2 种 3 操作数的指令

新增两种 3 操作数移位指令，操作码是 SHLD 和 SHRD 指令格式如下：

```
SHLD/SHRD　OPD，OPS，imm
SHLD/SHRD　OPD，OPS，CL
```

其中，OPD 可以是寄存器或存储器操作数；OPS 必须是 16 位或 32 位寄存器操作数；立即数 imm 和 CL 指定移位次数。

SHLD 称为双精度数左移指令，SHRD 称为双精度数右移指令，操作图分别如图 4-18 和图 4-19 所示。SHLD 和 SHRD 指令只能操作 16 位或 32 位数，由 OPS 移入 OPD，移位的次数由 imm 或 CL 确定，移位后，OPS 的值并不改变。这里要求 OPD 和 OPS 数据长度相等，OPD 最后移出的位进入 CF 中。例如：

```
SHLD　EAX，ECX，32　　；指令执行后，(EAX) = (ECX)
```

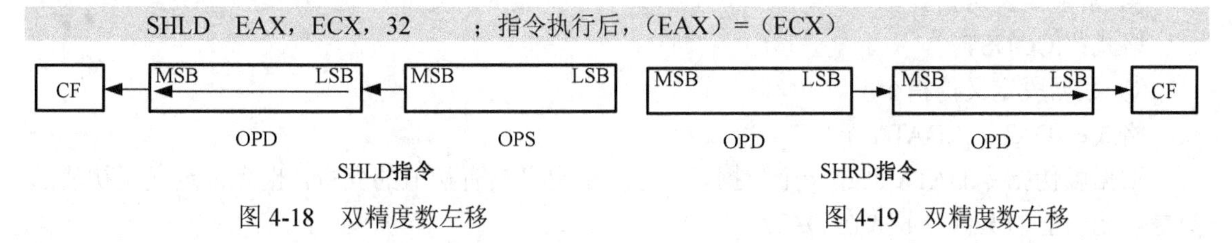

图 4-18　双精度数左移　　图 4-19　双精度数右移

4.3.6　简化段汇编语言程序设计

典型简化段定义格式如下：

```
.MODEL SMALL      ；定义程序的存储模式，一般采用 SMALL
.386              ；程序中可使用 386 指令集
.STACK            ；定义堆栈段，默认为 1024BYTE
.CONST            ；定义常量
.DATA             ；定义数据段，一般放具有初值的变量
…                 ；数据定义
.DATA?            ；定义数据段，一般放不具有初值的变量
…                 ；数据定义
.CODE             ；定义代码段
.STARTUP          ；程序启动点
…                 ；代码定义
.EXIT             ；程序结束，相当于完整格式的 MOV AH，4CH 和 INT 21H 两条指令
END               ；汇编结束
```

简化段定义伪指令说明如下：

① 存储模式定义伪指令

格式：.model 存储模式

有七种存储模式可以选择，如表 4-14 所示，一般使用 small。

表 4-14 存储模式定义伪指令

存储模式	说明
tiny	用来建立.com 文件，所有的代码、数据和堆栈都在同一个 64KB 段内
small	建立代码和数据分别用一个 64KB 段的.exe 文件，总共只有 128KB
medium	代码段可以有多个 64KB 段，数据段只有一个 64KB 段
compact	代码段只有一个 64 KB 段，数据段可以有多个 64KB 段
large	代码段和数据段都可以有多个 64KB 段
huge	同 large，并且数据段中的一个数组也可以超过 64KB
flat	Win32 程序使用的模式，代码和数据段使用同一个 4GB 段

② 指令集定义伪指令

格式：.指令集

例如，.386、.486、.586 等，通常编程只涉及基本指令集，所以选用.386 伪指令就可以了。

③ 堆栈定义伪指令

格式：.STACK[大小]

堆栈段伪指令.STACK 创建一个堆栈段，段名是 STACK。它的大小是指定堆栈所占存储区的字节数，默认是 1024Byte（1KB），如果程序不十分复杂，通常选用默认值就够了。

④ 常量定义伪指令

格式：.CONST

⑤ 数据段定义伪指令

格式：.DATA、.DATA ？

数据段伪指令.DATA 创建一个数据段，它用于定义具有初值的变量，也允许定义无初值的变量。无初值的变量一般放在.DATA ？中。

⑥ 代码段定义伪指令

格式：.CODE

.CODE 伪指令用于建立一个代码段。

⑦ 程序开始伪指令

格式：.STARTUP

.STARTUP 伪指令按照给定的 CPU 类型，根据.MODEL 语句选择的存储模式、操作系统和堆栈类型，产生程序开始执行的代码，同时还指定了程序的启动地址。

⑧ 程序终止伪指令

格式：.EXIT[返回码]

.EXIT 伪指令产生终止程序执行并返回操作系统的指令代码。它的可选参数是一个返回的数码，通常用 0 表示没有错误，例如，.EXIT 0 对应的代码是：

```
MOV   AX，4C00H
INT   21H
```

⑨ 汇编结束伪指令

格式：END[标号]

END 伪指令指示汇编程序汇编到此结束。源程序的最后必须有一条 END 语句，可选的标号用于指定程序的启动地址。

1．顺序程序设计

【例 4-72】设有 3 个双字变量 X、Y 和 Z，初始值分别是 11110000H、22220000H、33330000H，试求出三者之和，并存入双字变量 Q 中，要求用简化段格式编写程序。

程序如下：

```
        .MODEL SMALL      ；定义为小模式
        .386              ；定义本程序可以使用 386 指令编程
        .STACK
        .DATA
X       DD 11110000H      ；数据定义
Y       DD 22220000H      ；数据定义
Z       DD 33330000H      ；数据定义
Q       DD ?              ；定义存储单元
        .CODE
        .STARTUP
        MOV   EAX，X      ；从数据段取出数据给 EAX
        ADD   EAX，Y      ；两个 32 位数相加
        ADD   EAX，Z      ；两个 32 位数相加
        MOV   Q，EAX      ；结果存入 Q 变量所指的内存中
        .EXIT   0
        END
```

用 32 位指令编写程序时，不能使用完整段格式编写程序，这是因为完整段不可以使用 32 位寄存器。在简化段程序中，在程序的开始处，定义本程序可以使用 386 指令后，于是就可以使用 32 位寄存器编程了。

【例 4-73】 使用 32 位机指令将 BX 的值移入 CX 中，试编程。

程序如下：

```
 .MODEL SMALL       ；定义为小模式，数据段、堆栈段及附加数据段在同一个段内，最大为 64KB，
                    ；代码段是 64KB，共计最大长度 128KB
.386
.STACK
.CODE
.STARTUP            ；建立段寄存器的值
MOV CX，2233H
MOV BX，4455H
SHLD CX，BX，16     ；32 位 CPU 的指令
.EXIT               ；退回到调用该程序执行之前的状态
END
```

因为 SHLD 指令属于 386 指令集，只能用于简化段模式。程序执行后将 BX 的内容移入 CX 中，结果 CX 内容为 4455H，而 BX 内容不变。

【例 4-74】 利用移位及堆栈指令使 AX 和 BX 的值交换，试编程。

程序如下：

```
.MODEL SMALL
.386
.STACK
.CODE
.STARTUP
```

```
MOV   AX，1234H
MOV   BX，5678H
PUSH   AX
SHRD   AX，BX，16        ；BX 移入 AX 中
POP   BX                 ；堆栈中存放的 AX 值被弹出给 BX
.EXIT
END
```

2．分支程序设计

【例 4-75】 编程实现：根据键盘输入的 1～3，分别执行 3 个分支程序，每个分支程序简单显示一行信息。如果输入的是退出键（Esc 键），程序退回到 DOS 状态，如果按下的是其他键，则执行共同的一个程序，即显示器提示输入出错。实际上根据键盘输入，共计可以执行 5 个分支程序。

程序如下：

```
          .MODEL SMALL
          .STACK
          .DATA
    MS0   DB 0DH，0AH，'PLEASE INPUT 1～3 !'，'$'；显示软中断调用时，只有遇到'$'时才结束
    MS1   DB 0DH，0AH，'PRESS ESC KEY,EXIT!'，0DH，0AH，'$'
    SM2   DB 0DH，0AH，'8255A INITIALIZATION,OK !'，0DH，0AH，'$'
    SM3   DB 0DH，0AH，'8259A INITIALIZATION,OK !'，0DH，0AH，'$'
    SM4   DB 0DH，0AH，'8254 INITIALIZATION,OK !'，0DH，0AH，'$'
    SM5   DB 0DH，0AH，'INPUT ERROR!'，0DH，0AH，'$'
          .CODE
          .STARTUP
          MOV   DX，OFFSET MS1
          MOV   AH，9
          INT   21H                  ；提示 PRESS ESC KEY,EXIT!
REPEAT1:  MOV   DX，OFFSET MS0
          MOV   AH，9
          INT   21H                  ；提示 PLEASE INPUT 1～3 !
          MOV   AH，1
          INT   21H                  ；键盘接收软中断
          CMP   AL，27               ；判断输入的是否是 ESC 键
          JZ   EXITE                 ；如果是则退回到 DOS 状态
          CMP   AL，'1'
          JB   REP1                  ；如果输入的键值（ASCII 码）小于'1'，转 REP1
          CMP   AL，'3'
          JA   REP1                  ；如果输入的键值（ASCII 码）大于'3'，转 REP1
          CMP   AL，'1'
          JZ   ABC1                  ；是 1 键，则转 ABC1
          CMP   AL，'2'
          JZ   ABC2
          MOV   DX，OFFSET SM4       ；一定是 3 键，显示 8254 INITIALIZATION,OK !
          MOV   AH，9
          INT   21H
          JMP   REPEAT1              ；转 REPEAT1
    REP1: MOV   DX，OFFSET SM5       ；显示 INPUT ERROR!
          MOV   AH，9
          INT   21H
```

```
        JMP  REPEAT1
ABC1:   MOV  DX，OFFSET SM2
        MOV  AH，9
        INT  21H
        JMP  REPEAT1
ABC2:   MOV  DX，OFFSET SM3
        MOV  AH，9
        INT  21H
        JMP REPEAT1
EXITE:  .EXIT 0
        END
```

3．循环程序设计

【例 4-76】 利用循环移位指令将 BX 中的内容移动到 AX 中，即编程实现 MOV AX，BX。

程序如下：

```
        .MODEL SMALL
        .STACK
        .CODE
        .STARTUP
START:  MOV  BX，1234H
        MOV  CX，16
CYCLE:  ROR  BX，1
        RCR  AX，1
        DEC  CX
        JNZ  CYCLE
        .EXIT 0
        END
```

【例 4-77】 已知一个具有大写和小写混合的字符串，并且以“$”结尾。把这个字符串中所有的小写字母转换成大写字母，而原大写字母不变，转换后的字符串在屏幕上显示出来。要求用简化段格式编写程序。

程序如下：

```
         .MODEL SMALL
         .STACK
         .DATA
XSTRING  DB  ' Wish you happInss$'        ；数据定义
         .CODE
         .STARTUP
         MOV BX，OFFSET XSTRING          ；XSTRING 的偏移地址给 BX
AGAIN:   MOV  AL，[BX]                    ；从数据段取出一个字符给 AL
         CMP  AL，'$'                     ；和$的 ASCII 码比较
         JZ  DONE                         ；如果相等，转 DONE
         CMP  AL，'a'
         JB  NEXT                         ；如果低于'a'，不在需要转换的范围内
         CMP  AL，'z'
         JA  NEXT                         ；如果高于'z'，不在需要转换的范围内
         SUB  AL，20H                     ；转换成大写
         MOV  [BX]，AL                    ；存入原内存单元
NEXT:    INC  BX                          ；增加地址指针
```

```
            JMP   AGAIN                    ；无条件转移
DONE:       MOV   DX，OFFSET XSTRING       ；显示软中断调用
            MOV   AH，9
            INT   21H
            .EXIT 0
            END
```

4．主程序调用子程序（过程）

【例 4-78】 子程序只执行回车换行的功能，主程序每次调用一次子程序，屏幕光标移至下一行的最左边。编写连续两次调用子程序的主程序及回车换行的子程序。

程序如下：

```
            .MODEL SMALL
            .STACK
            .CODE
            .STARTUP
AGAIN:      CALL   ABC                     ；调用子程序 ABC
            CALL   ABC                     ；调用子程序 ABC
            JMP    DONE                    ；无条件转至 DONE
            ；子程序，与主程序处于同一个代码段内
ABC         PROC                           ；过程定义
            PUSH   AX                      ；保护 AX 值（进入堆栈）
            PUSH   DX                      ；保护 DX 值（进入堆栈）
            MOV    DL，0DH
            MOV    AH，2
            INT    21H                     ；回车软中断调用
            MOV    DL，0AH
            MOV    AH，2
            INT    21H                     ；换行软中断调用
            POP    DX
            POP    AX
            RET                            ；从子程序返回
ABC         ENDP                           ；子程序结束
DONE:       .EXIT  0
            END
```

思考题与习题

1．按照 16 位微处理器的寻址方式看，分别指出下列指令中源操作数和目的操作数的寻址方式。

（1）MOV AX，11H

（2）MOV [SI]，CX

（3）MOV 2[DI]，BX

（4）MOV 2[BX+SI]，DX

（5）MOV CX，[8000H]

（6）MOV DX，[BX][DI]

（7）MOV AX，[BX]

（8）MOV DX，[BP+8]

2．按照 32 位微处理器的寻址方式看，分别指出下列指令中源操作数和目的操作数的寻址方式。

（1）MOV　EBX，01H

（2）MOV　[ESI]，CX

（3）MOV　[ESI*2]，AX

（4）MOV　[EBX+EDI]，BX

（5）MOV　EBX，[1000H]

（6）MOV　DX，[EBX+EDI*8]

（7）MOV　EBX，EAX

（8）MOV　BX，[BP*2+8]

（9）MOV　BX，[EBX+8]

（10）MOV　CX，[EBX+ESI*2+78H]

3．指出下列指令的错误原因。

（1）INC　[SI]

（2）MOV　EAX，AX

（3）MOV　2，BX

（4）MOV　[EBX]，[ESI]

（5）MOV　AX，[BX+BP]

（6）MOV　AX，[DI+DI]

（7）MOV　AH，270

（8）MOV　CS，4000H

（9）PUSH　AL

（10）SHL　AX，8

（11）MOV　AX，BX+SI

（12）MOV　IP，BX

4．比较下列两条指令，指出它们的区别。

```
MOV   EBX，[SI]
MOV   [SI]，EBX
```

5．假设（EAX）= 12345678H，写出下面每条指令执行后，（EAX）的结果。

（1）AND　EAX，0000FFFFH

（2）TEST　EAX，1

（3）XOR　EAX，EAX

（4）SUB　EAX，EAX

（5）ADD　EAX，1

（6）OR　EAX，1

（7）CMP　EAX，0000FFFFH

（8）INC　EAX

（9）DEC　EAX

（10）SUB EAX，8

6．假定（AX）= 1234H，（BX）= 00FFH，回答每条指令执行后，（AX）和（BX）的结果分别是多少。

（1）AND　AX，BX

（2）TEST　AX，BX

（3）XOR　AX，BX

（4）XCHG　AX，BX

（5）ADD　AX，BX

（6）SUB　BX，AX

（7）OR　BX，AX

（8）CMP　AX，BX

7. 假设（EAX）= 11223344H，（EBX）= 11225566H，写出下面程序段每条指令执行后（EAX）和（EBX）的结果分别是多少。

```
ADD   EAX，EBA
ADD   EAX，00000088H
SUB   EAX，EBX
INC   EBX
AND   EBX，0000FFFFH
```

8．已知（DS）= 1000H，（BX）= 0100H，（SI）= 0004H，存储单元[10100H]～[10107H]依次存放 11 22 33 44 55 66 77 88H，[10004H]～[10007H] 依次存放 2A 2B 2C 2DH，说明下列每条指令执行后 AX 中的内容。

（1）MOV　AX，[0100H]

（2）MOV　AX，[BX]

（3）MOV　AX，[0004H]

（4）MOV　AX，[0102H]

（5）MOV　AX，[SI]

（6）MOV　AX，[SI+2]

（7）MOV　AX，[BX+SI]

（8）MOV　AX，[BX+SI+2]

9．已知（DS）= 1000H，（EBX）= 0100H，（ESI）= 0004H，存储单元[10100H]～[10107H]依次存放 55 66 77 88 44 33 22 11H，[10004H]～[10007H] 依次存放 8A 8B 8C 8DH，说明下列每条指令执行后 EAX 中的内容。

（1）MOV　EAX，[0100H]

（2）MOV　EAX，[EBX]

（3）MOV　EAX，[EBX+4]

（4）MOV　EAX，[0004H]

（5）MOV　EAX，[ESI]

（6）MOV　EAX，[EBX+ESI]

10．堆栈是什么？它的工作原理如何？它的基本操作有哪两个？

11．设 SS = 2000H，SP = 0200H，指出下列每条指令执行后，（AX）和（BX）及（SP）的结果分别是多少，并且回答堆栈中的内容如何？

（1）MOV　AX，1122H

（2）PUSH　AX

（3）MOV　BX，3355H

（4）PUSH　BX

（5）POP　AX

（6）POP　BX

12．设数据段有两个 32 位的二进制数，用简化段编程，实现这两个二进制数的加法运算。要求分别用 16 位和 32 位运算指令编程。

13．用简化段编程，将数据段中 200 个字节数据传输到附加数据段。

14．参考例 4-77，将数据段内字符串中所有大写变为小写，并且将转换后的字符在屏幕上显示出来。要求用完整段与简化段两种方式编程。

15．32 位存储器寻址分为哪几种寻址方式？

16．对于立即寻址的指令，有 8 位、16 位及 32 位的立即寻址的指令，各列举两条指令（一条是传送指令，另一条是加法指令）。

17．用移位指令将 EDI 中内容移入 ESI 中，如何实现？

18．将 EDX 中存放的值清零，实现的方法有哪一些？

第 5 章　存储器技术

计算机系统中完成信息记忆的部件称为存储器，它是计算机系统的重要组成部分。当用户将程序和数据输入到计算机中时，所输入的信息全部存放在存储器中。程序在执行的过程中，所产生的中间结果和最后结果都将存入存储器中。因此，存储器是微机系统中不可缺少的记忆部件。存储器的容量大小和存取速度直接影响计算机的性能，存储器技术是微型计算机中的一项重要技术。本章介绍了内部存储器、外部存储器，以及存储器保护，还重点阐述了 32 位微机中存储器的组成结构和 32 位微机系统中的高速缓冲存储器技术。

5.1　微型计算机存储器概述

5.1.1　微型计算机中存储器的类型

1. 微机系统中存储器的分类

从存储器所处的位置来划分，微机系统中存储器分为内部存储器和外部存储器，内部存储器简称为内存，外部存储器简称为外存或辅存。

内部存储器也称为主存储器，主存由半导体材料组成，常称之为半导体存储器。它用于存放当前计算机正在执行或经常要使用的程序或数据，CPU 可以直接从内存中读取指令并执行，还可以直接从内存中存取数据。

外存一般是由磁性材料运用半导体集成技术、激光技术等实现的存储器，分为硬磁盘、U 盘和光盘等。

2. 半导体存储器从存取方式上分类

计算机的内存由半导体存储器构成，其种类繁多，分类方法也有几种。

从存取方式来分，大致可分为随机存取存储器（Random Access Memory，RAM）和只读存储器（Read Only Memory，ROM），以及在线读/写的非易失性存储器，如图 5-1 所示。

（1）随机存取存储器（RAM）

针对随机存取存储器，CPU 在执行程序的过程中，根据程序的安排，对每个存储单元的内容既可随时读（取）出，也可以随时写（存）入。也就是说，可以随机访问任意存储单元的内容，所以随机存取存储器 RAM 也可以称为读/写存储器。

RAM 按其工艺结构分为双极型与金属氧化物 RAM 两类。

第一类是双极型（Bipolar）RAM，其特点是存取速度快、集成度低、功耗大、成本高，常用来作为容量较小的高速缓冲存储器（Cache）。

第二类是金属氧化物（MOS）型 RAM，它主要是由金属氧化物材料做成的集成电路。特点是集成度相当高、功耗低、成本也低，在微机系统中，一般采用 MOS 型 RAM。

常见的 MOS 型 RAM 分为静态存储器（Static RAM，SRAM）和动态存储器（Dynamic RAM，DRAM）。

MOS 型静态随机存取存储器是一种易失性 RAM，易于用电池作后备电源，构成非易失性存储器。集成度高于双极型但低于 DRAM，常用于存储容量较少的智能仪器仪表中，不需要刷新操作。

MOS 型动态随机存取存储器，其基本存储单元电路是依靠 MOS 管引出极的分布电容能够暂时存储电荷的原理来记忆二进制信息的，所以，它与 MOS 型 SRAM 相比较，其电路结构简单，集成度非常高，功耗也低，存取速度高，成本也较低，是微机系统中的主体存储器。其特点是需要对所存储的信息进行定时刷新。

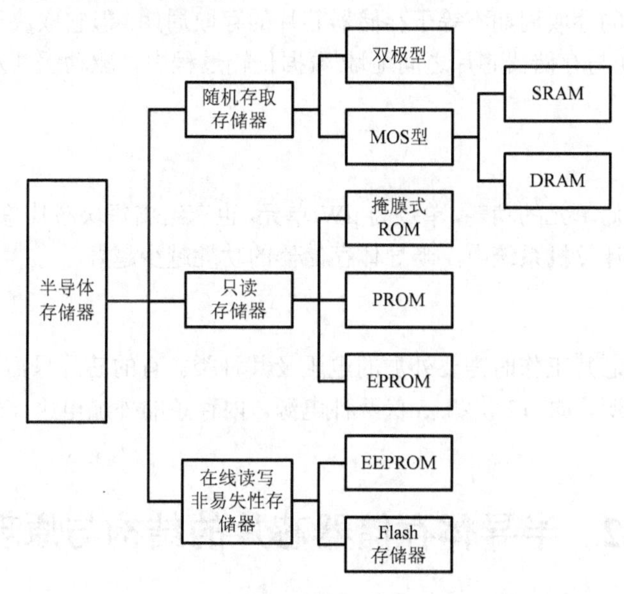

图 5-1　半导体存储器从存取方式上分类

（2）只读存储器（ROM）

随着半导体工艺的发展，ROM 的性能在不断地提高，主要分为四种：掩膜式 ROM、可编程只读存储器（Programmble ROM，PROM）、紫外线擦除的可编程只读存储器（Ersable PROM，EPROM），以及电擦除可编程只读存储器（Electrically EPROM，EEPROM）。

（3）在线读/写的非易失性存储器

闪存存储器（Flash Memory）和电擦除可编程只读存储器 EEPROM，都具有在线写入和掉电保存数据的特点。

5.1.2　半导体存储器芯片的主要性能指标

半导体存储器芯片种类较多，其性能指标也可能有差异，一般关注的主要性能指标有 5 条。

1. 易失性

易失性是区分存储器种类的重要特性之一，它是指存储器的供电电源断开后，存储器中的内容是否丢失，如果断电后其中内容保持不变，则称之为非易失性存储器，例如，EPROM27128（16KB）、EEPROM2864（8KB）及闪烁存储器 28F016SA（2MB）等 ROM 存储芯片是非易失性存储器。断电后存储器中存储的内容丢失，则称之为易失性存储器，例如 SRAM 和 DRAM。

2．存储容量

每一种半导体存储器芯片中存储单元的总数，构成了该存储芯片的存储容量，存储器容量通常以字节为单元，即每个单元包含 8 位二进制数。

3．存取周期

读存储器周期（取周期）是指存储器从接收到地址，到实现一次完整的读出所经历的时间，单位为 ns。通常写操作周期与读操作周期相等，故称为存取周期，因此也可以理解为存储器进行连续读或写操作所允许的最短时间间隔。时间间隔越短，即存取周期值越小，存储器的工作速度越快。

一个存储器系统的存取周期不等于存储器芯片的存取周期，但它取决于存储器芯片的存取周期，也取决于 CPU 与存储器芯片之间地址/数据传输过程中，驱动缓冲及译码电路等产生的延时时间等。

4．功耗

一般是指每个存储单元的功耗，单位为 μW/单元，也有给出每块芯片总功耗的，单位为 μW/芯片。在电池供电的计算机系统中，半导体存储器的功耗越少越好。

5．电源

电源是指存储器芯片工作时需要外加的电压及其种类。有的芯片只需要单一的+5 伏电源，有的芯片需用多种电源，如+12 伏和+5 伏两种电源。内存条的外加电压一般小于 5 伏，可以降低功耗。

5.2 半导体存储器芯片的结构与原理

5.2.1 存储器芯片中地址译码的两种方式

存储器芯片内部通常由三个部分组成：地址译码电路、存储阵列和读/写控制逻辑电路。地址译码有单译码方式和双译码方式两种。

1．存储器芯片容量的计算

存储器芯片中每个存储单元具有一个唯一的地址，每个存储单元可存储 1 位或多位二进制数据，存储器芯片的容量与存储器芯片的地址线和数据线有关，设芯片的地址线条数为 M，芯片的数据线条数为 N，则存储器芯片容量 R 为存储单元数乘以存储单元的位数。即：

$$R = 2^M \times N \tag{5-1}$$

【例 5-1】 存储器芯片地址线 13 条，数据线 8 条，求存储器芯片的存储容量。

解： 存储容量 $R = 2^M \times N = 2^{13} \times 8$ 位 $= 8\text{KB}$

2．存储器芯片逻辑图

图 5-2 描述了一般静态存储器芯片的外部逻辑，逻辑图能说明该芯片主要引脚信号的功能，但不指明各信号线的具体引脚序号。

从图 5-2 可以看出，共计有地址线 10 条（A_9～A_0），由 CPU 发向存储器，有数据线 8 条

（D_7～D_0），双向传输，可由 CPU 写数据到存储器，也可由 CPU 从存储器芯片中读出数据，根据式（5-1），该存储器芯片的容量为 $2^{10}\times 8$ 位 $=1$KB。

可以类推，如果地址线分别为 11 位和 12 位，存储容量则分别为 2KB 和 4KB。由于一台计算机存储器的总容量一般大于 1KB，如果选用这种芯片构成存储器系统，则需要许多片，因此，存储器芯片必须设有片选允许信号 $\overline{CE}$，一般用低电平选中存储器芯片。

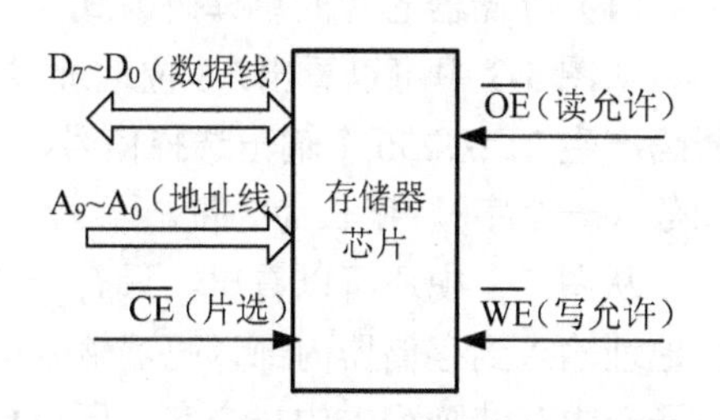

图 5-2　静态 RAM 存储器芯片逻辑图

由于 CPU 选中静态 RAM 存储器芯片时，有两种基本的访问操作，一种是写存储器操作，另一种是读存储器操作，没有刷新操作。所以静态 RAM 芯片引脚上还具有写允许信号 $\overline{WE}$ 和读允许信号 $\overline{OE}$，均带非号表示，是表达低电平有效的意思。所谓有效，是指当其为有效的低电平时，CPU 才能对该芯片进行读操作（$\overline{OE}=0$）或写操作（$\overline{WE}=0$），二者不可以同时有效，但可以同时无效。静态 RAM 存储器芯片的工作方式如表 5-1 所示。

表 5-1　静态 RAM 存储器芯片的工作方式

$\overline{CE}$	$\overline{OE}$	$\overline{WE}$	操作	备注
1	×	×	无操作	
0	0	1	RAM→CPU 操作	CPU 读存储器操作
0	1	0	CPU→RAM 操作	CPU 写存储器操作
0	1	1	无操作	
0	0	0	非法	CPU 不可能并行读、写存储器

3．存储器芯片的地址译码方式与存储阵列

存储器芯片内部有两种地址译码方式：单译码方式和双译码方式。存储部分采用了阵列结构，由于具有单译码方式和双译码方式，并且每次提供读/写的数据位数不尽相同，所以不同存储芯片的存取阵列稍有差异。

存储器芯片的单译码结构图如图 5-3 所示，图中只有一个译码电路，存储阵列是 256 列×8 行，即共计可以存储 256×8 位二进制信息，每个基本存储电路由具有记忆功能的触发器来实现，存储芯片内部的数据线经读/写控制逻辑电路及输出缓冲放大器才能与外部数据线 D_7～D_0 连通。

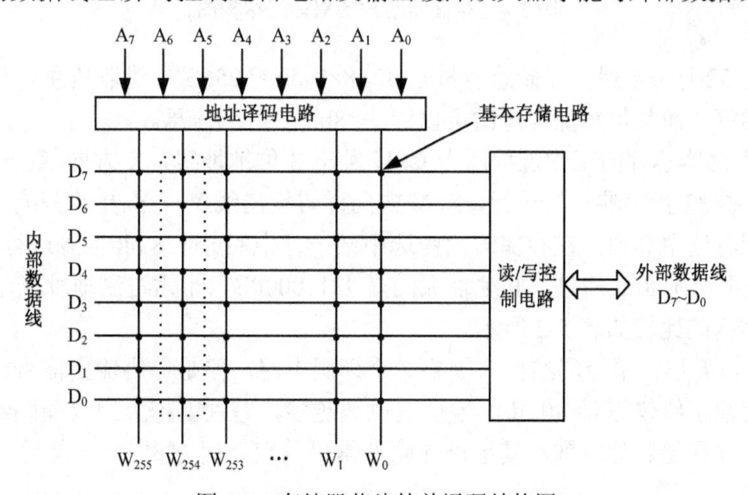

图 5-3　存储器芯片的单译码结构图

（1）存储器芯片的单译码方式

从图 5-3 中可以看出，8 位地址线 A_7～A_0 全部输入到一个地址译码器，经过译码后，可以译码产生 2^8 = 256 个输出选择信号，即字选线 W_{255}～W_0，每条字选线可以选中一个 8 位二进制数（一个字），字长为 8 位。

从图 5-3 中还可以看出，只有一个地址译码器，所以称为单译码方式。单译码方式是将 n 位地址输入到存储器内部译码器输入端，经译码后可以产生 2^n 个输出选择信号，每个输出选择信号选中存储阵列中的一个字，所以单译码方式也称为字译码方式。

例如，当输入的地址 A_7～A_0 = 11111110B（FEH）时，经译码后，仅 W_{254} 有效，选中存储阵列中虚框中的一个字；当输入的地址 A_7～A_0 = 00000000B（00H）时，仅 W_0 有效，选中第 0 个字，进行读或写操作。

（2）存储器芯片的双译码方式

存储器芯片的双译码结构如图 5-4 所示，在 X 方向，译码器有 5 位地址线输入，译码输出线为 32 条（2^5），即 X_{31}～X_0，在 Y 方向，译码器有 3 位地址线输入，译码输出 8 位选择线，即 Y_7～Y_0。共计用了两个译码电路，故称双译码结构。

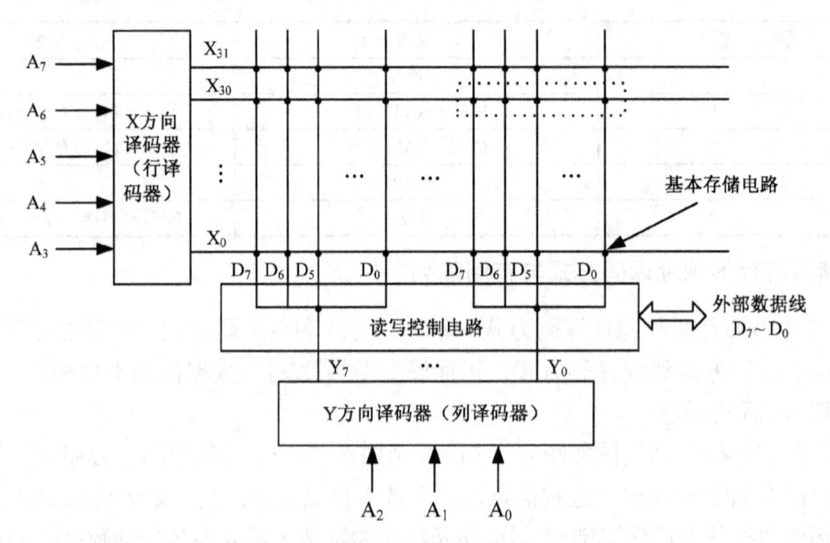

图 5-4 存储器芯片的双译码结构图

存储阵列为 32 行×64 列，存储总容量是 32×8×8 bit = 256B 二进制信息。与单译码结构的存储器总容量相等，而且仍然保证每次可以读/写 8bit 二进制信息。

CPU 访问存储器芯片的工作过程：当 CPU 发出 8 位地址线，X 方向 X_{31}～X_0 中某一输出线有效时，可选中 32 行中唯一的一行，而 Y 方向译码输出线 Y_7～Y_0 中也只有一列有效，这一有效信息可以同时选中 8 列，在存储阵列中选中某一行中的一个 8 bit 信息进行读或写操作。

图 5-4 中虚框所示 8bit 信息，其地址编码是 11110000B，十六进制地址表示是 F0H。

两种译码结构的比较如表 5-2 所示。

从表 5-2 可以看出，单译码结构只需要一个译码电路，但是译码输出信号线 256 位，而双译码结构的译码输出线仅需要 40 条。地址线位数越多，差别就越大，双译码结构的优势就更加明显，所以，在存储芯片内部，其地址译码通常采用双译码方式。

表 5-2　两种译码结构的比较

比较项	单译码结构	双译码结构
外部数据线	8	8
外部地址线	8	8
每次读/写二进制位数	8	8
存储容量	256B	256B
译码器个数	1	2
内部译码输出线	256	32+8＝40

4．存储器芯片的读/写控制逻辑

存储器芯片的读/写控制逻辑如图 5-5 所示。其组成包括：两个负逻辑的与非门$\&_1$和$\&_2$（实际为两个正逻辑的或非门），两个输出信号分别用于控制内部输入缓冲器和输出缓冲器，而且都是高电平控制有效。存储阵列通过 I/O 缓冲电路与数据线相连接。

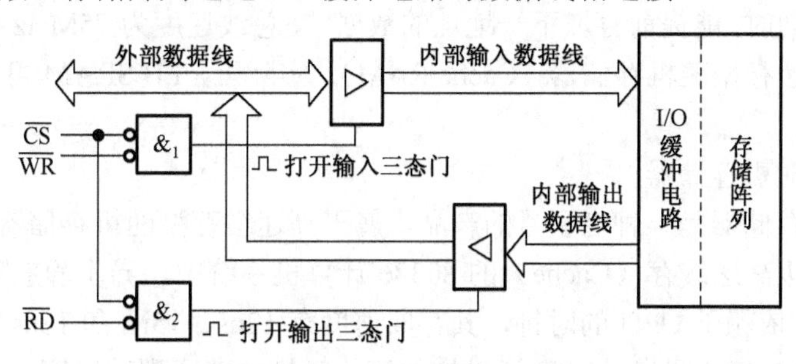

图 5-5　读/写控制逻辑

读/写控制电路也称 I/O 控制电路，从 RAM 中取出存储的内容并送往 CPU，称为读操作，对 RAM 而言是输出；CPU 把待存储的内容存入 RAM 中，称为写操作，对 RAM 而言是输入。RAM 中读/写控制电路的操作表如表 5-3 所示。

表 5-3　读/写控制电路的操作表

$\overline{CS}$	$\overline{RD}$	$\overline{WR}$	操作	$\&_1$输出	$\&_2$输出	备注
1	×	×	无操作	0	0	
0	0	1	RAM→CPU 操作	0	1	8 个输出三态门打开，读 RAM
0	1	0	CPU→RAM 操作	1	0	8 个输入三态门打开，写 RAM
0	1	1	无操作	0	0	
0	0	0	非法	1	1	CPU 不可能并行读、写存储器

说明：

（1）片选可以用$\overline{CS}$或$\overline{CE}$表示，写允许信号可以用$\overline{WR}$或$\overline{WE}$表示，读允许信号可以用$\overline{RD}$或$\overline{OE}$表示。

（2）当片选$\overline{CS}$有效时，CPU 才能对存储器执行读/写操作。

（3）门$\&_1$和$\&_2$不可能同时有效，当其中一个有效时允许相应的缓冲器工作，另外一个缓冲器处于高阻状态，RAM 芯片的数据线每次只能和内部输入数据线连通，或者与输出数据线连通，但不可能同时都连通。

5.2.2 静态随机存取存储器

1．概述

静态随机存储器（Static RAM，SRAM）按产生时间和工作方式来分，静态随机存储器分为异步静态随机存储器（Async SRAM）和同步突发静态随机存储器（Sync Burst SRAM）两类。由于 SRAM 需要用较多的晶体管来存储一位二进制数，因而，在一定的纳米制造技术下，SRAM 容量比 DRAM 容量低，但是，SRAM 比 DRAM 的存取时间短很多，所以，静态随机存储器可用于计算机主板上的二级高速缓存（Cache）。

有一种管道（Pipeline）突发静态随机存储器（PB SRAM），它是描述突发静态随机存储器传输数据时犹如管道中的流水，传输操作具有流水线的特点。实际上它是通过使用输入/输出寄存器传输数据，一个 SRAM 可以形成像“管道”那样的数据流水线传输模式。

在装载填充寄存器时，虽然需要一个额外的启动周期，但寄存器一经装载，就可以在用现行地址提供数据的同时，能提前存取下一地址的数据。在总线速度为 75MHz 或高于 75MHz 时，这种内存是最快的缓存型随机存储器（Cache RAM）。实际上，PB SRAM 可以匹配总线速度高达 133MHz 的系统。

（1）异步静态随机存储器

异步静态随机存储器是一种老型号的产品，属于高速缓存型随机存储器（Cache RAM），首次应用在带有二级高速缓存（Cache）的 80386 计算机系统中，异步静态随机存储器读/写速度比 DRAM 快，并依赖于 CPU 的时钟，其存取速度有 12ns、15ns 和 18ns 三种。但在存取数据时，还不能做到与 CPU 同步，CPU 通过增加等待时钟才能匹配其速度。

（2）同步突发静态随机存储器

同步突发静态随机存储器（Sync Burst SRAM）有三个特点：同步于系统时钟，突发能力强，管道能力强。这些特点使得微处理器在存取连续内存位置时用同步 SRMA 比异步 SRAM 更快。也就更适合作二级高速缓存。

2．Intel 6264 静态存储器

Intel 62 系列的 SRAM 芯片有 Intel 6264、Intel 62128、Intel 62256 等，它们的存储容量分别是 8KB、16KB 及 32KB。常用的存储芯片有 Intel 6264，从功能方面简单介绍如下。

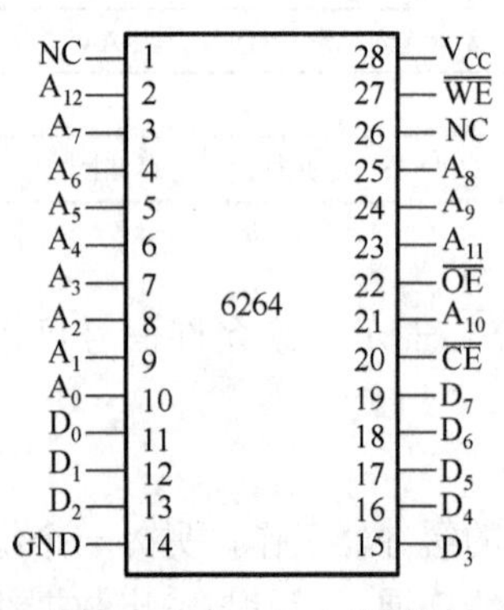

图 5-6 Intel 6264 引脚图

Intel 6264 的引脚图如图 5-6 所示，共有 28 个引脚，外形采用双列直插式结构。其中，A_{12}～A_0 是 13 条地址线，均为输入线，D_7～D_0 是数据线，双向传输；$\overline{CE}$ 是片选信号，$\overline{WE}$ 是写允许信号，$\overline{OE}$ 是输出允许信号，都是输入线，低电平有效；V_{CC} 是电源输入端，工作电压是+5V；GND 是接地端，NC 表示此引脚未使用。

Intel 6264 的内部结构特点：采用了图 5-5 所示的输入/输出控制电路；选用双译码结构；存储阵列是 512 行×128 列 = ($2^9 \times 2^4 \times 8$ 位)，9 位行地址和 4 位列地址，每次读/写 8 位二进制数。

Intel 6264 的工作方式可见表 5-3。

5.2.3　只读存储器

1．掩膜式只读存储器

制造商在制作掩膜式 ROM 时，根据对存储内容的要求设计出相应的掩膜板，用这种掩膜板进行编程，制作完成的 ROM，用户只能读出，不能修改，因此不适合开发者使用。

2．可编程只读存储器

可编程只读存储器 PROM 只能写入一次。例如，存储元由一只三极管组成，还有熔点较低的熔丝串接在每只存储三极管的某一电极上，如串接在发射极上，如图 5-7 所示。编程之前，存储信息全为 0，或全为 1，编程写入时，外加比工作电压高的编程脉冲电压 V_{CC}，根据需要使某些存储三极管通电，由于此时发射极电流比正常工作电流大，于是熔丝熔断开路，一旦开路之后就无法恢复连通状态，所以只能编程一次。

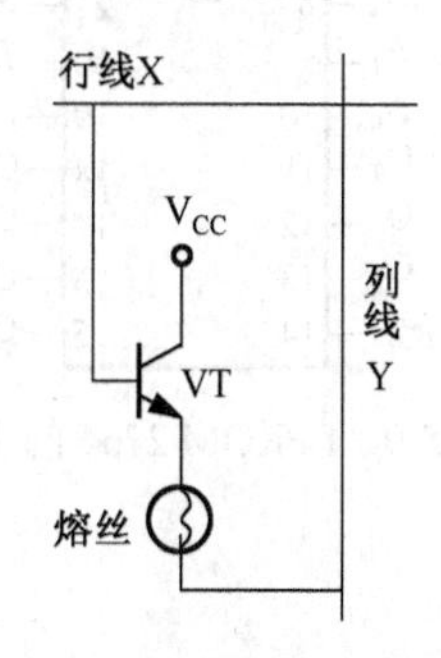

图 5-7　可编程只读存储器 ROM 的存储元

3．紫外线擦除可编程只读存储器

Intel 27 系列 EPROM 芯片很多，有 Intel 2732、Intel 2764、Intel 27128、Intel 27256 等型号，它们的存储容量分别是 4KB、8KB、16KB、32KB。

紫外线擦除可编程只读存储器 EPROM 的基本存储单元大多采用浮置栅场效应管（MOS），简称为 FAMOS，FAMOS 有 P 沟道和 N 沟道两种，P 沟道 FAMOS 与绝缘栅增强型 P 沟道金属氧化物半导体（MOS）三极管有些相似，如图 5-8(a)所示，不过，P 沟道 FAMOS 没有引出栅极，它的栅极由多晶硅构成，多晶硅被绝缘的 SiO_2 所包围，多晶硅置于浮动状态。初始状态下，浮置栅上没有电荷，漏极与源极是断开的，在行线输出高电平的情况下，图 5-8(b)的位线上仍然输出逻辑 1 电平。如果源极和衬底接地，在 D 和 S 之间加编程的负脉冲电压，由于漏端形成的 PN 结施加反向电压而瞬间产生雪崩击穿，获得足够能量的电子会穿过绝缘层，注入到多晶硅上，当施加的负脉冲电压撤除后，多晶硅上的电子在室温和无光照的情况下会长期保留，因此，漏、源之间的正电荷形成的导通沟道会长期存在。于是，在位线上会读出逻辑 0。

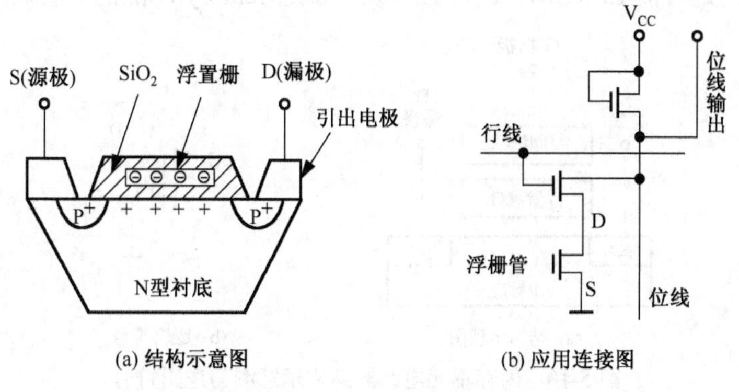

图 5-8　P 沟道浮置栅 MOS 管

EPROM 芯片上有一圆形透明的石英窗口，以便紫外线穿过透明的圆形石英窗而照射到半导体芯片上，通常将它照射 10 分钟左右，浮置栅上的电子获得足够能量返回到衬底，擦除已

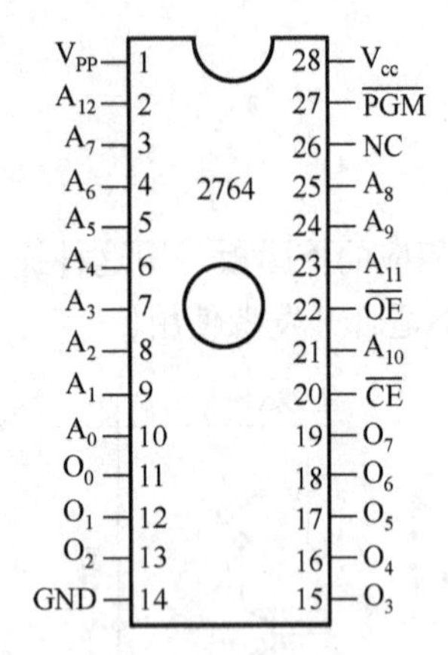

图 5-9　EPROM 2764 的引脚图

经存储的二进制信息（机器码程序或数据）。用户可以对它重新进行编程输入，一旦编程完成，就必须用深色的纸片之类覆盖石英窗口。

下面以 Intel 2764 芯片为例介绍其工作原理，2764 芯片的引脚图如图 5-9 所示。

Intel 2764 是 28 脚双列直插式封装，具有 13 条地址线 A_{12}～A_0，8 位数据线 O_7～O_0。$\overline{CE}$ 是片选，$\overline{OE}$ 是输出允许信号，二者均为低电平有效。V_{CC} 是外加的工作电压（+5V）。V_{PP} 是编程脉冲电压，在编程时接 12～25V 电压。在对 Intel 2764 编程时，编程控制端 $\overline{PGM}$ 有效，即为低电平，大约 45ms 宽的低电平，在编程过程中，一旦 $\overline{CE}$ 变为高电平，编程就立即禁止。

Intel 2764 EPROM 芯片的工作方式如表 5-4 所示。

表 5-4　Intel 2764 EPROM 工作方式

引脚 方式	$\overline{CE}$	$\overline{OE}$	$\overline{PGM}$	V_{PP}	V_{CC}	数据端操作
读出	低	低	高	5V	5V	数据输出
输出禁止	低	高	高	5V	5V	高阻
备用	高	×	×	5V	5V	高阻
编程输入	低	高	低电平（大约 45ms 宽）	12.5V	5V	数据输入
校验	低	低	高	12.5V	5V	数据输出
编程禁止	高	×	×	12.5V	5V	高阻

5.2.4　可在线读/写的非易失性存储器

1. 闪存存储器

闪存（Flash Memory）是一种具备大容量、高速度、高存储密度、非易失性的存储器，在断电情况下仍能保持所存储的数据信息达 100 年之久，反复擦写可达 1 万次。

闪存单元电路的结构示意图如图 5-10 所示，与上述 EPROM 浮置栅的工艺不相同，它采用了双层栅结构，是目前 EPROM、E^2PROM 及 Flash Memory 产品的一种新工艺。

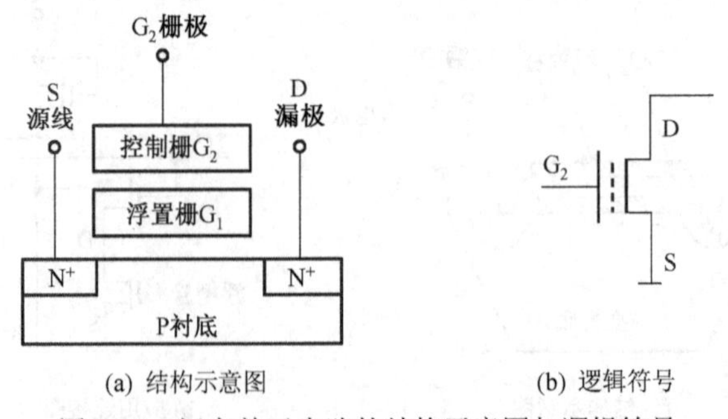

(a) 结构示意图　　(b) 逻辑符号

图 5-10　闪存单元电路的结构示意图与逻辑符号

（1）闪存的主要特性

① 片内设有命令寄存器和状态寄存器，因此具有内部编程控制逻辑，控制擦除与编程操作；

② 可以按字节、区块或页面快速进行擦除和编程，也可以按整片进行擦除和编程；

③ 可在线进行擦除和编程；

④ 通过设置不同命令使闪存进入不同的工作方式，有整片擦除、按页擦除、整片编程、按页编程、字节编程等。

（2）闪存单元电路的结构

闪存单元电路的结构除了有一个类似于上述 EPROM 的浮置栅 G_1 之外，还有一个带有引出电极的栅极 G_2，使用了 P 衬底，漏、源是 n 掺杂，在 G_1 栅和源极之间有一小面积的氧化层，其厚度极薄，可产生隧道效应。

初始状态下浮置栅 G_1 上没有聚集电荷，假设它为逻辑“1”状态。如果要将“1”状态转变为“0”状态，则需要“编程”，实现写“0”的操作。即：G_2 栅和源极电压 V_{GS} 与 V_{DS} 都加正电压，且 $V_{GS}>V_{DS}$，在 G_2 与源极之间，有来自源极的负电荷穿过浮置栅极与硅基层之间的绝缘层，经过隧道向 G_1 栅扩散，使 SiO_2 所包围的多晶硅聚集负电荷，可以称为“0”状态。

读出操作时，外加 V_{DS} 电压，并且加一定的 V_{GS} 电压，在某一 V_{GS} 下，由于 G_1 上聚集了电荷，不足以克服 G_2 栅上的负电荷，因此不会产生漏源导通电流，对于 G_2 栅上没有注入电子的存储元，则会产生漏源导通电流，以此区别存储二进制信息。

如果要擦除 G_1 栅上的电荷，只需要在 G_2 栅和源极之间加负电压，G_1 栅上的负电荷将向源极扩散，双层栅 MOS 管恢复到原始的“1”状态。

（3）闪存芯片举例

闪存的发展速度很快，型号也很多，有以 28、29、39 及 49 等开头的各种芯片，现以 28F256 为例来介绍。

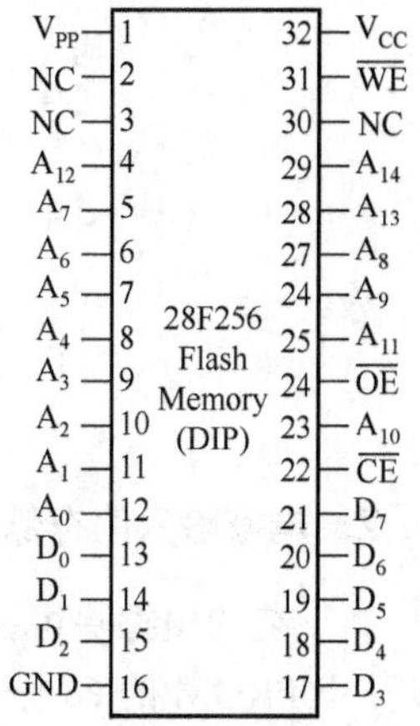

图 5-11　28F256 的引脚排列

DIP 封装的 28F256 Flash 存储器芯片如图 5-11 所示，它有 32 条引脚，其中：$\overline{CE}$，片选信号，低电平有效。$\overline{OE}$，输出允许信号，低电平有效。$\overline{WE}$，写信号，低电平有效。A_{14}～A_0，是 15 条地址线，D_7～D_0 是数据线，即存储容量是 32KB。

28F256 的工作方式如表 5-5 所示，分为读/写存储器方式（V_{PP} = +12V）和只读存储器方式（V_{PP} = 0V）。表中 V_{PPH} 为+12V，V_{PPL} 为 0V，工作电压 V_{CC} = +5V，擦除与编程电压 V_{PP} = +12V。读出时间为 90ns，典型的字节编程时间为 10μs，整片编程写入时间是 0.5s。

表 5-5　28F256 的工作方式

工作方式		$\overline{CE}$	$\overline{OE}$	$\overline{WE}$	V_{PP}	A_9	A_0	D_7～D_0
读/写方式	读出	低	低	高	V_{PPH}	A_9	A_0	数据输出（读出）
	备用	高	×	×	V_{PPH}	×	×	高阻状态
	输出禁止	低	高	高	V_{PPH}	×	×	高阻状态
	编程	低	高	低	V_{PPH}	A_9	A_0	数据输入（写入）
只读方式	读出	低	低	高	V_{PPL}	A_9	A_0	数据输出（读出）
	备用	高	×	×	V_{PPL}	×	×	高阻状态
	输出禁止	低	高	高	V_{PPL}	×	×	高阻状态
	厂码标识	低	低	高	V_{PPL}	+12V	低	厂码输出（读出）
	器件标识	低	低	高	V_{PPL}	+12V	高	标识输出（读出）

图 5-12 是 28F256 的内部结构框图。在微处理器的控制下，向该芯片命令寄存器写入擦除和编程命令，擦除和编程操作是由多步命令构成的命令序列来实现的。编程按字节写入，可以按顺序写，也可以按照指定地址写。擦除操作是对整片一次擦除完成。

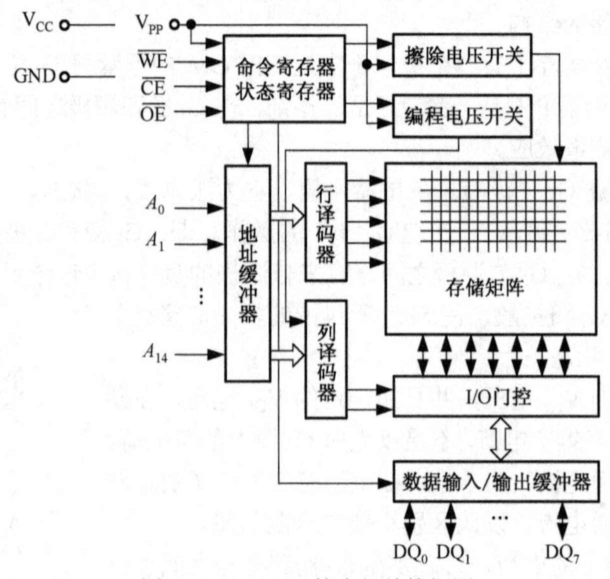

图 5-12 28F256 的内部结构框图

2. 电擦除只读存储器

新工艺的电擦除可编程只读存储器 E^2PROM 与闪存类似，它也是双层栅结构，其主要区别是：E^2PROM 的 G_1 栅和漏极之间有一小面积的氧化层，而不是在 G_1 栅和源极之间。厚度极薄的氧化层可以降低势垒，产生隧道效应。

写“0”操作，在 D、S 之间形成导通沟道。操作：源极与漏极均接地，G_2 栅极加编程脉冲电压，G_1 栅聚集负电荷。

写“1”操作，即擦除操作，源极与 G_2 栅极均接地，漏极加编程脉冲电压，G_1 栅聚集负电荷向漏极扩散。

E^2PROM 芯片也有系列产品，如 2816、2864、28256 等。

5.2.5 动态随机存取存储器（DRAM）

计算机的内存主要由内存条组成，而内存条主要由动态存储器芯片连接而成，动态存储器芯片由许多基本的存储单元组成。因此，要了解内存条的组成原理，首先要理解动态随机存取存储器的基本存储单元电路及工作原理，还要掌握动态随机存取存储器的基本组成。

1. 单管动态存储单元电路

动态随机存取存储器的单管动态存储单元电路如图 5-13 所示。

读出再生放大器由 T_1、T_2、T_3、T_4 构成的基本 RS 触发器组成，T_1、T_2 为倒相管，T_3、T_4 为负载管，在读出或专门刷新时，仅行地址有效，列地址无效，则可以实现再生放大的作用。

行、列选择信号均由 CPU 发出的地址码译码产生，而且都是高电平有效。显然，这种 DRAM 采用的是双译码结构，CPU 对单管动态存储电路进行读或写操作时，行、列选择信号都必须为高电平。

写入操作要求当行、列选择信号均为高电平时，T_5、T_0 两只开关管导通。如果 I/O 数据线上输入逻辑 0 电平，则 T_1 管截止，由 T_1、T_3 所构成的反相器则输出高电平，并通过导通的 T_0 管对电容 C 充满电荷，视为存入逻辑 0。

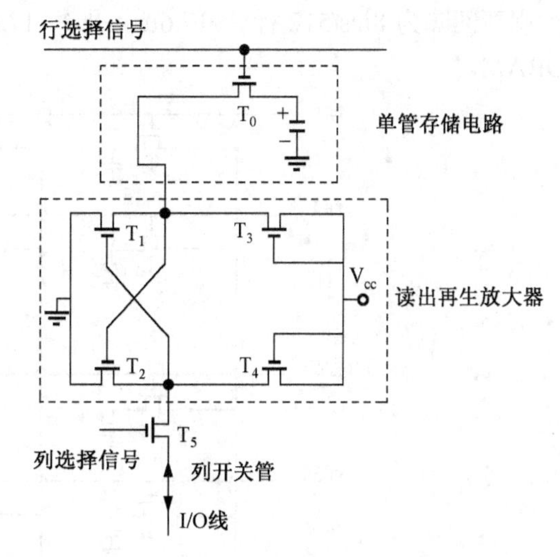

图 5-13　单管动态存储单元电路原理图

如果 I/O 输入线输入逻辑 1 电平，则 T_1 管饱和导通，T_1 导通接地后，提供对地通路，给电容 C 中提供放电回路，泄放掉电容 C 上的电荷。电容 C 无存储电荷，视为存入逻辑 1。

当行、列选择信号均为有效的高电平时，T_5、T_0 两只开关管导通。如果电容 C 中存储有电荷，即为高电平，经 T_0 管后传送到 T_2 的栅极，在 T_2 漏极输出一个的低电平，经过 T_5 管被读出，同时，T_1、T_3 管组成的反相器输出一个标准的高电平经 T_0 对 C 充电，实现了对电容 C 的补充充电，因而，读出操作既实现了正确读出，又实现了再生。

（3）刷新操作

“刷新”操作每次刷新动态存储器中的一行，由行地址有效选中 DRAM 中某一行，将此行中的所有二进制信息全部实现一次读操作，因为读操作可以实现存储信息的再生，如果电容上存储有电荷，再充电一次；如果电容 C 上没有存储电荷，读出再生放大器正好提供放电回路。

2．DRAM 的电路结构

图 5-14 是 DRAM 的结构示意图，图中列举了 64 行×64 列的存储阵列，存储阵列中的基本存储单元由单管动态存储单元电路组成，采用双译码结构，在 64 位列译码线上对应有 64 只开关，分别控制每列上 64 个单管动态存储单元电路，而且在每列上有一个该列公用的读出再生放大电路，这 64 个读出再生放大电路各承担一列的 I/O 及再生放大的作用。

3．DRAM 的刷新方式

从以上分析可知，每次读操作都有刷新 DRAM 某一行的功效，但是，CPU 访问存储器阵列是没有规律的，不可能保证在规定刷新间隔（如 8ms）内将所有 DRAM 刷新一遍，因此，在 DRAM 控制器中，要设立专门的刷新地址产生器和刷新电路，由刷新地址产生器按刷新间隔的要求，顺序发出地址，对 DRAM 所有的存储单元进行逐行刷新，而且是循环逐行刷新。

DRAM 的刷新方式一般有三种：

第一种，分散刷新方式。早期微处理器在每个取指周期的后半周期内，由刷新地址产生器按顺序循环发出一个行地址，每次对 DRAM 刷新一行，由于 CPU 总是不断地在取指令并执行程序，所以能保证 DRAM 的准时刷新。

第二种，集中刷新方式。CPU 集中在 DRAM 刷新间隔内的一小段时间，在这一小段时间内，CPU 禁止读/写访问 DRAM，转为专门用于刷新 DRAM。

第三种，异步刷新方式。这是在规定时间内每次对 DRAM 刷新一行，例如 MCM414256 芯片必须在 8ms 之内将所有存储单元刷新一遍，假如 DRAM 共有 512 行，则 MCM414256 的行刷新间隔为 8ms/512 行 = 17.6μs，即每 17.6μs 刷新一行，在刷新周期，CPU 禁止读/写访问 DRAM。

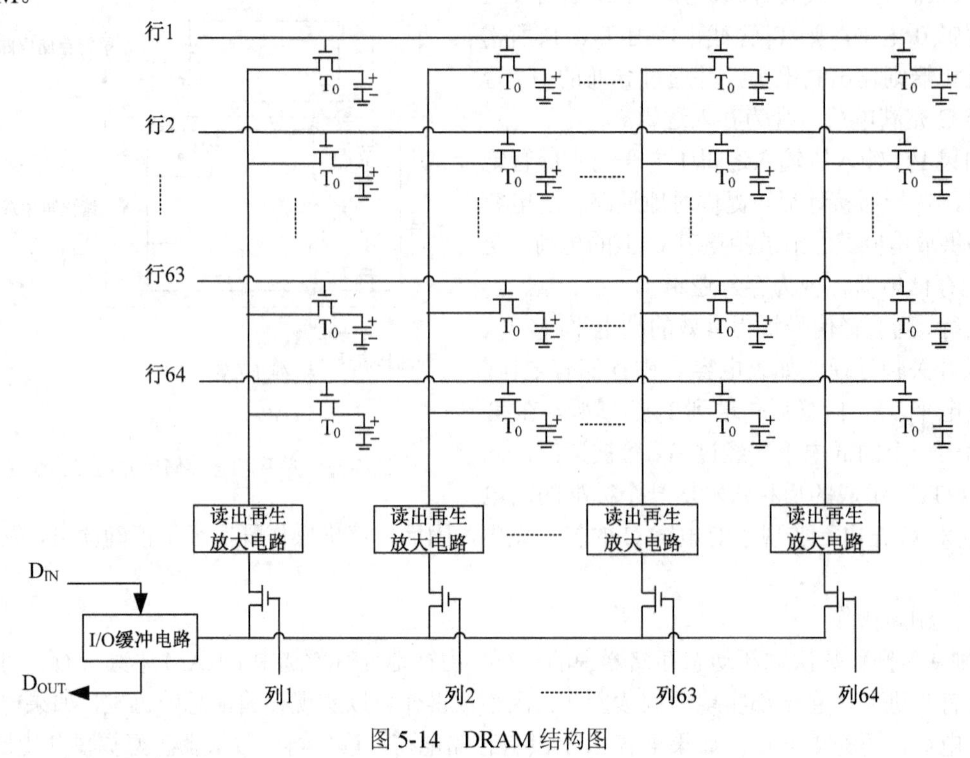

图 5-14 DRAM 结构图

4. 内存条的技术规格

主板上内存条的插座分为：单面接入内存模块（SIMM），双面接入内存模块（DIMM），小型双面接入内存模块（SO-DIMM）。台式微机采用 Unb-DIMM 内存插座，笔记本采用微机的内存插座（SO-DIMM），PC 服务器采用 REG-DIMM 内存插座。

各种内存条的技术规格如表 5-6 所示。

表 5-6 各种内存条的技术规格

内存类型	插座类型	信号引脚	长×高（mm）	适应微机	数据位	插座数	工作电压	应用
DRAM	DIP	16	—	8086	8	不确定	5	已淘汰
FPMRAM	SIMM	30	89×16	286,386	16	4	5	已淘汰
EDORAM	SIMM	72	108×25	486，Pentium	32	4	5	已淘汰
SDRAM	DIMM	168	133×30	Pentium～PentiumⅢ	64	4	3.3	已淘汰
DDR	DIMM	184	133×30	Pentium 4	64	4	2.5	已淘汰
DDR2	DIMM	240	133×30	Core/Pentium D	64	4	1.8	趋于淘汰
DDR3	DIMM	240	133×30	Core 2	64	4	1.5	主流产品

表中有关内存类型的解释如下：

DRAM（Dynamic RAM）：动态随机存储器；

FPM RAM（Fast Page Mode RAM）：快速页模式随机存储器；

EDO RAM（Extended Data Output RAM）扩充数据输出随机存储器；在 EDO RAM 芯片之中，除存储单元之外，还有一些附加逻辑电路，通过增加少量的额外逻辑电路，可以提高在单位时间内的数据流量，即所谓的增加带宽。EDO 有时也称为超页模式 DRAM 和突发式（Bust EDO－BEDO）DRAM，这是两种基于页模式内存的内存技术。

SDRAM（Sychronous Dynamic RAM）：同步动态随机存储器；

DDR（Double Date Rate SDRAM， DDR SDRAM）：双倍速率 SDRAM。DDR SDRAM 最早是于 1996 年提出，它是 SDRAM 的升级版本，因此也称为（SDRAM II），随后推出了 DDR2 和 DDR3 内存条。

DDR3 1333 内存条是目前的主流产品，其中，宇瞻经典系列 2GB DDR3 1333 内存条采用 6 层墨绿色 PCB 板设计，如图 5-15 所示，双面共计搭载 16 颗容量为 128MB 的 DDR3 内存芯片，即总容量为 128MB×16 = 2048MB = 2GB。内存条的金手指使用技术成熟的化学镀金工艺，金层色泽纯正，具有极好的耐磨和防氧化特性。

图 5-15　2GB DDR3 1333 内存正面和背面

5.3　微型计算机中内部存储器的组织

微处理器地址总线的宽度不相同，所能访问存储器的容量也就不完全相同，Intel 系列微处理器地址总线、数据总线及可以寻址的存储器容量如表 5-7 所示。

表 5-7　Intel 系列微处理器数据、地址总线及存储器容量表

微处理器（CPU）	数据总线宽度	地址总线宽度	存储器容量	微处理器（CPU）	数据总线宽度	地址总线宽度	存储器容量
8086	16	20	1MB	80386EX	16	26	64MB
8088	8	20	1MB	80486	32	32	4GB
80186	16	20	1MB	Pentium	64	32	4GB
80188	8	20	1MB	Pentium Pro-Core2	64	32	4GB
80286	16	24	16MB	Pentium Pro-Core2 (若允许扩展寻址)	64	36	64GB
80386SX	16	24	16MB	64 位扩展的 Pentium 系列	64	40	1TB
80386DX	32	32	4GB				

从表 5-7 可以看出，地址总线 20 位（00000H～FFFFFH），可以访问 1MB 存储器。地址总线 32 位（00000000H～FFFFFFFFH），可以访问 4GB 存储器。Pentium Pro-Core2 如果允许扩展寻址，则存储器容量达到 64GB。64 位扩展的 Pentium 系列和 Core2 有 40 位地址（0000000000H～FFFFFFFFFFH），存储器容量达到 1TB。

5.3.1　8 位和 16 位微机的内存组织

1．8 位和 16 位数据总线的内存组织

不同微处理器组成的存储器结构是不相同的，这与微处理器的内部结构有关，与微处理器的数据总线有关。数据总线有 8 位、16 位、32 位及 64 位等，微处理器通过数据总线与存储器传输数据，可以按照 8 位（字节）、16 位（字）、32 位（双字）及 64 位（4 字）方式传输数据。

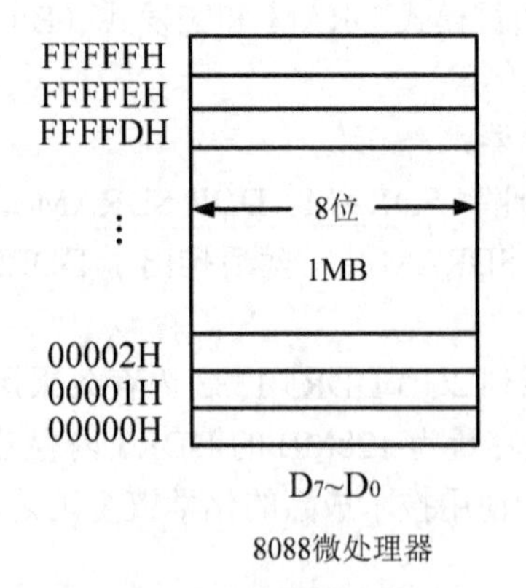

图 5-16 8088 微处理器的内存组织

8 位微机 8088 的内存组织如图 5-16 所示。由于 8088 微处理器外部数据总线只有 8 位，微处理器与存储器每次只能够传输 8 位数据，存储器是按照字节编地址的，所以，8 位微处理器的内存组织是一种顺序存储器。

16 位微机的内存组织如图 5-17 所示，其外部数据总线共有 16 位（D_{15}～D_0），分为高 8 位（D_{15}～D_8）和低 8 位（D_7～D_0），微处理器与存储器之间每次可以传输 8 位数据，或者传输 16 位数据。整个存储器被分成偶地址存储器和奇地址存储器，其存储容量各占一半，当地址线 $A_0 = 0$ 时，可以访问偶地址存储体，当高字节信号允许时，可以访问奇地址存储体。

16 位微机的内存组织分成两个存储体，两个存储体之间的地址是交叉的，有利于微处理器既可以访问 8 位数据又可以访问 16 位数据。

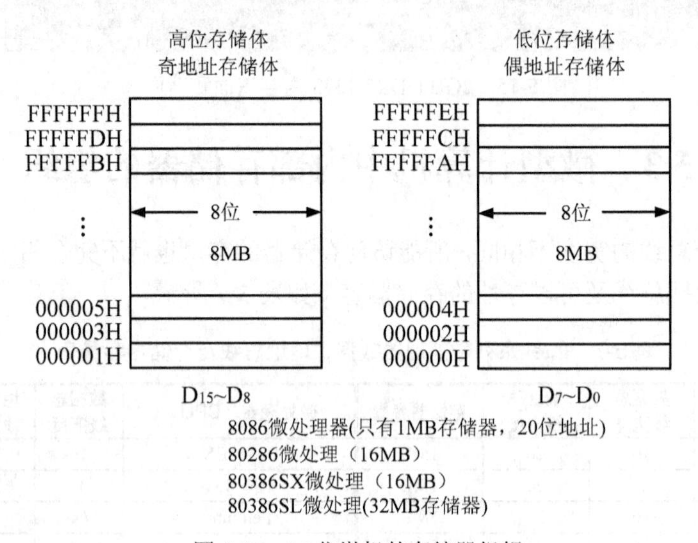

图 5-17 16 位微机的存储器组织

2．字、位扩展

（1）片选信号及行、列地址

由于存储器芯片的容量是有限的，微机中存储器的总容量一般远大于存储器芯片的容量，因此，一个存储器系统往往由多片存储器芯片组成，在 CPU 与存储器芯片之间必须设有存储器芯片选择译码电路，通常由 CPU 的高位地址译码产生片选，而低位地址送给存储器芯片的地址输入端，以提供存储芯片内部的行、列地址。

（2）存储器的字扩展

正因为一个存储器系统往往由多片存储器芯片组成，一般由 CPU 的高位地址译码产生片选，可以选择若干存储芯片。如图 5-18 所示为存储器字扩展连接的示意图，从图中可以看出，它由两片 6264 SRAM 芯片组成，每片的存储容量是 8KB，两片的总存储容量就是 16KB，对存储器的字节数进行了扩充，称其为字扩充。

该连接图的主要特征是：①两片 6264 RAM 芯片各有一个片选，CPU 在每一时刻只能访问其中一片，②两片 6264 RAM 芯片的数据线 D_7～D_0 分别对应接至 CPU 的数据线 D_7～D_0。虽然两片 6264 RAM 芯片的数据线对应并行连接，但是，并不会产生数据混乱的问题，这是因为没有被访问中的 6264 RAM 芯片的数据输出端处于高阻状态。由于 CPU 和存储器芯片都是 8 位数据线，所以，CPU 与存储器相连接时，如果要连接两片或两片以上 8 位数据线的存储器芯片，则必须要采用这种字扩展技术。

（3）存储器的位扩展

如图 5-19 所示是存储器位扩展连接的示意图，与图 5-18 相比较，区别有两处：①两片 6264 SRAM 芯片的片选连接在一起，实现两片 6264 SRAM 芯片同时选中，或同时不被选中。②两片 6264 SRAM 芯片的数据线分别连接至 CPU 数据线的高 8 位和低 8 位，这是因为 CPU 的数据线是 16 位。

由于存储器芯片的数据线比 CPU 的数据线少，需要选用几片存储器才能满足 CPU 数据线的宽度，图 5-19 选用两片 6264 SRAM 芯片，将 8 位数据线扩充为 16 位，因此，称这种存储器连接的方式为位扩展。

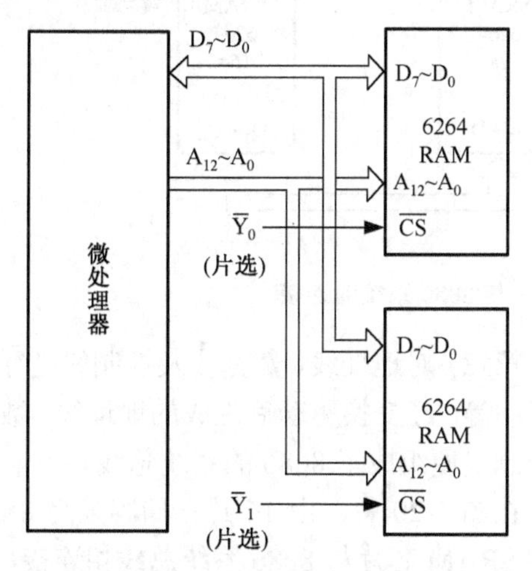

图 5-18　存储器字扩展连接的示意图

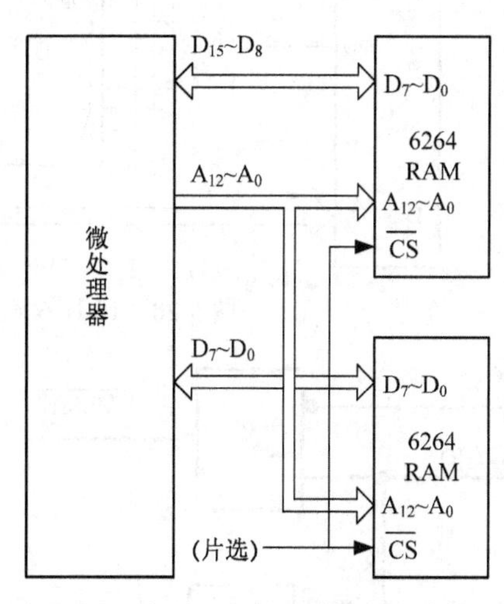

图 5-19　存储器位扩展连接的示意图

3. 16 位微机采用字、位扩展方式与存储器连接

下面以 8086 系统总线与存储器的连接为例来介绍，如图 5-20 所示，在该图中一方面采用了位扩展技术，另一方面采用了字扩展技术。

8086CPU 的引脚经过变换与驱动后，用于连接存储器和接口电路，主要有以下几点说明：

第一，8086 CPU 的引脚 AD_{15}～AD_0 是地址与数据复用线，16 条引脚 AD_{15}～AD_0 既作地址线又作数据线使用。在一个总线周期，8086 系统通过地址锁存器，首先将地址信息送出 CPU，并被外部地址锁存器（寄存器）将地址信息寄存下来，然后这 16 条引脚作为数据线使用，从而实现了地址信息与数据信息的分离。

第二，8086 CPU 总线控制器产生了新的控制信号，产生的控制信号有存储器读信号 $\overline{MEMR}$，低电平有效；存储器写信号 $\overline{MEMW}$，也是低电平有效。其实现的原理如图 5-21 所示，图中用两个混合逻辑的与门组成，“与门”的意思是指两个输入端都必须满足，凡是带“○”的输入端必须满足低电平，不带“○”的输入端必须满足高电平，这样，才能产生有效的输出，输出端带“○”，表示有效输出电平是低电平，否则，有效电平是高电平。

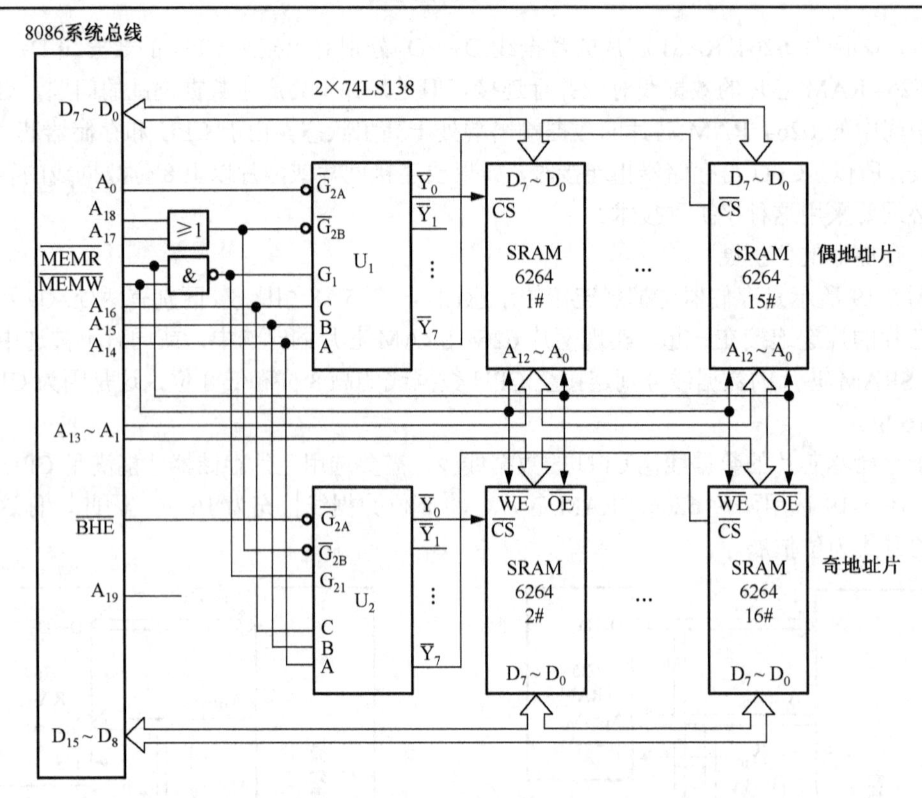

图 5-20　16 片 6264 SRAM 芯片与 8086 系统的连接

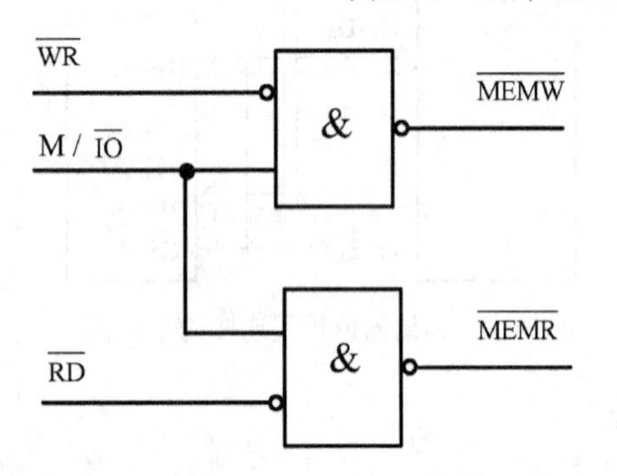

图 5-21　存储器读与存储器写信号产生的原理图

第三，对地址线、数据线及控制线进行相应的驱动等。经变换驱动后生成的地址线、数据线及控制线便组成了 8086 的系统总线。

在图 5-20 中，由 16 片存储容量为 8KB 的 6264 SRAM 芯片与 8086 系统总线相连接，构成了 8KB×16 = 128KB 的总存储容量，其地址范围是 00000H～1FFFFH。图 5-20 中上面 8 片的存储总容量是 64KB，64KB 存储单元的地址是 00000H～1FFFFH 范围内的所有偶地址，也称为低位存储器；下面 8 片的存储总容量也是 64KB，其地址范围是 00000H～1FFFFH 范围内的所有奇地址，也称为高位存储器。

（1）读/写控制线的连接

图 5-20 中当存储器读 $\overline{MEMR}$ 或存储器写 $\overline{MEMW}$ 其中只要一个为低电平时，两个 74LS138 的选通端 $G_1 = 1$，满足译码的一个条件。

（2）地址线连接的原理

根据 8086 存储器组织，在图 5-20 中，由 U_1 与 U_2 两片 74LS138 三–八译码器，分别产生奇、偶地址存储器的片选信号。例如，U_1 译码器输出 $\overline{Y_0}$，$A_0 = 0$，偶地址；U_2 译码器也输出 $\overline{Y_0}$，$A_0 = 1$，是奇地址，$A_{19}A_{18}A_{17}A_{16}A_{15}A_{14}$ 取值分别是 ×00000。而 A_{13}~A_1 应该是从全 0 到全 1 的所有取值，计算出其地址范围是 00000H～03FFFH，U_1 译码器输出 $\overline{Y_0}$ 地址范围是其中所有的偶地址，U_2 译码器输出 $\overline{Y_0}$ 则是其中所有的奇地址。

（3）数据线连接的分析

根据 8086CPU 的存储器组织，将偶地址存储器芯片的数据线接至系统数据总线上低字节（D_7～D_0），奇地址存储器芯片的数据线则接至高字节（D_{15}～D_8）。可以实现 6086CPU 只访问低字节或只访问高字节或同时访问高字节和低字节共计三种操作。

5.3.2　32 位微机的内存组织

1．32 位数据总线的内存组织

32 位数据总线的内存组织如图 5-22 所示。32 位地址总线（A_{31}～A_2、$\overline{BE_3}$、$\overline{BE_2}$、$\overline{BE_1}$、$\overline{BE_0}$）可寻址内存地址范围为 00000000H～FFFFFFFFH，存储器共计分为四个存储体，每个存储体存储容量为 1GB。由于没有地址引脚信号 A_1A_0，而是通过增加了 4 位字节选择信号 $\overline{BE_3}$～$\overline{BE_0}$ 来取代 A_1A_0 的寻址，30 位地址线要与每个存储体相连接，而用 $\overline{BE_3}$～$\overline{BE_0}$ 分别接至对应的一个存储体，依次选择最高字节 D_{31}～D_{24}、次高字节 D_{23}～D_{16}、次低字节 D_{15}～D_8，以及最低字节 D_7～D_0。

从图 5-22 中可以看出，32 位数据线分为 4 字节，分别接到每一个存储体。每个存储体内的地址分布都是不连续的，均间隔 3 字节地址，而相邻存储体的地址分布都是连续的，构成了 4 个存储体之间的地址交叉，有利于 CPU 访问 8 位、16 位及 32 位 3 种规格的数据，也有利于提高 CPU 访问存储器的速度。

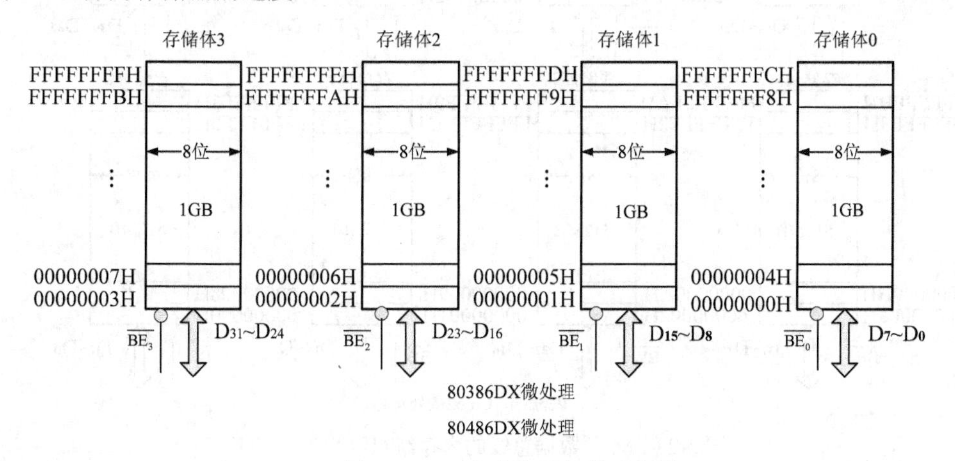

图 5-22　32 位内存组织的示意图

$\overline{BE_3}$～$\overline{BE_0}$ 和字节数据传输的各种组合关系如表 5-8 所示。从表中可以看出，32 位数据总线的内存组织能够实现 CPU 对 8 位、16 位、32 位等不同字长数据的访问。

为了加快数据的传输，有三种情况要产生自动重复传输，例如，第 7 行，$\overline{BE_3}$、$\overline{BE_2}$ 同时有效时，CPU 访问最高字节存储体 3 与次高字节的存储体 2，在 D_{31}～D_{16} 上传输 16 位数据，但是，在 D_{15}～D_0 上形成了重复传送。再如，仅 $\overline{BE_3}$ 有效时，在 D_{31}～D_{24} 上传输数据的同时，在 D_{15}～D_8 上重复传输 D_{31}～D_{24} 上的数据。

2．64 位数据总线的内存组织

64 位数据总线的内存组织如图 5-23 所示。

表 5-8　$\overline{BE_3}$～$\overline{BE_0}$ 和字节数据传输的对应关系

字节允许				要访问的数据位				自动重复
$\overline{BE_3}$	$\overline{BE_2}$	$\overline{BE_1}$	$\overline{BE_0}$	D_{31}～D_{24}	D_{23}～D_{16}	D_{15}～D_8	D_7～D_0	
1	1	1	0	—	—	—	√	N
1	1	0	1	—	—	√	—	N
1	0	1	1	—	√	—	D_{23}～D_{16}	Y
0	1	1	1	√	—	D_{31}～D_{24}	—	Y
1	1	0	0	—	—	√	√	N
1	0	0	1	—	√	√	—	N
0	0	1	1	√	√	D_{31}～D_{24}	D_{23}～D_{16}	Y
1	0	0	0	—	√	√	√	N
0	0	0	1	√	√	√	—	N
0	0	0	0	√	√	√	√	N

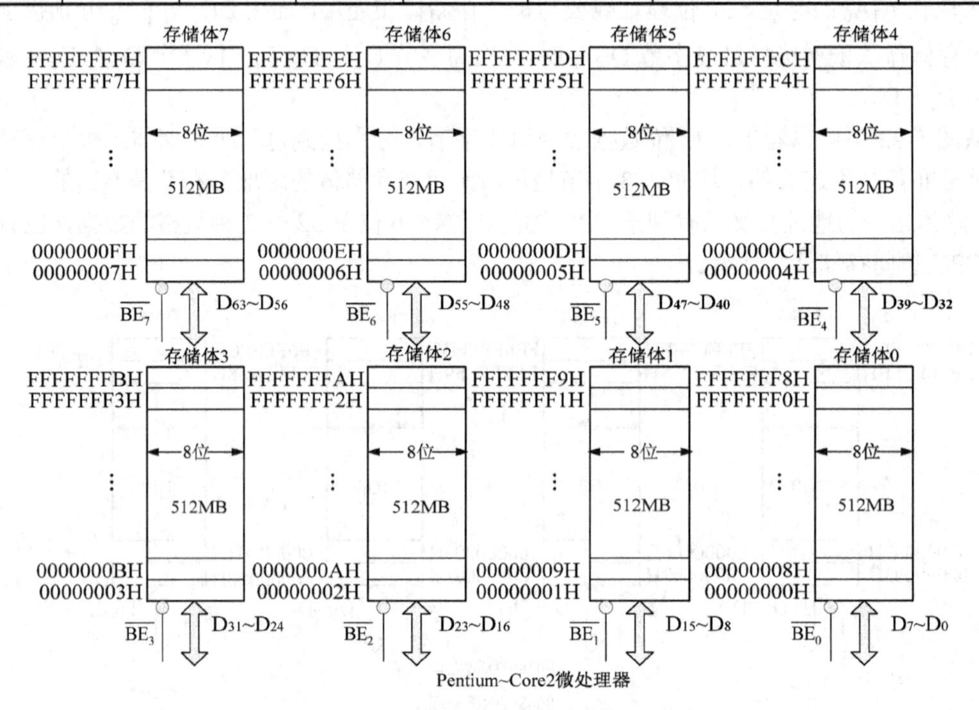

图 5-23　64 位数据总线的内存组织示意图

Pentium 系列微处理器的外部数据总线为 64 位，64 位外部数据总线的内存组织分为 8 个存储体，每个存储体数据宽度仍然为 8 位（1 字节），因此，有 8 个字节选择信号 $\overline{BE_7}$～$\overline{BE_0}$，分别用于控制每个存储体，Pentium 系列微处理器的地址总线没有设置 A_2、A_1 和 A_0，使用 $\overline{BE_7}$～$\overline{BE_0}$ 来代替 A_2、A_1 和 A_0。如果 Pentium 用 32 位地址对内存寻址，则可寻址的最大存储空间是 4GB，则每个存储体只有 512MB。

64 位外部数据总线能保持与 32 位微处理器兼容，64 位外部数据总线的 Pentium 系列微处理器满足单字节、双字节、4 字节及 8 字节数据位的传输。使用单字节传送指令时，单字节数据的地址可以是任意地址；使用双字节传送指令时，双字节数据常以偶地址作为低 8 位数据的地址；使用 4 字节传送指令时，4 字节数据常以低 2 位地址为 0 作为低 8 位数据的地址；8 字节数据的传送，则以低 3 位地址为 0 作为低 8 位数据的地址。

综上所述，由于 CPU 的数据线有 8、16、32、64 位等几类，相应存储器的结构分为单存储体、2 存储体、4 存储体、8 存储体等。

5.4　高速缓冲存储器

5.4.1　高速缓冲存储器（Cache）的基本原理

1．Cache 的结构

设置 Cache 的目的，是要使主存的平均访问时间尽可能接近 Cache 的访问时间，保证在大多数情况下，CPU 访问 Cache 而不是访问主存。Cache 解决了 CPU 与内存之间速度不匹配的问题，提高了系统访问存储器的总体速度。Cache 存储器系统的结构如图 5-24 所示。

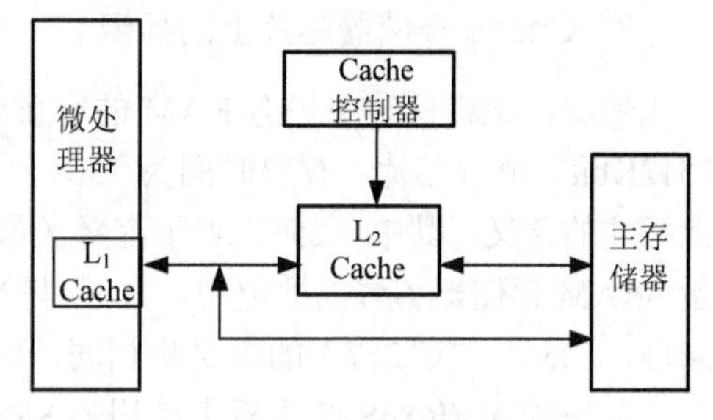

图 5-24　Cache 的结构

从高速缓存所处的位置来看，一是在 CPU 与主存储器之间的主板上设置了基于 SRAM 的高速缓存，习惯上称为第二级高速缓存（L_2 Cache），在 CPU 内部也设置了高速缓存，习惯上称为第一级高速缓存（L_1 Cache），如图 5-24 所示。设置 Cache 可以达到如下目的：CPU 大多数的内存申请都发生在 CPU 内部，只有少数的内存申请是与第二级高速缓存及内存打交道，在与第二级高速缓存及内存打交道的过程中，大多数的申请是与二级高速缓存打交道，所以，只有极少数的申请必须与内存打交道。

从图 5-24 中可以看出，一个 Cache 存储器系统由四部分组成：主存储器，它由存取速度较慢的 DRAM 组成；主板上的 Cache 存储器，它由存取速度很快的 SRAM 芯片来实现；微处理器内部的高速缓冲存储器；以及 Cache 控制器等。

使用 Cache 技术构成的存储器系统既有大容量慢速的 DRAM 芯片，又有小容量快速的 SRAM 芯片。在 CPU 与主存之间，设置了小容量快速的 SRAM 面向 CPU，用于存放 CPU 当前要执行的程序和要处理的数据。通常，CPU 所执行的程序（指令码）和程序中所要用到的数据多数时间可以在 Cache 中找到，节省了访问主存所需要的许多总线周期。Cache 的命中率取决于 Cache 的容量、Cache 控制的算法，以及 Cache 的组织方式，还与所运行的程序有关。

从读/写存储器的速度上看，可以使微机访问存储器的速度接近由 SRAM 组成的存储器系统，从存储器总容量上看，是由集成度很高的 DRAM 组成的存储器，所以，使用高速缓冲存储器构成的存储器系统兼有二者的优点。

2．Cache 命中率的分析

命中率的表达式如式（5-2）所示，其中，h 为命中率，Nc 表示在某一程序执行期间 CPU 访问 Cache 的总次数，N_m 表示在同一段时间内 CPU 访问主存的总次数。

$$h=\frac{Nc}{Nc+Nm} \tag{5-2}$$

设 t_m 为访问主存一次所经历的时间，t_c 为访问 Cache 一次所经历的时间，在一段时间内，h 为命中率，（$1-h$）是未命中率，引入平均访问时间 t_a：

$$t_a = ht_c + (1-h)t_m \tag{5-3}$$

经变换，命中率 h 可以表示为：

$$h = \frac{t_a - t_m}{t_c - t_m} \tag{5-4}$$

由于 $t_m > t_c$，平均访问时间 t_a 越接近 t_c，表示 CPU 访问存储器总体所花的时间越少，访问存储器的效率越高，用 e 表示访问效率：

$$e = \frac{t_c}{t_a} = \frac{t_c}{ht_c + (1-h)t_m} = \frac{1}{h + (1-h)r} = \frac{1}{r + (1-r)h} \tag{5-5}$$

式中 $r = t_m/t_c$，表示在一段时间内，CPU 访问主存储器慢于访问 Cache 的倍数，通常 r 的取值可以是 5～10。

3．Cache 存储器芯片上的标识

例如，微机系统中静态 RAM 的容量有 8K×8 位（64Kbit）、32K×8（256Kbit）位、64K×8（512Kbit）位等芯片，存取时间为 15ns 到 30ns。以“XX256-15”为例，说明静态 SRAM 芯片上标注的含义，其中“256”表示容量（单位为 Kbit），“15”表示存取时间（单位为 ns）。在表示 SRAM 存储器容量的数值中，“64”与“65”相同，都表示该芯片的容量为 64Kbit，即 8KB。同理，“256”与“257”的含义也相同，即该芯片的容量为 32KB。

如华硕 PVI686SP3 主板上使用的 SRAM 芯片为 W24257AK-15，即该芯片的容量为 32K×8 位，存取速度为 15ns。

5.4.2 Cache 组织方式

Cache 比主存容量小很多，它保存的内容只是主存中的一个子集。Cache 与主存每次交换数据是以 Cache 中的一行为单位，或者说以主存中一个数据块为单位。Cache 与主存之间交换数据全部由硬件自动实现，在 Cache 中，被保存的主存块应选择最佳的存放方式存放到 Cache 中，以便硬件快速地自动检索，迅速判断命中与否。从而，达到提高 CPU 访问 Cache 速度的目的。当 CPU 访问 Cache 未命中，而且 Cache 已满时，主存中新的数据块要置换出 Cache 中的某一行，这都涉及 Cache 的组织方式与置换策略。

1．三种映像方式的基本原理

Cache 的组织方式分为直接映像方式、全相联映像方式和组相联映像方式三种。

（1）直接映像方式

何谓直接映像（Direct Mapping）方式呢？即一个主存块只能映像（复制）到 Cache 的一个规定的行内，而不可能映像到其他任意一行内。

① 直接映像 Cache 的组织特征

假设主存地址有 20 位，直接映像 Cache 的组织与映像原理如图 5-25 所示。从图中可以看出，主存地址的高 12 位（A_{19}～A_8）作为标记，共计有 $2^{12}=4096$ 个标记，从 0 标记到 4095 个标记。

$A_7A_6A_5$ 作为块地址，根据这 3 位地址 000B～111B 的编码，共计可以编 8 个块地址，即块 0 至块 7，1MB 主存空间的每个标记地址范围内，都有块 0～块 7。由于块地址为 3 位，Cache 应设计成 2^3 行（L_0～L_7），每行中有 12 位作标记位。

$A_4A_3A_2A_1A_0$ 这 5 位地址作为块内地址，每个块内都可以寻址 32 字节。

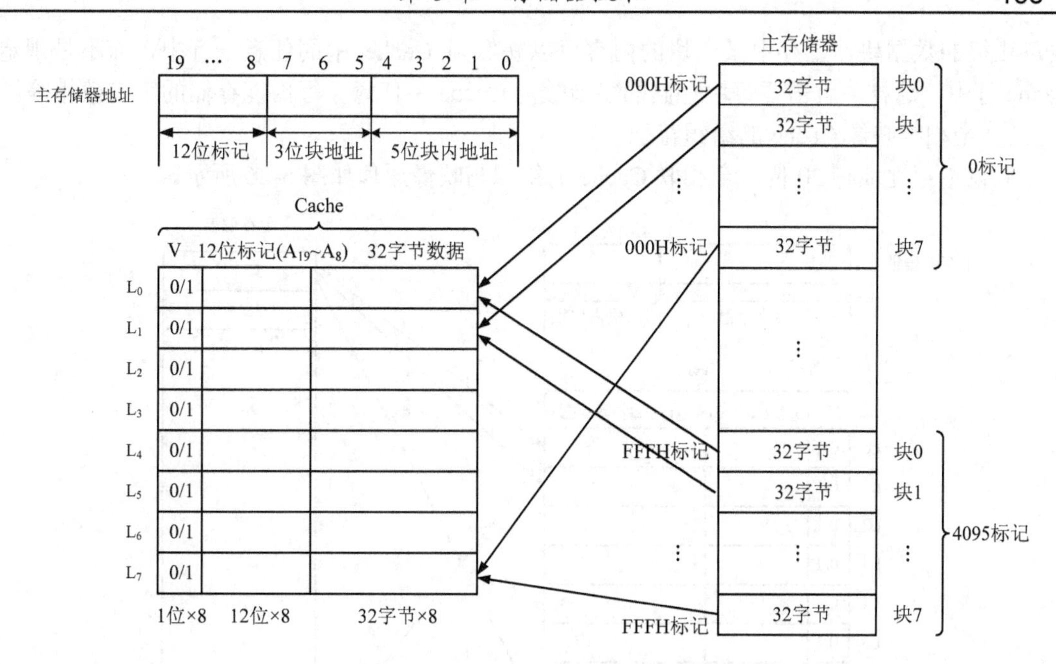

图 5-25　直接映像 Cache 的组织与映像

② 直接映像 Cache 组织的工作原理

主存中有 4096 个标记，每个标记内有块 0 至块 7，每个块 0 只能映像到 L_0 行，每个块 1 只能映像到 L_1 行，以此类推，每个块 7 只能映像到 L_7 行，这就是直接映像的缘由。

当 CPU 发出物理地址访问主存时，同时将地址发给 Cache，首先由物理地址的 $A_7A_6A_5$ 直接指到 Cache 中的某一行，再由高位地址与该行中的标记进行比较。若二者符合，则 CPU 命中 Cache 中的该行；若是读操作，则根据物理地址中的 $A_4A_3A_2A_1A_0$ 这 5 位低位地址，找到该行中要寻找的操作数，并进行读出操作；若是写操作，则根据写 Cache 的不同策略来完成写修改的操作。

若比较标记不相等，或指定行的有效标志 V = 0（无效），便由物理地址直接寻址内存，找到所寻找的字，若是读操作，则直接由此读出，并将该字所在内存块的整块按照直接映像关系复制到固定的无效行中，将标记也填入标记段，并置有效标志 V = 1。若此时 Cache 的这一固定行不是无效行，首先要使有效标志 V = 0，才能进行复制数据与填入标记的操作，然后，置 V = 1。若是写操作，则按某一写策略修改。

③ 直接映像 Cache 组织的优缺点

CPU 在访问 Cache 时，根据当前 CPU 发出地址的块地址，在指定 Cache 行中仅对该标记字段进行比较，只比较一次，比较电路简单，命中 Cache 时，访问时间较短。

每个主存块只能复制到一个规定的行中，如果 CPU 在短时间段内要访问主存中的几个块，正好这几个块的内容都只能映像到 Cache 中规定的某一行中，那么，在这一短时间内，会频繁地将 Cache 中规定的某一行中的数据与标记换入换出，从而会降低计算机系统访问存储器的工作效率。但是，增加 Cache 行数，扩大 Cache 的容量，可以缓解冲突的发生，提高 Cache 的工作效率。

（2）全相联映像方式

什么叫全相联映像（Fully Associative-mapping）方式呢？它是把主存储器划分成若干字节

数量相等的数据块，主存中某一块的内容可以映像到 Cache 中的任意一行中，而不是规定的 Cache 行中，这样，就需要每块存储的字节数与 Cache 中任意一行内能存储的字节数相等。

① 全相联映像 Cache 的组织特征

假设主存地址有 20 位，全相联 Cache 的组织与映像原理如图 5-26 所示。

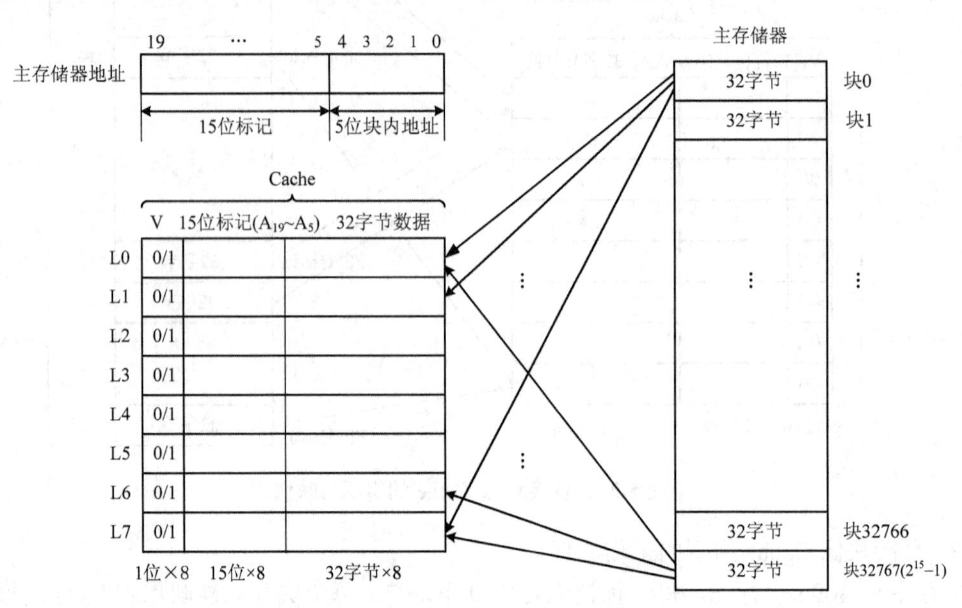

图 5-26 全相联 Cache 的组织与映像

从图 5-26 中可以看出，主存地址中高 15 位地址作为标记，共计有 $2^{15}=32\times1024$ 个标记，即把主存分成 32768 个块（块 0～块 32767），每块有 $2^5=32$ 字节，低 5 位地址作为块内地址，每个块有一个唯一的标记，即主存中高 15 位地址。

② 全相联映像 Cache 组织的工作原理

假设 Cache 有 8 行，每行的容量与主存中每块的容量是相等的，因此每个 Cache 行可以存放 32 字节数据，如果某个块被映像到一个 Cache 行中，则该块的高 15 位地址作为标记，同时被存放到该 Cache 行的标记位置。

CPU 访问主存时，将地址发向主存的同时，也发向高速缓存 Cache，首先与 Cache 中所有的标记同时关联比较，而不是逐行顺序比较，从而确定 CPU 访问 Cache 是否命中。

Cache 中每行有一个有效标志 V，当 V = 1 时，该行的标记参与同时的关联比较，V = 0 时，该行无效。例如初始工作时，Cache 中每行的数据都是无效的，所有 V = 0，无效行只有在被置换，即填入新的一行后才能置 V = 1。

当关联比较命中某一行时，由 CPU 发给 Cache 的低 5 位地址，即命中行内的 5 位地址找到该行中要访问的字，如果是读操作，便直接从此 Cache 行中读出数据。若是写操作，可以根据写 Cache 的不同策略写修改该字。

在关联比较未有命中时，由 CPU 发出的物理地址直接寻址内存，若是读操作，从内存直接读出该字，同时将该字所属的内存块（32 字节）整体映像到 Cache 中的某一无效行中。若此时没有无效行，则要根据某种算法找到一行，使其无效，V = 0，然后，将主存中待映像到 Cache 中的某一块内容填入该行，并将标记填入标记段，然后置 V = 1。

③ 全相联映像 Cache 组织的优缺点

全相联映像 Cache 组织与直接映像 Cache 组织的优缺点基本上可以互补。直接映像 Cache 组织有频繁换入换出的缺点，在全相联映像 Cache 组织中，由于主存中的某一块可以映像到任意 Cache 中，而不是仅仅一个 Cache 中，这就有效解决了频繁换入换出的缺点。

全相联映像 Cache 组织比较标记的电路比较复杂，最坏的情况下，要将所有 Cache 行的标记都要进行一次比较，比较电路复杂、比较时间长，解决的办法是采用小容量的高速缓存。

（3）组相联映像方式

什么是组相联映像方式（Set-associative Mapping）呢？为了克服前面两种映像方式的缺点，采用了一种折中方案，它是将 Cache 分成 u 组，每组有 p 行，主存块存放到哪一组是固定的，至于存放到组内哪一行则是任意的。

① 组相联映像方式的组织特征

设 Cache 行的总数量为 m，组号为 q，主存块号为 j，则有如下函数关系：

$$m = u \times p \tag{5-6}$$

$$q = j \mod u \tag{5-7}$$

每组的行数（p 值）相等，取值一般较小，典型值是 2、4、8 等，组相联映像方式的 Cache 组织如图 5-27 所示，图中 Cache 分 4 组($u = 4$)，0 组～3 组，每组 2 行($p = 2$)，L_0 和 L_1 行。

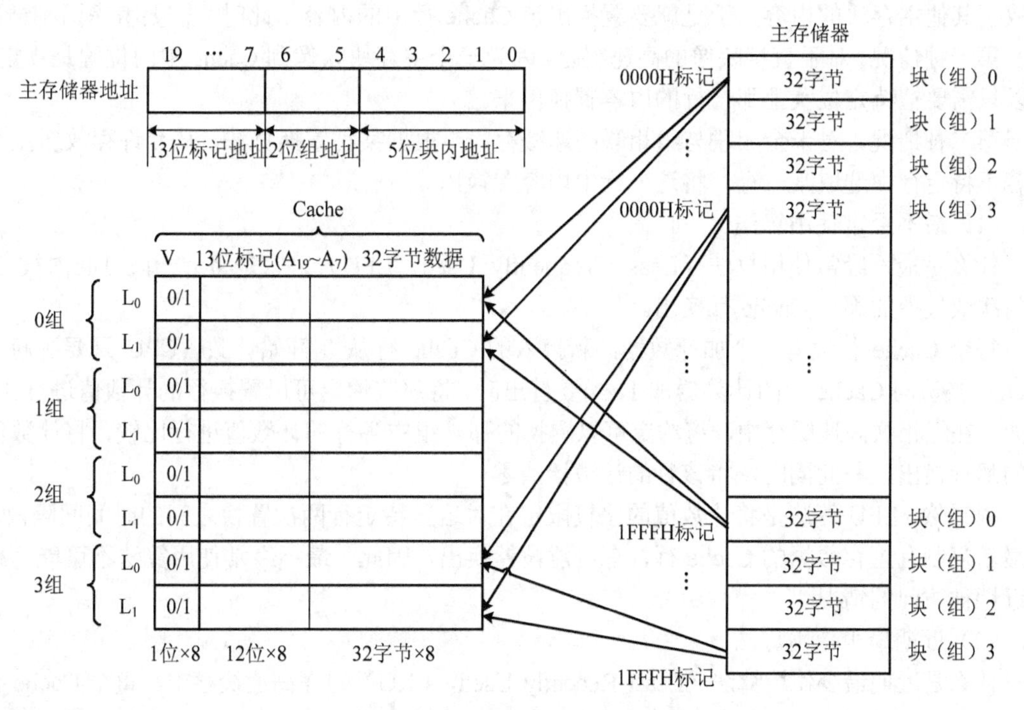

图 5-27　组相联映像的 Cache 组织

图中以 20 位地址总线为例，共有 1024KB 主存容量，按每块划分 32 字节，共计可以分为 32×1024 块 = 1024×8×4 块，每 4 块取块号为块 0～块 3，这 4 块有相同的高 13 位地址（标记），有不同的 2 位组地址（A_6A_5），由组地址 A_6A_5 确定这块在哪一组，块内地址是低 5 位地址 $A_4A_3A_2A_1A_0$。

② 组相联映像方式的工作原理

主存中的每块只能映像到 Cache 中的固定组，属于直接映像方式。例如，主存中的每一个块 0 只能映像到 0 组，块 3 只能映像到 3 组，这是由主存地址中 A_6A_5 直接指到 Cache 中某一组的，至于落实到组内哪一行，则是任意的，属于全相联映像方式。主存地址的高 13 位用作标记。

当 CPU 发出物理地址访问主存时，同时将地址发送给 Cache，首先由物理地址的 A_6A_5 直接指到 Cache 中的某一组，再由高位地址与该组中的两个标记进行关联比较，若有一行的标记与高 13 位地址符合，则 CPU 命中 Cache 的某一行，否则，作未命中处理。

③ 组相联映像方式的优点

由于每组行数 p 的数量不大，CPU 访问 Cache 时所需要的标记比较器和全相联映像方式相比，相对简单得多。而主存块在 Cache 组中的排放又有一定的任意性，减少了直接映像 Cache 组织中的那种冲突的发生，因此，组相联映像方式适度兼有上述两种映像方式的优点，因此，被广泛应用于微机的高速缓冲存储器系统中。

2．两种主要的置换策略

置换策略也称置换算法，置换策略与 Cache 的组织方式有关，Cache 有两种主要的置换策略，包括最不经常使用算法和近期最少使用算法。

当新的主存块需要复制到 Cache 中时，通常 Cache 中能存放该主存块的 Cache 行可能已经存放了其他主存块的内容，于是就要置换出该 Cache 行中的内容。此时，需要考虑两种情况。

第一种情况，对于直接映像的高速缓存，因为一个主存块映像到 Cache 中的位置是规定的，所以只需要把特定位置上那一行的内容置换出来。

第二种情况，对于全相联与组相联高速缓存，要根据某种置换算法，从允许存放新主存块的若干特定行中选取某一行，将这一行中内容置换出。

（1）最不经常使用算法

什么是最不经常使用算法（Least Frequently Used，LFU）？它是将近一段时间内被 CPU 访问次数最少的那一 Cache 行换出。

每个 Cache 行设有一个加计数器，新换入的 Cache 行从 0 开始计数，CPU 只要访问一次 Cache，被访问 Cache 行的计数器加 1，当要替出时，将那些约定可以置换行的计数值进行比较，例如，在组相联高速缓存中，将约定可以置换的那一组中各行的计数值进行比较，将计数值最少的那行换出，与此同时，将该行的计数器清零。

很显然，LFU 算法是将计数值的比较限定在对这些特定行两次置换之间的时间间隔内，对于最新复制有主存数据的 Cache 行，有可能被置换出，因此，最不经常使用算法不可能严格反映近期被访问的情况。

（2）近期最少使用算法

什么是近期最少使用算法（Least Recently Used，LRU）？在高速缓存中，每个 Cache 行设置一个加计数器，当 Cache 每命中一次，被命中行的计数器清零，而其他没有命中行的计数器加 1，显然，计数值最大的 Cache 行是近期最少使用的行。当需要置换时，比较几个特定行的计数值，将计数值最大的行置换出，它能够严格将近期内被访问次数最少的行换出，这种算法能够保护最新复制有主存数据的 Cache 行，符合设置 Cache 的目的，可以提高 Cache 的工作效率。

例如，Pentium CPU 内部两个 Cache 都采用组相联映像方式，其中，数据 Cache 采用 2 路组相联结构，包含路 0 和路 1 即 2 行，每路分成 128 组（0～127 组），每行可存放 32 字节，计算数据总容量：N = 128 组×2 路×32 字节 = 8KB

每组有两行（2 路）高速缓存，对于 2 路组相联结构的 Cache，一个主存块只能映像到一个特定组的两行中的某一行中，用近期最少使用算法来区别 2 行中哪 1 行最少使用，二选一使用一位二进制数加以区别就可以实现了，不需要通过计数器计数来确定。

具体用一位触发器的置 1 和清 0 两种状态来区别，设 2 路组相联 Cache 中每组中 2 行分别称为 A 行与 B 行，触发器设置如下：

如果 A 行中最后复制有新数据，则将此触发器置 1；

如果 B 行中最后复制有新数据，则将此触发器清零。

当需要换出时，检查该触发器的状态：

如果触发器为 1 状态时，则应置换出 B 行，同时触发器清零；

如果触发器为 0 状态时，则应置换出 A 行，同时触发器置 1。

结论 1，近期最少使用算法可以保护刚复制到 Cache 中的数据行。

结论 2，近期最少使用算法使用到 1 组两行的 Cache 中，其硬件电路相对简单。

5.4.3　Cache 控制器 82385

82385 芯片是为 80386 系统设计的一种性能良好的 Cache 控制器，它有 132 条引脚，其中，有一条引脚 $W/\overline{D}$，当其接地线时，82385 芯片控制 Cache 工作在直接映像方式，当其接高电平时，82385 芯片控制 Cache 工作在 2 路组相联映像方式，本节只介绍 82385 芯片控制 Cache 工作在 2 路组相联映像方式的结构与原理。

82385 芯片在 Cache 中，能够通过其内部目录实现 4GB 主存和 32KBCache 之间的映像。处理 Cache 被命中或没有命中的情况，处理 Cache 的数据更新等。

82385 芯片控制的 2 路组相联子系统如图 5-28 所示，由图可见，高速缓存容量 32KB，分为 2 路（A 路和 B 路），每路 16KB，每路 512 组，分为 0 组～511 组，每组 32 字节，分为 8 块，每块 4 字节。

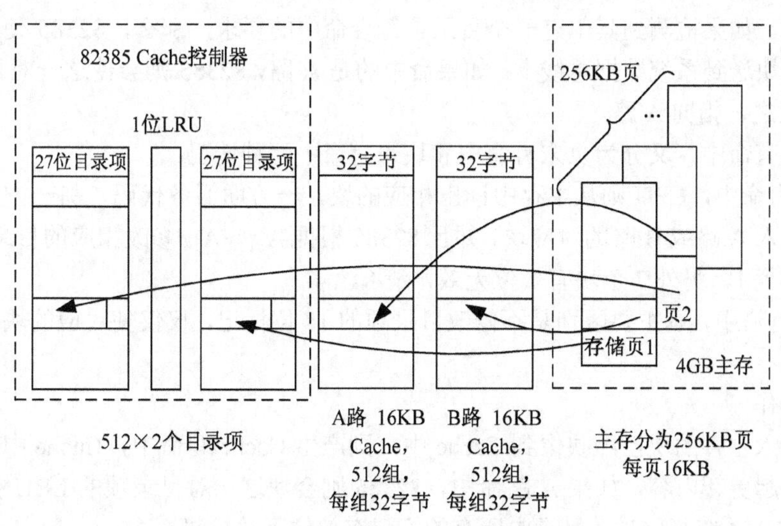

图 5-28　82385 芯片控制的 2 路组相联子系统

将 4GB 主存分成 16KB 大小的页（与 Cache 中每路的大小相等），4GB 主存共计可以分为 256KB 页，即：4GB/16KB = 256KB（2^{18} 页）。

82385 内部有两个目录表，共计有 512 目录项×2，每个目录项由 27 位组成，其中 18 位标记是主存的页号（A_{31}～A_{14}），记录高速缓存中存放的内容是主存中的哪一页。还有 1 位页（标记）有效位，8 位块有效位，每位标记 1 块（4 字节）。目录项的格式如图 5-29 所示。

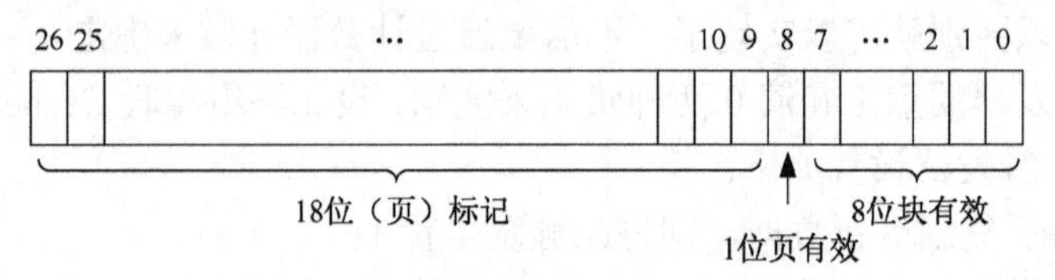

图 5-29 82385 芯片中目录项的格式

按照 2 路组相联 Cache 结构的思想，每个主存页处于相同位置的块，只能映像到 Cache 中确定组号的对应块，但是，可以映像到 2 路中同一组号的相同位置（块位置），到底映像到哪一路，82385 芯片为 A 路和 B 路的每一对目录项，配置了一位“近期最少使用”（LRU）位，通过此位，82385 便可以判断新写入的数据是存入 A 路还是 B 路，如图 5-30 所示。

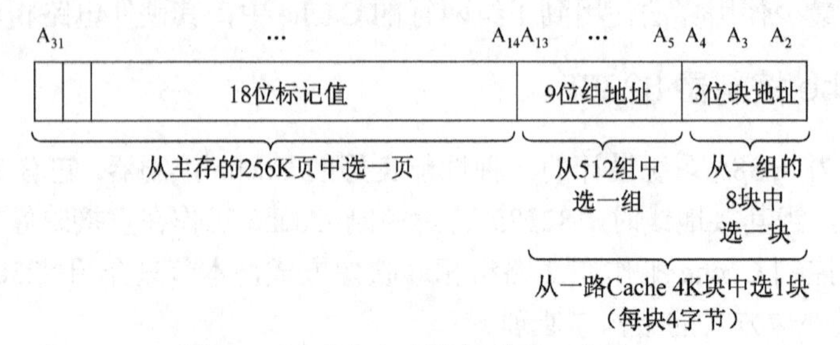

图 5-30 2 路组相联地址分配及其功能

（1）读操作

当 CPU 执行读存储器操作时，将地址在发向主存的同时也发向 82385，82385 根据 A_{13}～A_5，共 9 位组地址从 512 目录项×2 中选中一对目录项。然后，用 CPU 当前发出的高 18 位地址 A_{31}～A_{14} 同时与所选的这对目录项的标记进行比较，并检查两个目录项的标记有效位，还要检查块有效位。如果检测到其中有一个目录项符合命中的要求，那么，82385 使命中的一路高速缓存中的一块送到系统数据总线上。如果命中的是 A 路，82385 则会使这一对目录项的 LRU 指向 B 路，反之，指向 A 路。

如果读未有命中，又分为页未有命中和块未有命中两种情况：

① 页未有命中，CPU 则从主存中读出相应的块，一方面服务代码，另一方面按照 2 路组相联的规则写入 A 路或 B 路的对应块，并且 82385 根据 A_{31}～A_{14} 修改相应的目录项的 18 位标记，块有效位置 1，另外 7 个块有效位无效，清 0。

② 块未有命中，则主要区别是不修改目录项的 18 位标记，仅仅使对应的块有效位变为有效，即置 1。

（2）写操作

如果要写入主存的块已经映像到 Cache 中，则产生 Cache 写命中，Cache 中命中的块和主存对应的块一起更新内容，如果 A 路命中，82385 则会使这一对目录项的 LRU 指向 B 路，反之，指向 A 路。系统复位时，目录中所有的标记有效位无效，清 0。

5.4.4 双核处理器的 Cache

在双核 CPU 产品中，将 CPU 中的缓存分为一级缓存（L_1 Cache），二级缓存（L_2 Cache）和三级缓存（L_3 Cache），在一级缓存中，又分为数据缓存（D- Cache）和指令缓存（I-Cache），分别用来存放数据与程序，两者可以同时被 CPU 访问，可以提高 CPU 的运行速度。L_1 Cache 的存储容量基本在 4KB 到 64KB 之间，二级缓存（L_2 Cache）的容量则分为 128KB、256KB、512KB、1MB、2MB 等，三级缓存一般为 2～12MB。一级缓存容量各产品之间相差不大，而二级缓存和三级缓存的容量则是提高 CPU 性能的关键，

例如，英特尔奔腾双核处理器 T2310 二级高速缓存是 1MB，而英特尔酷睿™2 双核处理器 T5300 二级高速缓存是 2MB。

高端的双核处理器中，带有三级缓存，它是为读取二级缓存后未命中而设计的一种缓存。例如，双核安腾处理器，每一个核均具有一级缓存 L_1 Cache，分为指令缓存 I- Cache，存储容量 16KB，数据缓存 D- Cache，存储容量 16KB；二级缓存 L_2 Cache，分为指令缓存 I- Cache，存储容量 1MB，数据缓存 D- Cache，存储容量 256KB；三级缓存 L_3 Cache，存储容量 12MB。

5.5　外部存储器

5.5.1　硬盘存储器

1．硬盘驱动器接口

硬盘驱动器接口是硬盘驱动器与主机系统的连接部件，其作用是实现硬盘的 Cache 和主机的内存储器之间进行数据传输。不同的硬盘驱动器接口使得硬盘驱动器和主机之间传输数据的速度不相同，也会影响硬盘的容量。

目前的硬盘驱动器接口主要有 3 种：IDE、SATA、SCSI。

（1）IDE 接口

IDE（Integrated Drive Electronics）是把硬盘控制器与盘体集成在一起的硬盘驱动器，而且通常还包含 256KB～2MB 的 Cache。通过接口 40 针引脚双列插头电缆线直接连接到微机系统的总线上（IDE 接口），微机按照统一部署，分配硬盘驱动器的 DMA 请求等，无需担心总线冲突，而且一般还具有两个 IDE 接口。IDE 接口信号与 TTL 电平兼容，IDE 接口实际上是对 ISA 总线 I/O 通道的扩充。IDE 代表硬盘的一种类型，习惯上称 IDE 硬盘，如：ATA、Ultra、DMA、Ultra DMA 等被称为 IDE 硬盘。

（2）SATA 硬盘驱动器接口

SATA（Serial Advanced Technology Attachment）是一种基于行业标准的串行硬盘驱动器接口标准，它由 Intel、IBM、Dell 等公司共同提出的硬盘接口规范。目前，SATA 硬盘驱动器已经大量用在 PC 微机上，在其主板上标有 SATA1、SATA2 标志就是 SATA 硬盘的接口处。由于它是串行传输，所以使用较少较细的电缆线。

在 SATA 基础上发展起来的 SATA Ⅱ 标准优点突出，将外部传输速率由 1.5Gb/s 提高到了 3Gb/s，采用了本机命令队列（NCQ）技术，避免了传统硬盘只会机械地按照接收指令的先后顺序移动磁头在硬盘的不同位置上进行读/写操作。

（3）SCSI 接口

SCSI（Small Computer System Interface）称为小型计算机接口，它是由美国国家标准协会（ANSI）公布的接口标准。SCSI 不是专门为硬盘设计的接口，广泛应用于小型计算机上的高速数据传输，它有多任务、宽带宽、CPU 占有率低及热插拔等优点。在主机板上配备有 SCSI 接口插槽，被广泛应用于服务器和高端工作站上。

2．硬盘结构

硬磁盘存储器简称硬盘，也称温彻斯特磁盘机（简称温盘），是一种采用先进技术研制的由若干可移动磁头和若干固定盘片等组合的磁盘机。

硬盘的物理几何结构由盘、磁盘表面、柱面、扇区组成，一块硬盘内部是由几张碟片叠加在一起的，这样形成一个柱体面；每个碟片都有上下表面；磁头和磁盘表面接触从而能读取数据。硬盘组成及盘面扇区划分如图 5-31 所示。

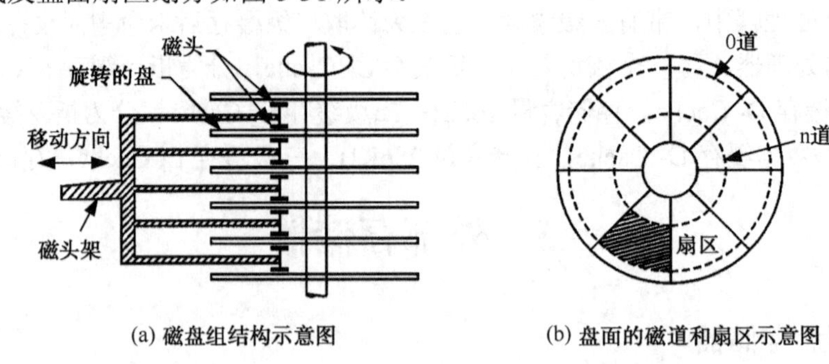

(a) 磁盘组结构示意图　　(b) 盘面的磁道和扇区示意图

图 5-31　硬盘组成及盘面扇区划分的示意图

例如，有 6 片磁盘片，则有 12 个盘面，如果上下两个盘面也利用，共计有 12 个盘面，那么就有 12 个可移动的磁头，每个盘面分若干磁道（柱面），每个盘面还分若干扇区。它是一种密封组合式的硬磁盘，即磁头、盘片、电机等驱动部件乃至读/写电路等组装成一个不可随意拆卸的整体。硬盘工作时，由于主轴的高速旋转带动磁盘组上的盘片高速旋转，盘片高速旋转形成的气垫将磁头平稳浮起，因此，计算机读/写盘片上的信息采用了非接触式的方式。优点是防尘性能好，可靠性高，对使用环境要求不高。

硬盘主要由磁记录介质、磁盘控制器、磁盘驱动器三大部分组成。磁盘控制器包括控制逻辑与时序电路。磁盘驱动器包括写入电路、读出电路、读/写转换开关、读/写磁头和磁头定位伺服系统等。

当微机向硬盘存入二进制数据时，变为串行数据，然后一位一位地由写电流驱动器做功率放大并加到写磁头线圈上产生电流，从而在盘片磁层上形成按位的磁化存储元。

当微机从硬盘读出二进制数据时，硬盘上的记录介质相对磁头运动，磁化存储元形成的空间磁场在读磁头线圈中产生感应电势，此读出信息经放大检测就可还原成原来存入的二进制数据，并送入主机。

3．硬盘容量及分区大小的算法

硬盘主要技术指标包括存储密度、平均存取时间、数据传输率及存储容量。存储密度高，相对硬盘的体积小、容量大。平均存取时间等于平均找道时间与平均等待时间之和，其值越小越好。数据传输率等于磁盘存储器在单位时间内向主机传送数据的字节数。存储容量计算公式如下：

$$\text{存储容量} = \text{磁头数}\times\text{柱面数}\times\text{扇区数}\times\text{扇段可存储字节数} \quad (5\text{-}8)$$

【例 5-2】 某硬盘的磁盘组有 10 个盘片，20 个可用盘面都有 400 个磁道（柱面数），且分为 60 个扇区，每个扇段可存储 512 字节，求硬盘的总存储容量。

解： 存储容量 $= 20\times400\times60\times512\text{B} = 245.76\text{MB}$

【例 5-3】 硬盘总容量计算示例。通过执行 fdsik -l 指令发现某硬盘有如下的信息：

```
Disk /dev/hda: 80.0 GB, 80026361856 bytes
255 heads, 63 sectors/track, 9729 cylinders
Units = cylinders of 16065 * 512 = 8225280 bytes
```

其中，heads 是磁盘面（磁头数），sectors 是扇区，cylinders 是柱面，每个扇区大小是 512Byte。通过上面的例子，我们发现此硬盘有 255 个磁盘面，63 个扇区，9729 个柱面。所以整个硬盘总容量换算如下：

$$255 \times 63 \times 512 \times 9729 = 80023749120\text{Bytes}$$

由于硬盘生产商和操作系统换算不太一样，硬盘厂家以 10 进位的办法来换算，向大单位换算，每次除以 1000；而操作系统是以 2 进位制来换算，向大单位换算，每次除以 1024。

所以在把存储容量换算成 MB 或者 GB 时，不同的算法结果也不一样，即硬盘有时标出的是 80G，在操作系统下看，其存储容量却少几 MB。

例 5-3 中，硬盘厂家算法和操作系统计算结果比较如下：

硬盘厂家计算得：80023749120 Bytes /1000= 80023749.120 KB = 80023.749120 MB

操作系统计算得：80023749120 Bytes /1024= 78148192.5 KB = 76316.594238281 MB

微机硬盘的存储容量增加很快，近几年硬盘的存储容量一般为 320GB、500GB、1TB。

5.5.2 光盘存储器

光盘存储器由光盘和光盘驱动器组成，光盘存储器已经成为计算机的标准配置。

光盘是在一种名为聚碳酸酯的光学塑料外加上一层铝薄膜制作而成的，然后在铝膜上再刷一层保护漆。我们平时看到的光盘都有银色的部分，这层银色的物质就是铝。制作时先做盘片，在盘片上“刻”上数据（凹坑），再在有数据的一面使用“真空溅镀”工艺，“刷”上一层铝膜，从而在光盘上形成一个银色的反射层，然后再刷一层保护漆。

光存储是一种通过光学方法读/写数据的一门存储技术，它通过激光束产生能量，光盘采用聚焦激光束在盘式介质上非接触地记录高密度信息，以介质材料的光学性质的变化来表示所存储信息的“1”或“0”。

目前的 DVD 刻录机已经成为替代光盘驱动器的主流外部设备。DVD 刻录机不仅拥有刻录 DVD 光盘及刻录普通 CD-R/RW 盘片的功能，还具有 CD-ROM 驱动器和 DVD-ROM 驱动器的功能，因此，配备 DVD 刻录机的微机给使用者会带来许多方便。

1．光盘上记录二进制信息的格式

光盘上记录二进制信息的格式如图 5-32 所示。只有凹坑端部的前沿和后沿代表逻辑 1，凹坑和非凹坑处描述的都是逻辑 0，而且凹坑和非凹坑处的长度描述了逻辑 0 的个数。

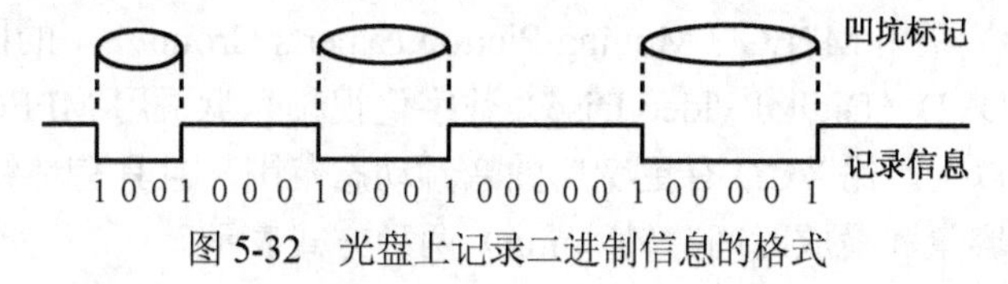

图 5-32　光盘上记录二进制信息的格式

图 5-32 中的逻辑 0 和逻辑 1 被称之为通道位，并不是原始的二进制信息，是将原始的二进制信息转换后形成的代码，它们代表了原始的二进制信息，然后刻录到光盘上的。由于这些

通道位要经过通信通道传输，所以称为通道码。早期软磁盘中使用的改进型调频制 MFM 代码也称为一种通道码。而光盘的通道码在编码时，采用了一个 8 位数据转换成 14 位的通道码，称为 8 到 14 的调制编码（EFM）。

采用通道码可以提高光盘存储的容量，也便于从读出的信息中提取同步信号，经过转换后生成的通道码还可以克服因凹坑和非凹坑的长度太短，而难以检测出逻辑 0 和逻辑 1 的问题。

2．光盘的种类

光盘种类繁多，已经形成光盘家族，可以分为 5 大类：音乐 CD、数据用 CD、交互式 CD、活动图像 CD 和可记录 CD。已经使用的标准有近 10 个，如表 5-9 所示，常用的光盘术语 30 多个。

表 5-9　部分 CD 产品标准

标准	应用	容量	备注
CD-DA	音乐节目	播放 74min	红皮书（Red Book）标准
CD-ROM	存储图、文、声像等	650MB	黄皮书（Yellow Book）标准
CD-I	存储图、文、声像等	760MB	绿皮书（Green Book）标准
CD-R	读写图、文、声像等		橙皮书（Orange Book）标准
VCD	存储影视节目	播放 70min，MPEG-I	白皮书（White Book）标准
LD	存储影视节目	200min	蓝皮书（Blue Book）标准
DVD	存储影视节目	4.7～17GB, MPEG-Ⅱ～MPEG-Ⅳ	索尼+飞利浦（Sony+Philips Book）标准

（1）光盘标准

现在，光盘制造业规定了许多不同的 CD 光盘标准，为了区分各种光盘的规格，其标准均以某种颜色命名，即红皮书、绿皮书等。部分 CD 产品标准如表 5-9 所示。

CD-DA 标准也称 CD-DA 的红皮书标准，于 1981 年提出并正式命名为数字音频激光唱片系统说明（System Description Compact Disc Read Only Memory），规定了盘片形状、信号记录格式和子码数据，子码数据记录了曲目号和播放时间信息。

CD-ROM 标准也称 CD-ROM 的黄皮书标准，于 1985 年提出并正式命名为压缩只读光盘存储器系统说明（System Description Compact Disc Read Only Memory），规定了与记录类型数据有关的物理制式，对文件没有做任何规定。

CD-I 标准的绿皮书是在 1986 年提出的，正式命名为 CD-I 全功能说明（CD-I Full Function Specification），CD-I 光盘机实际上是 PC 机。1993 年将 MPEG-1 活动图像和音频的压缩编码技术纳入禄皮书中。

1987 年发表的可录光盘 CD-WO(write only)的蓝皮书标准，由于存在缺陷未能普及，1987 年发布了使用有机色素材料作记录的 CD-R 和 CD-MO 标准，称其为橙皮书标准。正式命名为可录压缩光盘系统说明（System Description Recordable Compact Disc）。

VCD（Video CD）采用 MPEG（Moving Picture Experts Group）-1 的国际数码压缩标准，水平解析度 300 线。DVD（Digital Video Disc）数字化视频光盘采用 MPEG-Ⅱ国际压缩标准，画质清晰度为 500 线以上，比 VCD 有更宽广的音频动态范围，且具有环绕立体声。

光盘容量用存储容量和播放时间分钟（min）两种方式表示。

（2）光盘类型

按照读/写限制分类，光盘可分为三种类型：

第一种，只读式光盘就是平时使用的CD-ROM，只读式光盘不仅能存储程序、文字、图形和图像信息，还能存储音乐和影视节目。激光电视唱片（VD）和数字唱片（CD）等都是只读式光盘。

第二种，一次性写入，多次读出式光盘。这种光盘以CD-R（CD-Recordable）为主。CD-R的结构与 CD-ROM 相似，上层是保护胶膜，中间是反射层，底层是聚碳酸脂塑料。CD-ROM的反射层为铝膜，故也称为“银盘”；而 CD-R 的反射层为金膜，故又称为“金盘”。CD-R 信息的写入系统主要由刻录机和写入控制软件构成，这种光盘一旦在光刻机上写入后，不能擦除与修改，只能读出。一般用于保存定稿的文本、重要的程序或图片等。

第三种，可擦写式光盘。可擦写光盘称为CD-R/W（CD-Rewritable）光盘，主要有磁光盘（Magneto-Optical Disk，MOD）和相变盘（Phase Change Disc，PCD）两种。MOD 采用磁光技术来记录数据；PCD 是用激光技术来记录和读出信息，无论是磁光盘还是相变盘，介质材料发生的物理特性改变都是可逆变化，因此是可以重写的。

3．光盘驱动器的组成及光盘的读/写工作原理

光盘驱动器的组成框图如图 5-33 所示，它主要由 CPU、主轴控制电路、主轴电机、聚焦控制电路、跟踪控制电路、光学头、读/写电路等几个部分组成。

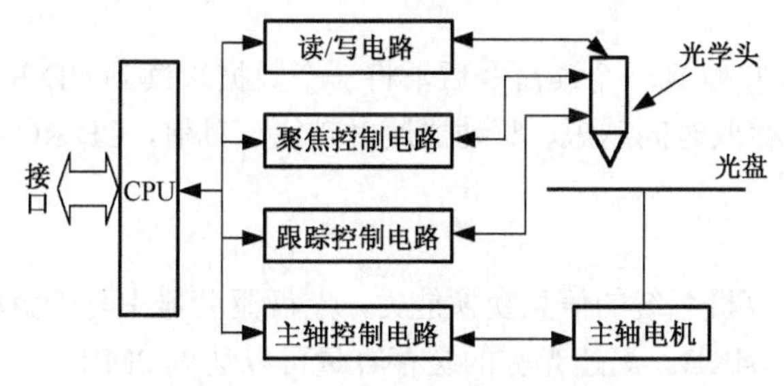

图 5-33　光盘驱动器的组成框图

CPU 是整个光盘驱动器的核心，一方面它控制各部分电路，以完成对光盘信息的读/写操作；另一方面，它接受主机的控制命令，实现光盘驱动器系统与主机之间的数据通信。CPU 控制主轴控制电路，驱使主轴电机以恒定线速度旋转。

CPU 控制聚焦与跟踪控制系统，该系统根据光电检测的读/写光点的信号与数据信息轨道的跟踪误差信号，在与光盘的方向上移动聚焦透镜，实现聚焦控制；在光盘的半径方向上，准确移动透镜以跟踪光道，使激光束能够正确地落在所寻找光道的中心。

光学头是由半导体激光器和光学系统等组成的。激光器发射激光束，由光学系统的激光束准确地照射在光盘的相应轨道上，由读/写电路完成读写操作。

写光盘操作基本原理：由输入到光驱的数据信号控制二极管激光器，并产生输出信号，在光学系统的支持下，最终产生直径小于 1μm 的高强度激光束，直接照射在光盘表面上，在光盘上就形成一个物理标志（凹坑），二极管激光器无输出信号的间隙，盘片上不会产生物理标志（凹坑）。于是，在光驱输入信号的控制下，激光器产生一系列高强度脉冲激光点去照射光盘，从而达到在光盘上记录数据信息的作用。光道上的凹坑深度约为 0.12μm，宽度约为 0.5～0.6μm，光盘总长度约为 5km，凹坑总数可多达几亿多个。

读光盘的基本原理：光盘上的信息是沿着盘面光道上一系列凹坑点的形式存储的。为了读出光盘上的信息，光头的二极管激光器产生直径小于 1μm 的激光束。在控制系统的控制下，激光束能够正确地落在所寻找光道的某个位置上，在没有凹坑的地方，入射的光束大部分被反射回到光头中的物镜。在有凹坑的地方，从凹坑中反射回的光束与凹坑周围反射的光束相比，其光路长度相差 1/2 波长。因而，入射光线与反射光线之间相互干扰，相互抵消，因此，没有凹坑的光强度强，有凹坑的光强度弱。光头接收部分根据这一原理，就可以读出光盘上所记录的原始信息。

4．CD ROM 的性能特点

CD ROM 是应用最广泛的电子出版物媒介，其主要性能指标如下。

（1）光道

CD ROM 的光道不是同心环光道，而是螺旋型光道，光道由内到外大约有 20000 圈，长度大约有 5km，内外光道的存储密度一致。

（2）数据传输率

CD ROM 数据传输率是指光驱每秒能够传送多少字节数据，影响它的因素来自光盘，也来自光驱。它的单位通常用倍速来表示，计算方法为：n 倍速 $= n\times 150$KBps。例如，通常说的 4 倍速的速度为：4×150KBps = 600 KBps。

目前光驱速度最高的是 100 倍速，则速度是：100×150KB/s = 15000KBps = 15MBps。

（3）存取时间

CD ROM 驱动器在接收到一个读命令后，将一个数据块读到 CD ROM 驱动器缓存所需要的时间称为存取时间，存取时间越短，驱动器速度越快。目前，CD ROM 驱动器存取时间一般都小于 500ms。

（4）高速缓存

为了提高光盘与计算机系统的信息交换能力，光盘驱动器中与硬盘驱动器一样，都具有高速缓存，其容量不少于 64KB。高速光驱的缓存容量可以达到 2MB。

（5）寿命

CD ROM 光驱的使用寿命一般在 1500～5000 小时之间。

5．光驱的接口

目前，光驱尚未有统一的接口标准，最常用的光盘接口是 IDE 接口和 SCSI 接口。

5.6 虚拟存储机制和段、页两级管理

5.6.1 虚拟存储器机制

1．虚拟存储器

虚拟存储机制由主存、辅存及微处理器中的存储管理部件共同组成。通过软件的管理，使得计算机系统有一个存储容量接近辅存和速度接近于主存的存储系统，把这种存储技术称为虚拟存储技术，虚拟存储器技术是操作系统的核心技术，虚拟存储器系统允许多个软件进程共享并使用主存储器这一容量有限的存储资源。操作系统中存储器管理程序的主要任务就是要将有限的主存储器不断地动态分配给各活动进程。

由虚拟存储技术建立的存储器称为虚拟存储器。计算机引入了虚拟存储系统，用户可以不

必考虑主存大小的限制，当程序运行时，管理软件会及时地把要用到的程序和数据从辅存调入主存，使得主存的容量好像足够大。

物理存储器取决于微处理器地址总线的数量，如果 CPU 的地址总线是 32 条，则可以寻址的最大物理存储空间为 4GB。虚拟存储器是相对物理存储器而言的，它是指程序运行过程中使用的逻辑存储空间，而这一逻辑存储空间则取决于程序中所使用的逻辑地址，逻辑地址也称为虚地址，例如，在虚拟存储器系统中执行 32 位的访问存储器指令时，其中的 16 位段寄存器值和 32 位的偏移地址被称为虚地址，要将虚地址转换成物理地址，有两种转换机制，即段式虚拟存储机制和页式虚拟存储机制。

2．段式虚拟存储机制

段式虚拟存储机制把主存分成不同大小的段来管理。系统按照程序将主存分为段，程序中的一个模块、数组等可以分别安排一个段，各段的长度并不相等。

3．页式虚拟存储机制

页的大小是固定的，在 386 系统中，固定每页 4KB。在 Pentium 系统中，可以按照 4KB 和 4MB 两种大小分页，一般按照 4KB 大小分页。一旦分页后，页面的起始地址和末地址也就固定了。CPU 的程序访问主存时，使用的是逻辑地址（虚地址），如果指定地址范围在主存中，则找到对应的某一页，称其为实页，如果没有找到，则把辅存中对应的页（虚页）调入主存。

4．段、页式两级存储器管理

分段、分页方式是先分段后分页，在分段的基础上再进行分页，分段所形成的 32 位线性地址不是最后的物理地址，而是提供给分页部件，如果按 4KB 大小分页，则为页目录号、页表号及页内偏移量。如果按 4MB 大小分页，则为页面号和页内偏移量。

5.6.2　段和页两级管理

1．段寄存器和段描述符高速缓冲存储器

Pentium CPU 内部有 6 个段寄存器（CS、DS、ES、SS、GS、FS），也称段选择子。每个段寄存器对应有一个 64 位的段描述符，用户不可见。

段选择子的 D_1D_0（RPL）位是请求特权级字段，用来定义该段使用的特权级别，00 级别最高，11 级别最低，共分为 0～3 级，这是用来防止低特权级的程序访问高特权级程序的数据而设置的。D_2 位（TI）称为描述符表的指示位，TI = 0，访问全局描述符表 GDT，TI = 1，访问局部描述符表 LDT。

段描述符存放在 CPU 内部的段描述符高速缓存器中，它们都是从主存的描述符表中复制到 CPU 内的，系统每次装入段选择子时，相应的描述符也就装入 CPU 内部的段描述符高速缓存器。描述符的格式如图 5-34 所示，段描述符中包含有对应段的所有信息。在系统启动时，由操作系统生成固定格式的描述符表，在每个程序运行之前，由系统程序在描述符表中填入该程序的描述符。

每个描述符的格式包括 32 位段基地址、20 位段限值和 12 位属性。访问权字如图 5-35 所示，P = 1，表示该段在主存储器中，否则在外存，需要调入内存。DPL 是描述符所描述该段的特权级别，也分为 0～3 级。S = 0，表示是系统描述符，否则是代码段、数据段或堆栈段描述

符。A＝1，表示已经访问过，否则，尚未访问的有效段。TYPE 用于指示数据段、代码段、堆栈段读/写的类型。

图 5-34 描述符的格式

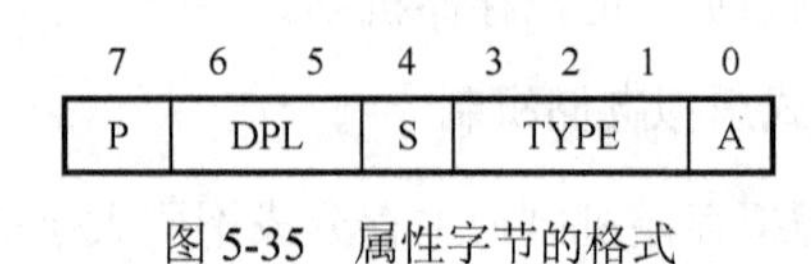

图 5-35 属性字节的格式

2. 3 个描述符表

中断描述符表 IDT 最多包含有 256 个描述符。系统中有一个 48 位的中断描述符表寄存器，其中 32 位的基地址是全系统中仅有的一个中断描述符表 IDT 的基地址。

多任务操作系统下的每一个任务都有一个独立的局部描述符表 LDT，使得每个任务的代码段、数据段和堆栈段与系统其他部分隔离开来，而所有任务有关的公用段对应的描述符存放在全局描述符表中。LDT 的基地址由 CPU 内部的局部描述符寄存器 LDTR 中存放的 32 位基地址确定。

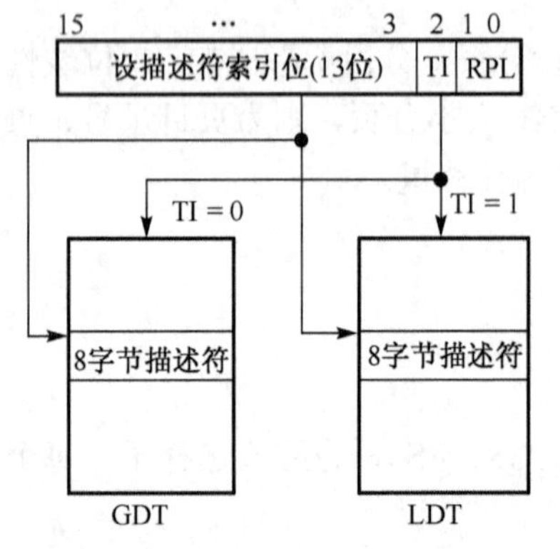

图 5-36 段选择子与描述符表的关联

全局描述符表 GDT 只有一个，它包括所有任务使用的段描述符，系统中存在的多个局部描述符表也看着一种特殊的段，分别对应有一个描述符也存放在全局描述符表中。GDT 的基地址由 CPU 内部的全局描述符寄存器 GDTR 中存放的 32 位基地址确定。

段选择子与描述符表的关联如图 5-36 所示。

从图 5-36 可知，表指示位 TI＝0，由段选择子的高 13 位作为偏移地址，选择全局描述符表 GDT 中某一个 8 字节的描述符，最多可能有 2^{13} = 8K 个描述符，全局描述符表占内存最多 64KB。表指示位 TI＝1，则用于在局部描述符表 LDT 中寻址其中的一个描述符，LDT 中同样最多可以存放 8K 个描述符。

3. 分段地址转换

分段地址转换是把程序中的逻辑地址变换为线性地址。变换的主要过程是要找到对应的描述符，然后根据描述符中的基地址来变换出线性地址。

当任务发生转换之前，系统要把 LDT 的描述符所属的段选择子的值加载到 LDTR 的段选择子字段，当任务发生转换时，由 LDTR 中选择子的高 13 位左移三位后，作为 GDT 中的偏移地址，在 GDT 中取出该任务的 LDT 的描述符，并装入到 CPU 内部 LDTR 对应的描述符高速缓存器中，于是在 LDTR 的高速缓存器中，存入了当前 LDT 的基地址、表界限和属性等。

在执行 32 位指令时，程序中的段寄存器作为选择子，指令的偏移量与选择子视为虚地址，转换为线性地址的过程如图 5-37。如果只限于分段，则 32 位的线性地址即为物理地址。

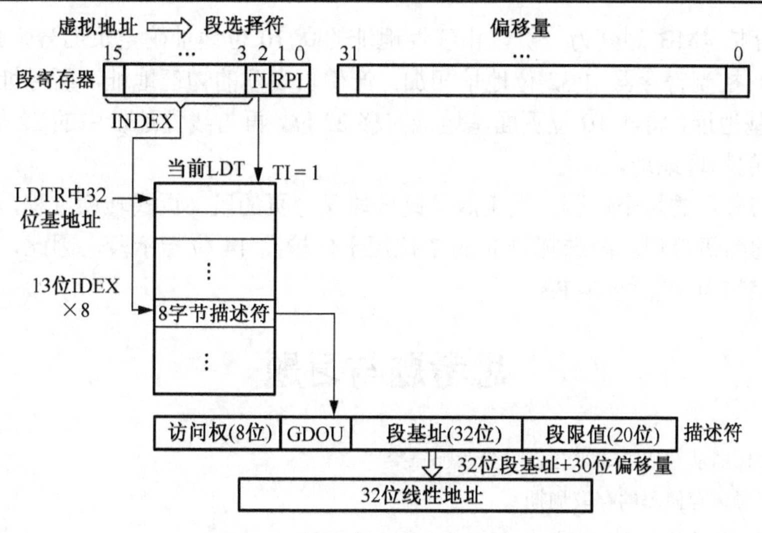

图 5-37 转换为线性地址的过程图

4．分页地址转换

分页地址转换由 CPU 内的分页部件 PU 负责完成，它将 32 位的线性地址转换成 32 位的物理地址。这 32 位线性地址可能来自分段部件 SU，将分段后产生的 32 位线性地址再分页转换成物理地址；也可能没有经过分段过程而直接采用分页，由指令提供的 32 位偏移地址作为线性地址来分页。

可以按照 4KB 大小分页，即 10 位的页目录号、10 位的页表号和 12 位的页内偏移量。也可以按照 4MB 大小分页，即 10 位的页面号和 22 位的页内偏移量。

具体分页方式是在 CPU 内部控制寄存器 CR_4 中页面长度控制位 PSE 的控制下确立的。PSE = 0 每页 4KB，PSE = 1 每页 4MB。

4MB 分页方式的地址转换如图 5-38 所示。Pentium 新增加的 4MB 分页方式是将 32 位线性地址转换为物理地址时，把线性地址分为 2 个字段，一个是页面号，高 10 位，另一个是偏移量字段，低 22 位。采用单页表分页方式，由 10 位的页面号确定了页表中共有 1024 个页表项，每个页表项仅 4 字节，那么页表占 4KB。全系统只有一个页表，由 CPU 中的控制寄存器 CR_3 指向页表的基地址。

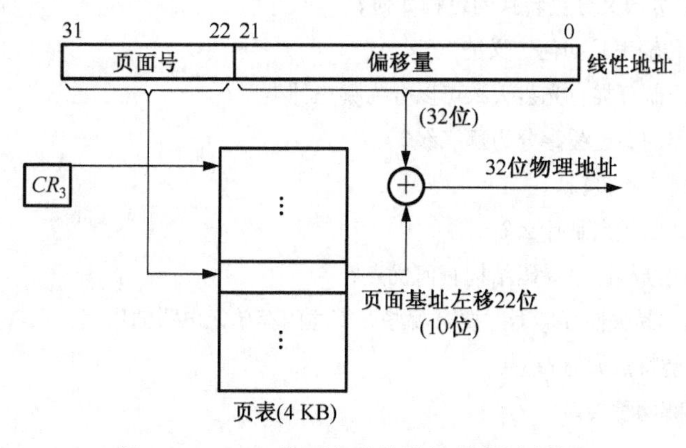

图 5-38 4MB 分页方式的地址转换过程图

将物理主存按 4MB 划分为一页，由线性地址的高 10 位地址确定页面号，10 位页面号左移 2 位，与 CR_3 控制寄存器中 32 位地址相加，产生页表项的物理地址，所寻址页表项中有高 10 位作为页面基地址，将此 10 位页面基地址左移 22 位，再与线性地址中的 22 位偏移量相加，最终产生 32 位的物理地址。

综合分段与分页的两个过程，就组成了既分段又分页的段、页式转换过程，实行对存储器既分段又分页的两级管理。段选择符的低 2 位用于保护高 14 位指示段，因此，一个进程可允许的最大虚拟空间为 $2^{14+32} = 64\text{TB}$。

思考题与习题

1．半导体存储器从存取方式来分，可分为哪三类？

2．什么叫半导体存储器的存取周期？

3．简述双译码结构的原理与特点。

4．已知某 RAM 芯片的存储容量为 16KB，ROM 芯片的存储容量为 8K×8 位，问每种存储芯片的地址线和数据线分别为多少？

5．分别用 8KB 和 16K×8 位的 RAM 芯片构成 256KB 的存储器，各需要多少片？需要地址线多少条？

6．阐述单管动态存储电路中刷新操作的原理。

7．简述闪存单元电路的结构及存储原理。

8．Pentium CPU 的 L_1 Cache 分别设成 8KB 的指令 Cache（I-Cache）和 8KB 的数据 Cache（D-Cache），其容量 8KB 是如何计算出来的？

9．选用 1M×4 位 DRAM 芯片构成 32 位机（设存储器数据总线为 32 位）的存储器，存储容量为 16MB，试问：

（1）共计需要多少片？

（2）共计需要分几组？每组多少片？

10．写出组相联映像方式的函数关系式，并简要说明。

11．简述高速缓冲存储器 Cache 的主要工作原理。

12．设 CPU 执行一段程序时，访问 Cache 次数 N_c = 2000，访问主存次数 N_m = 100，又假设访问 Cache 存取周期为 50ns，访问主存存取周期为 250ns，试求命中率 h、平均访问时间 t_a 及倍率 r。

13．Pentium CPU 既分段又分页转换的过程如何？

14．CD ROM 数据传输率是如何定义的？

15．光盘按照读写限制分类，光盘大致可以分为哪三种类型？

16．双核安腾处理器的高速缓存分为哪三级？

17．硬盘驱动器有哪三种接口？

18．组相联映像方式的优点是什么？

19．存储器的双译码结构比单译码结构有何优点？

20．可在线读/写的非易失性存储器主要有哪些？简述闪存单元电路的原理。

21．CD ROM 的性能特点如何？

22．CD ROM 的有哪两种接口？

第 6 章　输入/输出接口技术及中断

输入/输出接口电路是指微处理器与外部设备之间的连接电路，它可以实现输入/输出信息的锁存、缓冲，以及提供 I/O 通路等。微机接口技术是采用计算机硬件与软件相结合的方法，使微处理器与外部设备之间进行最佳的匹配，以便在微处理器与外部设备之间实现即时、可靠和高速有效的信息交换。

6.1　并行与串行输入/输出接口

6.1.1　常用的锁存器和缓冲器

1．带输出缓冲器的锁存器 74LS373

锁存器具有暂存数据的能力，通常由寄存器来实现。74LS373 是一种典型的锁存器，且输出端带有 8 个三态门，如图 6-1 所示。它有 20 条引脚，除电源 V_{CC}（20 脚）和 GND（10 脚）之外，其他引脚序号都和信号名称标注在一起。

74LS373 由 8 个 D 触发器构成了一个电平触发的 8 位寄存器，当输入使能端 G 为高电平且 $\overline{OE}$ = “0” 时，输出 Q 端状态与对应的输入 D 相等，一旦 G 下降到低电平时，8 个 Q 端的数据被锁存，8 个输入端的改变不会影响输出端锁存的数据。

当输出允许信号 $\overline{OE}$ 为高电平时，锁存器的 8 个输出端均处于高阻状态，只有当 $\overline{OE}$ 为低电平时，8 个 D 触发器的 $\overline{Q}$ 经取反后送到输出端 1Q～8Q。74LS373 的功能如表 6-1 所示。

由以上分析可知，74LS373 能够锁存输入端数据，且带有输出缓冲器，缓冲器通常具有三态功能。

2．双向三态缓冲器 74LS245

74LS245 的逻辑图与引脚图如图 6-2 所示。

从图 6-2(a)逻辑图可以看出，它既可以从 A 边（A_1～A_8）传送到 B 边（B_1～B_8），也可以从 B 边（B_1～B_8）传送到 A 边（A_1～A_8）。74LS245 的功能如表 6-2 所示。

表 6-1　74LS373 的功能表

G	$\overline{OE}$	D	Q
H	L	H	H
H	L	L	L
L	L	×	锁存
×	H	×	高阻状态

表 6-2　74LS245 的功能表

输　入		功　能
$\overline{G}$	DIR	
L	L	由 B 边传输到 A 边
L	H	由 A 边传输到 B 边
H	×	隔离（两边都处于高阻状态）

如果只能由一边传送到另一边，即单方向传输，则适合于单方向传输的信号，如 74LS373 中的输出缓冲器是单向传输。如果能够实现双向传输，且都具有三态功能，则为双向三态缓冲器。双向三态缓冲器主要用于计算机数据总线、与计算机数据总线相连接的各种接口芯片的数据线以及其他连接部件的数据线。

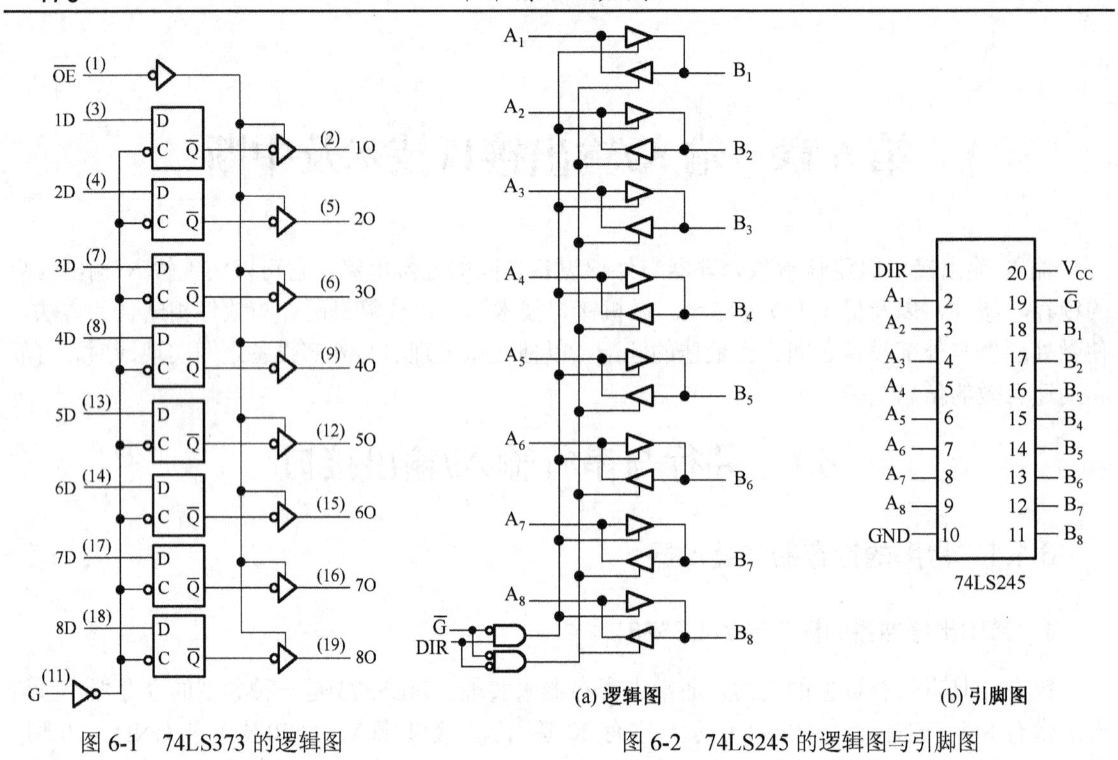

图 6-1　74LS373 的逻辑图　　　　图 6-2　74LS245 的逻辑图与引脚图

6.1.2　基本的输入/输出接口电路

各种接口电路（芯片）由 CPU 对其进行初始化编程，并通过它实现计算机的输入与输出。因此，从接口电路的外部分析，它一方面与 CPU 相连接，另一方面，根据不同功能的接口芯片，要与不同的外部设备相连接。如果输入/输出接口与外部设备并行传输数据，则称为并行接口，如果输入/输出接口与外部设备串行传输数据，则称为串行接口，如图 6-3 和图 6-4 所示。

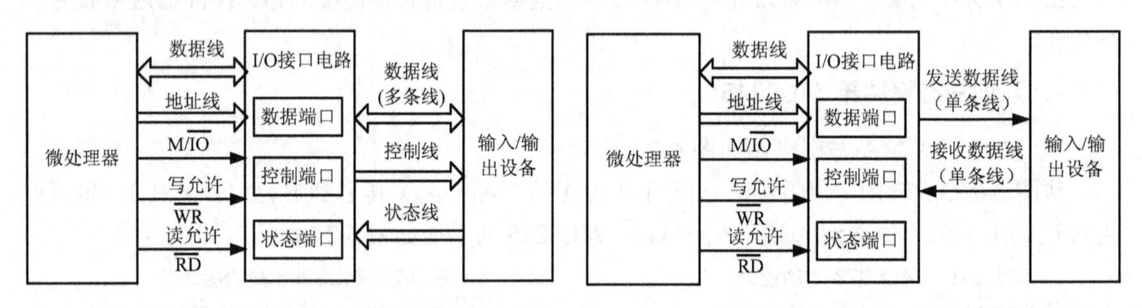

图 6-3　并行输入/输出接口电路的基本结构　　　　图 6-4　串行输入/输出接口电路的基本结构

接口电路的内部包含有基本的输入/输出寄存器，或称为 I/O 端口，还包括各种控制逻辑电路等。

1. 输入/输出接口电路与 CPU 一侧的主要连接线

（1）数据线

包括 8 位、16 位及 32 位的数据线，双向传输。CPU 通过数据线对输入/输出接口芯片进行初始化编程，即写入工作方式字和基本参数信息等；通过数据线向外部设备进行读数据或写数据操作；经过数据线发出命令信息，控制外设的操作；还要通过数据线读取外设的状态信号等。

（2）地址线

CPU 地址总线上低位地址线通常与输入/输出接口电路中的地址线对应连接，在芯片被选中的前提下，CPU 通过发出的低位地址码，选择输入/输出接口电路中的某一寄存器进行读或写操作。

（3）主要控制线

在 80x86 CPU 引脚上有一条控制信号线 $M/\overline{IO}$，用来区别当前 CPU 发出的地址是访问内存还是访问输入/输出设备的地址。当 $M/\overline{IO}=0$ 时，CPU 发出的地址是访问输入/输出接口的地址，因此，输入/输出接口电路还必须与 CPU 引脚 $M/\overline{IO}$ 相连接。

CPU 的读（$\overline{RD}$）、写（$\overline{WR}$）控制信号相应接到输入/输出接口电路中的读、写控制输入端，以便接口电路中的控制逻辑识别 CPU 是读接口中的输入寄存器，还是写接口电路中的输出寄存器。

2．输入/输出接口电路内部的基本寄存器

由图 6-3 和图 6-4 可以看出，接口电路中一般具有 3 种类型的基本端口，分别称为数据端口（数据寄存器）、命令端口（命令寄存器）、状态端口（状态寄存器）。

（1）数据端口

数据端口用于暂时存放输入/输出的数据，起到了中转与缓冲数据的作用。

用于输出的数据端口，CPU 通过数据总线，将待传送给外设的数据首先传送到数据输出锁存器锁存，然后经过输出接口电路与输出设备相连接的数据线，将数据传输到输出设备。

用于输入的数据端口，具有数据输入锁存器、或只有数据缓冲器、或具有锁存加缓冲器。

（2）控制端口

控制端口主要由输出寄存器组成，其作用是寄存对输入/输出设备的各种命令信息。

CPU 将命令信息通过数据总线写入输入/输出接口电路的命令寄存器中，然后传送到输入/输出设备，以实现对外设的控制。

（3）状态端口

状态端口主要由输入寄存器组成，其作用是用于寄存外设所处的状态信息。

CPU 通过读取状态端口的数据了解外设当前所处的工作状态，比如，如果是输入设备，则可以通过状态信息了解输入设备是否有了等待输入的新数据，如果是输出设备，CPU 通过读入的状态信息，可以了解输出设备是否作好了接收 CPU 传送新数据的准备。显然，1bit 的状态信息可以反应 1 个外设的两种状态，1 个 8 位的状态端口则可以反应 8 个外设的状态信息。

输入/输出接口电路中除三个端口之外，通常还具有中断控制逻辑电路，实现外设与 CPU 之间以中断方式进行输入/输出，可以提高 CPU 的工作效率。

3．并行接口与串行接口

并行接口与串行接口的主要区别在于与外设的连接及传输数据的方式不同。输入/输出接口电路与外部设备使用多条数据线传输数据，一次可以传输多位二进制数，则称为并行传输接口。并行传输接口往往还需要以并行方式接收外设的状态信息，以并行方式向外设传送命令信息。

输入/输出接口电路与外部设备使用单条数据线传输数据，待传输的二进制数以一位接一位的方式传输，则称为串行传输接口。计算机向外设传送命令信息，外设向计算机传输的状态信息，都在相同的数据线上以某种规程串行传输。

6.1.3　输入/输出接口电路的基本功能

不同的输入/输出设备具有不同的功能，各自的输入/输出接口电路也是不相同的。但从接口电路的功能上看，微型计算机接口电路的基本功能大约有如下 7 方面。

1．选择设备的功能

在微机系统中，通常有多个外部设备，每个外部设备中可能有多个要访问的端口（寄存器），而微处理器在某一瞬间，只能对一台外部设备或一台外部设备中的某一个寄存器进行选择性读（输入）或写（输出）操作。系统对每一个寄存器分配一个地址编号，当CPU访问外部设备时，实质上是访问某一寄存器，那么，在接口电路中，首先要设置输入/输出端口地址译码电路，把CPU发出的地址码经译码器译码，产生输入/输出设备的选择信号，用于接口芯片的选通。

2．输入/输出数据的缓冲功能

通常微处理器的工作速度很快，外设的工作速度相对慢得多，二者的操作速度严重不匹配，因此，接口电路中通常具有输出数据锁存/缓冲器，输入数据锁存/缓冲器，用于暂时存放输入/输出数据，起到数据缓存的作用。

3．寄存外设状态的功能

许多外设接口电路中设置了状态寄存器，专门用于存放外设所处的状态，称为“状态（端）口”。通常CPU对外设进行读/写访问之前，首先要通过读状态寄存器的值，了解外设当前是否具备可以访问的条件，即所处的状态如何。

4．信号电平的转换与数据宽度变换的功能

外设所提供的信号电平与接口电路中的信号电平不兼容，因此，在接口电路中要有电平转换电路，对两种不相同的电平进行转换。例如，CPU一侧传送的是TTL电平，逻辑1是3.6V，逻辑0是0V，而微机的串行通信接口采用的是RS-232-C电平，逻辑1是–3～–15V，逻辑0是+3～+15V，为了保证逻辑关系不变，则要进行电平转换。

在输入/输出接口一侧，是以并行传输方式传送数据的。例如，在串行接口中，微处理器以8位数据方式，并行传输给串行接口，而串行通信接口与外部设备通信则以串行方式传输；反之，串行通信接口在接收数据时，收到的是串行格式数据，被接收并存入其接口电路的数据寄存器中，CPU以并行方式，将数据读入CPU中。因此，这类外设的接口电路中就有数据的“并→串”转换和“串→并”转换两种功能，即所谓的数据宽度变换功能。

5．可编程功能

编程是向接口芯片中的寄存器预先写入约定的二进制信息，也就是常说的对接口芯片进行初始化编程，以此选择接口芯片的工作方式，例如，串行通信接口芯片8250、中断控制器82C59A、并行传输接口芯片8255A等，都需要预先对其实施编程操作后才能正常工作。现在的接口芯片通常都是可编程的，所以接口电路具有可编程的功能。

6．接收和执行CPU命令的功能

对于简单控制电路，微处理器写入接口电路控制寄存器（称为命令口）中的二进制信息可以直接用于对输入/输出设备进行控制。

对于较复杂的控制电路，微处理器写入接口电路控制寄存器中的二进制信息，还需要接口电路对此二进制信息进行分析后，产生相应的控制信号，最后送往外部设备，产生相应的控制。

7．中断处理的功能

一台计算机往往具有许多个外部设备，为了提高计算机系统的工作速度，各外设与微处理器处于并行工作组态，一旦某一外设要求微处理器对其进行服务，微处理器就可以通过所配置

的中断接口电路，暂时停止当前程序的执行，立即转去为申请服务的外设执行一个服务程序，从而使微处理器与所有外设可靠地处于并行工作组态。因此，计算机系统中还必须设置中断接口电路，如中断控制器 82C59A 可以管理多达 8 个外设工作在中断方式下。

6.2　I/O 端口技术

输入/输出（I/O）端口是指接口电路中能被 CPU 直接读出/写入的寄存器。如前所述，寄存器中所存放的信息包含有数据信息、控制信息和状态信息，所以，端口被分别被称为数据端口、控制端口及状态端口。

被 CPU 访问的寄存器分为输入寄存器（输入端口）和输出寄存器（输出端口），习惯上称为输入/输出端口。

接口电路中的每个寄存器分配有一个地址编号，称为端口地址，或端口号。当 CPU 访问这些寄存器时，在输入/输出周期中，微处理器必须把端口地址放到地址总线上，以便接口电路中的端口译码器对地址进行译码，实现设备选择的功能。端口地址被预先存放到输入/输出指令的地址寄存器中，执行输入/输出指令时，由输入/输出指令中给出的地址从地址总线上发出去，经接口电路中的地址译码器译码后，便可以选中输入/输出指令中所指定的寄存器进行读或写操作。因此，在编写初始化程序以及相应的输入/输出程序时，只需要用某个寄存器的地址编号进行编程，就可以访问到接口中指定的寄存器。

6.2.1　80x86 输入/输出端口的独立编址方式

输入/输出端口有两种编址的方式：统一编址与独立编址。

从内存空间划出一部分地址空间留给输入/输出设备编址，CPU 把输入/输出端口所指的寄存器当作存储单元进行访问，直接用访问内存的指令访问输入/输出寄存器，这种输入/输出端口的编址方式被称为统一编址方式。

接口电路中所有的输入/输出端口统一编址，给每个端口编排一个地址，而所有输入/输出端口建立的地址空间与内存地址空间是两个独立的地址空间，并没有把存储器地址与输入/输出端口地址混合在一起，称这种方式为独立的输入/输出编址方式（简称独立编址）。在这种方式下，CPU 必须用独立的输入/输出指令才能访问到输入/输出端口，80x86 微处理器采用独立的输入/输出编址方式，其输入/输出地址范围是 0000H～FFFFH，共计有连续的 64K 个端口地址。独立编址方式的优、缺点如下：

优点：输入/输出端口不占用内存空间；使用专门输入/输出指令访问输入/输出端口，输入/输出速度快。

缺点：CPU 的引脚上必须具有能够区分当前发出的地址信息，是访问内存还是访问输入/输出端口的信号（$M/\overline{IO}$），在接口电路的译码电路中，需要将 $M/\overline{IO}$ 作为端口译码电路的一条重要的输入信号参加译码。

6.2.2　输入/输出指令

1．输入/输出寻址方式

16 位及 32 位微处理器访问输入/输出端口有直接寻址和间接寻址两种寻址方式。

（1）直接寻址

输入/输出地址的直接寻址是由输入/输出指令直接提供8位的输入/输出地址，地址编码是00H～FFH，共计256个，因此共计可以访问256个端口，主要用于访问主板上的端口。

【例6-1】 直接寻址的输入/输出指令示例。

```
IN      AL ，  86H    ；读86H地址编号端口的内容到CPU的AL寄存器中
OUT     24H ，AL      ；将CPU的AL寄存器中内容输出到24H地址编号的端口中
```

（2）间接寻址

输入/输出地址的间接寻址是以DX寄存器中的16位二进制数为端口的地址，可以寻址全部输入/输出地址0000H～FFFFH，共计64K个端口，每个地址对应一个端口。在微机硬件系统中，最低的256个端口用直接寻址，高于256的端口用间接寻址。

【例6-2】 间接寻址的输入/输出指令示例。

```
IN    AL， DX
OUT   DX，AX
```

2．常用的输入/输出指令

80x86系列微机使用的是独立的输入/输出编址方式，按独立的输入/输出端口寻址方式进行输入/输出操作，用输入和输出指令在CPU的累加器（AL、AX或EAX）和输入/输出设备之间进行数据的传送操作。

（1）8位、16位及32位数据的输入指令

```
IN  AL，port       ；从port（端口）读一个字节到AL中，8位数据，直接寻址
IN  AX，port       ；从port（端口）读一个字到AX中，16位数据，直接寻址
IN  EAX，port      ；从port（端口）读一个双字到EAX中，32位数据，直接寻址
IN  AL，DX         ；从DX寄存器所指示的端口读一个字节到AL中，8位数据，间接寻址
IN  AX，DX         ；从DX寄存器所指示的端口读一个字到AX中，16位数据，间接寻址
IN  EAX，DX        ；从DX寄存器所指示的端口读一个双字到EAX中，32位数据，间接寻址
```

（2）8位、16位及32位数据的输出指令

```
OUT  port，AL      ；将AL寄存器中的一字节数据输出到端口，直接寻址
OUT  port，AX      ；将AX寄存器中的一个字数据输出到端口，直接寻址
OUT  port，EAX     ；将EAX寄存器中的一个双字数据输出到端口，直接寻址
OUT  DX，AL        ；将AL寄存器中的一字节数据输出到DX寄存器所指端口，间接寻址
OUT  DX，AX        ；将AX寄存器中的一个字数据输出到DX寄存器所指端口，间接寻址
OUT  DX，EAX       ；将EAX寄存器中的一个双字数据输出到DX寄存器所指端口，间接寻址
```

3．输入/输出指令的应用

使用8位数据传送是基本的输入/输出方式，8位、16位及32位微机都可以采用8位数据的输入/输出。16位机可以通过AL、AX实现8位、16位数据的输入和输出。32位机可以实现8位、16位及32位数据的输入和输出。

6.2.3 输入/输出端口地址的分配

1．两个I/O地址区间

按开发使用的先后分，64K的I/O地址分为：0000H～03FFH和4000H～FFFFH两个区间。16位和32位微机使用低16位地址的A_9～A_0，共计有2^{10} = 1024个端口地址（0000H～

03FFH)，一部分分配给系统板上的 I/O 集成芯片，如定时/计数器、中断控制器、DMA 控制器以及并行接口等；另一部分分配给 ISA 扩展槽（总线）上的接口控制卡，由若干个集成组件按照一定的逻辑组成的一个部件，如硬盘驱动卡、图形卡、打印卡、串行通信卡等。

在当前微机硬件系统中，0400H～FFFFH 范围内的少数 I/O 地址已经被使用，有些地址被系统主板上超大规模芯片所占用，例如，标准通用 PCI 到 USB 主控制器（Standard Universal PCI to USB Host Controller）占用 I/O 地址是：1800H～181FH，PCI 扩展槽上的网卡占用 I/O 地址是：E800H～E87FH。

在设计扩展接口时，严格禁止使用系统已经占用的地址。通过下面的顺序，即：控制面板→系统→硬件→设备管理→查看→依类型排序资源（Y）→输入/输出（IO），可以查看到微机 I/O 地址分配情况，图 6-5 是其中的部分 I/O 端口地址的分配。

图 6-5　部分 I/O 端口地址的分配

从图 6-5 可以看出，打印机（LPT1）接口地址还是 378H～37FH，串行异步通信卡（COM1）地址还是 3F8H～3FFH，这属于 ISA 总线上的 I/O 地址。

2．I/O 基地址

I/O 基地址是专指一个 I/O 地址区间中最小的那个地址，比如，一个芯片占用 300H～303H 的地址范围，称 300H 为该芯片的基地址。

I/O 空间提供了操作系统与 I/O 设备之间的接口，外设与操作系统之间通过 I/O 基地址进行通信，操作系统中的代码能够根据 I/O 设备所占用的地址，在基地址的基础上按照增量计算出实际地址，因此，每一个外设有单独的 I/O 基地址。

图 6-5 中部分标准 I/O 基地址分配如下：1F0H，第一个 IDE 硬盘控制器；170H，第二个 IDE 硬盘控制器；3F8H，COM1，RS-232-C 串行通信口 1；378H，LPT1，并行打印口 1；0D00H，PCI 总线。

其他微机中有 SCSI 适配卡，标准 I/O 基地址是 330H，COM2 的 I/O 基地址 2F8H，COM3 的 I/O 基地址 3E8H，COM4 的 I/O 基地址是 2E8H，声卡 I/O 基地址 220H 等。

6.2.4 16 位机输入/输出端口地址的译码电路

16 位机输入/输出端口地址译码采用地址总线中的低 10 位地址译码，而且其中的地址线 A_1、A_0 一般不参加端口地址译码，但是，要参加芯片内的二次译码，以便寻址接口芯片内部的寄存器。8086/8088CPU 引脚有一位 DMA 操作信号，在 DMA 工作时，AEN = “1”，CPU 所发出的地址是寻址存储器的地址，而不应该是 I/O 端口的地址，所以，只有当 AEN = “0”时，端口地址译码电路才能译码。为了区分读/写端口，有时将 $\overline{IOR}$ 和 $\overline{IOW}$ 也参加译码。

【例 6-3】 译码电路分析示例。采用一片 74LS138 三-八译码器及少量门电路，译码产生 PC 微机系统板上芯片的片选信号，电路如图 6-6 所示，其中，A_4～A_0 都没有参加译码，译码输出 8 个片选的地址范围都包含有 32 个地址。8 个片选的地址范围及对应芯片如表 6-3 所示，该表是 PC 机系统板上接口芯片的端口地址表。

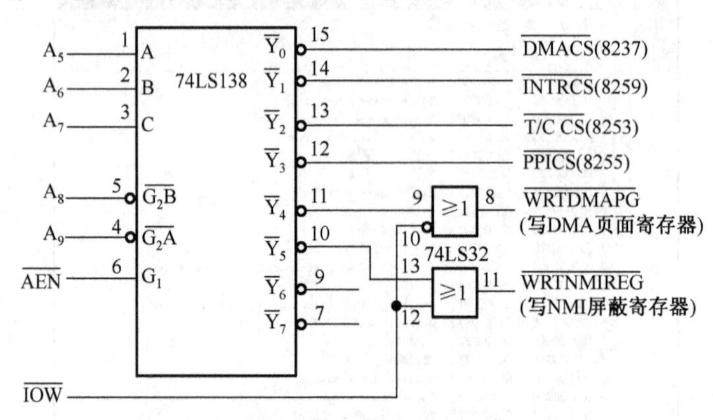

图 6-6 I/O 端口地址的译码

表 6-3 系统板上接口芯片的端口地址表

端口地址	I/O 芯片或部件名称	备注
000～01FH	DMA 控制器 1	
020～03FH	中断控制器 1	
040～05FH	定时器 8253	
060～07FH	并行接口（键盘接口）	其中，070～07FH 对应于 RT/CMOS RAM
080～09FH	DMA 页面寄存器	
0A0～0BFH	中断控制器 2	
0C0～0DFH	DMA 控制器 2	
0E0～0FFH	协处理器	

6.2.5 32 位机输入/输出端口地址的译码电路

在 32 位微机中，设计 32 位输入/输出端口地址时，使译码产生的每一个输出占有以模 4 地址开始的 4 个连续输入/输出地址，可以实现 32 位数据的输入/输出，也可以用它作为 8 位或 16 位端口地址传输 8 位或 16 位数据。

如前所述，80386、80486 CPU 通过字节选择信号 $\overline{BE_3}$ ～ $\overline{BE_0}$ 可以访问 8 位、16 位及 32 位内存数据，CPU 也可以通过专用输入/输出指令和字节选择信号 $\overline{BE_3}$ ～ $\overline{BE_0}$ 访问输入/输出端口，同样可以访问 8 位、16 位或 32 位端口数据。

32 位微机 8 位、16 位及 32 位端口地址的译码电路如图 6-7 所示，所构成的端口译码电路可以实现 8 位、16 位及 32 位数据的输入/输出。

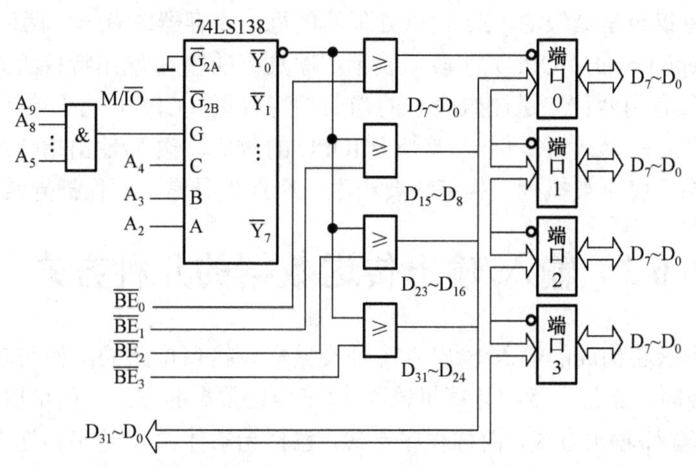

图 6-7　32 位微机 8 位、16 位及 32 位端口地址的译码电路

图中以 74LS138 三–八译码器构成端口的地址译码，其中，$\overline{G_{2B}}$ 接 M/$\overline{IO}$，只有当 M/$\overline{IO}$ = 0 时，才满足选通端 $\overline{G_{2B}}$ 为逻辑 0 的要求，而 $\overline{G_{2A}}$ 恒接地，恒满足译码条件。图中除了使用 74LS138 三–八译码为核心组成的译码电路外，还增加 4 个或门，将字节选择信号 $\overline{BE_3}$ ～ $\overline{BE_0}$ 分别接至一个门电路的输入端，当 $\overline{Y_0}$ 有效时，根据字节操作、字操作及双字操作三种不同的输入/输出指令，使得 $\overline{BE_3}$ ～ $\overline{BE_0}$ 四个字节选择信号中单个有效、两个同时有效或四个同时有效，便可访问 8 位、16 位或 32 位输入/输出数据。

在译码电路中，CPU 的读/写信号没有参加译码，所以，译码产生的端口地址既可以用作读端口地址，也可以用作为写端口地址。8 个 32 位片选的地址范围如表 6-4 所示。

表 6-4　8 个 32 位片选的地址范围

端口号	地　址	片　选	地　址
$\overline{Y_0}$	3E0H～3E3H	$\overline{Y_4}$	3F0H～3F3H
$\overline{Y_1}$	3E4H～3E7H	$\overline{Y_5}$	3F4H～3F7H
$\overline{Y_2}$	3E8H～3EBH	$\overline{Y_6}$	3F8H～3FBH
$\overline{Y_3}$	3ECH～3EFH	$\overline{Y_7}$	3FCH～3FFH

【例 6-4】　编程使用 $\overline{Y_2}$ 访问 8 位、16 位及 32 位外设端口。

```
MOV  DX，3E8H
OUT  DX，AL  ；BE0 有效，只写端口  ，有效地址是 3E8H
OUT  DX，AX  ；BE1 、BE0 有效，写端口 1 与写端口 0，有效地址是 3E8 和 3E9H
IN  EAX，DX  ；BE3 ～BE0 均有效，读端口 3～端口 0，有效地址是 3E8H、3E9H、3EAH 和 3EBH
```

6.2.6　输入/输出保护

在 DOS 操作平台即实模式，用户可以使用输入/输出指令实现通常的输入/输出操作。

在 Windows 操作系统下，Windows 操作系统限制一般用户直接使用输入/输出指令或语句访问输入/输出端口，但可以通过执行输入/输出函数等方式来访问输入/输出端口。

Windows 操作系统在保护方式下，拥有最高的特权级，而应用程序处于最低特权级。32 位机把特权级分为 4 级，用两位二进制数表示：00，01，10，11，其中，00 级的特权最高，按照顺序，11 级的特权级是最低的。32 位微处理器的标志寄存器中有一个两位的输入/输出特权（输入/输出 Privilege Level，IOPL）字段，表示程序具有的输入/输出特权级。对于独立的输入/输出编址方式，只有用两位二进制数表示的当前的特权级（CPL）大于或等于输入/输出特权级（IOPL）时，即 CPL 数值必须小于或等于 IOPL 的数值，输入/输出指令才能允许执行，反之，则输入/输出指令将不被执行，相应还要产生一个保护异常，即保护异常（中断）处理。

6.3　输入/输出传送数据的几种方式

以微处理器为核心构成的输入/输出系统种类繁多，接口电路的结构与功能不相同，接口的驱动程序也不相同，但是，微型计算机输入/输出传送数据的方式一般可以归纳为 3 种：

① 程序控制输入/输出方式，简称程序方式，包括无条件输入/输出传送方式和查询式输入/输出方式；

② 中断控制输入/输出方式，简称中断方式；

③ 直接存储器存取方式，即 DMA 方式。

6.3.1　程序控制的输入/输出方式

1．无条件输入/输出方式

无条件输入/输出传送方式是一种最简单的输入/输出方式，其输入/输出接口电路及软件都比较简单，所有的操作均由执行程序来完成。如果是无条件输入，则输入接口电路总是准备好了等待输入给 CPU 的数据；如果是无条件输出，则输出接口电路总是准备好了接收来自 CPU 的数据。CPU 无须首先查询输入/输出设备是否准备就绪，可以随即执行输入或输出操作。例如，在编写驱动 LCD 显示器的程序时，只需要采用无条件输出方式进行控制就可以了；在编写查询式数据传输程序时，读入外设状态信息则采用了无条件输入方式。

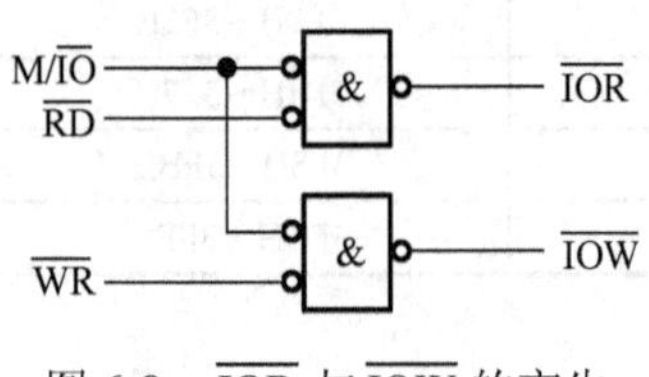

图 6-8　$\overline{IOR}$ 与 $\overline{IOW}$ 的产生

在计算机系统中，往往利用 CPU 的 3 条引脚 M/$\overline{IO}$、$\overline{RD}$ 及 $\overline{WR}$ 信号作为输入，通过逻辑电路产生输入/输出读（$\overline{IOR}$）和输入/输出写（$\overline{IOW}$）两个常用的输入/输出控制信号，提供给输入/输出接口电路作输入/输出控制，如图 6-8 所示。图中有 2 个负逻辑的与门，实际上是 2 个 2 输入的正逻辑或门。

无条件输入方式接口电路的基本结构如图 6-9 所示。在该接口电路中，设传输的数据为 8 位，由 8 个三态门组成了一个输入缓冲器，当 CPU 没有读取该输入外设时，这 8 个三态门均处于高阻状态，当 CPU 读访问该外设时，8 个三态门接通。当 CPU 执行输入指令时，在一个输入周期内，CPU 先发出要寻址外设的地址，经接口电路中的端口地址译码器译码后，$\overline{CS}$ 有效，然后从 M/$\overline{IO}$ 发出低电平，最后发出有效的读信号 $\overline{RD}$，于是，$\overline{IOR}$ 有效，变为低电平。

在 $\overline{CS}$ 和 $\overline{IOR}$ 都为低电平的条件下，负逻辑的与门输出逻辑 0 电平，8 个三态门接通，CPU 的数据线上建立了待输入的数据，CPU 在这一个输入周期内的 T_3 时钟脉冲的下降沿，通过读 CPU 数据总线上的数据，便可以读入所选中外设的数据。

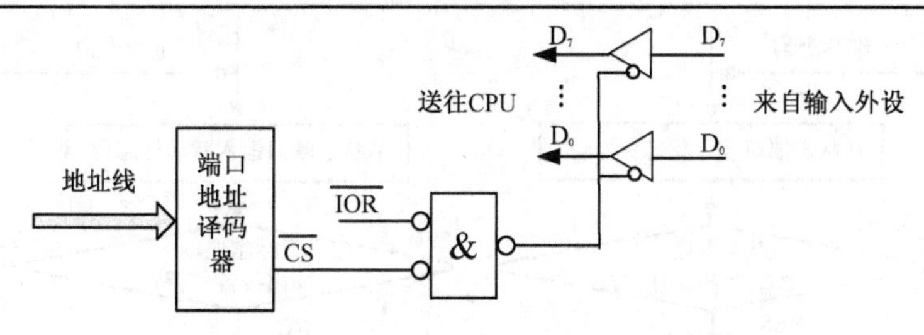

图 6-9　无条件输入接口电路的基本结构

无条件输出方式接口电路的基本结构如图 6-10 所示。

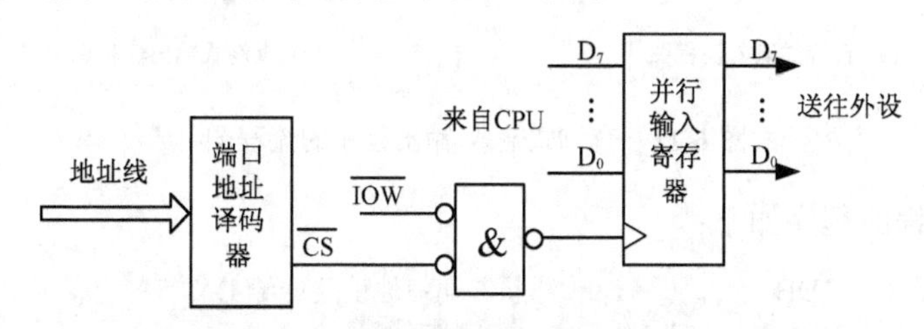

图 6-10　无条件输出方式接口电路的基本结构

在该接口电路中，设输出传输的数据为 8 位，其组成主要采用了一个并行输入的 8 位寄存器（锁存器），上升沿触发。

当 CPU 向该接口写数据时，CPU 执行一个输出周期。在此周期内，$M/\overline{IO}=0$，CPU 首先发出地址，经端口地址译码后，$\overline{CS}$有效。其次，CPU 将输出的数据输出到数据总线上，最后$\overline{WR}$有效，使得$\overline{IOW}$ = “0”，于是负逻辑的与门输出逻辑 0 电平。当数据线上仍然存在待输出的数据时，$\overline{WR}$由低电平变为高电平，于是，$\overline{IOW}$也由低电平变为高电平，负逻辑的与门输出端也由低变高，于是 CPU 数据总线上的数据被锁存到并行输入寄存器中。

以上所分析的输入与输出接口电路，是计算机实现无条件输入/输出、查询式输入/输出，以及中断方式输入/输出的最基本电路，其工作原理是输入/输出操作的最基本的原理。

2．查询式输入/输出方式

由于查询式输入与输出在执行数据输入或输出之前，都必须首先输入外设当前所处的状态信号。CPU 对状态信号进行判断以后才能进行数据输入操作或数据输出操作，因此，两种接口电路都必须具有一个状态输入端口。实质上，查询式输入接口电路具有一个无条件输入的状态端口，还有一个数据输入端口，而查询式输出接口电路也有一个无条件输入的状态端口，还有一个数据输出端口，其构成的基本原理与图 6-9 和图 6-10 相类似。

（1）查询式输入方式

当 CPU 采用查询方式从外设读取数据时，CPU 必须首先从状态端口查询外设数据是否已经准备好的标志位，依据标志位确认已准备好后，才能执行一次数据输入操作。查询式输入程序的流程图如图 6-11(a)所示。

【例 6-5】 微机 RS-232C 串行通信接口有一个通信线路状态寄存器（端口地址 3FDH），8 位通信线路状态寄存器的 D_0 位为“1”，表示串行通信接口已经接收到了一帧数据，D_0 位为“0”，则表示尚未接收到数据；RS-232-C 串行通信接口还有一个接收数据寄存器（端口地址 3F8H），如果要读取接收到的一帧数据（读接收数据寄存器），则必须首先查询状态寄存器中的 D_0 是否为“1”。

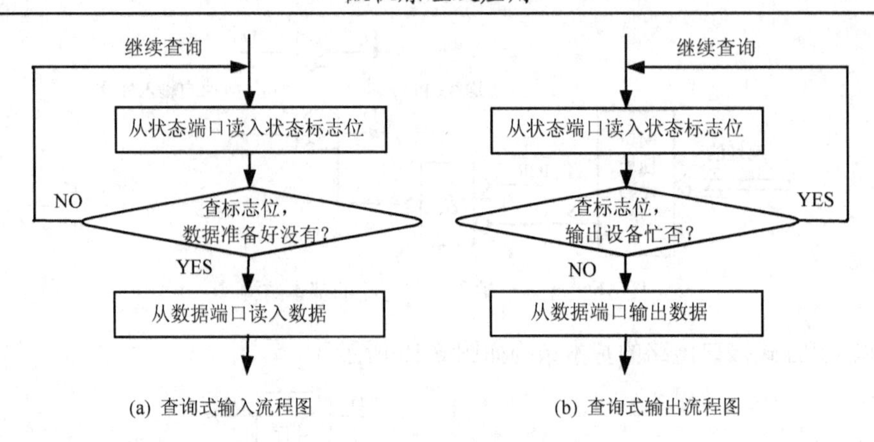

(a) 查询式输入流程图　　(b) 查询式输出流程图

图 6-11　查询式输入/输出程序的流程图

编程实现该过程的程序如下：

```
      MOV   DX，3FDH        ；状态端口地址传送给 DX
ZXC： IN    AL，DX          ；读入状态信息
      TEST  AL，01H         ；AL∧00000001B，影响 ZF 标志
      JZ    ZXC             ；如果状态标志位为 0，则转到 ZXC
      MOV   DX，3F8H        ；数据端口地址传送给 DX
      IN    AL，DX          ；读入数据信息
```

（2）查询式输出方式

查询式输出方式与查询式输入方式相类似，其工作流程如图 6-11(b)所示。当 CPU 采用查询方式向外设输出数据时，CPU 必须首先从状态端口查询外设数据端口是否处于“忙”状态的标志位，依据标志位确认已经不“忙”之后，才能执行一次数据输出操作。

【例 6-6】 仍然以微机 RS-232-C 串行通信接口为例，不过，不是查询接收数据是否已经接收到了，而是查询微处理器送给串行通信接口的数据发送出去没有，如果没有发送完成，则继续查询，否则，微处理器再次对串行通信接口赋予待发送的新的字符。

8 位通信线路状态寄存器的 D_5 位为“1”，表示发送保持寄存器空，通信接口可以接收下一个待发送的字符，微处理器可以向发送保持寄存器（端口地址 3F8H）传送新的字符。编写查询式发送字符的程序段，首先从状态端口读状态字，检测到 D_5 位为“1”后，微处理器才能给发送保持寄存器传送新的字符。

程序如下：

```
        MOV   DX，3FDH      ；状态口地址传送给 DX
REPEAT：IN    AL，DX        ；读入状态信息
        TEST  AL，20H       ；AL∧00100000B，影响 ZF 标志
        JZ    REPEAT        ；如果状态标志位为 0，则转到 REPEAT
        MOV   DX，3F8H      ；数据端口地址传送给 DX
        MOV   AL，[SI]      ；从内存读取数据给 AL
        OUT   DX，AL        ；向数据端口输出数据
```

（3）查询式输入/输出方式存在的问题

从图 6-11(a)和图 6-11(b)中可以看出，如果外设处于没有准备好或正在忙的状态下，CPU 所执行的程序就不断地查询外设状态，直到外设准备就绪。如果外设出现故障无法准备就绪，则计算机就会出现死循环。CPU 为了服务某一个外设，将会消耗大量时间，严重影响了 CPU

的其他操作，大大降低了 CPU 的工作效率。以上是单个外设处于查询式输入/输出工作方式的情况，若系统中有多个外设都工作在查询式输入/输出方式，CPU 必须顺序查询每一个外设，直到每个外设服务完成后，CPU 才响应其他程序的执行，系统工作效率将会进一步降低。

因此，查询式输入/输出方式不适用于实时监控系统。

6.3.2　直接存储器存取方式（DMA）

1. DMA（Direct Memory Access）概述

直接存储器存取方式 DMA 是在专门的 DMA 控制器（或称 DMAC）的控制下，能够实现外部设备与内存储器直接交换数据的一种 I/O 方式。在 DMA 方式下，数据的传输是不经过 CPU 的，也就不经过 CPU 内部的寄存器，无需 CPU 执行 I/O 指令，利用系统的数据总线，由外部设备直接对存储器写入或读出，可以达到很高的数据传输速率，因此，DMA 传输方式广泛应用于硬盘等高速外设的接口中。

在个人微机系统中，采用了 82C37A 为 DMA 控制器，管理并实现两部分存储器之间、内存与外设之间数据的高速交换，从而取代了 CPU。作为 DMA 传送而启动的存储器或输入/输出总线周期不是由 CPU 来形成的，而是由 DMAC 来形成的。DMA 操作方式通常用来传送数据块或包，例如，微机的磁盘控制器、局域网控制器等就是常以数据块或包的形式来快速地与存储器之间传输数据。

在现代的微机系统中，已经将两片 82C37A 集成到南桥芯片中了，构成了微机系统的 7 个 DMA 通道。82C37A 芯片是由定时及控制、优先级编码器及循环优先级逻辑、命令控制及 12 个不同类型的寄存器等功能模块组成，它位于 CPU 与外设之间，是一种管理高速数据传输的接口电路。

2. DMAC 82C37A 与 CPU 的接口

图 6-12 是 82C37A 的应用接口，从图中可以看出，82C37A 芯片内拥有 4 个独立的 DMA 通道，被分别称之为通道 0、1、2、3。通常，总是把每一个通道指定给一个专门的外围设备。由图可见，该电路有 4 个 DMA 请求输入信号，标识为 $DREQ_0$～$DREQ_3$，这 4 位请求输入信号分别与通道 0、1、2、3 相对应。在空闲状态，82C37A 不断地测试这些输入信号，以确定是否有一个是有效的。当某一外围设备欲进行 DMA 操作时，就通过使 82C37A 的 DREQ 输入信号变为“1”来产生 1 个服务请求。每个 DMA 通道都有 64KB 的寻址和字节计数能力。

在响应这个有效的 DMA 请求时，该 DMA 控制器将使它的保持请求回答（HRQ）输出信号变为“1”。通常，把这个输出信号提供给微处理器的 HOLD 输入端，并通知该微处理器，DMA 控制器要求获得对系统总线的控制权。当微处理器准备放弃对总线的控制权时，就使其总线信号进入高阻状态，并使保持响应 HLDA 输出信号为“1”，通过此方式将这一事实通知给 82C37A 芯片。微处理器的 HLDA 信号端连接到 82C37A 芯片的 HLDA 输入端，以此表明目前系统总线可以由 DMA 控制器使用。

当 82C37A 控制了系统总线时，它就通过输出一个 DMA 响应信号（DACK）来告诉申请 DMA 服务的外围设备，它已处于准备就绪状态。4 个 DMA 请求输入（$DREQ_0$～$DREQ_3$）信号中的每一个信号，都有一个与其相对应的 DMA 输出响应（$DACK_0$～$DACK_3$）信号。一旦完成了这个 DMA 请求/响应信号的交换过程，这个外围 I/O 电路就可在 82C37A 的控制之下进行对系统总线及存储器的直接访问。

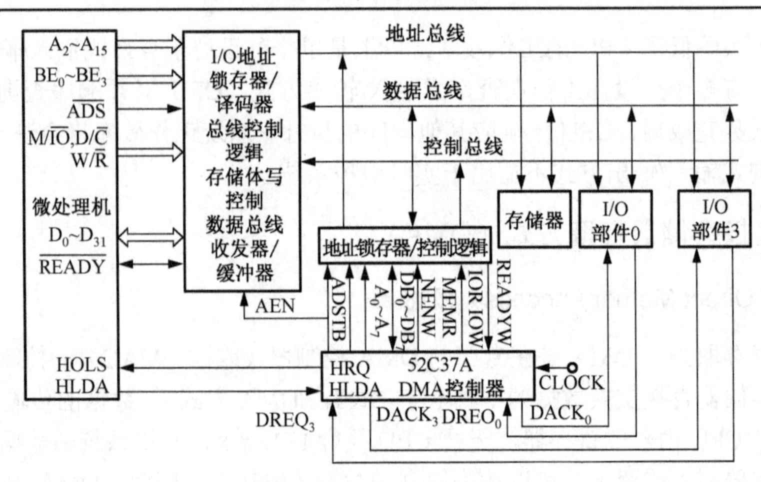

图 6-12 82C37A 的应用接口

在 DMA 总线周期期间，系统总线是由 DMA 控制器实施控制的，而不是由微处理器控制的，由 82C37A 产生地址并形成存储器或 I/O 数据传送所需要的全部控制信号。在整个 DMA 总线周期的开始时刻，一个 16 位的地址输出到地址线 A_0～A_7 及数据线 DB_0～DB_7 上。数据线上的高端 8 位地址与地址选通信号（ADSTB）是在同一时刻变为有效的，所以 ADSTB 是用于锁存地址的高端 8 位进入外部地址锁存器的定时信号。这 16 位地址使 82C37A 能够直接对 64KB 的存储单元进行寻址。地址允许（AEN）输出信号在整个 DMA 总线周期期间均为有效状态，即等于逻辑 1 状态，它一方面能用来允许该地址锁存器，另一方面又用于禁止其他电路连接到总线上。

假定要从 I/O 外部电路将数据传送到存储器，82C37A 利用 $\overline{IOR}$ 输出信号来通知 I/O 电路，把数据放到数据线 DB_0～DB_7 上。与此同时，它利用 $\overline{MEMW}$ 信号把总线上的有效数据写入存储器。在这种情况下，数据直接从 I/O 电路传送到存储器而没有通过 82C37A 芯片。

与此类似，同样也可以产生从存储器到 I/O 电路的 DMA 数据传送。在这种情况下，82C37A 先从存储器读出数据，然后再把它们传送到 I/O 电路，最终再将数据传送至外围设备。对于这样的数据传送方式来说，82C37A 芯片的 $\overline{MEMW}$ 和 $\overline{IOW}$ 这 2 个控制信号有效。

82C37A 所形成存储器到 I/O、I/O 到存储器的 DMA 总线周期，均需用 4 个时钟周期时间来完成。时钟周期的持续时间由加到 CLOCK 输入端的时钟信号的频率所决定。例如，82C37A 使用频率为 5MHz 的时钟信号，其周期为 200 ns，而总线周期则为 800ns。

82C37A 还能形成存储器到存储器的 DMA 传送。在这样的数据传送中，$\overline{MEMR}$ 和 $\overline{MEMW}$ 这 2 个信号均要被使用。与 I/O 到存储器的操作不同，这种存储器到存储器的数据传送需要占用 8 个时钟周期时间。这是因为要用 4 个时钟作为读总线周期，把数据从源存储器单元传送到 82C37A 内部的暂存寄存器，然后再用另外 4 个时钟作为写总线周期，把数据从暂存寄存器传送到目的存储器单元。在 5MHz 时钟频率下，一个存储器到存储器的 DMA 周期需 1.6μs。

3. DMA 控制器工作的基本过程

DMA 控制器工作的基本过程如下：

① 首先对 DMAC 初始化编程，包括：输出主清除命令，设置页面寄存器，写入基地址和当前地址寄存器，写入基本字计数寄存器和当前字计数寄存器；

② 初始化编程，还要写入传输方式控制字：包括是字节传输还是块传输，地址递增还是递减等；

③ 一个 DMA 控制器可以控制 4 个外部设备，当 4 个外部设备同时申请 DMA 操作时，还需要设置优先级别，可以是固定优先级，也可以是循环优先控制等。还可以屏蔽某外设的 DMA 请求（DREQ）；

④ DMAC 通过向 CPU 提出总线请求信号（HRQ）的方式，从而实现 DMAC 向 CPU 转达外设的 DMA 请求；

⑤ 接收 CPU 的总线响应信号（HLDA），并接管总线控制权；

⑥ DMAC 向提出 DMA 请求的外设转达 DMA 允许信号 DACK，于是，在 DMAC 的管理之下，按照初始化编程的规定，实现外设与内存储器之间的数据交换；

⑦ 在传输过程中，要进行地址修改和字节计数，一旦传输完成后，发出结束信号（HRQ），最后向 CPU 交还总线。

6.3.3　中断方式输入/输出

中断是指外设或者其他中断源中止 CPU 当前正在执行的程序，转向为申请中断的外设（或中断源）执行服务程序，一旦服务程序执行结束，必须返回到被中断程序的断点处，接着执行原来的程序。

中断类似于程序设计中的子程序调用，不同的是引起中断的原因是随机的，而对子程序的调用是主程序中预先安排的，子程序与中断服务程序都是预先编写好后，在执行程序时都已存放在存储器中，子程序可以被主程序随时调用，而中断服务程序则是通过中断请求和中断响应后，提供给 CPU 执行的子程序。

图 6-13 是中断过程的示意图。在图中，当 CPU 还在执行主程序中第 i 条指令时，若第 1 号外设提出申请 CPU 服务，需要 CPU 执行 1 号外设的中断服务程序，CPU 则在执行完成第 i 条指令后，响应第 1 号外设的中断请求，那么第 i+1 条指令暂时被停止执行，转向执行第 1 号外设的中断服务程序，第 i+1 条指令被称之为断点处的指令，等待第 1 号外设的中断服务程序执行完毕后，返回到主程序的断点处，接着执行后面的第 i+1 条指令。

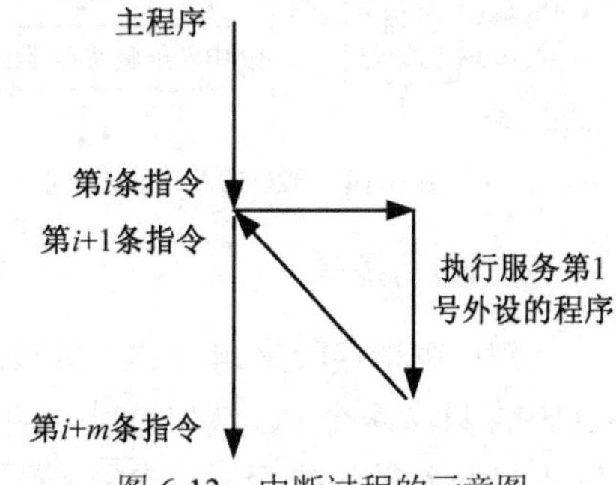

图 6-13　中断过程的示意图

从上述服务第 1 号外设的过程可以看出，由于使用了中断技术，CPU 省去了查询第 1 号外设状态标志的时间，CPU 和第 1 号外设二者处于并行操作的状态。

中断控制方式的输入/输出是微机中常用的一门技术，采用中断技术后，CPU 能与所有的外设并行工作，能及时地服务外设，并处理系统异常情况，因此，采用中断系统可以提高计算机系统的工作速度。

CPU 采用查询方式或中断方式，把外设的数据读入内存或把内存的数据传送到外设，都是在 CPU 的控制下完成的。虽然利用中断方式传送数据可以大大提高 CPU 的工作效率，但是，每次进入中断服务程序之前，以及中断服务完成之后到返回到主程序之前，这两个时间段需要消耗时间。具体地说，每次进入中断服务程序之前，都要有保护断点，找到中断向量以及保护现场等一系列操作，执行中断服务程序之后，要经过恢复现场和恢复断点后才能接着执行被中断的主程序。总之，要执行许多与数据传送没有直接联系的指令，还有一些不可缺少的隐含操作也要占用时间。如果在频繁中断的情况下，从硬磁盘等外存调入大量数据到内存，将会严重影响系统的工作效率，所以，微机中外存与内存之间的数据传输采用了 DMA 传输方式。

6.4 可编程中断控制器 82C59A

Intel 82C59A 是一种可编程的中断控制器，是 CPU 和多个外部中断源之间的接口电路，具有中断控制器所需要的功能，其功能是在计算机系统中，协助 CPU 实现对外部中断请求的管理，对它们进行优先权排队后向 CPU 发出中断请求信号。

从 8086CPU 到 Pentium CPU 的外围电路 SIO（System I/O）均采用 8259A 或 82C59A 协助 CPU 对多个中断源进行管理。82C59A 通过编程可以工作在不同的方式，能满足多种类型微机中断系统的需要，它支持向量式中断，对中断请求具有响应、屏蔽和嵌套等多种工作方式。单片 82C59A 能管理 8 级中断。

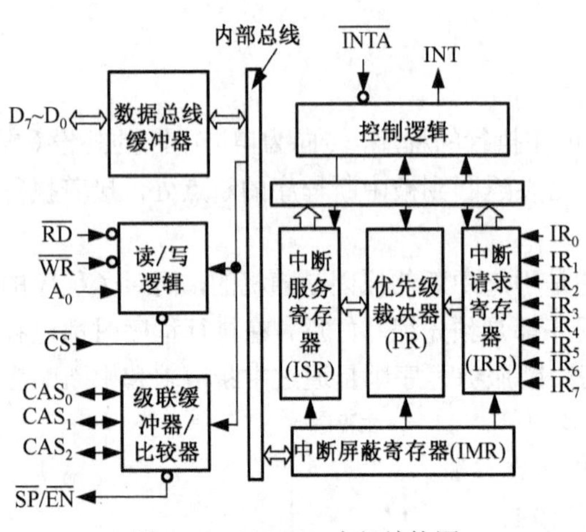

图 6-14 82C59A 内部结构图

6.4.1 82C59A 的内部结构

图 6-14 是 82C59A 内部结构图，它由数据总线缓冲器、读/写逻辑、中断请求寄存器、中断屏蔽寄存器、中断服务寄存器、优先级裁决器、控制逻辑、级联缓冲器/比较器等电路组成。

1. 数据总线缓冲器

数据总线缓冲器是一个 8 位双向三态缓冲器，它和系统数据总线 D_7～D_0 相连接，CPU 通过数据总线缓冲器设置 82C59A 的工作方式、读取 82C59A 的中断类型号和工作状态信息。

2. 读/写逻辑

读/写逻辑接收来自 CPU 的读/写命令和片选控制信息，完成规定的各项操作。由于一片 82C59A 只占两个 I/O 端口地址，通常用 $\overline{CS}$ 作为 82C59A 的芯片选择，用地址码 A_0 来选端口。当 CPU 执行输出指令时，$\overline{WR}$ 信号与 A_0 配合，CPU 通过数据总线 D_7～D_0 送来的控制字写入 82C59A 中有关的控制寄存器。当 CPU 执行输入指令时，$\overline{RD}$ 信号与 A_0 配合，将 82C59A 中内部寄存器内容通过数据总线 D_7～D_0 传送给 CPU。

3. 中断请求寄存器（Interrupt Request Register, IRR）

中断请求寄存器是把外设中断请求线作为输入的一个 8 位寄存器，输入引脚是 IR_7～IR_0，通过 IR_7～IR_0 把中断请求信号锁存到请求寄存器中。当某个 IR_i 端呈现上升沿或高电平时，则 IRR 的相应位将被置 1。最多有 8 个中断请求信号同时进入 IR_7～IR_0 端，则对应的 IRR 将被置 1。至于被置 1 的请求能否进入中断服务寄存器 IRR 的下一级裁决电路，还取决于中断屏蔽寄存器 IMR 中相应位所设置的状态。

4. 中断屏蔽寄存器（Interrupt Mask Register, IMR）

中断屏蔽寄存器是一个可以设置的 8 位寄存器，用来屏蔽已被锁存在 IRR 中的任何一个中断请求。当 IMR_i 位被置 1 时，则禁止响应第 i 位的中断请求，反之将被允许。通过 IMR 寄存器可实现对各级中断有选择的屏蔽。

5．中断服务寄存器（Interrupt Service Register, ISR）

中断服务寄存器是一个 8 位寄存器，与 8 级中断 IR_7～IR_0 相对应。用来存放或记录正在服务中的所有中断请求。当某一级中断请求被响应时，则 ISR 中相应位被置 1，CPU 执行它的中断服务程序期间，一直保持到该级中断处理过程结束为止。在多重中断时，ISR 中可能有多位同时被置 1，ISR 则同时记录多个中断请求。当某一级中断被处理完毕，ISR 中相应位被复位是由中断结束方式所决定的。

6．级联缓冲器/比较器

级联缓冲器/比较器用于控制多个 82C59A 的级联及其操作方式。在主从设定/缓冲读写控制$\overline{SP}/\overline{EN}$信号和级联信号 CAS_2～CAS_0 的配合下，使 82C59A 工作在缓冲工作方式和非缓冲工作方式，可以实现多个 82C59A 的级联，扩展中断 I/O 外设的数量。

7．优先级裁决器（Priority Resolve, PR）

优先级裁决器用来裁决和管理已进入 IRR 中的各中断请求的优先级别。当有多个中断请求同时产生并经 IMR 允许进入系统后，先由 PR 电路判定当前哪一个中断请求具有最高优先级，然后，在中断响应周期把它选通送入 ISR 对应的位，执行相应的中断服务程序。

当出现多重中断时，由 PR 裁定是否允许所出现新的请求去打断正在处理的中断服务而被优先处理，如果新的中断请求比当前服务程序的级别高，82C59A 获得前一个中断响应信号$\overline{INTA}$时，使 ISR 中相应位置 1，进入中断嵌套。

8．控制逻辑

82C59A 内部的控制逻辑按照初始化设置的工作方式，控制其全部工作。

6.4.2　82C59A 的引脚

82C59A 是一个 28 引脚双列直插式芯片。其引脚图如图 6-15 所示，芯片引脚可以分为三类。

第一类，与 I/O 外设相连接的信号 IR_7～IR_0。

中断请求输入 IR_7～IR_0，用于接收外设向系统申请的中断请求信号。在级联工作方式中，主 82C59A 的 IR_7～IR_0 分别可以与各对应的从 82C59A 的 INT 端连接，用于接收从 82C59A 的中断请求。

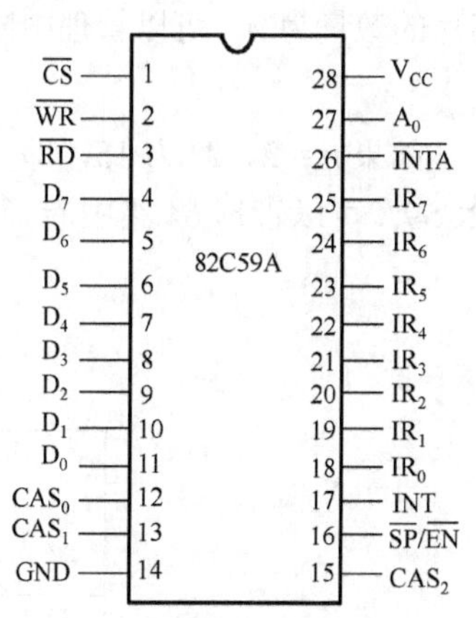

图 6-15　82C59A 引脚图

82C59A 有两种触发方式接收外设的中断请求信号：高电平触发方式和上升沿触发方式。定义为高电平触发方式的规定为是，从 IR_7～IR_0 输入的高电平信号必须保持到第一个$\overline{INTA}$信号的前沿到来，否则这个 IR_i（$i = 0$，1，…，7）信号有可能不被响应，但也不允许太长，否则将可能发生重复申请错误。定义为上升沿触发方式的规定是，当 IR_i 端出现由低电平跳变到高电平时，中断请求信号有效，该方式可以绝重复申请现象。

第二类，与 CPU 相连接的信号，包括以下引脚：

① 数据总线 D_7～D_0，三态、双向。D_7～D_0 直接和系统数据总线连接，CPU 通过系统数据总线对 82C59A 进行初始化，读取中断类型号或其他状态信息。

② 片选信号$\overline{CS}$，输入、低电平有效。由系统 I/O 译码器产生，当$\overline{CS}$有效时，在$\overline{RD}$和$\overline{WR}$信号的配合下，实现对 82C59A 读/写操作。

③ 读信号$\overline{RD}$，输入，低电平有效。该信号同系统$\overline{IOR}$信号连接，在$\overline{CS}$的配合下实现对 82C59A 执行读操作。

④ 写信号$\overline{WR}$，输入、低电平有效。该信号同系统$\overline{IOW}$信号连接，在$\overline{CS}$的配合下实现对 82C59A 执行写操作。

⑤ 内部寄存器选择信号 A_0，输入。82C59A 芯片内部包含有两个端口地址，$A_0=0$，选择偶地址端口；$A_0=1$，选择奇地址端口。该信号通常与系统地址总线的 A_0 位相连接，在$\overline{CS}$、$\overline{WR}$和$\overline{RD}$信号的配合下，实现对 82C59A 内部寄存器的寻址及各种操作。

⑥ 中断请求信号 INT，输出，高电平有效。该信号连接到 CPU 的 INTR 端，用于向 CPU 申请中断。

⑦ 中断响应信号$\overline{INTA}$，输入，低电平有效。该信号连接到 CPU 的$\overline{INTA}$端，用于接收 CPU 输出的中断应答信号。

第三类，多片级联时的接口信号，包括以下引脚：

① 主从设定/缓冲读写控制$\overline{SP}/\overline{EN}$，双功能信号，双向。当 82C59A 处于非缓冲工作方式，多个 82C59A 级联使用时，该引脚作为输入信号端，$\overline{SP}$用作表明是主 82C59A 还是从 82C59A，$\overline{SP}$接高电平时，表示是主 82C59A，$\overline{SP}$接低电平时，表示是从 82C59A。

当 82C59A 处于缓冲工作方式时，该引脚作为输出信号，定义为允许信号$\overline{EN}$。用作数据总线缓冲器的使能信号，82C59A 工作为缓冲工作方式，$\overline{EN}=0$（有效）时用于选通 82C59A 和 CPU 之间的数据总线缓冲器，使 CPU 通过数据缓冲器读取 82C59A 的工作状态信息。当$\overline{EN}=1$时，CPU 通过缓冲器对 82C59A 执行写操作。

② 级联控制信号 CAS_2～CAS_0，双向。一片 82C59A 只能接收从 IR_7～IR_0 输入的 8 级中断，当引入的中断超过 8 级时，可选用多片 82C59A 级联，构成主从关系，如图 6-16 所示。对于主 82C59A，级联信号 CAS_2～CAS_0 是输出信号，对于从 82C59A，CAS_2～CAS_0 是输入信号。

利用 82C59A 级联技术，可将 82C59A 的 8 级中断请求扩展到 64 级中断请求。设 82C59A 芯片的数量为 n，可以管理中断的级数是：

$$M=8\times n-(n-1) \tag{6-1}$$

如果 $n=2$，M 为 15，即 2 片 82C59A 可以管理 15 级中断。如果 $n=9$，M 为 64，即 9 片 82C59A 可以管理 64 级中断。

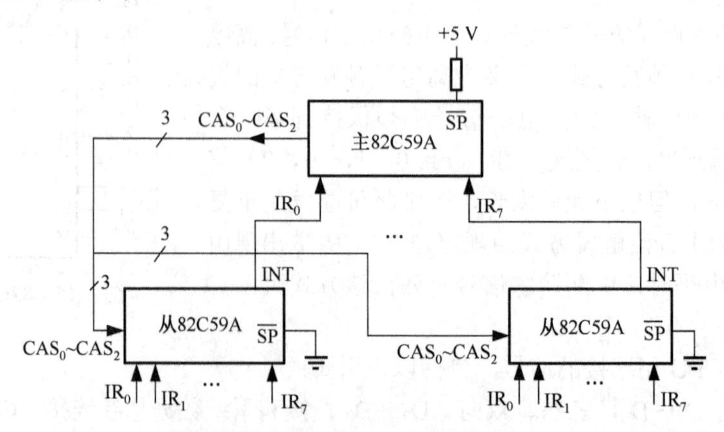

图 6-16 82C59A 主从式级联方式

6.4.3　82C59A 的工作原理

1．82C59A 中断控制过程

82C59A 工作在 80x86 微机中，82C59A 在 $\overline{CS}$、A0、$\overline{RD}$ 和 $\overline{WR}$ 信号控制下，用户根据实际要求对其初始化编程后，82C59A 便处于准备就绪的工作状态，随时接收各外设的中断请求，并按照初始化编程的要求管理各级中断。

当 82C59A 中断请求输入端 IR_7～IR_0 在接收到外设中断请求信号时，82C59A 便将 IRR 中所对应位置 1，并锁存该信号，如果在屏蔽寄存器 IMR 中所对应的位为 0 状态，即未有屏蔽对应的中断请求源，那么，通过 PR 对各中断源请求进行优先级裁决，按照优先级的高低，响应当前优先级最高的中断源请求，于是通过 INT 中断请求输出端向 CPU 申请中断。

CPU 响应可屏蔽中断的时序如图 6-17 所示。CPU 接收到 82C59A 中断请求信号后，若中断屏蔽寄存器 IF 为 0 状态，则 CPU 不响应此次中断申请，反之，IF ＝ 1，CPU 则向 82C59A 输出中断响应信号 $\overline{INTA}$（负脉冲）。82C59A 在接收到第一个 $\overline{INTA}$ 信号后，将所响应中断源在 ISR 所对应的位置 1，而在 IRR 中所对应的位清零。82C59A 在接收到 CPU 输出的第二个 $\overline{INTA}$ 信号（负脉冲）后，将当前中断源的中断类型号输出到数据总线。CPU 在读取数据总线上中断类型号后，通过中断向量表（实模式）或中断描述符表（保护模式）转向执行对应的中断服务程序。

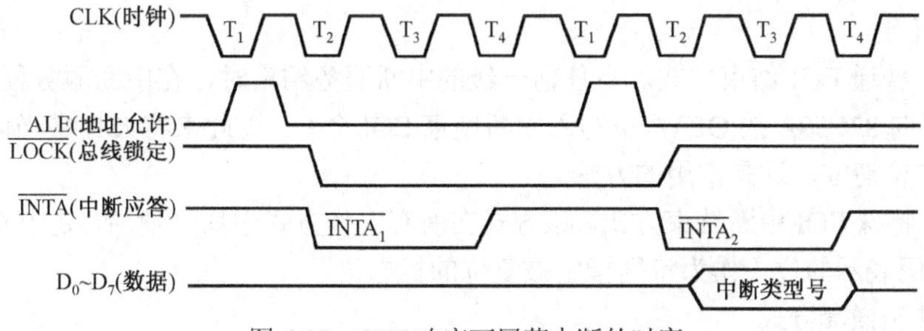

图 6-17　CPU 响应可屏蔽中断的时序

中断服务程序结束时，若 82C59A 工作为非自动结束 EOI 模式，此时要执行 EOI 指令，清除 ISR_i 对应的位。若 82C59A 工作为自动中断结束（AEOI）模式，82C59A 在接收到 CPU 输出的第二个 $\overline{INTA}$ 信号结束时，便自动将对应的 ISR_i 位清零。

2．中断请求触发方式

82C59A 中断请求输入端 IR_7～IR_0 的中断请求触发方式，可以设置为边沿触发或电平触发两种方式。

第一种，边沿触发方式。82C59A 输入端 IR_i 输入电平由低电平跳变为高电平时，触发 82C59A 内部中断请求寄存器对应的位。申请中断并得到响应后，当 ISR 中对应的位（ISR_i）被复位之后，若 IR_i 输入仍为高电平，此时 82C59A 也不会重复响应 IR_i 的中断请求。但是，边沿触发要求 IR_i 输入端在由低电平跳变为高电平后，其高电平应保持到 CPU 响应中断输出的第一个应答 $\overline{INTA}$ 信号之后。

第二种，电平触发方式。当 82C59A 输入端 IR_i 输入为高电平时，82C59A 便向 CPU 申请中断。在电平触发下，如果设置自动结束中断方式，响应中断后，ISR 中对应的位（ISR_i）被复位，如果此时 IR_i 输入端仍处于高电平，82C59A 则会产生重复响应中断的错误。

但是，82C59A 要求 IR_i 输入端高电平宽度也不能太窄，电平触发方式和边沿触发方式都要求高电平必须保持到 CPU 响应中断输出第一个 $\overline{INTA}$ 由低电平变为高电平之后，否则电平触发过程无效。

3．82C59A 中断优先权管理方式

中断优先权的管理分为全嵌套方式、特殊全嵌套方式、优先级自动循环方式、中断屏蔽方式 4 种。

（1）全嵌套方式

全嵌套方式是 82C59A 默认的方式，也是最常用的管理方式。所谓默认的方式是指对 82C59A 初始化编程以后，如果没有设置其他的优先级方式，那么，82C59A 就按照全嵌套方式工作。

在全嵌套方式下，IR_0 具有最高优先级别，IR_7 优先级别最低，优先级的顺序是从 $IR_0 \rightarrow IR_7$。在此方式下，高优先级中断可以中止低优先级中断，显然最多可以实现 7 级中断嵌套。

在全嵌套方式中，中断结束方式有自动 EOI 方式、普通 EOI 方式、特殊 EOI 方式三种。

第一种，自动结束（AEOI）方式。任何一级中断被响应后，ISR 中的相应位置 1，但在第二个 $\overline{INTA}$ 结束时，自动将 ISR 中相应服务位的标志清零，缺点是任何一级中断在执行中断服务程序期间，在 82C59A 的 ISR 中没有留下标记。在 CPU 的中断允许位 IF = 1 的情况下，如果出现了任意一个新的中断请求，都将中止正在执行的中断程序，从而造成混乱嵌套的错误发生。

第二种，普通 EOI 结束方式。在任何一级的中断服务结束时，在中断服务程序执行 IRET 指令之前，要向 82C59A 的 OCW_2 中写入中断结束 EOI 命令，以此来将 ISR 中当前最高级别的中断服务标志位清零，这是常用的方法。

第三种，特殊 EOI 中断结束方式。该方式在所有工作方式中均可使用，是由 OCW_2 寄存器中 D_2～D_0 编码表示的位，作为特别指定被复位的标志位。

（2）特殊全嵌套方式

特殊全嵌套方式主要用于多片级联方式，在特殊全嵌套方式下，对应主 82C59A 而言的 8 个中断源都是同级的中断源，这些同级的中断源可以相互嵌套，能够实现同级中断请求的相互中断，因此被称为特殊全嵌套方式。

（3）优先级自动循环方式

在优先级自动循环方式中，各 IR_i 的优先级别不是固定不变的，而是可以按照某种方式改变的。优先级自动循环方式结合不同的结束中断方式，形成的循环方式有以下三种：

第一种，普通 EOI 循环方式。该方式用于系统中多个中断源具有相等优先级的场合，初始优先级顺序是：IR_0、IR_1、…、IR_7。每当任何一级中断被处理完后，CPU 给 82C59A 送普通 EOI 命令时，使它的优先级别降为最低，而原来比它低一级的中断源就变为最高优先级别，其他中断请求随即都提高 1 级，实现了各中断源优先级的循环改变。

第二种，自动 EOI 循环方式。任何一级中断被响应后，由第二个中断响应信号 $\overline{INTA}$ 的后沿自动将 ISR 寄存器中相应位清零，并随即改变各级中断源的优先级别，自动 EOI 循环方式会引起中断嵌套的混乱。

第三种，特殊 EOI 循环方式。特殊 EOI 循环方式可根据用户要求，将最低优先级赋给指定的中断源。

（4）中断屏蔽方式

中断屏蔽方式有两种：

① CPU 执行 CLI 指令，使 IF = 0，禁止所有的可屏蔽中断。

② 由 82C59A 通过中断屏蔽寄存器来实现，分为特殊屏蔽方式和普通屏蔽方式。特殊屏蔽方式是当 CPU 正在执行某级中断服务程序的过程中，仅对本级中断进行屏蔽。普通屏蔽方式是将中断屏蔽寄存器 IMR 中的某一位或某几位置 1，屏蔽相应中断请求输入的中断请求。

6.4.4　82C59A 的命令字及编程

对可编程中断控制器 82C59A 的操作可分成两个部分：预置初始化命令字和进入操作命令字。

首先预置初始化命令字 ICW_i（i = 1，2，3，4），一旦写入 ICW_i 后，一般在系统运行过程中不允许改变。然后，82C59A 将自动进入操作模式，用操作命令字 OCW_i（i = 1，2，3）来设定 82C59A 的操作方式，而且允许重置操作命令字，以便满足操作控制的需要。

1．初始化命令字

82C59A 仅包含两个内部端口地址，一个偶地址端口，引脚 A_0 = 0；一个奇地址端口，引脚 A_0 = 1。82C59A 有 4 个初始化命令字和 3 个操作控制字，按照奇地址和偶地址，以及命令字带有特征位的方法，两个端口地址可以访问到 7 个寄存器。

（1）设置请求触发方式及芯片数量选择的命令字 ICW_1

首先写入 82C59A 的初始化命令字一定要使用偶地址，即写 ICW_1 时的地址引脚 A_0 = 0，接着按顺序用奇地址写入 3 个控制字。ICW_1 的控制字格式与作用如图 6-18 所示。

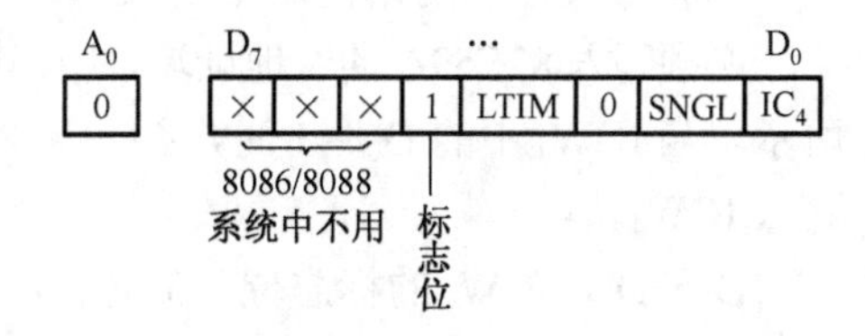

图 6-18　ICW1 的控制字格式

D_7～D_5，用于表示 8 位 CPU 方式下的向量地址，仅对 8080/8085 系统有效，在 80x86 系统中不用，可以设为 0。

D_4 位，ICW_1 寄存器标志位，必须设为 1，表示当前设置的是初始化命令字 ICW_1，以示和操作命令字 OCW_2、OCW_3 的区别。

D_3 位，设定中断请求信号的方式（LTIM），即触发方式选择位。D_3 = 1，中断请求为电平触发，D_3 = 0，中断请求为上升沿触发。

D_2 位，用于确定各中断源之间向量地址的间隔字节单元。在 8080/8085 系统中，D_2 = 1 有效，向量地址的间隔是 4 个单元。在 80x86 系统中 D_2 位设为 0，向量地址间隔单元为 8。

D_1 位，单片（SNGL）82C59A 使用。D_1 = 1，单片 82C59A 工作；D_1 = 0，多片 82C59A 级联使用。

D_0 位，确定初始化程序中，是否要对 ICW_4 设置命令字。若 D_0 = 1，要对 ICW_4 命令寄存器进行初始化编程，若 D_0 = 0，不需要。

（2）设置中断类型号高 5 位的初始化命令字 ICW_2

必须写入 82C59A 的奇地址端口中，控制字格式与作用如图 6-19 所示。

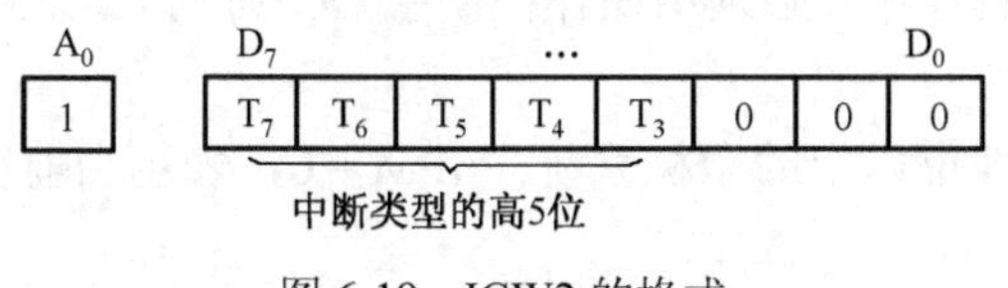

图 6-19　ICW2 的格式

82C59A 向 CPU 提供的 8 位中断类型号由两部分构成，其中，高 5 位 T_7～T_3 是由用户对 ICW_2 通过编程写入的，中断类型号的低 3 位，由 82C59A 内部电路自动生成，取决于引入中断的 8 个中断请求信号 IR_0～IR_7 的编号，例 IR_0 为 000，IR_1 为 001，……

（3）标识主片/从片初始化命令字 ICW_3

必须写入 82C59A 的奇地址端口中，ICW_3 有两种格式，如图 6-20 和 6-21 分别是主片和从片 ICW_3 初始化命令字的格式。

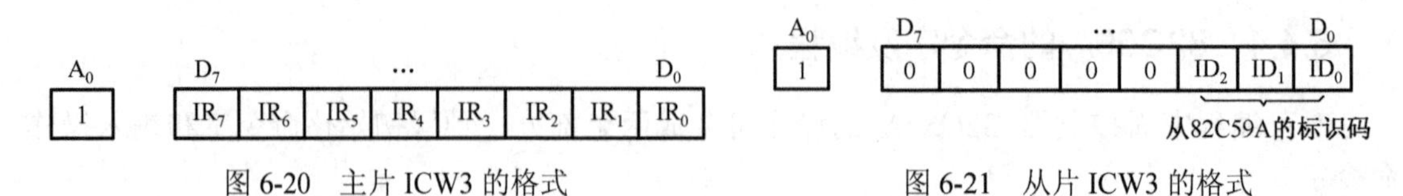

图 6-20 主片 ICW3 的格式　　图 6-21 从片 ICW3 的格式

ICW_1 中 SNGL = 1 时，单片 82C59A 工作，不用设置 ICW_3。

当系统中有多片 82C59A 级联时必须设置 ICW_3，ICW_3 用来指出主片上连接从片和从片连接到主片上的情况。

主片 ICW_3 告之该主片有哪几个输入端接入了从片。

在主片 ICW_3 中，若 IR_i = 1，表示接有从片，IR_i = 0，表示没有接入从片。例如 IR_0 和 IR_3 连接有从片，则其 ICW_3 的格式应该是 00001001B。

从片的 ICW_3 告之该从片接入到了主片 IR_i 的哪一个输入端，用 $ID_2ID_1ID_0$（identifier）三位标识码表示。例如从片接入到了主片的 IR_6 端，则从片 ICW_3 的格式应该是 00000110B。

（4）方式控制初始化命令字 ICW_4

必须写入 82C59A 的奇地址端口中，其格式如图 6-22 所示。当 ICW_1 中的 D_0 = 1 时，初始化 82C59A 时需要写入 ICW_4。

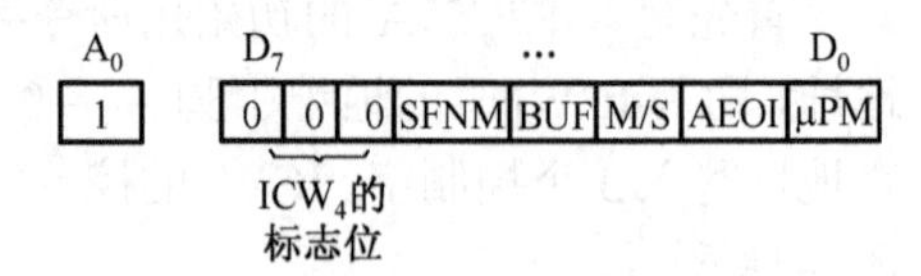

图 6-22 ICW4 的格式

D_7～D_5，ICW_4 的标志位，3 位必须为 0。

D_4 位（SFNM），SFNM = 1，表示当前 82C59A 工作于特殊全嵌套方式；SFNM = 0，表示当前 82C59A 工作于普通全嵌套方式。

D_3 位（BUF），设置 82C59A 与系统的连接方式。D_3 = 1，表示采用缓冲方式，82C59A 通过总线驱动器与数据总线相连，$\overline{SP}/\overline{EN}$ 用作为输出，作为输出允许端使用，用于数据总线驱动器的工作使能信号。D_3 = 0，表示 82C59A 工作在非缓冲方式，即数据总线不带缓冲器，此时 $\overline{SP}/\overline{EN}$ 用作为输入，$\overline{SP}$ = 0，该片为从片，$\overline{SP}$ = 1，该片为主片，此时 $M/\overline{S}$ 位不起作用。

D_2 位（$M/\overline{S}$），级联方式设置。在缓冲方式（BUF = 1）下，用来表示本片是主片还是从片。当 $M/\overline{S}$ = 1 时，表示该片为主片；$M/\overline{S}$ = 0 时，表示该片为从片。当 BUF = 0 时，$M/\overline{S}$ 位不起作用，可为 0 或 1。

D_1 位（AEOI），设置中断结束方式位。当 AEOI = 1 时，82C59A 设置为中断自动结束方式，在自动结束方式下，当第 2 个中断响应负脉冲 $\overline{INTA}$ 结束时，将中断服务寄存器的相应位清零；当 AEOI = 0 时处于非自动结束方式，在中断处理程序中，必须用操作控制字 OCW_2 向 82C59A 发中断结束命令。

D_0 位（μPM），μPM = 1，表示 82C59A 用于 8 位以上的微机系统；μPM = 0，表示当前所在系统为 8 位微机系统。

2．82C59A 初始化编程

首先，系统必须对每个 82C59A 的具体应用进行初始化设置，然后，82C59A 才能进入正常工作。初始化设置是通过编程将初始化命令字按要求写入 82C59A 的每一端口来实现的，其初始化流程如图 6-23 所示。

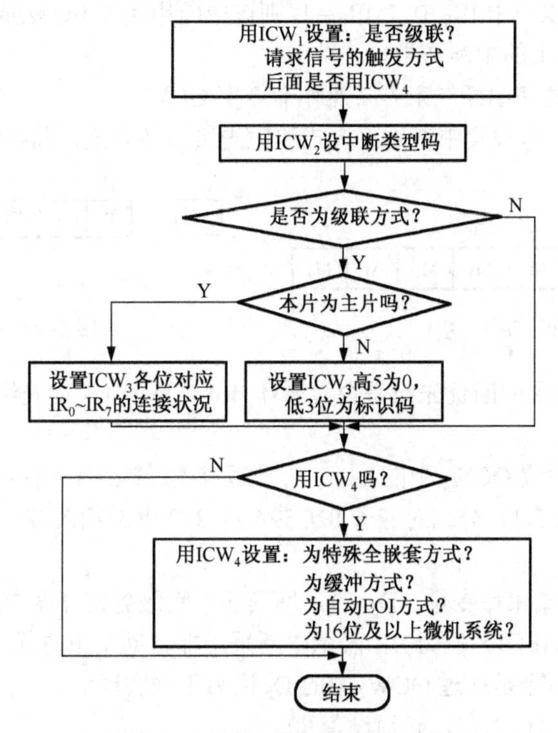

图 6-23　82C59A 的初始化流程图

【例 6-7】 设 16 位微机系统中只有一片 82C59A，中断请求信号为边沿触发方式，中断类型号为 08H～0FH，中断优先级管理采用特殊全嵌套方式，非自动结束方式，系统中未使用数据缓冲器，系统分配给 82C59A 的端口地址为 20H 和 21H，试对该 82C59A 进行初始化编程。

由于系统中使用单片 82C59A，所以初始化时不需要 ICW_3，82C59A 要求工作在非缓冲方式，故在硬件上将 $\overline{SP}/\overline{EN}$ 接+5V，ICW_4 中的 $M/\overline{S}$ 位无意义，可设置为 0。

对 82C59A 的初始化程序如下：

```
MOV   AL，00010011B        ；设置 ICW1 初始化命令字，单片使用，边沿触发，要送 ICW4
OUT   20H，AL              ；将 ICW1 输出到偶地址端口
MOV   AL，00001000B        ；ICW2 中断类型号基值是 00001
OUT   21H，AL              ；将 ICW2 送入奇地址端口
MOV     AL，00010001B      ；ICW4，特殊全嵌套方式，非自动结束，非数据缓冲
OUT   21H，AL              ；将 ICW4 送入奇地址瑞口
```

3．操作命令字

82C59A 有 3 个操作命令字，即 OCW_1、OCW_2 和 OCW_3。操作命令字在应用程序中设置，根据某些操作要求，通过操作命令字的设置，改变 82C59A 的工作状态。操作命令字的设置没有固定的顺序，而且可以根据需要多次写入。但是，OCW_1 必须写入奇地址端口，OCW_2 和 OCW_3 必须写入偶地址端口。

（1）中断屏蔽操作命令字 OCW_1

OCW_1 称为中断屏蔽操作命令字，用来实现对中断源的屏蔽与否，OCW_1 的内容被直接置入屏蔽寄存器 IMR 中，其格式如图 6-24 所示。

OCW_1 的 D_7～D_0 位与中断屏蔽寄存器的 IMR_7～IMR_0 一一对应。设置 OCW_1 时，OCW_1 命令字的各位分别写入 IMR_7～IMR_0 中，$IMR_i = 1$，则该中断申请位 IR_i 被屏蔽。例如，$OCW_1 = 03H$，则仅屏蔽 IR_1 和 IR_0 引脚上的中断请求。

（2）优先级循环方式和中断结束方式操作命令字 OCW_2

OCW_2 有两个功能，即设置中断结束方式和优先级循环方式，其格式如图 6-25 所示。

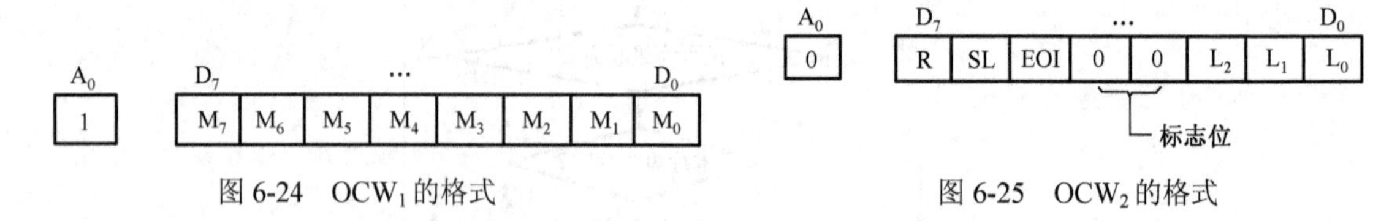

图 6-24　OCW_1 的格式　　　　图 6-25　OCW_2 的格式

D_7 位（R），用于设置中断优先级是否为循环方式。$D_7 = 1$，优先级循环方式，$D_7 = 0$，非循环方式。

D_6 位（SL），用于设置 OCW_2 中的 $L_2\ L_1\ L_0$ 是否有效。$D_6 = 1$，表示 D_2～D_0（$L_2\ L_1\ L_0$）有效，$L_2\ L_1\ L_0$ 取值 000 到 111，分别对应于 82C59A 的 8 个中断输入 IR_0～IR_7。$D_6 = 0$，$L_2\ L_1\ L_0$ 无效。

D_5 位（EOI），中断结束命令位。$D_5 = 1$，使当前中断服务寄存器中的对应位复位。如前所述，如果 ICW_4 中 D_1（AEOI）位为 0，表示中断采用非自动结束方式，则 ISR_i 对应位必须用 EOI 命令来复位，EOI 命令是通过 OCW_2 中的 D_5 位为 1 来实现的。

D_4、D_3 位，OCW_2 的标志位，必须设置 00。

D_2～D_0 位（$L_2\ L_1\ L_0$），有两个用途：当 OCW_2 给出特殊的中断结束命令时（即 EOI = 1，SL = 1，R = 0），L_2、L_1 和 L_0 指出了具体应清除中断服务寄存器中的哪一位；当 OCW_2 给出特殊的优先级循环方式命令时（即 EOI = 0，SL = 1，R = 1），设置循环开始时按 L_2、L_1、L_0 值确定一个最低优先级。

表 6-5 是 R、SL、EOI（D_7、D_6、D_5）的组合功能表。

表 6-5　R、SL、EOI 的组合功能

R SL EOI	功　能
0 0 0	取消自动 EOI 循环
0 0 1	一般中断结束方式，使用 OCW_2 作为一个一般的中断结束命令。通常用在全嵌套和特殊全嵌套工作方式
0 1 0	OCW_2 没有意义
0 1 1	特殊中断结束命令，一旦 CPU 向 82C59A 发出这一命令，82C59A 将 ISR 中由 $L_2\ L_1\ L_0$ 所指定中断级别的相应位清零
1 0 0	设置优先级自动循环方式
1 0 1	发中断结束命令，并仍然用优先级循环方式
1 1 0	优先级特殊循环方式，设置按 $L_2\ L_1\ L_0$ 值确定一个最低优先级，最高优先级赋给它的下一级
1 1 1	发中断结束命令，并用优先级特殊循环方式

（3）特殊屏蔽方式和中断查询方式操作命令 OCW_3

OCW_3 被称之为特殊屏蔽方式和中断查询方式操作命令。它有 3 个功能：一是设置和撤销特殊屏蔽方式，二是设置中断查询方式，三是设置对82C59A内部寄存器（ISR、IRR）的读出命令。其格式如图6-26所示。

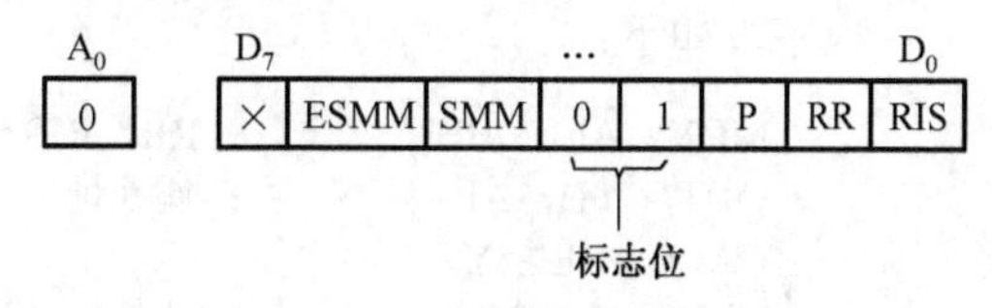

图6-26　OCW_3的格式

① 设置和撤销特殊屏蔽方式

ESMM（Enable Special Mask Mode）称为特殊屏蔽允许位，SMM（Special Mask Mode）称为特殊屏蔽方式位，这两位的组合决定是设置特殊屏蔽还是撤销屏蔽，组合功能如表6-6所示。

表6-6　ESMM、SMM的组合功能

ESMM	SMM	功　能
0	0	不能建立特殊屏蔽方式，SMM位不起作用
0	1	不能建立特殊屏蔽方式，SMM位也不起作用
1	0	撤销特殊屏蔽方式，恢复原来的优先级控制
1	1	设置为特殊屏蔽方式，屏蔽本级中断请求，允许高级或低级中断申请进入

特殊屏蔽方式是82C59A为了响应低级中断而提供的一种特殊功能。为了中断当前的中断服务程序转去响应低级中断，CPU要先向82C59A发出一个特殊屏蔽字，使82C59A进入特殊屏蔽状态，此时，只要CPU中的IF = 1，中断是开放的，系统可以响应任何没有屏蔽的中断（只有本级中断请求被屏蔽）。当低级中断处理完毕返回被中断的高级中断服务程序的断点时，要发出撤销特殊屏蔽字，以恢复原来的嵌套顺序。

例如，OCW_3 = 68H，设置特殊屏蔽方式字；OCW_3 = 48H，撤销特殊屏蔽方式字。

② 设置中断查询功能

OCW_3中的P位称为中断查询方式位，当P = 1时，使82C59A设置成中断查询方式。在查询方式下，CPU不是靠接收中断请求信号来进入中断处理过程的，而是靠发送查询命令后读取查询字，通过查询字来获得外部中断设备的中断请求信息。向82C59A偶地址端口写入一个查询命令OCW_3 = 0CH后，接着执行输入指令，便可以获取一个8位的查询字，并将查询字送到数据总线，从查询字中可以发现是否有中断请求，以及当前优先级最高的中断请求是哪一个。82C59A的查询字格式如图6-27，图中D_7 = 1，说明有中断请求，由于$W_2W_1W_0$ = 101，所以当前请求中断级别最高的是IR_5，于是CPU便可以转入IR_5的中断处理程序。

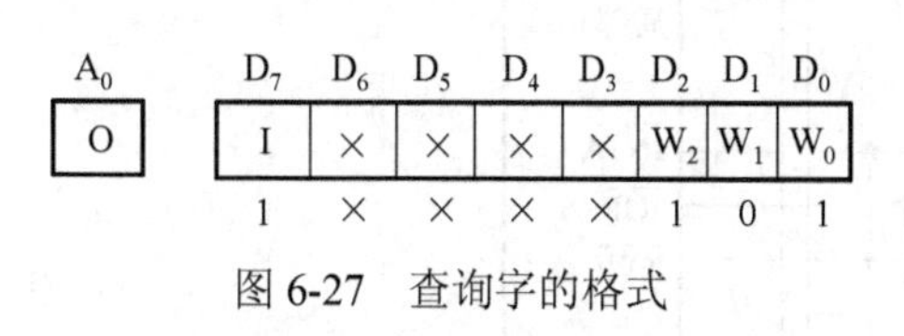

图6-27　查询字的格式

③ 设置读内部寄存器（ISR、IRR）功能

在写入规定的OCW_3命令字后，可以指定读取ISR或IRR寄存器的当前值，OCW_3中的D_1、D_0两位用来指定具体读ISR和IRR中的哪一个寄存器。

从82C59A偶地址写入OCW_3命令字，具体方式为：

当RR、RIS = 11时，下一条IN指令要读取ISR寄存器的内容；

当RR、RIS = 10时，下一条IN指令要读取IRR寄存器的内容。

对IMR寄存器的读出，不需要事先发出指定命令，直接通过读奇地址端口就可以随时读到IMR寄存器的内容。

【例6-8】 设82C59A的两个端口地址分别是20H和21H，先后按顺序读取IRS、IRR和IMR寄存器的值，将读出的3个值存入内存，编写程序段。

程序段如下：

```
MOV   AL，0BH        ；RR、RIS = 11
OUT   20H，AL        ；偶地址
CALL  DELAY
IN    AL，20H        ；从偶地址读出中断服务寄存器的状态
MOV   [SI]，AL       ；存入内存
INC   SI
MOV   AL，0AH        ；RR、RIS = 10
OUT   20H，AL        ；偶地址
CALL  DELAY
IN    AL，20H        ；从偶地址读出中断请求寄存器的状态
MOV   [SI]，AL
INC   SI
IN    AL，21H        ；从奇地址读出中断屏蔽寄存器的状态
MOV   [SI]，AL
```

6.4.5 82C59A 在微机系统中的应用

在 IBM PC/AT 微机中，两片 82C59A 级联成 15 级中断。在后来的超大规模多功能外围芯片组中，集成了两片 82C59A，构成主、从式级联，并级联成 15 级中断，其原理图如图 6-28 所示。

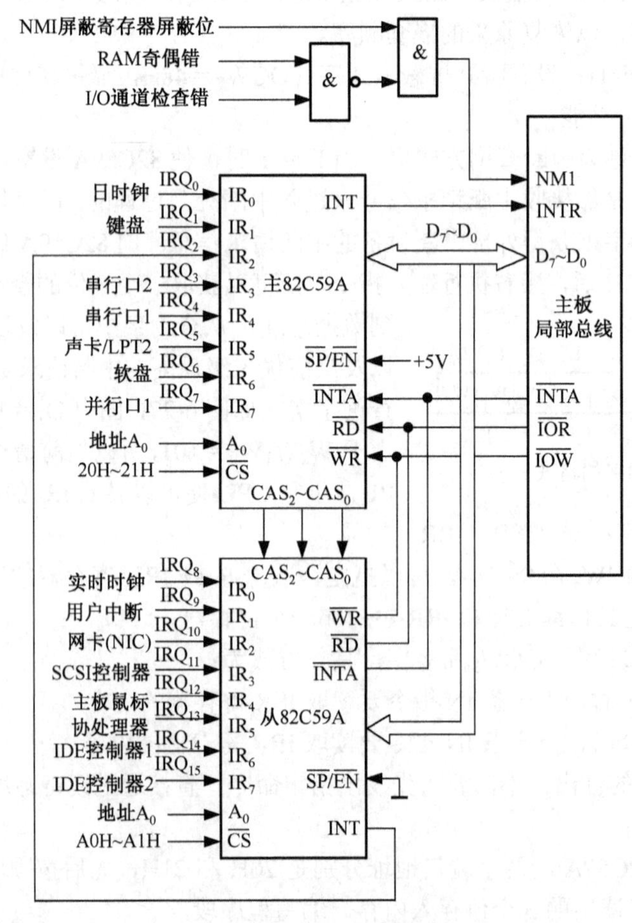

图 6-28 主、从式级联

在图 6-28 中，从片的中断申请输出 INT 接至主片的 IR_2，主片的 INT 与 CPU 的可屏蔽中断申请输入 INTR 连接，主片的 $\overline{SP}/\overline{EN}$ 接+5V，从片的 $\overline{SP}/\overline{EN}$ 接地，级联信号 CAS_0～CAS_2 互相连接，主、从 82C59A 的 $\overline{INTA}$ 均并接到 CPU 的 $\overline{INTA}$。

两片 82C59A 共计可以实现 15 级中断，15 级中断的优先级及应用情况参考表 6-7。表中的 IR_0～IR_7 是主 82C59A 的中断申请输入端，IR_8～IR_{15} 则属于从 82C59A。

中断请求 IR 是硬件中断，也就是说原 PC 主板上的每一个 ISA 扩展槽都有一条相应的物理线路与之相连。有两种类型的 ISA 扩展槽：8 位扩展槽(IBM PC/XT)和 16 位扩展槽(IBM PC/AT)。16 位的扩展槽既可以用作 8 位的扩展槽，也可以作为 16 位的增强型 ISA 槽来使用。

主板上有 8 条 IR（IR_0～IR_7）线连接到 8 位的 ISA 扩展槽，还有另外的 8 条（IR_8～IR_{15}）连接到 16 位的增强型 ISA 槽。所以，在一台典型的 ISA 总线的 PC 中总共有 16 条 IR 请求线。其优先级见表 6-7。

表 6-7　15 级中断的功能和优先级

优先级	IR	类型号	功能	是否有物理线路	ISA 总线类型
最高	IR_0	08H	日时钟中断	否	
↓	IR_1	09H	键盘控制器中断	是	
	IR_2	0AH	串接 IR_8-IR_{15}	否	
	IR_8	70H	实时时钟（RTC）	否	
	IR_9	71H	改向 INT 0AH（以 IR_2 出现）	是	8/16 位
	IR_{10}	72H	网卡（NIC）	是	16 位
	IR_{11}	73H	SCSI 控制器	是	16 位
	IR_{12}	74H	主板鼠标/可用	是	16 位
	IR_{13}	75H	数学协处理器	否	
	IR_{14}	76H	IDE 控制器 1	是	16 位
	IR_{15}	77H	IDE 控制器 2	是	16 位
	IR_3	0BH	COM2/COM4	是	8 位
	IR_4	0CH	COM1/COM3	是	8 位
	IR_5	0DH	声卡/LPT2	是	8 位
	IR_6	0EH	软盘控制器	是	8 位
最低	IR_7	0FH	并行口/LPT1	是	8 位

两片 82C59A 级联的特点如下：

（1）主片端口地址是 20H 和 21H，从片端口地址是 A0H 和 A1H，

（2）主片上的中断类型号是 08H～0FH，从片上的中断类型号是 70H～77H。

（3）主、从片中断请求信号都采用边缘触发方式。

（4）主、从片都采用完全嵌套方式管理中断优先级，则两片构成的优先级如表中所示。

（5）主、从片均采用一般结束方式。

（6）主片的 $\overline{SP}/\overline{EN}$ 连接+5V，从片的 $\overline{SP}/\overline{EN}$ 接地，构成非缓存方式。

根据主、从级联的特点，编写主、从 82C59A 的初始化程序如下：

```
    ；主 82C59A 的初始化
    MOV     AL，11H          ；写 ICW1，边缘触发，多片，需要 ICW4
    MOV     20H，AL
    JMP     SHORT  $+2       ；CPU 对写 I/O 端口的等待
    MOV     AL，8            ；写 ICW2，高 5 位中断类型号
```

```
        OUT     21H，AL
        JMP     SHORT $+2
        MOV     AL，04H         ；写ICW3，主片的IR2输入端接从片
        OUT     21H，  AL
        JMP     SHORT $+2
        MOV     AL，01H         ；写ICW4，非缓冲，完全嵌套，非自动结束
        OUT     21H，AL
        JMP     SHORT $+2
        MOV     AL，0FFH        ；写OCW1，屏蔽主82C59A所有中断请求
        OUT     21H，  AL
；从82C59A的初始化
        MOV     AL，11H         ；写ICW1，边缘触发，多片，需要ICW4
        MOV     A0H，AL
        JMP     SHORT $+2
        MOV     AL，70H         ；写ICW2，高5位中断类型号
        OUT     A1H，AL
        JMP     SHORT $+2
        MOV     AL，02H         ；写ICW3，从片接主片IR2
        OUT     A1H，  AL
        JMP     SHORT $+2
        MOV     AL，01H         ；写ICW4，非缓冲，完全嵌套，非自动结束
        OUT     A1H，AL
        JMP     SHORT $+2
        MOV     AL，0FFH        ；写OCW1，屏蔽从82C59A所有中断请求
        OUT     A1H，AL
```

由于主、从片都采用一般中断结束方式，所以，结束中断服务程序时，都要在执行 IRET 指令之前，向 OCW_2 控制字写入结束中断命令 EOI。

图 6-28 还具有非屏蔽中断的中断输入控制逻辑，其中，NMI 屏蔽寄存器屏蔽位是逻辑 1 有效，而 RAM 奇偶错、I/O 通道检查错都是低电平有效。注意，CPU 对于高电平有效的 NMI 请求是不屏蔽的。

6.5 实模式的中断技术

6.5.1 中断及中断系统

1. 中断及中断源

“中断”是指在 CPU 正常运行程序时，由于内、外部事件引起 CPU 暂时中止正在运行的程序，去执行请求 CPU 暂时中止的内、外部事件的服务程序，待服务程序处理完成后又返回到被中止的程序，继续执行原来的程序。能够向 CPU 发出中断请求的中断来源都称为“中断源”。

在 80286 以后的处理器中，将中断分为外部中断和内部异常两大类：由外部事件引起的中断称为外部中断（硬件中断），由内部事件引起的中断称为内部异常（软件中断）。外部中断，一般是由计算机的外部设备向 CPU 提出的中断请求。软件中断，分两种情况：① 执行软中断指令，如执行 INT n 指令时产生的中断；② 执行异常，是指 CPU 执行一条指令过程中出现错误、故障等不正常条件引发的中断，例如在保护模式的越界访问、访问权的限制等。

2. 中断系统

中断系统是指计算机实现中断操作所需要的所有硬件与软件的总称。中断系统具有中断处理和中断控制两方面的功能。

中断处理：能够发现中断请求、响应中断请求、中断处理与中断返回。

中断控制：能够实现中断优先级的排队和中断嵌套。

6.5.2 可屏蔽中断的中断响应与中断处理

下面以可屏蔽中断为例，讨论中断响应的条件与中断处理的过程。

1. CPU 响应中断的条件

（1）设置中断请求触发器

在中断接口电路中，必须设置中断请求触发器，以便记忆某外设的中断请求。如中断控制器 89C52A 有一个 8 位的中断请求寄存器 IRR，实际上由 8 个触发器构成，有外部中断申请信号触发，使其为“1”状态，记忆外设的中断请求。

每个中断源通过中断接口电路向 CPU 发出中断请求信号是随机的，而 CPU 通常都是在现行指令周期结束时，才检测中断接口是否向 CPU 提出了中断请求，故在现行指令执行期间，必须把随机输入的中断请求信号先锁存起来，以便 CPU 执行完现行指令后去检测，并且，要求中断请求信号保持到 CPU 响应这个中断请求之后才可以清除掉。

如图 6-29 所示是中断请求触发器和中断屏蔽触发器的组成示意图。当外设提出请求时，READY 由低电平跳变到高电平，中断请求触发器的 Q 端变为“1”状态。

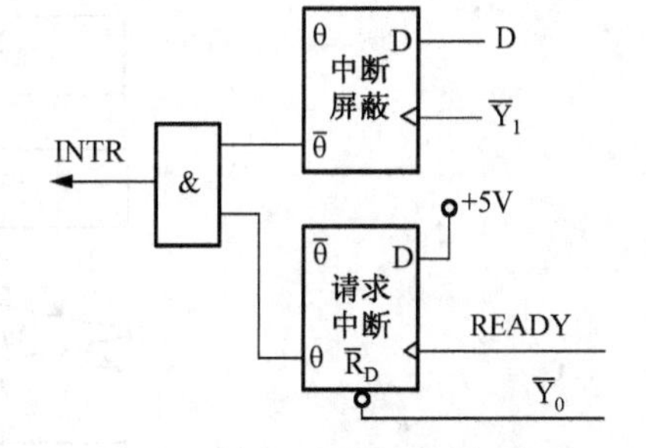

图 6-29　中断请求触发器和中断屏蔽触发器的组成示意图

（2）设置中断屏蔽触发器

在中断接口电路中，必须设置中断屏蔽触发器，以便 CPU 开启或禁止某外设中断的请求，89C52A 有一个 8 位的中断屏蔽寄存器 IMR，可以屏蔽或开启对应的 8 个中断请求输入。

图 6-29 也示意了 89C52A 中 8 位中断屏蔽寄存器 IMR 某一位的屏蔽工作原理：如果 CPU 通过片选 $\overline{Y}_1$ 向中断屏蔽触发器写入“1”状态，则 $\overline{Q}$= “0”。由于中断屏蔽触发器的 $\overline{Q}$= “0”状态，使得中断请求触发器的“1”状态不可能通过与门传送到 CPU 的可屏蔽中断申请输入端 INTR，于是禁止该位的中断请求。如果 CPU 通过片选 $\overline{Y}_1$ 向中断屏蔽触发器写入“0”状态，其 $\overline{Q}$= “1”状态，则允许中断。

（3）CPU 内部设置中断允许触发器

在 CPU 内部有一个中断允许触发器 IF，可以使用如下两条指令对其置 1 或清零。

STI　；IF = 1，允许可屏蔽中断

CLI　；IF = 0，禁止可屏蔽中断

当 CPU 复位时，中断允许触发器 IF 复位为 0 状态，即关中断。

当中断响应后，CPU 就自动关闭中断，以禁止接受另一个新的中断，因而通常在中断服务程序结束之前，必须要执行两条指令，即允许中断指令（STI）和中断返回指令（IRET）。

在多个中断源的情况下，每个中断源有一个中断的优先级，高优先级的中断源可以中断掉低优先级的中断服务程序，因此，应该在低优先级的中断服务程序中，保护好现场后开中断，以便 CPU 能够响应新的中断，实现中断嵌套。

（4）CPU 在现行指令结束后响应中断

在满足上述 3 个条件的情况下，CPU 在执行现行指令的最后一个总线周期的最后一个时钟周期时，才检测中断输入线 INTR（或 NMI），若发现中断请求有效，那么，下一总线周期进入中断响应周期。

2．CPU 对中断的响应过程

CPU 响应与处理可屏蔽中断的流程图如图 6-30 所示。

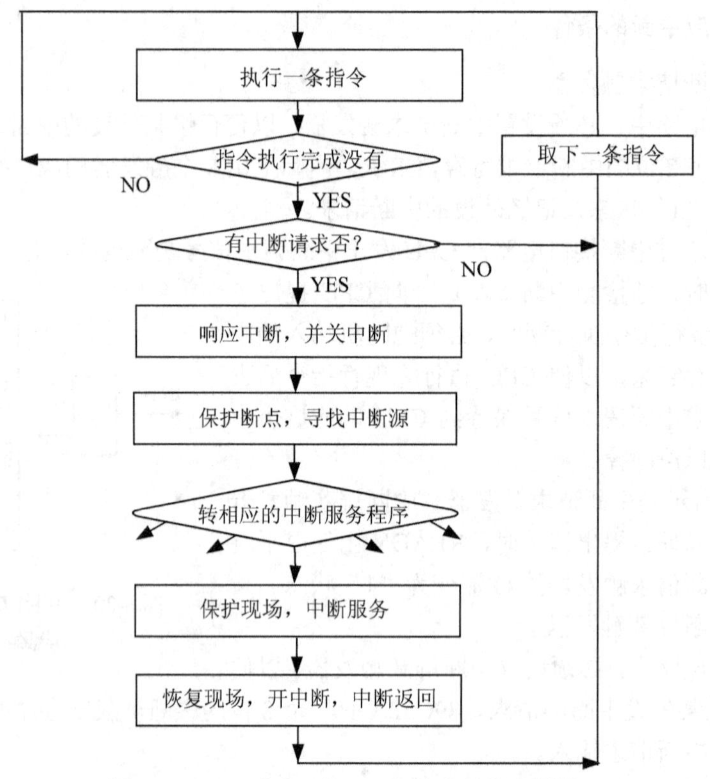

图 6-30 CPU 响应及处理可屏蔽中断的流程图

CPU 响应中断的过程如下。

（1）响应中断并关中断

CPU 发出中断响应信号 $\overline{\text{INTA}}$，准备读取中断类型号。

CPU 在响应中断后，使中断允许标志位 IF = 0，以禁止接受其他的中断请求。

（2）保护断点并寻找中断源

断点处的标志寄存器 F 的内容、段寄存器 CS 值和指令指针 IP 值被称之为断点。将 F、CS、IP 值依次压入堆栈保存，称为保护断点，以便中断处理完后能正确地返回到主程序的断点地址，接着执行被中断的程序。通过中断类型码寻找中断源。

（3）识别中断源并转到相应的中断服务程序

CPU 要对中断请求进行处理，必须要找到相应中断服务程序的入口地址（也称首地址），并执行该中断服务程序，首要的问题是如何识别中断源。80x86 采用向量中断（Vectored Interrupt）方式来识别中断源，从而寻找中断服务程序的入口地址。

向量中断，又称矢量中断，在使用向量中断的微机系统中，每个外设都预先指定了一个中断类型号（0～255），又称为中断类型码、中断向量号及向量类型等。当 CPU 识别出某个外设请求中断并予以响应时，控制逻辑就将该外设的中断类型号送入 CPU，CPU 依据中断类型号，在中断向量表（各中断服务程序入口地址排列而成的表）中寻找相应的中断服务程序的入口地址（CS:IP），该入口地址称为中断向量。然后，转入中断服务，即执行中断服务程序。

用向量中断来确定中断源，在外部中断是采用可编程中断控制器 82C59A 来提供中断类型号的。在执行软中断指令时，软中断指令中已经提供了中断类型号。

（4）保护现场、中断服务及恢复现场

为了避免中断服务程序的运行而破坏主程序中有关寄存器中的内容，必须把中断服务程序中要使用的寄存器中的值暂时压入堆栈保护，在中断服务程序执行完毕后，从堆栈中弹出并还给原来有关的寄存器。例如：

```
PUSH  AX
PUSH  SI
```

执行中断服务程序

```
POP  SI
POP  AX
```

（5）开中断与返回

在返回主程序之前要开放中断，目的是返回主程序后能继续响应新的中断请求。从中断返回到断点处，有一条专门的中断返回指令（IRET），该指令的隐操作是将堆栈栈顶处连续的 3 个字依次弹出给指令指针 IP、段寄存器 CS、标志寄存器 F，CS 和 IP 中有了断点处的值，于是 CPU 继续执行原来的程序。即：

```
STI
IRET
```

6.5.3　实模式的中断系统

32 位微机在实模式的中断机制与 8086 CPU 的中断机制完全兼容，所以，本节主要以 8086 CPU 的中断系统为例进行分析。

1．中断的分类

中断源可分为两大类：外部中断和内部中断，80x86 实模式系统下的中断源如图 6-31 所示。外部中断分为可屏蔽中断（INTR）和非屏蔽中断（NMI），它们由 CPU 外部的硬件设备驱动，内部中断是指各个软中断，由软件中断指令的执行来启动软中断。80x86 实模式系统下最多能处理 256 种不同类型的中断，每个中断都有一个中断类型号，以供 CPU 进行识别。

（1）外部中断

从图中可以看到，80x86 有两条中断申请输入信号线——可屏蔽中断 INTR 和非屏蔽中断 NMI，可供外设向 CPU 发中断请求信号。

① 可屏蔽中断

微处理器内部的中断允许触发器能够“屏蔽”的外部中断，称为可屏蔽中断。80x86 CPU 的可屏蔽中断源发出的中断请求线是从 CPU 的 INTR 引脚申请的，所以是可屏蔽中断。一片 82C59A 负责管理最多 8 个外设以中断方式与 CPU 交换数据。

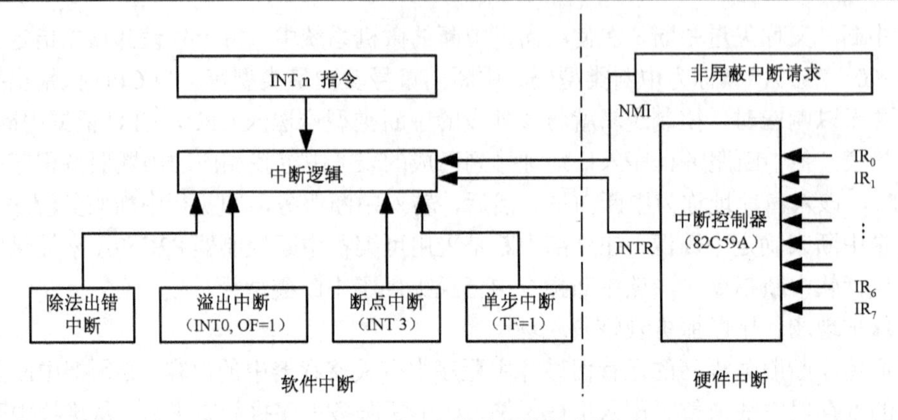

图 6-31　80x86 实模式系统的中断源

早期微机只有一片 82C59A，提供 8 个外设的中断请求 IRQ 输入，即 IR_0～IR_7。IR_0～IR_7 的中断类型码依次设为 08H～0FH，这是由计算机通过对 82C59A 执行写 ICW_2 操作来设定的。其中，IR_0 与计数器 0 的输出端 OUT_0 连接，用作微机系统的日时钟中断请求。IR_1 连接键盘输入接口电路送来的中断请求信号，请求 CPU 读取键盘扫描码。IR_2 保留。IR_3 连接串行异步通信接口 COM2 的中断请求信号，处理 COM2 是接收中断、发送中断或出错中断。IR_4 连接串行异步通信接口 COM1 的中断请求信号，IR_5 连接硬盘中断请求信号。IR_6 连接软盘中断请求信号。IR_7 连接打印机中断请求信号。

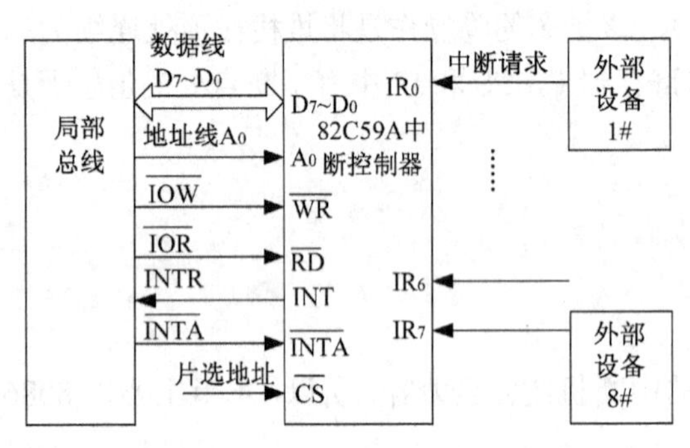

图 6-32　82C59A 与计算机系统的连接

图 6-32 是 82C59A 与计算机系统相连接的原理图。图中 CPU 通过数据总线向 82C59A 写命令字，以此来选择与控制 82C59A 的工作。

82C59A 接收与其相连接的外部设备送来的中断请求，并判断提出中断请求的哪一个外部设备的优先级最高，如果被选中设备的优先级比现行正接受服务设备的优先级高，就启动 8086 的 INTR 线。

当 INTR 信号为有效“1”电平时，有两种情况发生：IF = 0，表示 INTR 线上的中断是屏蔽的，CPU 将不理会该中断请求，而继续执行下一条指令。IF = 1，表示 INTR 线上的中断是开放的，CPU 在完成当前正在执行的指令后，立即响应中断，识别该中断请求源，并进行中断处理。

在中断控制接口中，还可以将中断屏蔽命令字写入 82C59A，从而有选择地屏蔽 82C59A 所控制的 8 个中断申请输入设备。

② 非屏蔽中断

从 80x86 CPU 的非屏蔽中断请求线 NMI 申请的中断，称为非屏蔽中断，中断允许标志 IF 对 NMI 中断请求线提出的中断申请不起屏蔽作用。

如图 6-28 所示，从 NMI 输入的非屏蔽中断请求信号来自系统 RAM 奇偶错、I/O 通道检查错等，这都是基础故障，必须紧 处理，非屏蔽中断能够立即被 CPU 锁存并响应，NMI 是边沿触发的，不需要电平触发，NMI 的优先级比 INTR 高。

非屏蔽中断的类型号被系统预定为 2，在 CPU 响应 NMI 时，直接按照中断类型号 2 去读取中断服务程序的首地址。因此，CPU 响应 NMI 与响应 INTR 是不相同，响应 NMI 并不需要执行中断响应总线周期。

（2）内部中断

内部中断是通过软件调用的不可屏蔽中断，包括溢出中断、除法出错中断、单步中断、INT n 指令中断及断点中断等。

① 除法出错异常

在执行除法指令 DIV 或 IDIV 时，如果除数为 0，或商超出了目标寄存器所能表达的范围，则 CPU 立即产生一个类型号为 0 的内部中断，称为除法出错异常。

例如，DIV DL　；AX/DL，商在 AL 寄存器中

如果 DL＝1，只要 AX 中数大于 255，执行该指令后，必然会产生除法出错异常。

② 溢出异常

如果上一条指令使溢出标志 OF 置 1，那么在执行溢出中断指令 INTO 时，立即产生一个中断类型号为 4 的软中断。

③ INT n 指令中断

8086 的指令系统中有一条 INT 指令，当执行完这条指令就立即产生中断。CPU 根据该指令中的中断类型号 n，确定调用哪个服务程序来处理这个中断。

④ 断点中断

断点中断的中断类型号为 3，该中断是专供调试程序设置断点所使用的，断点一般可以处于程序中的任何位置。调试程序中的 G 命令就是利用断点中断来中止被调试程序的。使用调试程序时，如果在程序段的最后加上一条 INT 3 指令，就可以停止程序的执行，而不必设置断点了。

⑤ 单步中断

单步中断也称为陷　中断，当单步标志 TF 置 1 时，8086 处于单步工作方式。在单步工作时，每执行完一条指令，CPU 就自动产生一个类型号为 1 的中断，作为中断处理过程的一部分，CPU 将自动地把标志寄存器和断点（CS：IP）值压入堆栈，然后清除 TF 和 IF，CPU 进入单步中断处理过程，它就不会以单步工作方式来执行程序，而以正常的方式执行单步处理的中断服务程序。当单步中断过程结束时，从堆栈中弹出原来的断点（CS：IP）值及标志寄存器 F 的内容，使 CPU 返回单步方式。

单步方式可以帮助用户调试程序，单步中断过程可以在每执行一条指令后打印或显示寄存器内容、指令指针的值、关键的存储器变量等。这样就能详细地跟踪一个程序的具体执行过程，确定问题的所在。

内部中断具有如下的特点：

- 中断类型号或者包含在指令中，或者是预先规定的；
- 不执行响应外部中断的中断响应周期；
- 除单步中断外，任何内部中断都无法禁止；
- 除单步中断外，任何内部中断的优先级都比外部中断的优先级高。

8086 中断源的优先级从最高依次到最低的顺序是：除法出错→INT n→INTO→NMI→INTR→单步。

2．中断向量表

中断向量表如图 6-33 所示，中断向量表是存放中断服务程序入口地址的表格。它存放在存储器的最低端（0000H：0000H～0000H：03FFH）共 1024 个字节的存储器单元中，每 4 字节存放一个中断服务程序的入口地址，一共可以存放 256 个中断服务程序的入口地址。在每 4 字节的入口地址中，较高地址的两个字节存放中断服务程序入口的段基值；较低地址的两个字节存放入口地址的段内偏移量。这 4 个单元的最低地址称为向量地址，或称中断向量指针，其值为对应的中断类型号乘以 4。

由图可见，中断向量表可以分为三部分：专用中断有 5 个，类型 0～类型 4，保留的有 27 个，类型 5～类型 31，可供用户定义的有 224 个，类型 32～类型 255。保留的中断类型码是为系统开发升级所保留。

【例 6-9】 中断向量分析示例。如果 CPU 响应中断类型号是 8 的中断，中断类型号 8×4 = 20H，中断向量在中断向量表中的向量地址（中断向量指针）是：0000：0020H，在该内存地址处存放了该中断服务程序的首地址，如图 6-34 所示。

从图 6-34 可以看出，中断类型号为 8 的中断服务程序的入口地址是 2010:0010H，CS 和 IP 分别获得 2010H 和 0010H 后，于是，CPU 从 2010:0010H 处开始执行中断服务程序。

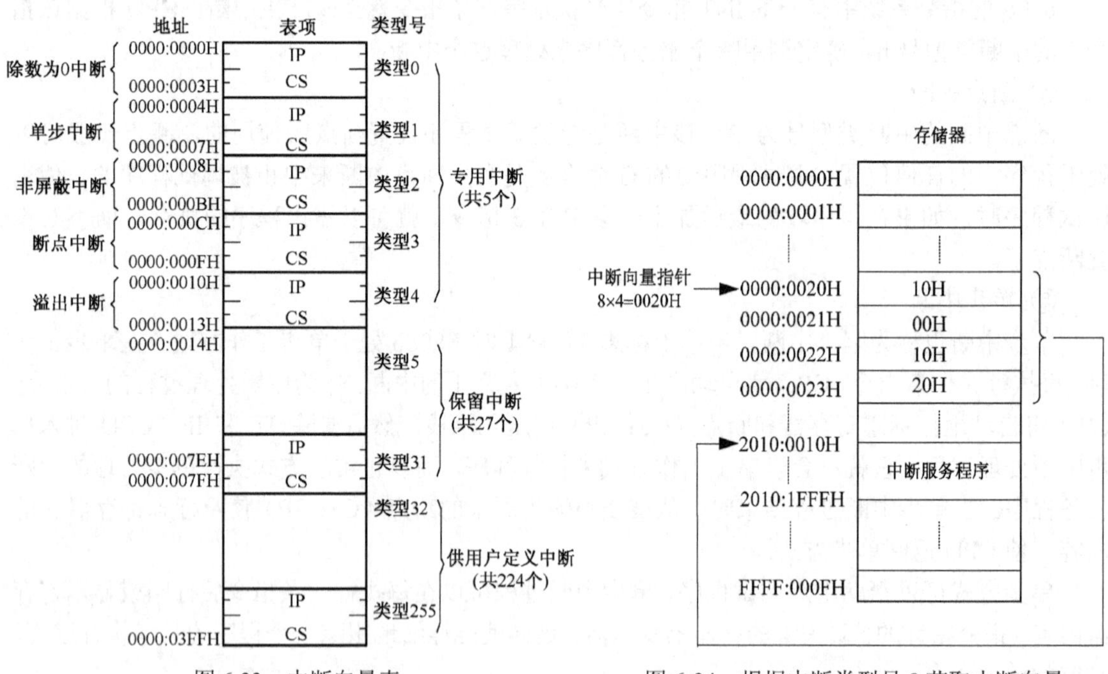

图 6-33 中断向量表　　　　图 6-34 根据中断类型号 8 获取中断向量

【例 6-10】 编程在中断向量表中设置中断向量，要求将中断向量 2010:0010H 设置到中断向量表中，使其对应的中断类型号是 8。

程序如下：

```
CODE SEGMENT 'CODE'                   ；定义代码段
    ASSUME CS:CODE，DS:DATA           ；假定伪指令
START: MOV  AX，0
       MOV  DS，AX                    ；中断向量表在主存的 0 段值内
       LEA  AX，PROMPT                ；取中断服务程序首地址 PROMPT 的偏移地址给 AX
```

```
        MOV   [8*4], AX             ；将中断服务程序首地址的偏移地址存入中断向量表中
        MOV   AX, SEG PROMPT        ；取中断服务程序的段地址到 AX 中
        MOV   [8*4+2], AX           ；将中断服务程序的段地址存入到中断向量表中
        …
        ；中断服务程序
        PROMPT: PUSH AX             ；设 PROMPT 的逻辑地址是 2010:0010H
                PUSH BX             ；保护现场
                …                   ；中断服务内容
                POP BX
                POP AX              ；恢复现场
                STI                 ；开中断
                IRET                ；中断返回
    CODE ENDS
          END START
```

3. 中断过程

（1）可屏蔽中断响应与处理过程

可屏蔽中断响应与处理的过程示如图 6-35 所示，从图中可以看出其处理过程由中断接口、CPU、中断向量表、中断服务程序区 4 部分组成。

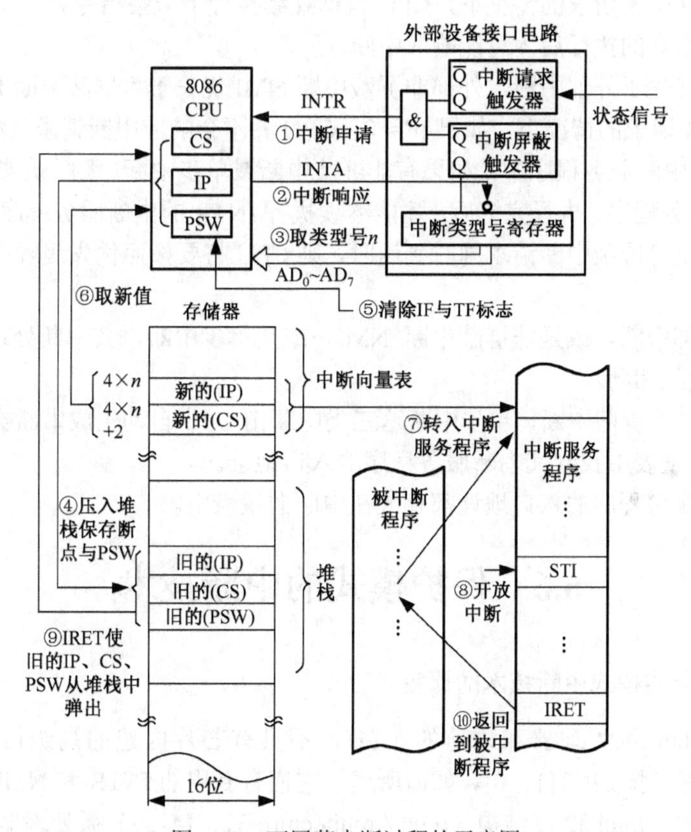

图 6-35　可屏蔽中断过程的示意图

中断响应与中断处理的过程如下：

① 首先，外设通过中断接口向 CPU 提出可屏蔽中断请求，INTR 有效（INTR 变为高电平）。

② 如果 CPU 中 IF = 1，且没有 DMA 请求和非屏蔽中断请求，CPU 执行完现行指令后，响应可屏蔽中断请求，表现在 CPU 通过 $\overline{\text{INTA}}$ 连续 2 次发出负脉冲信号，即中断响应信号。

③ CPU 在发出第二个中断响应信号 $\overline{\text{INTA}}$ 时，便从 82C59A 中读取中断类型号。

④ CPU 在不需要执行指令的情况下，将现行标志寄存器 $F_{旧}$（或称为程序状态字 $PSW_{旧}$）和断点（即 $CS_{旧}:IP_{旧}$）的值压入堆栈保存。

⑤ CPU 自动清除中断允许标志 IF 与单步执行标志 TF，禁止可屏蔽中断与单步中断。

⑥ 通过读取到的中断类型号，从中断向量表中读取中断服务程序的入口地址，并赋给 CS 和 IP。

⑦ 根据中断服务程序的入口地址，转入并执行中断服务程序。

⑧ 在中断服务程序中，可以通过执行 STI 指令来开中断。

⑨ CPU 执行完中断服务程序后，必须执行一条从中断服务程序返回的指令（IRET），该指令的功能是从堆栈中按先后顺序弹出 IP、CS、F 值，并分别还给 CPU 中的 IP 指针、CS 段寄存器和标志寄存器 F，最后，CPU 接着执行被中断的程序。

（2）实模式中断响应与中断处理的几点规则

在实模式，不仅有可屏蔽中断，还有非屏蔽中断及各种软中断等，所有中断的响应与中断处理过程有如下几条规则：

① 在没有任何中断请求的情况下，CPU 自动继续执行下一条指令。

② 完成当前指令的执行后才可能响应中断。

③ 内部中断优先于外部中断，外部非屏蔽中断 NMI 优先于可屏蔽中断 INTR。

④ 在有 INTR 请求的情况下，如果 IF = 0，CPU 并不会响应中断请求；如果 IF = 1，则响应中断。在可屏蔽中断服务程序中，如果有非屏蔽中断或单步中断，则一定要先执行非屏蔽中断或单步中断的服务程序，执行完毕后，才能继续执行 INTR 的中断服务程序，形成中断嵌套。

⑤ 如果有 n 个可屏蔽中断请求同时到达时，则 CPU 将要按照优先级顺序，逐一响应外部中断。

⑥ 如果是内部中断，或是非屏蔽中断 NMI，或是单步中断，其中断处理的过程与 INTR 中断处理的过程大致相同。

⑦ 内部中断，非屏蔽中断，单步中断这三类中断由 CPU 自动生成中断类型号，并根据中断类型号在中断向量表中找到其中断服务程序的入口地址。

⑧ 所有中断服务程序的入口地址都存放在中断向量表中。

6.6 保护模式的中断技术

1. 保护模式与实模式中断技术的比较

早期的 Pentium 微处理器和之前的 CPU，不具有芯片内建的高级可编程中断控制器（APIC），也就没有引脚 LINT[1：0]。如前所述，它们有专用的 INTR 和 NMI 引脚将中断申请信号传递到 CPU 中。Intel 32 位结构（Intel Architecture-32，IA-32）微处理器是通过 LINT[1：0]引脚或者本地 APIC 接收外部可屏蔽中断的。还可以处理非屏蔽中断（中断类型码是 02H）及软件中断，IA-32 处理器的中断源从大体上看与实模式相同。

保护模式的中断技术与实模式的相比较，具有较大的区别，对于 256 个中断类型号的定义作了适当的变动。主要差别是：实模式根据中断类型号，从中断向量表中获取中断服务程序入口地址，其物理地址是20位的；保护模式仍然根据中断类型号，但是，是从中断描述符表IDT和全局描述符表GDT（或局部描述符表LDT）中经两级查找后，形成32位的中断服务程序的入口地址，而且，保护模式中断服务程序是受保护的。

保护模式下，新增了许多软件中断——异常。同时，在保护模式下，系统、微处理器、当前执行的程序及任务等都可能存在某种状况需要处理器处理。例如，超出访问权限故障、页故障、段不存在故障等，由这类故障产生的中断称为异常。保护模式下使用ACPI模式，IR由15个可以增加到23个。

2. 中断和异常的类型号

保护模式为每一个中断和异常都分配了一个唯一的识别码，称为中断类型号。微处理器用分配给每个异常或者中断的类型号作为访问中断描述符表（IDT）的索引，以确定中断或异常处理程序的入口点所在的表项。

中断类型号的允许范围仍然是0～255，与实模式相比较，对某些类型号的功能作了修改，并新定义了类型号的功能，其中，0～31被用作IA-32体系结构的中断与异常的类型号，虽然IA-32体系结构尚无全部使用完，但是用户不得使用。中断类型号32～255被分配给外部输入/输出设备及用户开发使用。保护模式中断和异常的类型号如表6-8所示。

表6-8　保护模式中断和异常的类型号

类型号	描　述	类　型	错误码	来　源
00H	除法错	故障	没有	DIV和IDIV指令
01H	保留	故障陷	没有	只由Intel使用
02H	NMI中断	中断	没有	非屏蔽中断
03H	断点	陷	没有	INT 3 指令
04H	溢出	陷	没有	INTO 指令
05H	BOUND范围越界	故障	没有	BOUND 指令
06H	非法操作码	故障	没有	UD2 指令（由Pentium Pro引入）或保留的操作码
07H	设备不可用(无数学协处理器)	故障	没有	浮点或WAIT/FWAI指令
08H	双故障	终止	有（0）	任何一个产生异常、NMI或INTR
09H	非法TSS	故障	没有	符点指令（386以后的32位微处理器不再产生这个异常）
0AH	协处理器段超出	故障	有	任务切换或TSS访问
0BH	段不存在	故障	有	加载段寄存器或访问系统段
0CH	栈段故障	故障	有	SS寄存器加载和栈操作
0DH	一般保护	故障	有	任何内存引用和其他保护检验
0EH	页故障	故障	有	任何内存引用
0FH	Intel保留，未使用	故障	没有	
10H	X87FPU符点错误	故障	没有	X87FPU符点或WAIT/FWAIT指令
11H	对齐检验	故障	有（0）	任何内存中的数据引用（由Intel486CPU引入）
12H	机器检验	终止	没有	由Pentium引入，在P6系列处理器中有所增强
13H	SIMD符号异常	故障	没有	SSE/SSE2/SSE3符点指令，Pentium Ⅲ处理器引入
14H～1FH	Intel保留，未使用			
20H～FFH	用户定义（未保留）	中断		外部中断或 INT n 指令

3. 中断描述符表 IDT

保护模式使用中断描述符表 IDT 代替了中断向量表。由中断描述符表寄存器 IDTR 保存着 IDT 的起始地址和边界范围。

每一个中断类型号在中断描述符表中对应一个表项，称为中断门描述符表项、陷 门描述符表项。这些门描述符字长为 8B，同 GDT 和 LDT 中的描述符字长相等，描述符的内容（格式）不完全相同，中断门或陷 门描述符包含 32 位的偏移地址、16 位的中断/异常中断处理程序的代码段选择子（CS）及属性字段，IDT 表长为 2KB。GDT 和 LDT 中的描述符是不具有代码段选择子（CS）的。

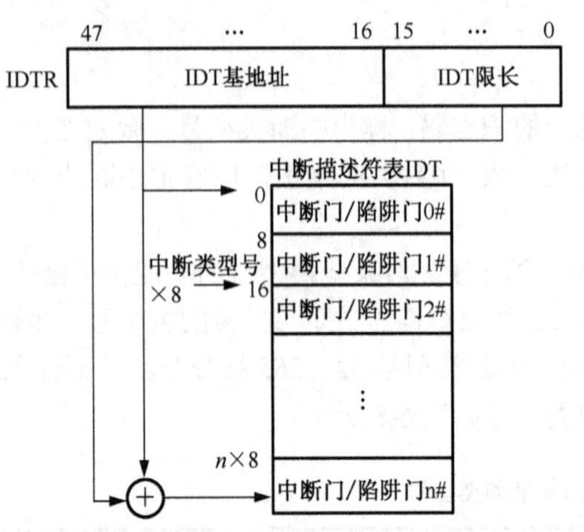

图 6-36 通过 IDTR 在 IDT 中查找中断门

由于只有 256 个中断或异常，IDT 包含的描述符不会多于 256 个，但可以不足 256 个，因为只有那些确实发生的异常或中断才需要一个描述符。由 48 位长的中断描述符表寄存器 IDTR 中的高 32 位（基地址）指示 IDT 在内存中的起始地址，异常或中断的类型号乘上 8 即可得到 IDT 中该中断门或陷 门描述符的偏移地址。通过 IDTR 在 IDT 中查找中断门，如图 6-36 所示。

IDT 可存在于线性地址空间的任意位置，CPU 使用 IDTR 寄存器寻址 IDT，IDTR 寄存器包含 32 位的基地址和 16 位的界限。

装载 IDT 寄存器（LIDT）指令和保存 IDT 寄存器（SIDT）指令分别用来装载和保存 IDTR 寄存器的值。LIDT 指令将包含基地址和界限的内存操作数装载到 IDTR 寄存器中，该指令只有在当前特权 CPL 为 0 级时才能装载成功，这通常在操作系统执行初始化代码时创建 IDT，操作系统也可以使用它更换 IDT。由此可见，保护模式的中断服务是由操作系统安排的，用户是不可能更改的。

SIDT 指令将 IDTR 寄存器中 32 位的基地址和 16 位的界限保存到内存中，SIDT 指令可在任何特权级上使用。但是，如果通过中断类型号引用的描述符超过 IDT 的界限（16 位），将发生一般保护异常。

IDT 中可以包含以下三种门描述符：任务门描述符、中断门描述符和陷 门描述符。IDT 中使用的任务门的格式同 GDT 或 LDT 中的完全一样。任务门中包含异常或中断处理任务的任务状态段 TSS 的段选择子。中断门或陷 门同调用门非常相似，它们包含一个远指针（段选择子和偏移量），处理器用它来将现行执行的流程转移至异常或中断处理代码段中的处理例程。

4. 保护模式中断和异常的处理过程

保护模式进入中断服务程序的过程如图 6-37 所示。

以中断类型号乘以 8 作为访问 IDT 的偏移地址，读取相应的中断门/陷 门描述符表项。门描述符给出了中断服务程序的入口地址（段、偏移），其中 32 位偏移量装入 EIP 寄存器，16 位的段（值）被装入 CS 寄存器。由于此段值是选择子，还必须访问 GDT 或 LDT，才得到段的基地址。

由中断类型号在中断描述符表 IDT 中找到一个描述符，再根据该中断描述符中段选择子 TI 位是 0 或是 1，从 GDT 或 LDT 中找到一个段描述符，并自动加载到 CS 的描述符高速缓存器中。这时，由 CS 的描述符高速缓存器的基地址字段（32 位）确定中断处理程序所在内存的基地址，由 IDT 中找到的门描述符中的偏移地址（32 位）确定中断服务程序的入口地址。中断服务程序的基地址+偏移地址 = 32 位的中断服务程序的首地址。

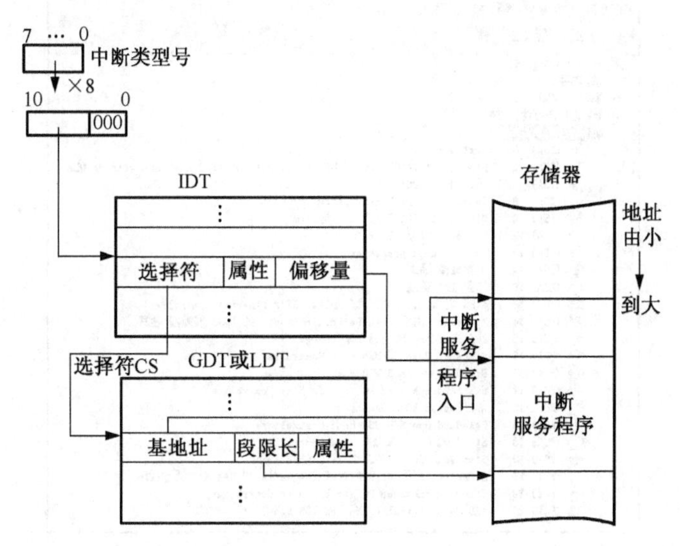

图 6-37　保护模式进入中断服务程序的过程

从以上分析可知：

（1）32 位 CPU 最多可以有 256 种中断和异常。每种中断给予一个编号，称为中断类型号（0～255），以便发生中断时，程序能依据中断类型号转向相应中断服务程序的入口地址。

当有一个以上的异常或中断发生时，CPU 以一个预先确定的优先顺序先后进行服务。异常中断的优先级高于外部中断，这是因为异常中断发生在取一条指令或译码一条指令或执行一条指令时出现故障的情况下，情况更为紧　。

（2）中断服务子程序的入口地址信息存于中断向量检索表内。实模式是存放在中断向量表 IVT 中。保护模式，从中断描述符表 IDT 和全局描述符表 GDT（或局部描述符表 LDT）中经两级查找后，形成 32 位的中断服务程序的首地址。

（3）CPU 识别中断类型取得中断类型号的途径有三种：①指令给出，如软件中断指令 INT n 中的 n 即为中断类型号（也称中断向量号）。②外部提供。可屏蔽中断是在 CPU 接收到 INTR 信号时产生一个中断识别周期，接收外部中断控制器由数据总线送来的中断类型号；非屏蔽中断是在接收到 NMI 信号时中断类型号固定为 2。③CPU 识别错误、故障现象，根据异常和中断产生的条件自动指定中断类型号。

通过控制面板，使用查看输入/输出地址的相同方法，可以查看计算机关于 I/O 中断的 IRQ 分配情况，图 6-38 是从设备管理器中实际查得的，从图中可以看到，既有 ISA 总线上的 IRQ 编号及其中断源，还有新增的基于 PCI 总线的 IRQ 编号及其中断源，中断源有些是某个外设，有些则来自主板上的芯片组。

5．实模式与保护模式下的主要区别

（1）实模式下 CPU 以单个任务运行，虽然 CPU 可以与多个外设并行工作，但是，CPU 的时间不能分配给予多个任务。保护模式下，CPU 在多任务运行时，通过定时时钟，并利用中断

机制将 CPU 的时间分配给多个任务；输入/输出设备通过中断机制和 CPU 联系，也可以实现 CPU 和多个外设并行操作。

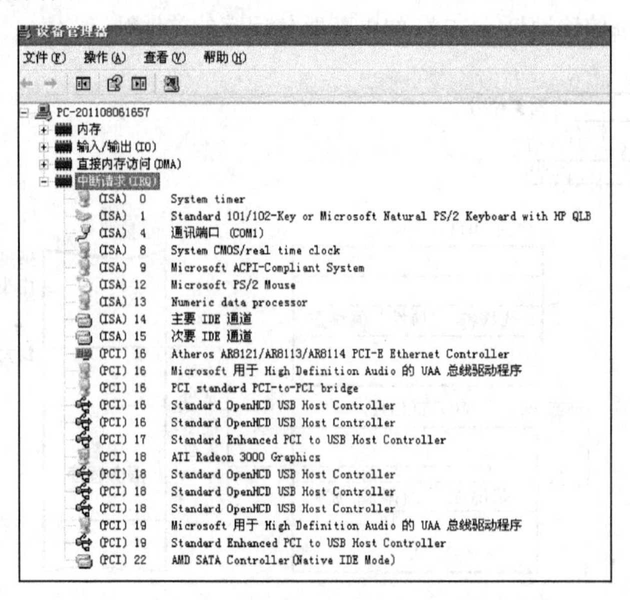

图 6-38 中断请求（IRQ）的分配

（2）实模式下中断服务程序首地址的逻辑地址是存放在中断向量表 IVT 中，将中断类型码乘以 4，从中断向量表 IVT 中读取中断服务程序首地址的逻辑地址，其物理地址 20 位。保护模式使用中断描述符表 IDT 代替了中断向量表 IVT，由中断描述符表寄存器 IDTR 保存着 IDT 的起始地址和边界范围，通过中断描述符表 IDT 和全局描述符表 GDT（或局部描述符表 LDT）经两级查找后，才能形成 32 位的中断服务程序的首地址，中断过程和实模式相比要复杂得多。

（3）实模式下中断向量表 IVT 对于用户是开放的，通过程序的运行，很容易改变 IVT 中的中断向量，使得系统的安全性能很差。

保护模式使用中断描述符表 IDT 代替了中断向量表 IVT，由于用户是无权访问 IDTR 的，也就不可能通过程序改变 IDT 中的描述符项。另外，保护模式下通过 IDT 和 GDT（或 LDT）经过两级查找后，求得最终的中断服务程序首地址，无论是哪一级查找，所查找的描述符都有一个属性（访问权）字节，系统通过访问权字节，实现特权级的保护、其他保护异常及段界限的保护等，所以，保护模式下中断系统是十分安全的。

思考题与习题

1. 什么叫接口电路？什么叫接口技术？
2. 接口电路的主要功能有哪些？
3. 什么叫锁存器？什么叫缓冲器？
4. 简述 DMA 传输的过程。
5. CPU 与外设之间交换的信息有哪些？
6. 输入/输出端口的两种编址方式各有什么优缺点？
7. 输入/输出接口电路与 CPU 一侧一般有哪几种连线？与外设一侧有哪几种连线？

8．什么叫端口？一般输入/输出接口电路中有哪几种端口？

9．无条件输入/输出传送方式有何特点？

10．串行通信接口应该具备哪些功能？

11．分别画出查询式输入与查询式输出的流程图。

12．查询式输入/输出方式主要存在什么问题？

13．什么叫中断？

14．完全嵌套方式管理中断优先级是什么意思？

15．实模式中断向量表位于存储器中的什么位置？

16．说明 80x86 实模式中断源的优先级。

17．80x86 CPU 有哪几种硬件中断？

18．什么是中断类型号？什么是中断响应周期？

19．实模式与保护模式下，中断服务程序的入口地址分别是多少位？

20．在保护模式，如何找到中断服务程序的入口地址？

21．保护模式中断和异常的处理过程如何？

22．保护模式与实模式的中断技术主要区别有哪些？

23．何谓 I/O 基地址？

24．中断门包含的主要信息有哪些？

第 7 章　微机的并行接口技术及应用

按照传输数据的宽度划分，微型计算机与外部设备之间数据的传输可以分为并行和串行传输，对应有并行传输接口和串行传输接口。计算机并行传输接口是计算机与并行输入/输出外设之间传输数据的中间电路。并行接口是在多条传输线上同时传输多位二进制信息，传输速度宽，信息量大，一般只适合近距离传送。如并行打印机接口、并行硬盘接口以及并行传输的应用设备等。

本章介绍常用的可编程并行接口芯片 8255A 的基本结构、工作原理及编程。还将介绍 Centronics 并行打印机接口、接口内部寄存器和打印机接口编程。

7.1　可编程并行接口芯片 8255A

8255A 作为并行输入/输出接口芯片，从物理位置上看，它处于 CPU 与输入/输出设备之间。从功能上看，它可以通过编程来选择工作方式，比如用作输入还是输出。从传输方式上看，通过 8255A 可以组成中断方式传输、无条件方式传输和查询式传输。8255A 可以作为 Intel 系列微处理器的并行接口芯片，也可以用单片机之类的微控制器为核心组成并行输入/输出接口。

7.1.1　8255A 的内部结构

8255A 内部可以分为 3 部分，如图 7-1 所示。

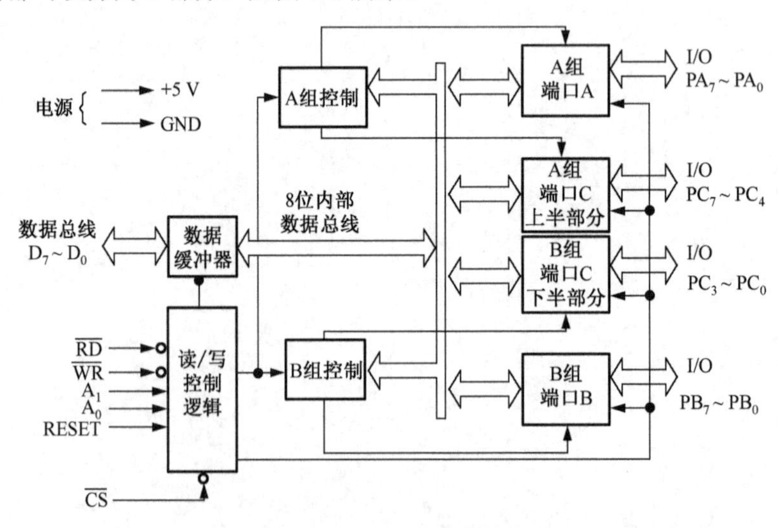

图 7-1　8255A 的内部结构

（1）与 CPU 一侧的接口

8255A 与 CPU 一侧的接口由读/写控制逻辑电路和数据缓冲器两部分组成。

读/写控制逻辑电路接收来自微处理器一侧的信号线，包括读信号 $\overline{RD}$、写信号 $\overline{WR}$、复位信号 RESET、两位地址线及接收地址译码器产生的片选输出信号 $\overline{CS}$，由这些信号综合产生对 8255A 的读/写控制，从而控制 8255A 数据的传输过程。

8255A 外部有 8 位数据线（D_7～D_0），因此，称它是 8 位的接口芯片，CPU 每次与 8255A 传输数据，只能传输 8 位二进制数据。数据缓冲器由 8 位双向三态门等组成，它是 8255A 内部与外部数据相连接的通路，CPU 通过它实现对 8255A 数据的输入/输出。

8255A 内部数据总线 8 位，它是内部各功能单元的公共通路。

（2）A 组控制电路和 B 组控制电路

8255A 内部由 A 组控制电路和 B 组控制电路分别进行控制。

A 组控制电路：控制端口 A、端口 C 的上半部（PC_7～PC_4）。

B 组控制电路：控制端口 B、端口 C 的下半部（PC_3～PC_0）。

这是由于在使用过程中，通常把端口 A 和端口 B 作为独立的输入/输出端口使用，而端口 C 分为上、下两半，分别被用作端口 A、端口 B 的控制和状态信号，在编写控制字时，分两组来定义。因此，CPU 控制 8255A 的读/写控制逻辑电路，而 A 组和 B 组控制接收来自读/写控制逻辑电路的方式控制字，根据它们来定义各个端口的操作方式；还要根据读/写控制逻辑电路的命令，实现输入/输出操作。

（3）3 个 8 位输入/输出端口

8255A 包括 3 个 8 位数据端口（端口 A、端口 B、端口 C），每个端口有 8 条线与外部引脚相连接，都可以定义作输入线或输出线，每个端口都有各自的使用特点。

端口 A：有一个 8 位数据输入锁存器和一个 8 位数据输出锁存器，还有 8 位的输入缓冲器和输出缓冲器。

端口 B：有一个 8 位数据输入锁存器和一个 8 位数据输出锁存器，但输入时可以不锁存，还有 8 位输入缓冲器和输出缓冲器。

端口 C：具有一个 8 位数据输出锁存器和 8 位数据输出缓冲器，还有一个 8 位数据输入缓冲器。

7.1.2　8255A 引脚信号及其功能

如图 7-2 所示，8255A 共有 40 条引脚信号，除电源和地线之外，与外设连接线有 24 条，与 CPU 连接的信号线有 14 条。

1．与 CPU 连接的信号

复位信号 RESET，高电平有效。有效时，内部寄存器均清零，并置端口 A、端口 B、端口 C 为输入方式，为设计者提供确定的初始状态。

8 位数据线 D_7～D_0，双向传输，连接系统数据总线。

片选信号 $\overline{CS}$，低电平有效。当 $\overline{CS}$ =0 时，选中 8255A 芯片，CPU 才能够读写 8255A，$\overline{CS}$=1 时，8255A 没有被选中。

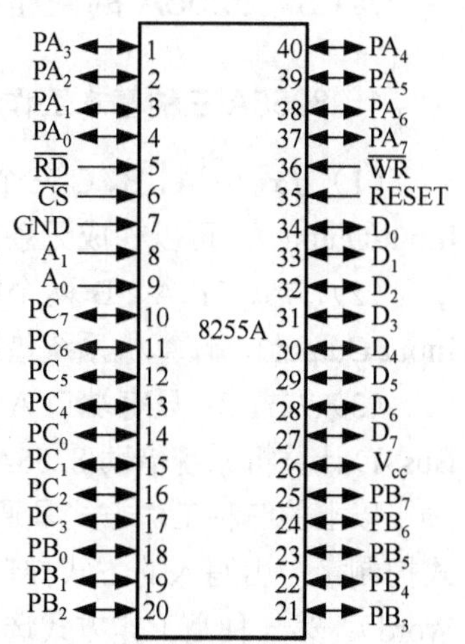

图 7-2　8255A 的引脚信号

读信号 $\overline{RD}$，低电平有效。只有当 $\overline{RD}$ 有效时，CPU 才有可能从 8255A 某一个端口读入数据。

写信号 $\overline{WR}$，低电平有效。只有当 $\overline{WR}$ 有效时，CPU 才有可能对 8255A 进行写操作，包括写控制字和数据。

表 7-1　A1、A0 与端口的对应关系

A1　A0	端　口
0　0	端口 A
0　1	端口 B
1　0	端口 C
1　1	控制端口

选择 8255A 内部端口的地址信号 A_1、A_0，8255A 内部有 3 个数据端口和 1 个控制端口。A_1、A_0 的编码与 4 个端口的对应关系如表 7-1 所示。通常 A_1、A_0 与计算机系统的 A_1、A_0 相连接。

从表 7-1 可以看出，当 $A_1A_0 = 00$，选中端口 A，当 $A_1A_0 = 11$，则选中控制端口。

8255A 的寻址与基本操作如表 7-2 所示。

表 7-2　8255A 的寻址与基本操作

A_1	A_0	$\overline{CS}$	$\overline{RD}$	$\overline{WR}$	操作说明	操作方式
0	0	0	1	0	数据总线→端口 A，CPU 写 8255A 端口 A	输出操作（写）
0	1	0	1	0	数据总线→端口 B，CPU 写 8255A 端口 B	
1	0	0	1	0	数据总线→端口 C，CPU 写 8255A 端口 C	
1	1	0	1	0	数据总线→控制端口，CPU 写 8255A 控制端口	
0	0	0	0	1	数据总线←端口 A，CPU 读 8255A 端口 A	输入操作（读）
0	1	0	0	1	数据总线←端口 B，CPU 读 8255A 端口 B	
1	0	0	0	1	数据总线←端口 C，CPU 读 8255A 端口 C	
×	×	1	×	×	未选中，数据总线三态（3-State）	禁用功能
1	1	0	0	1	非法的信号组合，控制端口不允许读操作	
×	×	0	1	1	数据总线三态（3-State）	

2．与外设相连的信号

与外设相连的信号线有 24 条，包括 A、B、C 三个端口：端口 A 的输入/输出数据线，PA_7～PA_0，双向传输。端口 B 的输入/输出数据线，PB_7～PB_0，双向传输。端口 C 的输入/输出数据线，PC_7～PC_0，双向传输。

7.1.3　8255A 的两个控制字及编程

1．8255A 三种基本工作方式的概述

（1）方式 0：A、B、C 三个端口均可以工作在方式 0。它是一种基本的输入/输出方式（Basic Input/Output），可以构成无条件输入/输出方式及查询式输入/输出方式。

（2）方式 1：A、B 两个端口都可以工作在方式 1。它是一种选通输入/输出方式（Strobed Input/Output），计算机系统借助 8255A 的方式 1，可以构成中断方式的输入与输出。

（3）方式 2：只有端口 A 能工作在方式 2。它是一种双向传输（总线）方式（Bi Directional Bus），计算机系统借助 8255A 的方式 2，可以构成中断方式的输入与输出。

以上的三种工作方式是通过编程初始化时，通过输出指令向控制端口中写入相应的工作方式控制字，由写入的方式控制字来决定每个端口的工作方式。8255A 有两种控制字（Control Word）：第一种是工作方式选择控制字，第二种是端口 C 的按位置位/复位控制字。

2．工作方式控制字（$D_7 = 1$）

8255A 的工作方式控制字格式如图 7-3 所示。从 8255A 的方式控制字可知，A 组有三种工作方式（方式 0、1、2），B 组有两种方式（方式 0、1）。端口 C 分成两部分，高 4 位属于 A 组，低 4 位属于 B 组，根据方式控制字来确定输入或输出。

	D_7	D_6　D_5	D_4	D_3	D_2	D_1	D_0
方式控制字	特征位	A组方式选择	端口A	PC_7~PC_4	B组方式选择	端口B	PC_3~PC_0
	1	00：方式0 01：方式1 1×：方式2	0：输出 1：输入	0：输出 1：输入	0：方式0 1：方式1	0：输出 1：输入	0：输出 1：输入

图 7-3　工作方式控制字

【例 7-1】 设 8255A 的控制端口地址为 283H，要求将其 3 个数据端口设置为基本的输入/输出方式，其中，端口 B 和端口 C 的低 4 位为输出，端口 A 和端口 C 的高 4 位为输入。试编程初始化 8255A。

根据题意可知，8255A 的方式控制字为 10011000B。其初始化的程序段为：

```
MOV   DX，283H          ；8255A 控制端口地址
MOV   AL，98H           ；方式控制字：10011000B
OUT   DX，AL            ；送到控制口
```

【例 7-2】 设 8255A 的控制端口地址为 203H，要求将 3 个端口设置为基本的输入/输出方式，其中，端口 A 和端口 C 均工作在输出方式，端口 B 用作输入，试编程初始化 8255A。

根据题意可知，8255A 的方式控制字为 10000010B。其初始化的程序段为：

```
MOV   DX，203H          ；8255A 控制端口地址
MOV   AL，82H           ；方式控制字：10000010B
OUT   DX，AL            ；送到控制口
```

3. 按位置位/复位控制字（$D_7 = 0$）

通过对 8255A 写入端口 C 按位置位/复位控制字，可以对端口 C 的每一位（PC_7～PC_0）进行位操作，使其中的每一位置“1”或清“0”。按位置位/复位命令字格式如图 7-4 所示。

	D_7	D_6　D_5　D_4	D_3　D_2　D_1	D_0
按位置位/复位控制字	特征位	任　意　位	位　选　择	置位/复位
	0	写0	000：端口C，PC_0 001：端口C，PC_1 010：端口C，PC_2 ┆ 111：端口C，PC_7	0：复位（低电平） 1：置位（高电平）

图 7-4　端口 C 按位置位/复位控制字

注意：端口 C 按位置位/复位控制字的是对端口 C 操作，但不是写入端口 C，仍然需要写入控制端口。这是由于用控制字的最高位即 D_7 位来区别的，D_7 位是特征位，D_7 = “1”时，内部逻辑电路识别它是 8255A 的方式选择控制字，D_7 = “0”时，则识别为 8255A 端口 C 的按位置位/复位控制字。

【例 7-3】 设 8255A 控制端口的地址为 303H，若要把端口 C 中的 PC_3 位置成高电平，则按位置位/复位控制字为：00000111B 或 07H，编程如下：

```
MOV   DX，303H          ；8255A 控制端口地址送 DX
MOV   AL，07H           ；使 PC3 = 1 的控制字
OUT   DX，AL            ；送到控制口
```

若要把端口 C 中的 PC_2 位复位成低电平，则按位置位/复位控制字为：00000100B 或 04H，程序段如下：

```
MOV   DX，303H           ；8255A 控制端口地址送 DX
MOV   AL，04H            ；使 PC2 = 0 的控制字
OUT   DX，AL
```

7.1.4 8255A 的三种工作方式及应用

1．方式 0

方式 0 是一种基本的输入/输出方式。8255A 工作在方式 0 时，三个端口中的 24 条线全部作为普通的输入或输出线使用，由于端口 C 的高 4 位和低 4 位可以独立使用，将有 16 种应用的组合，如表 7-3 所示。

表 7-3 三个端口 16 种应用的组合

序号	端口 A	端口 B	端口 C 高 4 位	端口 C 低 4 位	控制字
0	输入	输入	输入	输入	10011011B（9BH）
1	输入	输入	输入	输出	10011010B（9AH）
2	输入	输入	输出	输入	10010011B（93H）
3	输入	输入	输出	输出	10010010B（92H）
4	输入	输出	输入	输入	10011 001B（99H）
5	输入	输出	输入	输出	10011000B（98H）
6	输入	输出	输出	输入	10010001B（91H）
7	输入	输出	输出	输出	10010000B（90H）
8	输出	输入	输入	输入	10001011B（8BH）
9	输出	输入	输入	输出	10001010B（8AH）
10	输出	输入	输出	输入	10000011B（83H）
11	输出	输入	输出	输出	10000010B（82H）
12	输出	输出	输入	输入	10001001B（89H）
13	输出	输出	输入	输出	10001000B（88H）
14	输出	输出	输出	输入	10000001B（81H）
15	输出	输出	输出	输出	10000000B（80H）

在方式 0 下，不能采用中断方式和 CPU 交换数据，一般用于无条件输入/输出和查询式输入/输出，选用查询式输入/输出方式时，通常要选用 A、B、C 三个端口中的任意一位作为外设的状态信息位，从而实现查询式输入/输出。

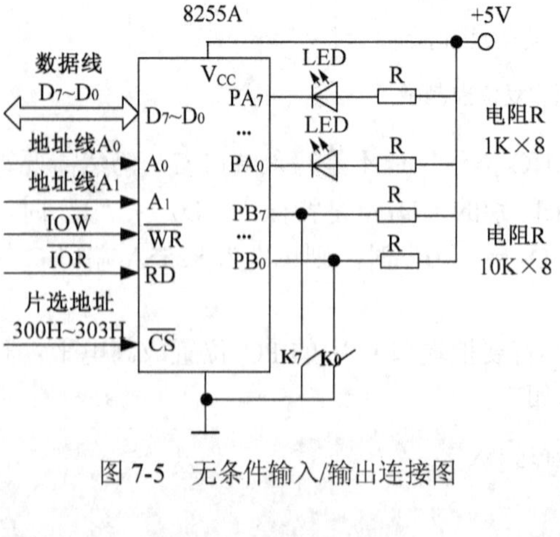

图 7-5 无条件输入/输出连接图

【例 7-4】 如图 7-5 所示，将 8255A 的 3 个端口设置为基本的输入/输出方式，设 8255A 端口 A、端口 B、端口 C 及控制端口的地址依次为 300H、301H、302H、303H，其中，端口 A 工作在输出方式，控制 8 个 LED 显示灯，端口 B 用作输入，使用 8 个开关 K_7～K_0 的断开与闭合，产生 PB_7～PB_0，开关断开为逻辑 1，闭合为逻辑 0。试完成下面两项任务：（1）编写 8255A 的初始化程序。（2）编程实现无条件的输入与输出，即从端口 B 输入，从端口 A 输出。

（1）8255A 初始化程序

```
MOV   DX，303H           ；控制寄存器的地址送给 DX
MOV   AL，10000010B      ；控制字送给 AL,仅端口 B 用作输入，其他端口作输出
OUT   DX，AL             ；写入控制字
```

（2）端口 B 输入，端口 A 输出程序

```
MOV   DX，301H            ；端口 B 的地址送给 DX
IN    AL，DX              ；从端口 B 读入开关状态
MOV   DX，300H            ；端口 A 的地址送给 DX
OUT   DX，AL              ；从端口 A 输出，控制 LED，指示开关状态
```

【例 7-5】如图 7-6 所示，设 8255A 端口 A、端口 B、端口 C 及控制端口的地址为 3E0H～3E3H，同样将 8255A 的 3 个端口设置为基本的输入/输出方式，端口 A 仍然工作在输出方式，控制 8 个 LED 显示灯，端口 B 用作输入，作为状态端口被查询，当 PB_0 = "1" 时，将 0FH 从端口 A 输出，使得 PA_7～PA_4 连接的 4 只 LED 点亮，PA_3～PA_0 连接的 4 只 LED 熄灭。当 PB_0 = "0" 时，将 F0H 从端口 A 输出，8 只 LED 点亮状态改变。然后继续查询，实现循环查询与输出操作。试完成下面两项任务：（1）编写 8255A 的初始化程序。（2）编程实现查询式输入与输出的程序。

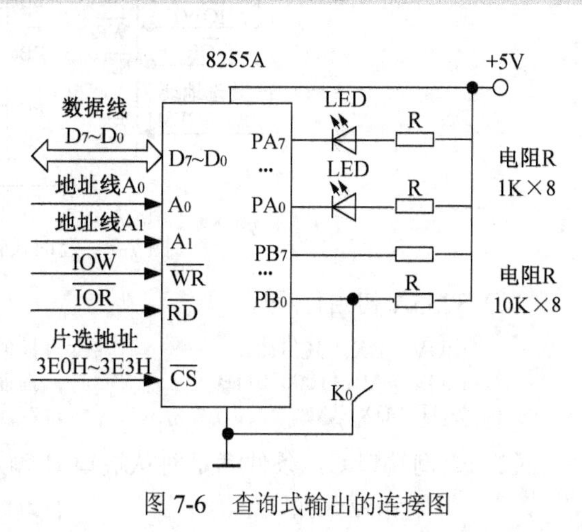

图 7-6　查询式输出的连接图

（1）8255A 初始化程序

```
MOV   DX，3E3H            ；控制寄存器的地址送给 DX
MOV   AL，10001011B       ；控制字送给 AL,仅端口 A 用作输出，其他端口作输入
OUT   DX，AL              ；写入控制字
```

（2）查询 PB_0，条件满足时从端口 A 输出

```
XYZ: MOV   DX，3E1H       ；端口 B 的地址送给 DX
     IN    AL，DX         ；从端口 B 读入开关状态
     TEST  AL，01H        ；PB0 = 1?
     JZ QWE               ；如果 PB0 = "0"，转 QWE
     MOV   DX, 3E0H       ；端口 A 的地址送给 DX
     MOV   AL，0FH
     OUT   DX，AL         ；从端口 A 输出，控制 LED
     JMP   XYZ
QWE: MOV   DX,  3E0H
     MOV   AL,  0F0H
     OUT   DX,  AL
     JMP   XYZ
```

【例 7-6】 如图 7-7 所示，设 8255A 端口 A、端口 B、端口 C 及控制端口的地址为 3E0H～3E3H，同样将 8255A 的 3 个端口设置为基本的输入/输出方式，端口 A 仍然工作在输出方式，控制 8 个 LED 显示灯，端口 B 用作输入，使用 8 个开关 K_7～K_0 的断开与闭合，产生 PB_7～PB_0。使用 K_{C7} 的开关与闭合产生 PC_7，当 PC_7 = "1" 时，实现端口 B 输入及端口 A 输出，当 PC_7 = "0" 时，继续查询。试完成下面两项任务：（1）编写 8255A 的初始化程序。（2）编程实现查询式输入与输出的程序。

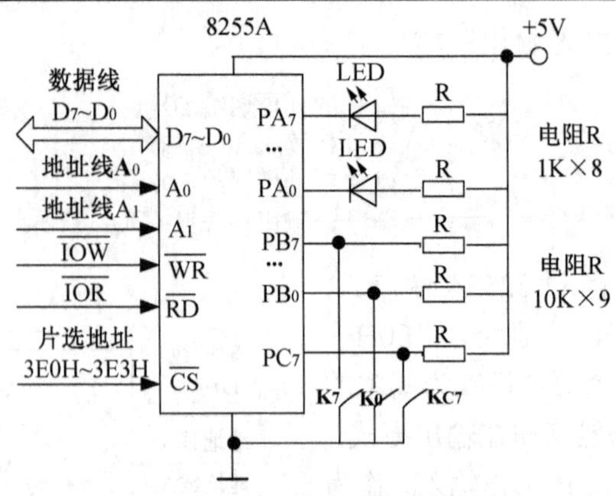

图 7-7　查询式输入/输出连接图

（1）8255A 初始化程序

```
MOV   DX，3E3H              ；控制寄存器的地址送给 DX
MOV   AL，10001011B         ；控制字送给 AL,仅端口 A 用作输出，其他端口作输入
OUT   DX，AL                ；写入控制字
```

（2）查询端口 C，条件满足时从端口 B 输入，端口 A 输出

```
      MOV   DX，3E2H        ；端口 C 的地址送给 DX
ASD:  IN    AL，DX          ；从端口 C 读入开关状态
      TEST AL，80H          ；PC7 = 1?
      JZ ASD                ；如果 PC7 = 0，转 ASD，继续查询
      MOV   DX，3E1H        ；端口 B 的地址送给 DX
      IN    AL，DX          ；从端口 B 读入开关状态
      MOV   DX，3E0H        ；端口 A 的地址送给 DX
      OUT   DX，AL          ；从端口 A 输出，控制 LED，指示开关状态
```

方式 0 的两点说明如下：

① 端口 A、端口 B 及端口 C 的高、低 4 位均可作为输入或输出信号端使用，且输出均有锁存能力。各端口之间的工作相互独立，没有关联。

② 端口 A、B、C 均为单向输入/输出端口，一旦初始化后，被指定的端口只能作为输入端口或输出端口，由于硬件连接的限定，不可以更改端口数据的传输方向。

2．方式 1

方式 1 也称为选通的输入/输出方式。端口 A 和端口 B 工作在方式 1 与工作在方式 0 有较大的区别，其中，端口 C 中确定的几位自动提供选通、应答以及中断申请信号，通过 8255A 连接的外部输入/输出设备可以工作在中断方式。

通过编程，分别选通端口 A 和端口 B 都为方式 1 输入端口，或都为方式 1 输出端口，或其中一个为方式 1 输入，另一个则为方式 1 输出。每个端口工作在方式 1 作输入或输出，分别固定占用端口 C 的某些位，见表 7-4，用来实现数据传送过程中所需要的联络信号。端口 C 剩余 2 位仍然可以作为一般的输入/输出数据位使用。

表 7-4　方式 1 下端口 C 的应用情况

端口 A	端口 B	端口 A 占用端口 C	端口 B 占用端口 C	端口 C 剩余 2 位
方式 1 输入	方式 1 输入	PC_3、PC_4、PC_5	PC_0、PC_1、PC_2	PC_6、PC_7
方式 1 输入	方式 1 输出	PC_3、PC_4、PC_5	PC_0、PC_1、PC_2	PC_6、PC_7
方式 1 输出	方式 1 输入	PC_3、PC_6、PC_7	PC_0、PC_1、PC_2	PC_4、PC_5
方式 1 输出	方式 1 输出	PC_3、PC_6、PC_7	PC_0、PC_1、PC_2	PC_4、PC_5

（1）方式 1 输入

如果只有一个端口 A 或端口 B 工作在方式 1，占用端口 C 中 3 位作为联络线，其他 5 条可以工作在方式 0 的输入/输出；如果端口 A 或端口 B 都工作在方式 1 输入，占用 6 位作为联络线，剩下 PC_6、PC_7 可工作在一般输入或输出方式。

图 7-8 是端口 A 工作在方式 1 输入时的示意图，PC_3 作为中断请求信号输出端 $INTR_A$、PC_4 作为选通信号输入端 $\overline{STB_A}$、PC_5 作为输入缓冲器满信号输出端 IBF_A。

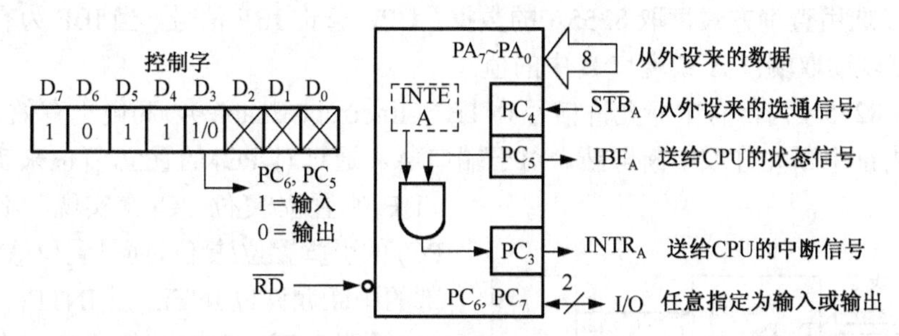

图 7-8　端口 A 工作在方式 1 作输入时对应的控制字和有关信号的定义

端口 A 和端口 B 都工作在方式 1 中输入的控制字如图 7-9 所示，只剩下 PC_6、PC_7 可以工作在一般输入或输出方式。

图 7-10 是端口 B 工作在方式 1 输入时的示意图，PC_0 作为中断请求信号输出端 $INTR_B$、PC_2 作为选通信号输入端 $\overline{STB_B}$、PC_3 作为输入缓冲器满信号输出端 IBF_B。

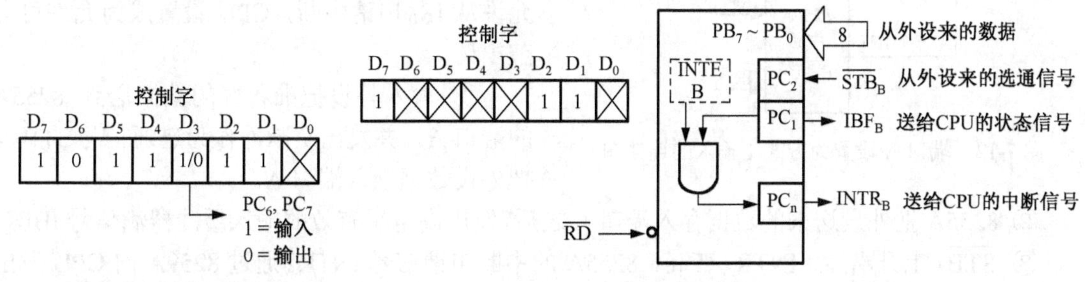

图 7-9　端口 A 和端口 B 都工作在方式 1 输入的控制字

图 7-10　端口 B 工作在方式 1 作输入时控制字和有关信号的定义

8255A 工作在方式 1 输入的时序图如图 7-11 所示，当外设准备好数据之后，把数据送到 8255A 的端口 A 或端口 B，然后，由输入外设发出输入选通信号 $\overline{STB}$（Strobe），低电平有效，$\overline{STB}$ 的下降沿将外设输入的数据锁存到 8255A 的输入锁存器中，经过少许延时后，使输入缓冲器满信号 IBF（Input Buffer Full）变为高电平。

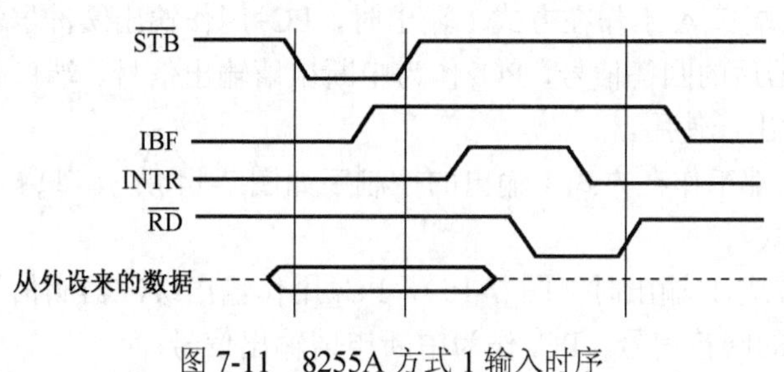

图 7-11　8255A 方式 1 输入时序

$\overline{STB}$ 上升沿后，经过少许延时，使中断请求信号 INTR （Interrupt Requst）变高，该信号可以通过中断控制器 8259A 向 CPU 发出中断申请信号 INTR。

CPU 响应请求后读取端口 A 或端口 B 中输入锁存器中的数据，执行读外设接口数据时，$\overline{RD}$ 一定会有效，$\overline{RD}$ 下降沿过后经过少许延时，8255A 撤消中断请求信号 $INTR_A$，即 $INTR_A$ 变为低电平。而 $\overline{RD}$ 上升沿过后经过少许延时，输入缓冲器满信号 IBF （Input Buffer Full）变为低电平，标志输入缓冲器没有数据可以读取。

如果 CPU 选用查询方式读取 8255A 的数据，CPU 查询 IBF 信号，当 IBF 为有效的高电平时，CPU 便可以读取端口 A 或端口 B 中的值。

注意：在 8255A 内部有中断允许信号 INTE （Interrupt Enable），高电平有效。INTE 用来控制 8255A 内部中断允许或中断屏蔽。对于端口 A，通过对 PC_4 的置位/复位来实现，对于端口 B 则置位/复位 PC_2 来实现，不是对 PC_4 和 PC_2 的引脚置位/复位，而是置位/复位 8255A 内部的中断允许位 $INTE_A$ 及 $INTE_B$。

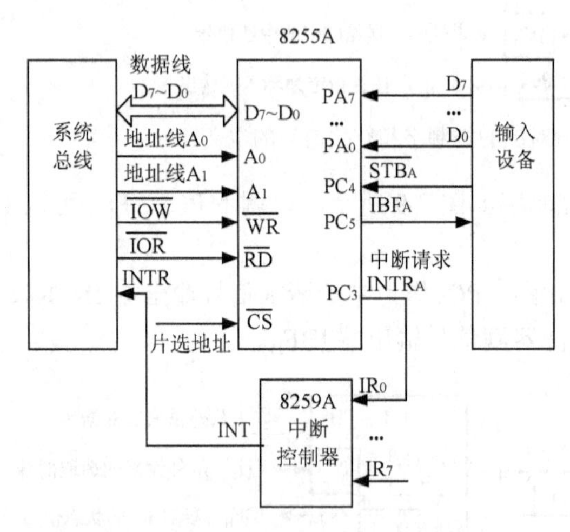

图 7-12 端口 A 设置为方式 1 输入的连接图

【例 7-7】 8255A 的端口 A 设置为方式 1 输入，实现中断方式输入，如图 7-12 所示。试分析该方式下的数据传输过程。

整个传输过程大致如下：

首先，8255A 端口 A 被初始化为方式 1 的输入工作状态，中断控制器 8259A 也要初始化，允许从 IR_0 申请中断，CPU 设置成为允许可屏蔽申请。

① 输入外设把准备好的数据送到 8255A 的端口 A，并发出负脉冲作为选通信号 $\overline{STB_A}$，把外设数据锁入端口 A。

② 8255A 把外设送来的数据存入端口 A 之后，发出高电平有效的输入缓冲器满信号 IBF_A。

③ $\overline{STB_A}$ 上升沿后，$INTR_A$ 变高，8255A 的中断申请信号 $INTR_A$ 通过 8259A 向 CPU 发出中断申请。

④ CPU 响应 8259A 的中断申请，并按照 IR_0 申请的中断响应找到中断向量。

⑤ 在中断服务程序中，CPU 读取 8255A 端口 A 的数据，此时，$\overline{RD}$ 有效，在从端口 A 读入数据的同时，8255A 自动撤销中断请求信号 $INTR_A$，即变为低电平。

⑥ 输入设备下一次准备好数据，重复以上的传输过程。

（2）方式 1 输出

如图 7-13 所示，端口 A 工作在方式 1 输出时，PC_7 用作输出缓冲器满信号，低电平有效，PC_6 用作外设取走数据后的回答信号，PC_3 作为中断申请输出信号。端口 C 的 PC_4、PC_5 仍然可以用作一般的输入/输出线使用。

端口 A 和端口 B 都工作在方式 1 输出的控制字如图 7-14 所示，只剩下 PC_4、PC_5 可以工作在一般输入或输出方式。

端口 B 工作在方式 1 输出时（图 7-15），PC_1 用作输出缓冲器满信号，低电平有效，PC_2 用作外设取走数据后的回答信号，PC_0 作为中断申请输出信号。

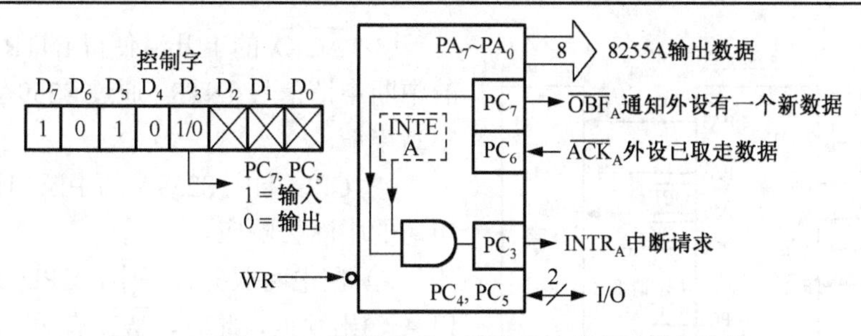

图 7-13　端口 A 工作在方式 1 输出的控制字及联络信号

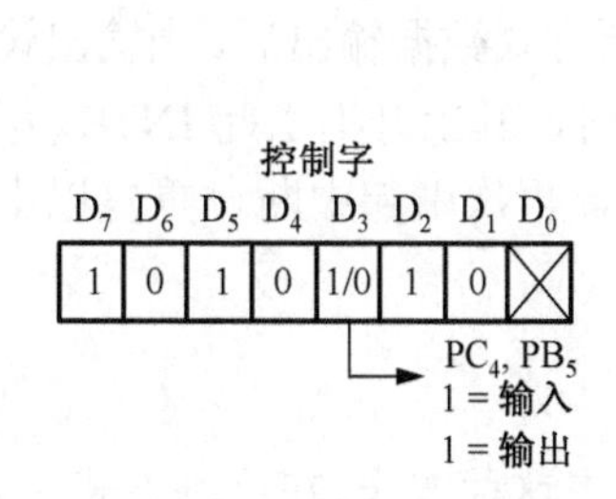

图 7-14　端口 A 和端口 B 都工作在方式 1 输出的控制字

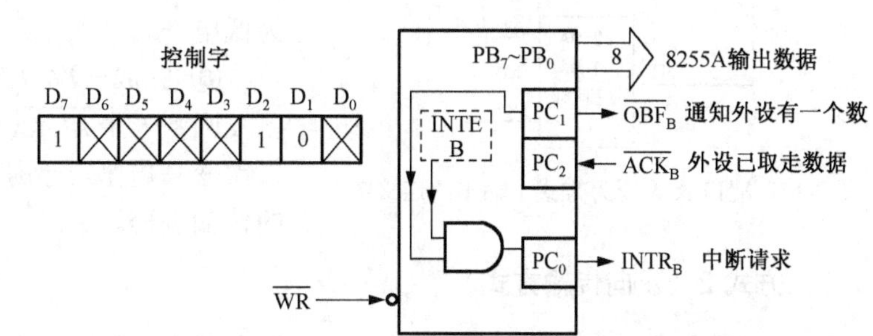

图 7-15　端口 B 工作在方式 1 输出的控制字及联络信号

在图 7-13 和图 7-15 中，输出缓冲器满信号 $\overline{OBF}$（Output Buffer Full），低电平有效。当 CPU 把数据写入 8255A 的端口 A 或端口 B 时，$\overline{OBF_A}$ 或 $\overline{OBF_B}$ 信号出现有效的低电平，该低电平被用来通知外设可以取走新的数据。

$\overline{ACK}$（Acknowledge）是外设发给 8255A 的回答信号，当外设把数据取走后，外设自动向 8255A 发回一个负脉冲的回答信号。

INTE 用来控制 8255A 内部中断允许或中断屏蔽，高电平允许中断，分为 $INTE_A$ 和 $INTE_B$，分别用于控制端口 A 和端口 B 的中断允许或中断屏蔽。对于端口 A，$INTE_A$ 由 PC_6 置位/复位来实现，对于端口 B，$INTE_B$ 由 PC_2 置位/复位来实现，注意：都不会对 PC_6 和 PC_2 引脚产生操作。

中断请求输出信号 INTR 是上升沿或高电平有效。INTR 置位的条件是 $\overline{OBF}$ = 1、$\overline{ACK}$ = 1 且 INTE = 1。

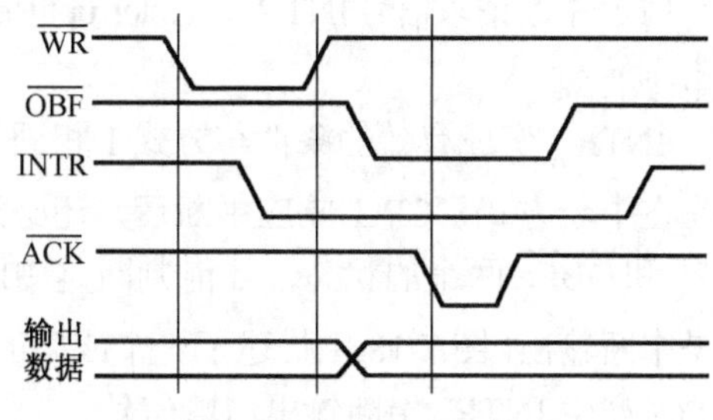

图 7-16　8255A 方式 1 输出时序

8255A 方式 1 输出时序如图 7-16 所示。

【例 7-8】8255A 的端口 A 设置为方式 1 输出，实现中断方式输出，如图 7-17 所示。试分析该方式下的数据传输过程。

整个传输过程大致如下：

首先，8255A 端口 A 被初始化为方式 1 的输出工作状态，中断控制器 8259A 也要初始化，允许从 IR_0 申请中断，CPU 设置成为允许可屏蔽中断申请。

① CPU 把数据送出到 8255A 的端口 A，$\overline{OBF_A}$ 信号出现有效的低电平，用来通知输出外设可以取走新的数据。

② 输出外设取走数据后，向 8255A 发应答信号 $\overline{ACK_A}$，$\overline{ACK_A}$ 是一个负脉冲信号。

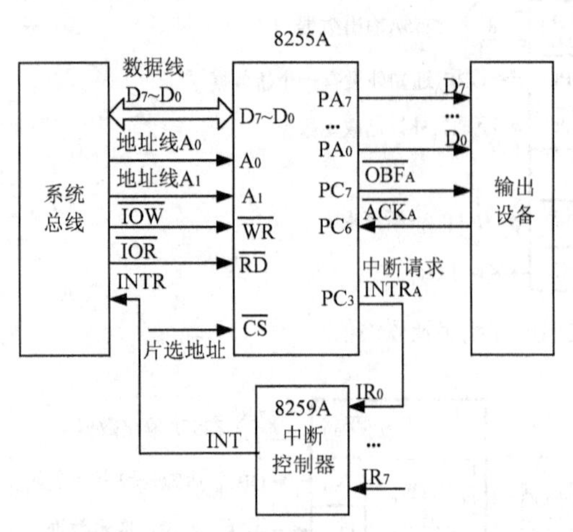

图 7-17　端口 A 设置为方式 1 输出的连接图

③ $\overline{ACK_A}$ 的上升沿使得 $INTR_A$ 变高，8255A 的中断申请信号 $INTR_A$ 通过 8259A 向 CPU 发出中断申请。

④ CPU 响应 8259A 的中断申请，并按照 IR_0 申请的中断去响应。

⑤ 在中断服务程序中，CPU 又向 8255A 端口 A 输出数据，此时，$\overline{WR}$ 有效，$\overline{WR}$ 的下降沿使得 8255A 自动撤销中断请求信号 $INTR_A$，即变为低电平。

⑥ 完成一次中断方式数据输出后。当输出设备发回下一个 $\overline{ACK_A}$ 时，其上升沿引起 $INTR_A$ 第二次变高电平，于是，再次引起中断，重复以上的传输过程。

3．方式 2（双向传输方式）

8255A 的方式 2 称为双向总线传输方式，只有端口 A 可以工作在这种方式。在这种方式下，CPU 与外设交换数据，既可以通过端口 A 把数据从 CPU 传送给外设，也可以把外设数据传送到 CPU，而且输入和输出都具有数据锁存功能，但不可能同时双向传输。既可以采用查询方式又可以采用中断方式实现外设与 CPU 数据的交换。主机与软盘驱动器之间交换数据就采用了 8255A 的方式 2 传送数据。

在这种方式，端口 A 的 8 条线作为数据线。端口 C 的 5 条线作为联络线，端口 C 余下的 3 条线可用于端口 B 方式 1 工作的联络线，或用于一般的数据输入/输出。

端口 A 工作在方式 2 时，各控制信号与状态信号的定义如图 7-18 所示。

各信号的意义如下：

（1）中断请求信号 $INTR_A$（Interrupt Requst），高电平有效。

$INTR_A$ 变成有效的条件与方式 1 相同。如果工作在中断方式，CPU 响应中断后，还必须查询 IBF_A 和 $\overline{OBF_A}$ 两个的状态，才能判断是中断输入还是中断输出。图 7-18 中描述了一个或门的输出，由 PC_3 产生 $INTR_A$ 中断输出申请信号。

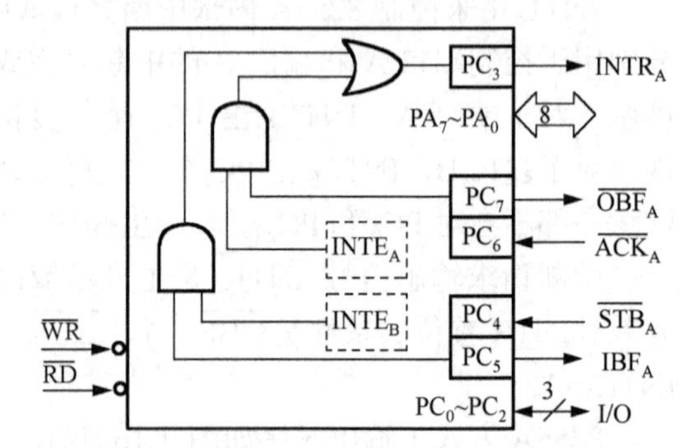

图 7-18　方式 2 各控制信号与状态信号的定义图

（2）中断允许信号 $INTE_A$（Interrupt Enable），端口 A 输出中断允许信号，由 PC_6 置位/复位控制，高电平有效。

（3）中断允许信号 $INTE_B$，端口 A 输入中断允许信号，由 PC_4 置位/复位控制，高电平有效。

（3）外设对 $\overline{OBF_A}$ 的响应信号 $\overline{ACK_A}$，$\overline{ACK_A}$ 和 $\overline{OBF_A}$ 是一对联络信号，有效时，表示 CPU 已经将数据写到端口 A 的输出数据锁存器中了，用 $\overline{OBF_A}$ 通知外设可以取走数据。当外设取走数据后，用 $\overline{ACK_A}$ 的低电平作为应答信号。

（4）输入选通信号 $\overline{STB_A}$（Strobe），负脉冲产生有效的选通信号。有效时，它将外设送往 CPU 的数据锁存于端口 A 的输入锁存器中。并且输入缓冲器满信号 IBF_A 输出一个有效的高电平。

8255A 方式 2 的时序如图 7-19 所示，方式 2 输入与输出过程的顺序是任意的，输入与输出数据的次数也有随意性。由于端口 A 既有输出锁存，又有输入锁存，所以，不会产生数据输入与输出的冲突。注意，图中的数据是指外设数据线上的有效数据。

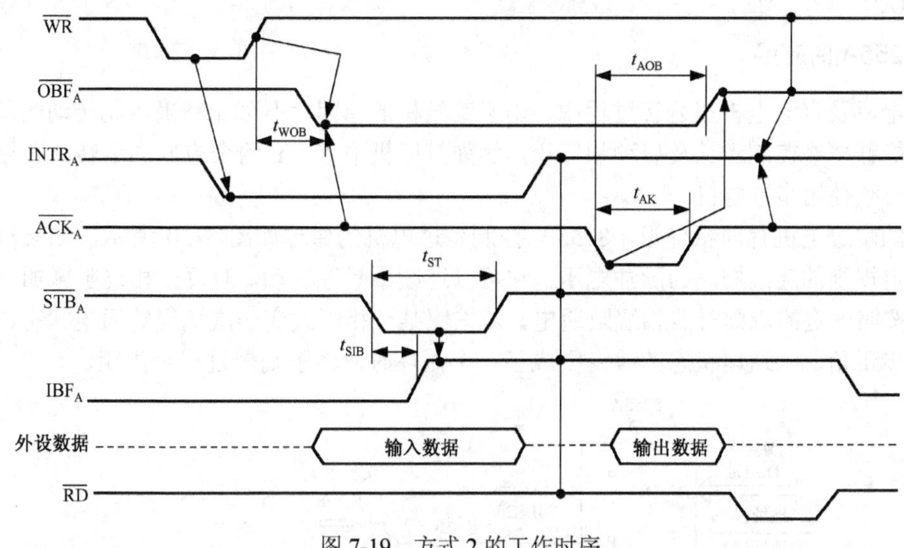

图 7-19　方式 2 的工作时序

输出数据的过程如下：CPU 响应输出数据的中断，向端口 A 写入一个字节数据，$\overline{WR}$ 有效，使 $INTR_A$ 变低，撤销中断请求，其后沿使 $\overline{OBF_A}$ 变低，并送往外设。外设收到 $\overline{OBF_A}$ 信号后，发回应答信号 $\overline{ACK_A}$，并取走数据，还使 $\overline{OBF_A}$ 变为高电平，一次中断输出过程结束，可以重复下一次数据的传送。

输入数据的过程如下：外设把数据送到端口 A 的外部引脚上，在外部送来的选通信号 $\overline{STB_A}$ 的作用下，将数据锁存于 8255A 的输入锁存器中，输入缓冲器满信号 IBF_A 成为高电平。$\overline{STB_A}$ 变高后，$INTR_A$ 变成高电平，申请中断输入。CPU 响应中断并读取端口 A 的数据，然后，输入缓冲器满信号 IBF_A 变为无效的低电平。

8255A 端口 A 方式 2 和端口 B、端口 C 方式的组合如表 7-5 所示。

表 7-5　端口 A 方式 2 和端口 B、端口 C 方式的组合

端口 A 方式	端口 B 方式	端口 C 方式
方式 2(占用 PC_7～PC_3)	方式 0 输入	PC_2～PC_0 作一般输入或输出，由方式控制字确定是输入或输出
方式 2(占用 PC_7～PC_3)	方式 0 输出	PC_2～PC_0 作一般输入或输出，由方式控制字确定是输入或输出
方式 2(占用 PC_7～PC_3)	方式 1 输入(占用 PC_2～PC_0)	端口 C 不能用作一般输入/输出
方式 2(占用 PC_7～PC_3)	方式 1 输出(占用 PC_2～PC_0)	端口 C 不能用作一般输入/输出

端口 A 方式 2 控制字的格式如下：

D_7　D_6　D_5　D_4　D_3　D_2　D_1　D_0

1　1　×　×　×　1/0　1/0　1/0

其中，因为端口 A 选为方式 2，所以 D_6D_5 位选“1×”，D_4D_3 位可以任意，D_2 D_1 位确定端口 B 工作方式。在端口 A 方式 2、端口 B 方式 1 的情况下，D_0 位可以任意。

【例 7-9】 设 8255A 控制端口的地址为 3E3H，若要求端口 A 工作在方式 2 输入，端口 B 工作在方式 1 输出，编写初始化程序段。

程序段如下：

```
MOV  DX，3E3H        ；8255A 控制端口地址送 DX
MOV  AL，0B4H        ；控制字 = 11010100B
OUT  DX，AL          ；送到控制口
```

4．8255A 的应用

交流电机及直流电机在运转过程中，由于其结构的原因，不可能精确控制转动的步长。步进电机则能够严格控制步长及启动和停止，例如打印机中 X、Y 两个方向的运转，必须精确控制，那就必须使用步进电机。

常见的步进电机有四相绕阻，8255A 控制步进电机的原理如图 7-20 所示，如果对步进电机施加一定规则的连续控制的脉冲电压，它可以连续不断地转动。对每一相绕阻施加一定的脉冲电压，按照一定的规则对四相绕阻通电，若按照某一相序改变一次绕组的通电状态，对应转过一定的步距角，当通电状态的改变完成了一个循环时，转子则转过一个齿距。

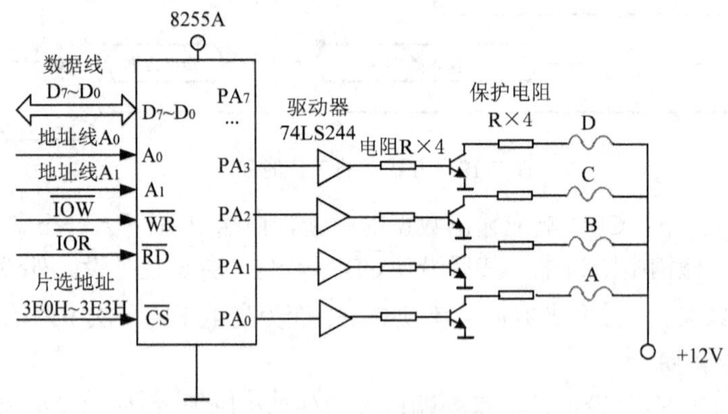

图 7-20 8255A 控制步进电机的原理图

四相步进电机可以在不同的通电方式下运行。常见的通电方式有单（单相绕组通电）四拍（A-B-C-D-A-⋯），双（双绕组通电）四拍（AB-BC-CD-DA-AB-⋯），单双八拍（A-AB-B-BC-C-CD-D-DA-A-AB-⋯）等。按正序方向送电则正转，按反序方向送电则反转。

【例 7-10】 8255A 对四相步进电机进行控制的应用示例。

利用 Intel 8255A 对四相步进电机进行控制，采用单双八拍（A-AB-B-BC-C-CD-D-DA-A-AB-⋯）方式，按正序方向转动，连接如图 7-20 所示。8255A 四个端口地址分别为 3E0H，3E1H，3E2H，3E3H，端口 A 工作在方式 0 的输出，只需要使用 PA_3～PA_0，利用 74LS244 小规模驱动集成块的 4 个驱动器，分别驱动 4 只三级管。实现单双八拍时，所需步进电机正转顺序、通电绕组及控制码如表 7-6 所示。

表 7-6 步进电机正转顺序、通电绕组及控制码

正转顺序	通电绕组	控制码
1	A	00000001B（01H）
2	AB	00000011B（03H）
3	B	00000010B（02H）
4	BC	00000110B（06H）
5	C	00000100B（04H）
6	CD	00001100B（0CH）
7	D	00001000B（08H）
8	DA	00001001B（09H）

端口 A 方式 0 输出，工作方式控制字：10000000B = 80H，主要程序段如下：

```
        MOV   AL，80H              ；控制字送给 AL
        MOV   DX，3E3H             ；控制端口的地址送给 DX
        OUT   DX，AL               ；写入控制字
        MOV   DX，3E0H             ；端口 A 地址
   ABC：MOV   AL，01H              ；A 相送电
        OUT   DX，AL
        CALL  DELAY                ；调用延迟子程序
        MOV   AL，03H              ；AB 相送电
        OUT   DX，AL
        CALL  DELAY                ；调用延时程序
        MOV   AL，02H              ；B 相送电
        OUT   DX，AL
        CALL  DELAY                ；调用延时程序
        MOV   AL，06H              ；BC 相送电
        OUT   DX，AL
        CALL  DELAY
        MOV   AL，04H              ；C 相送电
        OUT   DX，AL
        CALL  DELAY                ；调用延迟子程序
        MOV   AL，0CH              ；CD 相送电
        OUT   DX，AL
        CALL  DELAY
        MOV   AL，08H              ；D 相送电
        OUT   DX，AL
        CALL  DELAY
        MOV   AL，09H              ；DA 相送电
        OUT   DX，AL
        CALL  DELAY
        JMP   ABC
 DELAY：MOV   CX，0000H            ；延时
 ZXCV：LOOP   ZXCV
       RET
```

本例题采用单双八拍通电方式控制步进电机正转运行。通过颠倒通电的顺序，可以实现反相转动。通过改变延时程序 DELAY 的延时时间，就可改变步进电机的转速。

7.2　微机的并行打印机接口

7.2.1　Centronics 并行打印机接口

以适配卡的形式插在主机板系统总线槽上的并行打印机接口早已过时，当前微机的并行打印机接口已被集成到超大规模芯片中去了，但是，接口内部寄存器的编程仍然保持了向上的兼容。该接口得到了工业界普遍支持的一种并行接口协议，协议规定了打印机的标准插头是 36 脚簧式插头座，并规定了 36 脚信号的功能，包括 8 条数据线、3 条联络线及一些特殊控制线和状态线等。

微型打印机的并行接口往往只需要使用 8 条数据线和 3 条联络线（$\overline{\text{STROBE}}$、$\overline{\text{ACK}}$ 和 BUSY），因为微型打印机功能简单，仅用这 11 条线就可以编写打印机的驱动程序。Centronics 接口不仅广泛应用于各种打印机，而且还有许多绘图仪及数字化仪也使用 Centronics 标准接口。

微机的并行打印机接口信号有25条，呈现在微机后面板D型25孔插座上，如图7-21所示。

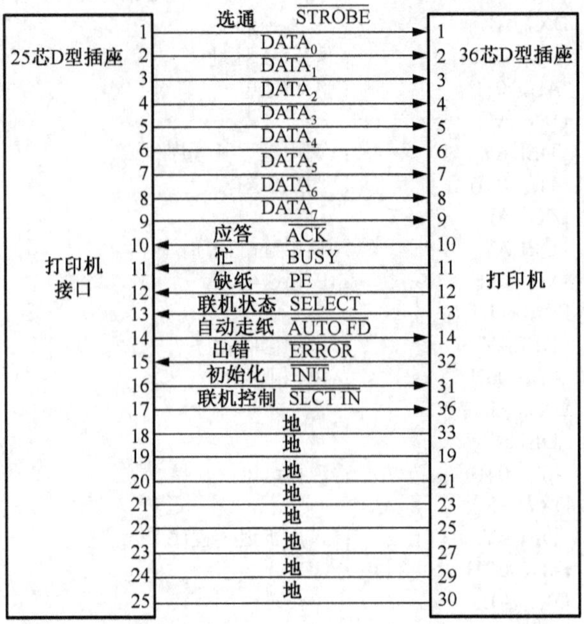

图 7-21　微机并行打印机接口与打印机的连接

25芯D型插座的并行打印机接口引脚线分为如下三类。

（1）8条数据线

$DATA_0$～$DATA_7$，并行输出数据线。写入打印机的数据可以是文本方式的打印字符、图形方式的位映射字节和控制字符。

（2）4条控制信号线

控制信号均为输出信号，控制打印机的操作。

$\overline{\text{STROBE}}$，选通信号，输出。该信号为低电平时，打印机开始接收打印机接口中的数据，低电平的宽度在接收端应该大于0.5μs，数据才能可靠的存入打印机的数据缓冲区中。

$\overline{\text{SLCTIN}}$，选择（联机）信号，输出。当该信号是低电平时，计算机与打印机联机选中，实现计算机选中打印机后，才能将数据输出到打印机。

$\overline{\text{INIT}}$，初始信号，输出，该信号为低电平时，复位打印机为初始状态，清空打印机的数据缓冲区。

$\overline{\text{AUTOFD}}$，自动走纸信号，输出。该信号为低电平时，打印机打印一行后自动换行。

（3）5条状态信号线

打印机的状态信号均为输入信号，送入CPU中，以便CPU判断与控制打印机的操作。

SELECT，输入信号，称为选择信号。当其为高电平时，表示打印机处于联机选中状态。

BUSY，输入信号，称为“忙”信号，高电平有效。打印机如果处于以下状态之一时，打印机不接收数据，处于“忙”状态：

- 正在接收数据；
- 正在打印操作；
- 在脱机状态；
- 打印机出错状态。

$\overline{\text{ACK}}$，输入信号，称为响应信号。打印机打印完一个字节数据后，向计算机回答一个负脉冲响应信号，负脉冲宽度约为 0.5μs，表示打印机可以接收待打印的新数据。

PE，输入信号，称为缺纸信号。若打印机纸用完，打印机内部检测器使 PE 为高电平。

$\overline{\text{ERROR}}$，输入信号，称为错误信号。若打印机处于缺纸、死机或其他错误状态之一，该信号均为低电平。

微机将 8 位数据可靠地输出到打印机，基本原理是通过$\overline{\text{STROBE}}$、$\overline{\text{ACK}}$和 BUSY 三个联络信号的控制来实现的，其工作的基本时序描述如图 7-22 所示。

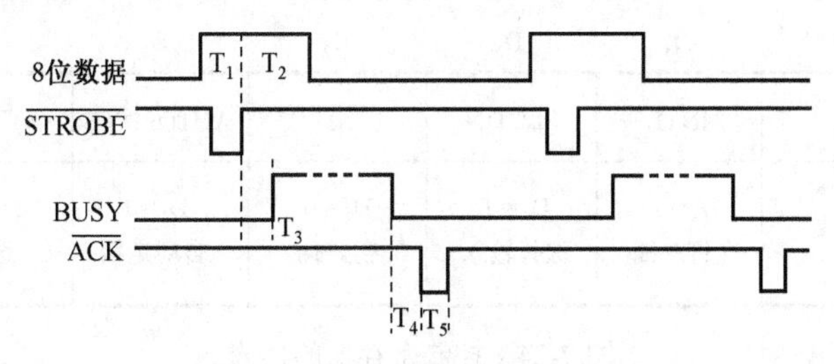

图 7-22 打印机工作的基本时序

在图 7-22 中，T_1>20μs，T_2>30μs，T_3<40×10^{-3}μs，T_4<5μs，T_5 大约 4μs。

7.2.2 并行打印机接口内部的寄存器

并行打印机接口内部有数据寄存器、控制寄存器和状态寄存器，分别称为数据端口、控制端口及状态端口。而且打印机接口可以向微机系统提供中断打印方式的联络信号$\overline{\text{ACK}}$及查询式打印方式的联络信号 BUSY，即打印机和主机可以采取中断方式打印和查询方式打印两种形式，并行打印机接口是一个经典的并行接口。因此，研究打印机并行接口技术，对于理解计算机的并行接口技术有着重要的意义。

微机曾有两个并行打印机接口，称为 LPT_1 和 LPT_2，保留的 LPT_1 打印机接口内部数据寄存器地址是 378H，控制寄存器地址是 37AH，状态寄存器地址是 379H。

1. 8 位数据端口

在打印机接口中，数据端口的逻辑框图如图 7-23 所示，主要包括一个 8 位数据锁存器和一个 8 位三态缓冲器，逻辑控制由两个或门组成。8 位锁存器锁存的 8 位数据一方面要送往打印机，另一方面，通过 8 位三态缓冲器可以读回计算机，而且公用数据端口地址 378H，这是因为把一个端口地址分为了写端口与读端口。

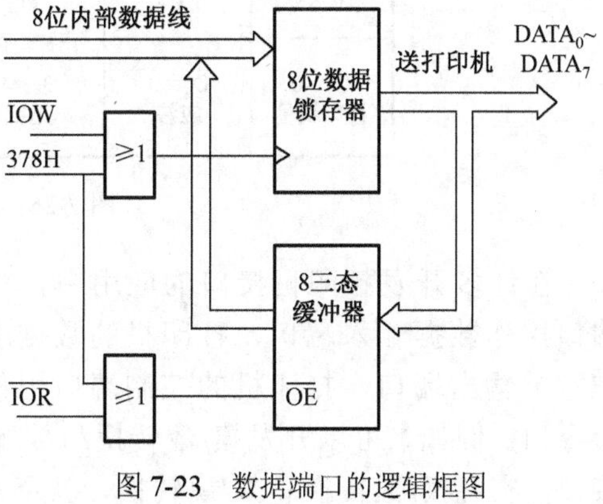

若要检测 LPT_1 打印机接口中数据端口是否正常，可以先后分别写入 8 个“1”和 8 个“0”，并且通过读回后比较判断是否能写成功，只有两种操作都成功才能判断数据端口正常，可以工作，否则，系统检测数据口失败。

图 7-23 数据端口的逻辑框图

2. 8 位控制端口

8 位控制寄存器用于锁存 CPU 发送给打印机的控制信息。8 位控制寄存器的格式如图 7-24

所示，控制端口逻辑图如图 7-25 所示，控制端口逻辑图是对 8 位控制寄存器的具体说明。结合两者可以看出，控制端口只使用了其中的低 5 位（D_4～D_0 位）。其中，D_4 位是打印机接口电路中的中断控制位，D_4 位 =“1”，INTE =“0”，三态门工作，打印机输出响应信号 $\overline{ACK}$ 的反变量，即负脉冲的 $\overline{ACK}$ 取反后变为正脉冲，连接到 IRQ_7，通过 8259A 申请中断，申请主机向打印机输出数据；如果 D_4 位 =“0”，INTE =“1”，三态门处于高阻，禁止中断方式打印。D_3、D_1、D_0 经接口电路中的反相器取反后送到对应的 17、14 和 1 孔，只有 D_2 没有反相，直接连接到 16 孔。

D_7 D_6 D_5	D_4	D_3	D_2	D_1	D_0
× × ×	INTE	SLCTIN	$\overline{INIT}$	AUTOFDXT	STROBE
	D_4 = 1 允许中断	D_3 = 1 选择输入	D_2 = 0 初始化	D_1 = 1 自动走纸	D_0 = 1 选通

图 7-24　控制寄存器的格式

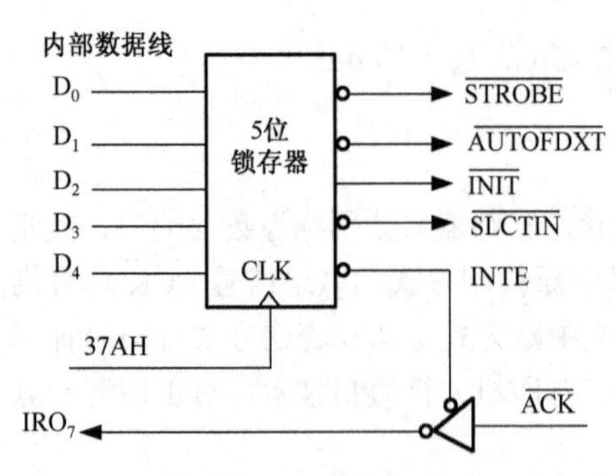

图 7-25　控制端口逻辑图

控制端口逻辑图还有 5 位输入缓冲器（与数据端口类似），但图 7-25 中没有画出，控制端口具有与数据端口相同的自校验功能。

3．8 位状态端口

8 位状态寄存器的格式如图 7-26 所示，8 位状态寄存器只用了其中的高 5 位。D_7～D_3 位分别对应于 25 芯连接座的 11、10、12、13 和 15 孔。5 位状态接口逻辑图如图 7-27 所示，只有打印机输出的忙信号 BUSY 经取反后，由数据线 D_7 位被主机读入，打印机的 BUSY =“1”，说明打印机正在打印，处于“忙”状态，读入主机后，为“0”则是忙状态。其他 4 位状态位被主机读入的是原变量。

D_7	D_6	D_5	D_4	D_3	$D_2D_1D_0$
$\overline{BUSY}$	$\overline{ACK}$	PE	SLCT	$\overline{ERROR}$	× × ×
D_7 = 0 打印机忙	D_6 = 0 应答	D_5 = 1 无纸	D_4 = 1 打印机选中	D_3 = 0 出错	

图 7-26　状态寄存器的格式

在许多开发打印机接口的应用中，将状态端口用作数据输入端口，打印机的数据端口用作数据输出端口，打印机的控制端口用作控制命令口。例如，可以开发模/数转换和数/模转换接口，实现模/数转换和数/模转换，以及发出控制信息等。

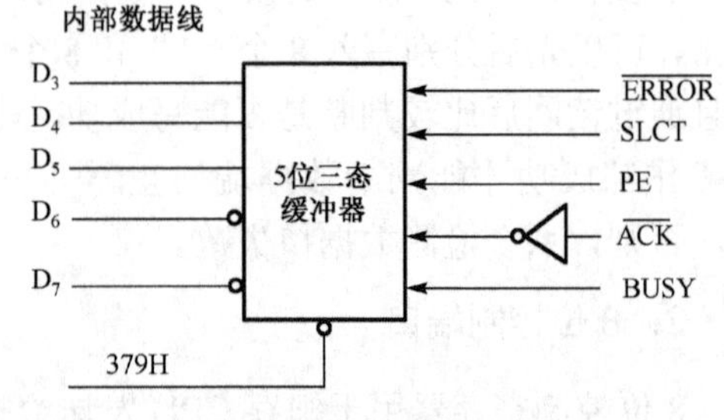

图 7-27　5 位状态接口逻辑图

7.2.3 打印机接口编程

在 DOS 下直接对端口编程，使用查询方式或中断方式。查询方式是首先读入状态寄存器中的值，判断打印机的“忙”信号，即 $D_7 = 0$，若打印机忙，继续查询，否则，可以打印输出。

【例 7-11】 选用查询式打印方式，通过 LPT1 编写打印“CHECK!”的程序。

程序如下：

```
DATA    SEGMENT
BUFFER  DB 'CHECK!'，0DH，0AH
COUNT   EQU  $-BUFFER
DATA    ENDS
CODE    SEGMENT
        ASSUME   CS:CODE，DS:DATA
START:  MOV      AX，DATA
        MOV      DS，AX
        MOV      SI，OFFSET BUFFER
        MOV      CX，COUNT
ASDFG:  MOV      DX，379H           ；状态端口地址送给 DX
WAIT:   IN       AL，DX             ；读状态端口
        TEST     AL，80H            ；查最高位为 0，就转等 WAIT
        JZ       WAIT
        MOV      AL，[SI]           ；打印机不忙，取出一个字符
        MOV      DX，378H           ；数据端口地址送给 DX
        OUT      DX，AL             ；写入数据端口
        MOV      DX，37AH           ；控制端口地址给 DX
        MOV      AL，00001101B      ；D0 位反相后为“0”送到打印机的选通端，选通有效
        OUT      DX，AL             ；选通脉冲产生下降沿
        NOP
        NOP
        MOV      AL，00001100B      ；产生选通脉冲的上升沿
        OUT      DX，AL
        INC      SI
        LOOP     ASDFG
        MOV      AH，4CH
        INT      21H
CODE    ENDS
        END   START
```

打印字符可以利用操作系统提供的功能调用或者直接利用 BIOS 功能调用来实现。BIOS 关于打印机的软中断类型号是 17H。

（1）发送数据到打印机

入口参数：DX = 打印机编号，0、1、2

功能号：AH = 0

待打印字符：AL

BIOS 软中断：INT　17H

出口参数：AH 寄存器

AH 中出口参数与用输入指令读入的状态值相同，另外，增加的状态寄存器 $D_0 = 1$，说明发送到打印机数据已经超时，字符不能打印。

（2）初始化打印机

入口参数：DX＝ 打印机编号，0、1、2

功能号：AH＝1

BIOS 软中断：INT　17H

出口参数：AH 寄存器，与用输入指令读入的状态值相同。

（3）读取打印机的状态

入口参数：DX＝ 打印机编号，0、1、2

功能号：AH＝2

BIOS 软中断：INT　17H

出口参数：AH 寄存器

与用输入指令读入的状态值相同。

7.2.4　打印机的性能指标

打印机的种类较多，按照打印机和主机的接口方式来分，有并行打印机和串行打印机；从打印方式分，分为击打式打印机和非击打式打印机；从打印字符的形式分，分为点阵式和非点阵式打印机。

目前常用的打印机有三种：针式打印机、激光打印机和喷墨打印机。一般从以下几方面衡量打印机的性能指标。

（1）分辨率

分辨率是一项主要的性能指标，其分辨率的大小是使用每英寸能打印点的数量（DPI）来描述的。

（2）打印速度

打印速度是用每秒钟能打印字符数量的多少来表示的（CPS），或者用每分钟能打印的页数表示（PPM）。

（3）针式打印机的单向打印和双向打印

单向针式打印机的打印头只有从左至右移动时打印一行；双向打印机的打印头从左至右移动及从右至左移动，均可以打印一行。

（4）主机与打印机采用并行传输和串行传输两种

主机与打印机采用美国 Centronics 公司制定的标准并行传输数据，常称其为 Centronics 并行标准。

主机与打印机采用 USB 串行接口通信，USB 串行通信传输数据速度快，即插即用，使用起来非常方便，已经得到了普及应用。

思考题与习题

1．8255A 的端口 A 和端口 B 分别可以工作在哪几种方式？

2．设 8255A 的 4 个端口地址分别为 270H、271H、272H 和 273H，要求用按位置位/复位控制字使 PC_7 输出方波信号，试编程实现。

3．设 8255A 接到系统中，端口 A、B、C 及控制口地址分别为 304H、305H、306H 及 307H，工作在方式 0，试编程将端口 B 的数据输入后，从端口 C 输出，同时，将其取反后，从端口 A 输出。

4．打印机的性能指标一般指哪几项内容？

5．如果要检测打印机接口 LPT1 中控制端口通道的好坏，可以通过对 D_4～D_0 位首先写入 5 个 0，通过读回后比较，判断是否能写成功；然后写入 5 个 1，按同样的方法进行检测，试编写自检的程序段。

6．利用软中断 INT 17H，发送字符 B 到 1 号打印机打印，用汇编语言编程实现。

7．如果 8255A 的端口 A 工作在方式 1 输入，端口 A、B、C 及控制口地址分别为 304H、305H、306H 及 307H，编写初始化程序段，要求置位 $INTE_A$。

8．如果 8255A 的端口 B 工作在方式 1 输出，端口 A、B、C 及控制口地址分别为 314H、315H、316H 及 317H，编写初始化程序段，要求置位 $INTE_B$。

9．如果通过 PC 读入打印机的状态字，读入的最高位 D_7 位 ＝0，说明打印机是否忙？

10．将四相步进电机单双八拍正向运转的程序，改为单双八拍反向运转的程序。

11．根据例 7-10，编写四相步进电机双四拍正向运转的程序。

12．根据例 7-10，编写四相步进电机双四拍反向运转的程序。

13．利用一片 8255A 的端口 A 和端口 B 设计一个查询式输出电路，并画出程序的流程图。

14．画出端口 A 工作为方式 1 输入的连接图，并且试编写 8255A 的初始化程序，设端口 A、B、C 和控制口地址分别是 300H、301H、302H、303H。

第8章　定时/计数技术

通用的可编程定时器集成芯片从使用的角度上看，第一，它可以应用于定时，其实质是对周期性脉冲信号进行计数，在计数器的输出端产生固定周期的输出信号，因此，我们称其为定时；第二，它工作的目的是应用于计数，其实质是对周期或非周期性脉冲信号个数进行计数，在计数器的输出端产生输出信号，表示它已经获得多少计数值，或者直接从动态计数器中读取当前的计数值，以判断已经计得脉冲的数量。由此可见，定时器、计数器两者是同一个物理器件——计数器，于是，我们把集成的计数器芯片 8253 称为定时器/计数器，后来推出的 82C54 兼容了 8253 的所有功能，并增加了新的功能，称为可编程时间间隔定时器。可编程定时器/计数器集成芯片有 8253、82C54 及万年历芯片等。

在计算机系统中，使用定时信号来产生系统日历时钟的计时、动态存储器的刷新定时，以及产生不同频率的脉冲作为系统的声源等。定时方法有软件定时和硬件定时两种。

软件定时的方法是用编写一个延迟子程序，通常是一个循环程序，通过循环执行次数和循环体内的指令执行总时间而确定延迟时间。软件定时属于短时间延时，这种方法的优点是节省硬件，缺点是执行延迟等待程序时，CPU 一直被占用，降低了 CPU 的效率，浪费 CPU 的资源。

硬件定时通常用可编程定时器产生定时，这种方法最大的优点是不占用 CPU 的时间，CPU 与定时器可并行工作，大大提高 CPU 利用率，而且定时时间长，定时准确，所以，可编程定时器芯片得到了广泛的应用。

本章主要介绍可编程时间间隔定时器芯片 Intel 82C54。

8.1　82C54 的结构和外部引脚

8.1.1　82C54 的功能

82C54 的基本功能包括定时和计数两个方面，从 82C54 内部工作原理上看，定时和计数没有本质的区别，82C54 既可作定时器，也可作计数器，所以也可以称为定时器/计数器。

82C54 是一种能在微处理器的控制下，实现定时和计数功能的外围电路，内部有 3 个独立的 16 位减计数器，即包括 3 个 16 位的计数通道，每个计数器都具有相同的结构。可以通过编程选择某一个计数器工作，选择某一个计数器按照 6 种工作方式中的哪一种方式工作都可以。

8.1.2　82C54 的内部结构

82C54 的内部结构如图 8-1 所示，该芯片内部由 3 个独立的计数器、内部总线、数据总线缓冲器、读/写控制逻辑电路和控制字寄存器组成。

1．3 个独立的计数器

由图 8-1 可见，82C54 有 3 个独立的减计数器，即计数器 0、计数器 1 和计数器 2。每个计数器的结构完全相同，如图 8-2 所示。

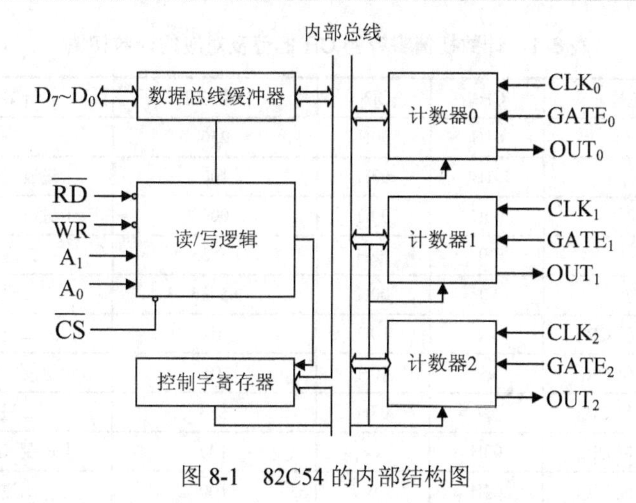

图 8-1　82C54 的内部结构图

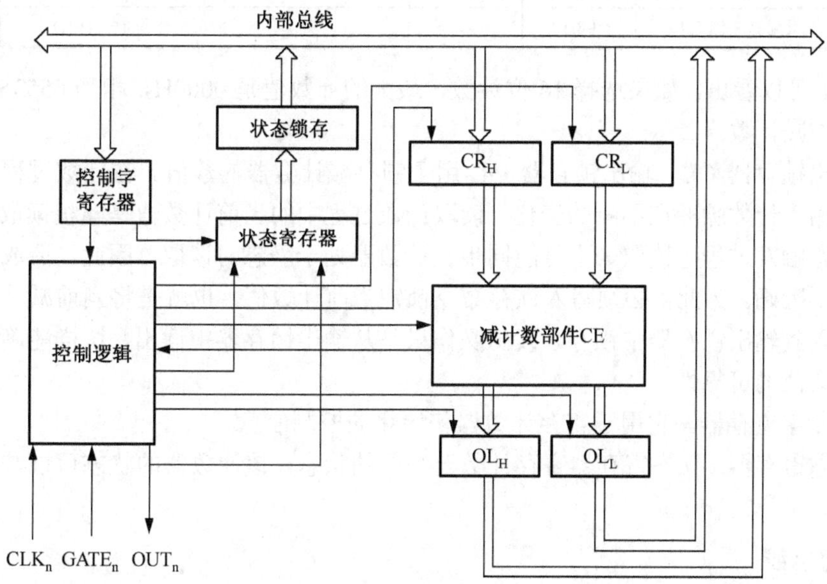

图 8-2　82C54 中每个计数器的内部逻辑图

每一个计数器主要由如下几个部件组成：

16 位减计数部件 CE，它可以分成两个 8 位的同步减计数器，可以只选择高 8 位的减计数器工作，也可以只选择低 8 位的减计数器工作。

16 位的初值寄存器 CR，由高 8 位初值寄存器 CR_H 和低 8 位初值寄存器 CR_L 组成。

16 位的输出锁存寄存器 OL，由高 8 位输出锁存寄存器 OL_H 和低 8 位输出锁存寄存器 OL_L 组成。

各部件的主要功能如下：

（1）初值寄存器 CR。计数开始前，写入的计数初值存于初值寄存器 CR 中，同时内部自动将初值传送给减计数部件 CE。计数过程中，CR 中的计数初值在计数器计数过程中保持不变，减计数部件的值不断递减，直到将计数部件 CE 减至 0 时，CR 可将计数初值自动重新装入减计数部件 CE 中，进行重复计数。初值寄存器 CR 中存储的值及其对应的计数初值，如表 8-1 所示。

表 8-1 计数初值寄存器 CR 的值及对应的计数初值

计数选择	CR_H	CR_L	计数初值	计数制
16 位	01H	00H	256	二进制
16 位	01H	00H	100	十进制（BCD）
16 位	00H	00H	10000	十进制（BCD）
16 位	FFH	FFH	65535	二进制
16 位	00H	00H	65536	二进制
只用低 8 位 CR_L	××	10H	16	二进制
只用低 8 位 CR_L	××	10H	10	十进制（BCD）
只用低 8 位 CR_L	××	00H	256	二进制
只用高 8 位 CR_H	00H	××	100	十进制（BCD）
只用高 8 位 CR_H	64H	××	100	二进制
只用高 8 位 CR_H	98H	××	98	十进制（BCD）

从表 8-1 可以看出，如果选择 16 位计数，最大的计数值是 0000H，相当 65536，这是由于计数部件是作减计数。

（2）输出锁存器 OL。输出锁存器 OL 用于锁存减计数器的数值。在计数过程中，减计数器的数值随输入计数脉冲在不断的变化，读取计数过程中的当前计数值是随机读取的，很可能在计数器动态触发过程中读取，不可能同步在计数器处于静态时读取，因此，造成读取当前计数器中的值不准确。为此，必须写入锁存命令锁定当前计数值，也就是将当前减计数器中静态准确的值输入到输出锁存器中锁存，读出操作只是从输出锁存器中读出，这样能确保读取减计数器当前计数值的可靠性。

（3）控制字寄存器。它用于寄存计数器初始化的控制信息。

（4）状态寄存器。状态寄存器寄存计数器当前的状态，该计数器的状态可以被锁存到状态锁存器中。

2．内部总线

内部总线是连接各部件的公共通道，所有命令与数据的传输都必须经过内部总线。它是 8 位的数据通道。

3．数据总线缓冲器

数据总线缓冲器是 8 位双向三态的缓冲器，它位于内部与外部数据总线之间，一方面，它具有三态功能，使得该芯片可以直接连接到 CPU 或计算机系统的数据总线上；另一方面，使得数据总线上传输的数据具有双向传输的可能。

由于它是外部数据总线与内部数据总线之间的必通之路，所以缓冲器的作用是：CPU 可以通过缓冲器向控制寄存器写入控制字；向计数器写入计数初值；CPU 还可以通过该缓冲器读取计数器的当前计数值及计数器的状态值。

4．控制字寄存器

接收来自 CPU 的控制字并寄存，由控制字的最高两位 D_7、D_6 位的编码决定当前控制字应该写入哪一个计数器（计数器 0、计数器 1、计数器 2）的控制寄存器中，如表 8-2 所示。

表 8-2　82C54 控制字最高两位 D_7、D_6 位的编码

D_7	D_6	操作功能说明
0	0	选择计数器 0 的控制寄存器
0	1	选择计数器 1 的控制寄存器
1	0	选择计数器 2 的控制寄存器
1	1	选择读回命令

5．读/写控制逻辑电路

读/写控制逻辑电路的功能是接收来自 CPU 的控制信号，控制信号有读信号 $\overline{RD}$、写信号 $\overline{WR}$、片选信号 $\overline{CS}$ 和寻址芯片内部寄存器的地址信息 A_1、A_0，它们的组合功能是对 82C54 内部各计数器的寻址，决定是进行读操作还是写操作，控制信号的组合功能如表 8-3 所示。

表 8-3　82C54 控制信号的组合功能表

$\overline{CS}$	$\overline{WR}$	$\overline{RD}$	A_1	A_0	操作功能说明
0	0	1	0	0	计数器 0 装入计数初值
0	0	1	0	1	计数器 1 装入计数初值
0	0	1	1	0	计数器 2 装入计数初值
0	0	1	1	1	控制字装入控制寄存器
0	1	0	0	0	读计数器 0
0	1	0	0	1	读计数器 1
0	1	0	1	0	读计数器 2
1	×	×	×	×	无操作

8.1.3　82C54 的外部引脚

82C54 的引脚信号图如图 8-3 所示，它有 24 条引脚，双列直插式封装。

1．与 CPU 相连接的引脚信号

（1）地址输入线 A_1、A_0。用于寻址 82C54 内部的 3 个计数器和一个控制字。一般与系统的低位地址线相连，其组合功能参见表 8-3。

（2）数据线 D_0～D_7，三态双向。与计算机系统的数据总线相连，用于向 82C54 传递控制信息、计数初始值，以及从 82C54 读取状态信息等。

（3）片选信号 $\overline{CS}$，输入。低电平有效，低电平选中 82C54，只有选中 82C54 后，才允许 CPU 对其进行读/写操作。否则，没有选中 82C54，则系统对 82C54 无操作。

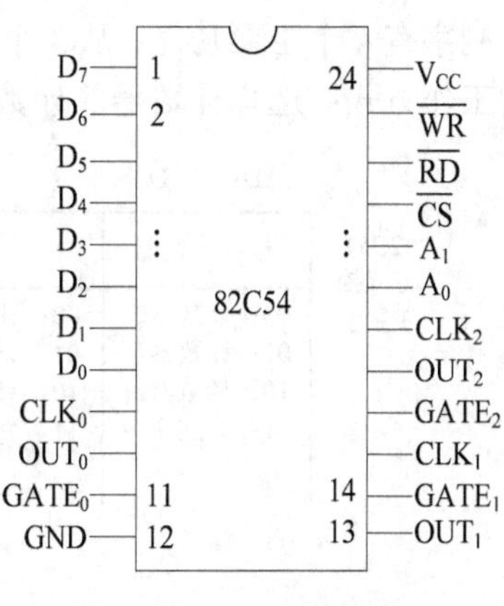

图 8-3　82C54 的引脚信号图

（4）写信号 $\overline{WR}$，输入。低电平有效，如果 $\overline{WR}$ =“1”，系统是不可能对 82C54 实施写操作的。$\overline{CS}$、$\overline{WR}$ 与 A_1、A_0 信号配合，决定是写入控制字还是计数初值。

（5）读信号 $\overline{RD}$，输入。低电平有效，用于控制系统对 82C54 的读操作。

2．与外部设备相连接的引脚信号

（1）计数脉冲输入端 CLK：CLK_0、CLK_1 和 CLK_2，分别是计数器 0、计数器 1 和计数器 2 的计数脉冲输入端，用于输入定时脉冲或计数脉冲信号。

（2）计数输出端 OUT：OUT_0、OUT_1 和 OUT_2，分别是计数器 0、计数器 1 和计数器 2 的计数输出端。当计数器中计数值减至 0 时，在计数器的 OUT 端输出一个信号，表示定时或计数方式的一次初值已经减至 0。

（3）门控输入端 GATE：$GATE_0$、$GATE_1$ 和 $GATE_2$，分别是计数器 0、计数器 1 和计数器 2 的门控输入端。3 个计数器每一个都有一个门控输入端，其功能示意图如图 8-4 所示，从图中可以看出，只有当 $GATE_i$ = “1” 时（i=0、1、2），外部计数脉冲 CLK_i（i=0、1、2）才能够被接通到 82C54 内部对应的减计数器输入端作减计数，当 $GATE_i$= “0” 时，与门被封锁，外部计数脉冲 CLK_i 不可能被接通到 82C54 内部的减计数器输入端。

因此，$GATE_i$ 可用于外部控制计数器的启动计数和停止计数的操作。

图 8-4　门控输入端 GATE 功能的示意图

8.2　82C54 的控制字

8.2.1　82C54 的方式控制字

82C54 启动计数之前，由 CPU 对 82C54 进行初始化操作，包括先写入方式控制字，后写入计数初值。在门控输入端 GATE= “1” 的情况下，计数器便开始对外来脉冲进行计数。

82C54 方式控制字的格式如图 8-5 所示，其中，×表示没有使用位，通常设置为 0。方式控制字有 4 个主要功能：从 3 个计数器中选择一个；确定计数器数据的读/写格式；确定计数器的工作方式；选择计数器的计数制式。

82C54方式控制字	D_7 D_6 选择计数器	D_5 D_4 读/写格式	D_3 D_2 D_1 工作方式	D_0 计数制式
	00：计数器0 01：计数器1 10：计数器2 11：读回命令	00：计数器锁存命令 01：只读/写低8位 10：只读/写高8位 11：先读/写低8位，后读/写高8位	000：方式0 001：方式1 ×10：方式2 ×11：方式3 100：方式4 101：方式5	0：二进制计数 1：BCD计数

图 8-5　82C54 方式控制字的格式

计数器选择位 D_7D_6，控制字的最高两位决定这个控制字是哪一个计数器的控制字。由于 3 个计数器的工作是完全独立的，所以需要有 3 个控制字寄存器分别规定相应计数器的工作方式。但它们的地址是同一个，即 A_1A_0=11。所以，需要用这 2 位的编码来确定是哪一个计数器的控制字。

读/写格式位 D_5D_4，CPU 向计数器写入初值和读取它们的当前状态时，有几种不同的格式。

例如，写数据时，是写入 8 位数据还是 16 位数据。若是低 8 位计数，则令 D_5D_4=01，只写入低 8 位计数器，高 8 位计数器自动置 0；若是高 8 位计数，则令 D_5D_4=10，只写入高 8 位计数器，低 8 位计数器就自动为 0；若是 16 位计数，则令 D_5D_4=11，先写入低 8 位计数器，后写入高 8 位计数器。D_5D_4=00，则把当前减计数器中的 16 位值锁存到输出寄存器中，此时，计数器照常计数，但锁存器中的值不变化，以便读取。

工作方式位 $D_3D_2D_1$，82C54 的每个计数器可以有 6 种不同的工作方式，由 $D_3D_2D_1$ 三位决定。

计数制式位 D_0，D_0=1，用作 8421BCD 码计数，D_0 = 0，作二进制计数。82C54 的每个计数器都有二进制和二-十进制（BCD 码）两种计数制。

【例 8-1】 选用计数器 2 计数，计数值为 10000，用方式 2 计数，且选二—十进制（BCD）方式计数，设 82C54 计数器 0、1、2 和控制端口的地址分别为 310H、311H、312H 和 313H，编写对计数器 2 初始化的程序段。

程序如段如下：

```
MOV  DX，313H
MOV  AL，10110101B        ；BCD 方式计数
OUT  DX，AL               ；送计数方式控制字
MOV  DX，312H
MOV  AX，0000H            ；十进制数 10000 送给 AX
OUT  DX，AL               ；先送低 8 位
MOV  AL，AH
OUT  DX，AL               ；后送高 8 位
```

在 82C54 计数器计数过程中，如果需要读出当前的计数值，则要锁存计数器当前的计数值，82C54 可以利用方式控制字的锁存命令来实现。先发送一条锁存命令锁存当前计数值，即方式控制字的 D_5D_4=00，这样就使减计数器的计数值锁存到输出锁存器中，然后执行读操作。

由于方式控制字首先确定了只读/写低 8 位、或只读/写高 8 位、或先读/写低 8 位后读/写高 8 位三种方式，所以送入锁存命令后，就可以按照方式控制字的初始化来读出计数值。

【例 8-2】 选用 82C54 计数器 1 计数，高 8 位计数，计数器 0、1、2 和控制端口的地址分别为：200H、201H、202H 和 203H，编写程序段，查看 82C54 计数器 1 的当前计数值是否为 1，如果为 1，则顺序执行，否则继续查询。

程序段如下：

```
WERT:  MOV  DX，203H
       MOV  AL，01000000B        ；计数器 1 的锁存命令
       OUT  DX，AL               ；将锁存命令写入控制字寄存器
       MOV  DX，201H             ；计数器 1 端口地址送 DX
       IN   AL，DX               ；仅读计数器 1 当前计数值的高 8 位
       CMP  AL，1                ；与 1 比较
       JNE  WERT                 ；不是 1，继续读
       …                         ；是 1，顺序执行程序
```

8.2.2　82C54 的锁存命令字

1．82C54 的锁存命令字格式

82C54 不仅继承了 8253 的读计数器值的功能，还新增了一个锁存功能强的专用锁存命令

字。将锁存命令字写入控制字寄存器中，该锁存命令字可将当前 3 个计数器的当前计数值和当前状态单独锁存或者同时锁存。锁存命令字的格式如图 8-6 所示。

A_1A_0=11　　$\overline{CS}$=0　　$\overline{RD}$=1　　$\overline{WR}$=0

	D_7 D_6	D_5	D_4	D_3	D_2	D_1	D_0
82C54锁存命令	1 1	$\overline{COUNT}$	$\overline{STATUS}$	CNT_2	CNT_1	CNT_0	0
	特征位，必须为11	D_5=0，锁存选中计数器的计数值	D_4=0，锁存选中计数器的状态	D_3=1，选择计数器2	D_2=1，选择计数器1	D_1=1，选择计数器0	将来扩充位，必须为0

图 8-6 锁存命令字的格式

82C54 的这种锁存方式又称为读回方式。这种工作方式允许程序用一条命令可以锁存全部 3 个计数器的当前计数值和状态信息。在锁存命令字中，D_7 位和 D_6 位均为 1，是锁存命令字的识别码，而且 D_0 位必须为 0。D_4 位为 0，表示锁存状态信息，D_5 位为 0 表示锁存计数值。

D_1 位（CNT_0）、D_2 位（CNT_1）和 D_3 位（CNT_2）分别对应于计数器 0、计数器 1 和计数器 2，若为 1，则要锁存对应的计数器，为 0 则不锁存对应的计数器，可以任意选择 1 或 0。

如果锁存命令字选 11011110B，则只锁存 3 个计数器的当前计数值，不锁存当前状态。表 8-4 是锁存命令的举例，表中指出，如果一旦被锁存而尚未读出，接着的锁存是无效的。

表 8-4 锁存命令举例

命令字								锁存内容
D_7	D_6	D_5	D_4	D_3	D_2	D_1	D_0	
1	1	0	0	0	0	1	0	锁存计数器 0 的计数值和状态
1	1	1	0	0	1	0	0	锁存计数器 1 的状态
1	1	1	0	1	1	0	0	锁存计数器 2 的状态，不锁存计数器 1 的状态（前面已经锁存）
1	1	0	1	1	0	0	0	锁存计数器 2 的计数值
1	1	0	0	0	1	0	0	锁存计数器 1 的计数值，不锁存计数器 1 的状态（前面已经锁存）
1	1	1	0	0	0	1	0	前面已经锁存计数器 0 的状态，命令被忽略

当计数器的当前计数值和状态信息同时锁存后，便可分时读出，读出的规则如下：

① 读回命令写入控制端口，状态信息和计数值都是通过各个计数器端口读取的。

② 如果使读回命令的 D_5 和 D_4 位都为 0，即状态信息和计数值都要读回，读取的顺序是：先读取状态信息，后读取（1～2 个）8 位的计数值。

③ 当某一计数器的计数值或状态信息被 CPU 读取后，锁存失效。

2．82C54 的状态字

82C54 读出 8 位状态寄存器的格式如图 8-7 所示，分别代表的意义如下：

最高位 D_7 位为 OUT 位，若 D_7 位= 1，表示对应计数器的输出端 OUT 为高电平，否则为低电平；

D_6 位指示初值是否送入计数器，D_6 = 0，表示已经送入减计数器，读出的计数值有效，D_6 = 1，表示空计数值，读出无效；

D_5 位～D_0 位是最后写入方式控制字的低 6 位。

OUT	NULL COUNT	RWI	RWO	M2	M1	M0	BCD
$D_7=1$，输出管脚为1，$D_7=0$，输出管脚为0	$D_6=1$，表示空计数值，$D_6=0$，读出计数值有效	读/写格式		工作方式			计数制
		最后写入方式控制字的低6位					

图 8-7　8 位状态寄存器的格式

8.3　82C54 的工作方式及应用

8.3.1　6 种工作方式

82C54 的每一个计数器都可以按照方式控制字的规定，有 6 种不同的工作方式，通过编程分别可以选择不同的工作方式。不同工作方式下计数过程的启动不相同，OUT 输出端的波形也有区别，自动重复功能及 GATE 的影响等也都可能不相同。描述不同工作方式的最好方式是采用波形图分析法，下面介绍各种工作方式的波形图。

在下面的计数波形图中，设计数器的计数方式采用二进制计数方式，都只用低 8 位计数器计数；8 位控制字用 CW 表示；N 表示计数器初始值。

1. 方式 0

方式 0 称为计数结束中断方式，其工作波形如图 8-8 所示。

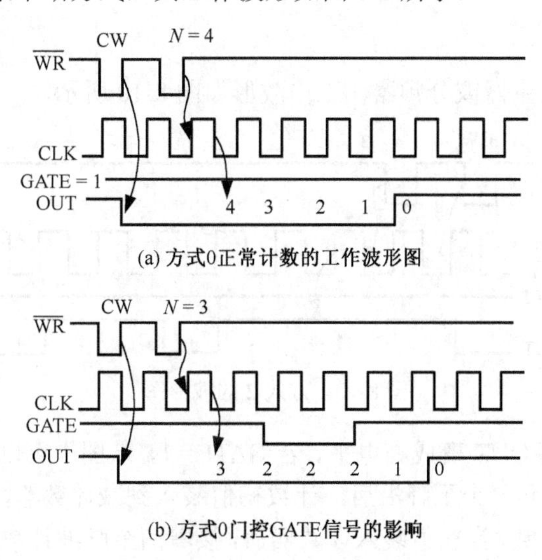

(a) 方式0正常计数的工作波形图

(b) 方式0门控GATE信号的影响

图 8-8　方式 0 的工作波形图

从图 8-8(a)可以看出，当写入方式 0 控制字后，输出端 OUT 立即变为低电平，并且在计数过程中一直维持低电平。写入初值后，经过 CLK 的一个上升沿和一个下降沿后，计数初值装入到减计数器，若此时 GATE = 1，便开始计数，随后每一个 CLK 脉冲下降沿计数器减 1。经过完整的 4 个 CLK 脉冲的下降沿后，减计数器减至 0，OUT 变为高电平，并且一直保持高电平，比如，将 OUT 连接至中断控制器 8259A 的某一个 IR 端，该上升沿置 8259A 内部的中断申请触发器，申请中断服务，所以称方式 0 为计数结束中断方式。

在整个计数过程中，GATE 应该始终保持高电平，若中途变为低电平，则暂停计数，GATE 信号恢复为高电平后的第一个时钟下降沿，则继续往下减。图 8-8（b）中由 3 减到 2 后，GATE 变为了低电平，接着两个 CLK 的下降沿没有计数，GATE 变为了高电平后，连续两个脉冲的下降沿作减计数，并且减到了 0，OUT 变为高电平。

2．方式 1

方式 1 称为可编程单稳态触发器，工作波形如图 8-9 所示。

当写入方式控制字后，OUT 输出为高电平。写入计数初值之后，计数器并不立即开始计数，要等到 GATE 上升沿后的下一个 CLK 输入脉冲的下降沿，OUT 输出变低，计数器才开始计数，计数结束时，OUT 输出端变高电平，从而产生一个宽度为 2 个 CLK 周期的负脉冲。

这种方式由门控信号 GATE 上升沿触发，产生一单拍负脉冲信号，脉冲宽度由计数初值决定，它和单稳态触发器被触发后的工作情形相类似，所以称方式 1 为可编程单稳态触发器。

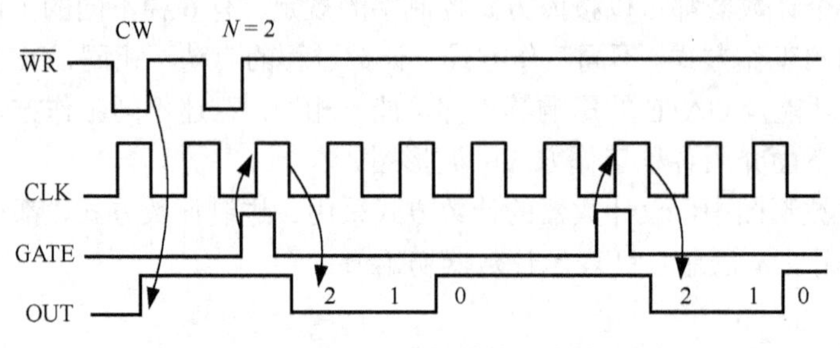

图 8-9　方式 1 正常计数的工作波形图

3．方式 2

方式 2 称为脉冲波发生器或分频器，工作波形如图 8-10 所示。

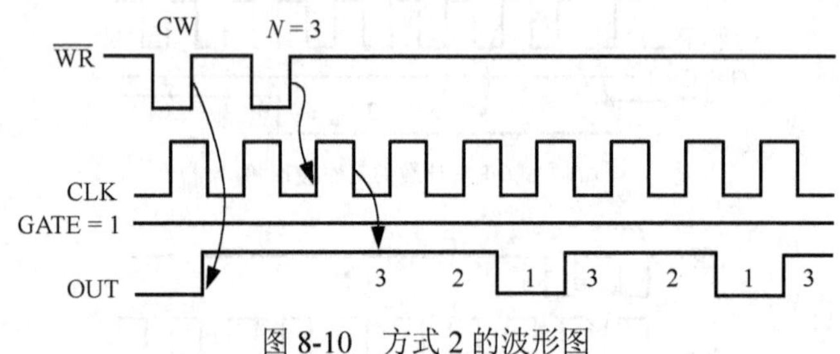

图 8-10　方式 2 的波形图

写入控制字后输出端 OUT 变成高电平。若 GATE= 1，从图中可以看出，写入计数初值后，经过 CLK 的一个上升沿和一个下降沿后，计数初值装入到减计数器，便开始计数，即第一个完整时钟周期的下降沿计数，当初值装入计数器后，接着两个脉冲计数有效，OUT 变为低电平，第 3 个 CLK 的下降沿，计数器减至零，OUT 变为高电平。82C54 自动将初值装入减计数器中，重新从初值开始计数，重复计数过程。因此，方式 2 能够自动重装初值，输出固定频率的脉冲波，也称为分频器。

其输出波形的高电平占 2 个 CLK 周期，低电平仅占 1 个 CLK 周期，无论初值是多少，其输出波形的低电平仅占 1 个 CLK 周期，占空比是(N–1)∶1，称为脉冲发生器而不是方波发生器。

计数过程中，GATE 变低电平，立即停止计数，当 GATE 变高以后，计数器重新装入初值并重新开始计数。

4. 方式 3

方式 3 称方波发生器，工作波形如图 8-11 所示。

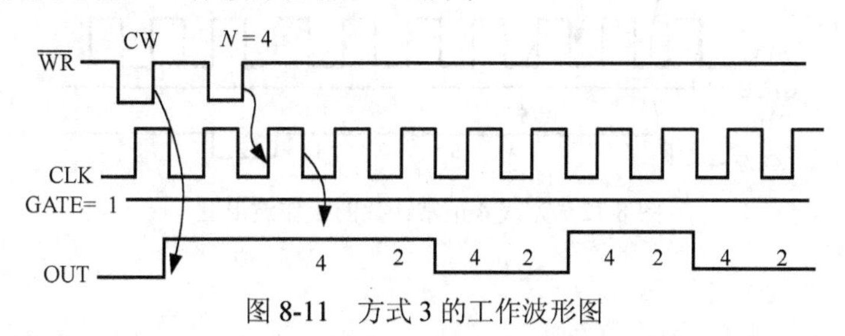

图 8-11　方式 3 的工作波形图

由于方式 3 是方波发生器，其波形图分为计数初值为偶数和奇数两种情况。

图 8-11 中计数初值为偶数 4，写入控制字后输出端 OUT 立即变成高电平。写入计数初值后，经过 CLK 的一个上升沿和一个下降沿后，计数初值装入到减计数器，若此时 GATE=1，便开始计数，即第一个完整时钟周期的下降沿计数，每个脉冲的下降沿减 2 个数，减到 0 时，输出端 OUT 变为低电平，并自动重新装入计数初值，重新按减 2 操作，减到 0 时，输出端 OUT 变成高电平，并重新装入初值，一个输出周期完成，且重复上述过程。为什么对应每个 CLK 要减两个数呢？因为利用一个 OUT 输出周期信号的两次自动装入初始值，共计有两倍的初始值，也就要求对应每个 CLK 必须减去两个初始数值。输出端 OUT 的波形是连续的方波，故称方波发生器，占空比是 N/2∶N/2。

如果计数初值为奇数，OUT 输出端高电平宽度是(N+1)/2，而输出端低电平宽度是(N−1)/2 时，输出高电平宽度比低电平的宽度多一个计数脉冲周期，这时输出的波形近似为方波。

在写入计数初值后，若 GATE 为低电平，并不开始计数，只有当 GATE 变高电平后，才开始计数，在计数过程中，若 GATE 变为低电平，不仅中止计数，而且 OUT 输出端立即变为高电平。待恢复 GATE 为高电平后，硬件启动计数器重新装入初值并重新开始计数。

【例 8-3】 用计数器工作在方式 3 产生方波输出。现要求用 0 号计数器计数，CLK 的输入频率是 1MHz，二进制方式计数，产生频率是 200kHz 的方波脉冲信号输出，设实验装置上计数器 0、1、2 和控制端口的地址分别 340H、341H、342H 和 343H，编写对计数器 0 初始化的程序段。

程序段如下：

```
MOV   DX，343H
MOV   AL，00010110B          ；选 0 号计数器，二进制方式计数，低 8 位计数，方式 3
OUT   DX，AL                 ；送计数方式控制字
MOV   DX，340H
MOV   AL，05H                ；十进制数 5 送给 AL
OUT   DX，AL                 ；送计数初始值
```

可以使用双踪示波器同时观察 CLK_0 与 OUT_0 端的频率信号，两者周期比是 5∶1。

5. 方式 4

方式 4 称软件触发选通方式，工作波形如图 8-12 所示。

由图 8-12 可见，写入方式控制字后，OUT 输出高电平。若 GATE = 1，写入初值后的下一个完整 CLK 脉冲的下降沿开始减 1 计数，减到 0 值，OUT 输出为低电平，持续一个 CLK 脉冲周期后恢复到高电平，并停止工作。

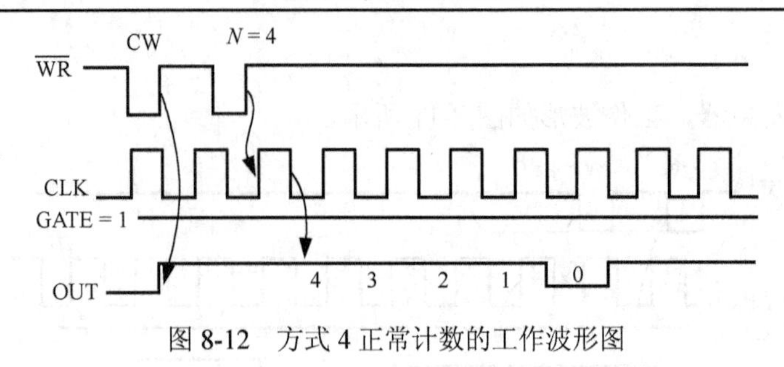

图 8-12　方式 4 正常计数的工作波形图

6．方式 5

方式 5 称硬件触发选通方式，工作波形如图 8-13 所示。

由图 8-13 可见，开始时 GATE 为低电平，一旦写入控制字后，输出 OUT 变为高电平。再写入计数初值 3，此时计数器并不立即开始计数，只有当门控脉冲的上升沿触发后，对应一个 CLK 的上升沿和下降沿后计数，下一个 CLK 的下降沿计数，计数器减到 0 时计数结束，等待输出一个持续时间为 1 个 CLK 时钟周期的负脉冲后，OUT 输出端上升为高电平。

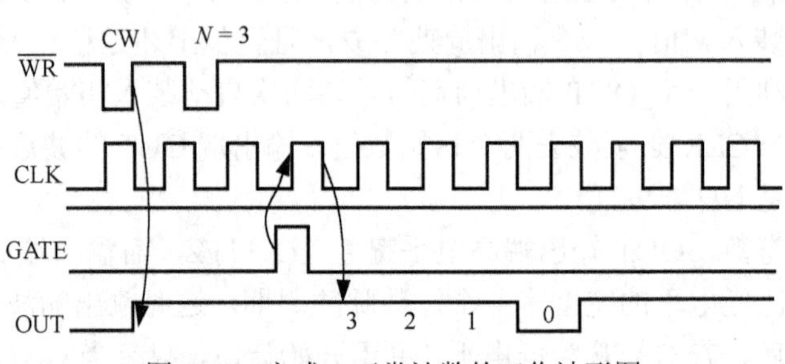

图 8-13　方式 5 正常计数的工作波形图

可以看出，输出的负脉冲是通过硬件电路产生的门控信号触发后所得到的，该门控信号是一个脉冲信号，且上升沿触发，输出的负脉冲常用作电路的选通信号，所以，称方式 5 是硬件触发选通方式。GATE 脉冲信号可以重复触发，不断产生选通信号。

8.3.2　82C54 应用举例

1．用作计数器

计数器应用的目的在于统计输入脉冲的个数。用作计数器的电路连接如图 8-14 所示，本连接图可以同时应用计数器 0 和计数器 1 计数，计数脉冲来自单脉冲产生器，单脉冲产生器由两个与非门、两只电阻及按钮开关 K 构成。当按钮开关按下时，与非门 2 的一个输入端接地，于是与非门 2 输出高电平，一旦放开按钮开关后，开关和与非门 1 接通，与非门 1 的一个输入端接地。因此，与非门 1 输出逻辑 1，与非门 2 输出逻辑 0，实现了按钮开关每次按下并放开后，有一个脉冲信号送至 CLK_0 及 CLK_1 进行计数，故称为单脉冲产生器。

由于需要使用计数器 0 和计数器 1 进行计数，所以，$GATE_0$ 和 $GATE_1$ 都必须接高电平。

【例 8-4】 在图 8-14 中，计数器 0、1、2 及控制口地址分别为 3E4H、3E5H、3E6H 及 3E7H，编程要求如下：

（1）每按 2 次按钮开关后计数器 0 的 OUT 输出电平有一次改变，用 LED 指示结果。

（2）每按 4 次按钮开关后计数器 1 的 OUT 输出电平有一次改变，用 LED 指示结果。

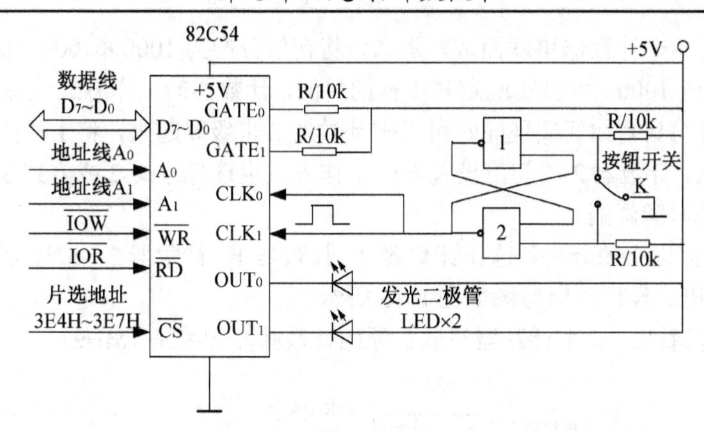

图 8-14　应用计数器 0 和计数器 1 分别进行计数的连接

根据题意，将计数器 0 和计数器 1 的工作方式都设置成方式 3，初始值分别设置为 4 和 8，根据 82C54 方式 3 的波形图可以知道，其 OUT 输出端产生的是方波输出。对于计数器 0，初始值等于 4，每按两次开关后，所连接的 LED 指示的状态改变一次，因此对应的 LED 熄灭两个单次脉冲时间，接着点亮两个单次脉冲时间，交替工作。

编写初始化程序如下：

```
;计数器 0 初始化程序
MOV   DX，3E7H                    ;控制端口地址给 DX
MOV   AL，00010110B               ;计数器 0 用低 8 位计数，方式 3，二进制计数
OUT   DX，AL
MOV   AL，4
MOV   DX，3E4H
OUT   DX，AL                      ;送初始值 4
```

对于计数器 1，初始值等于 8，每按 4 次开关后，所连接的 LED 指示的状态改变一次，因此对应的 LED 熄灭 4 个单次脉冲时间，接着点亮 4 个单次脉冲时间，交替工作。

```
;计数器 1 初始化程序
MOV   DX，3E7H                    ;控制端口地址给 DX
MOV   AL，01010110B               ;计数器 1 用低 8 位计数，方式 3，二进制计数
OUT   DX，AL
MOV   AL，8
MOV   DX，3E5H
OUT   DX，AL                      ;送初始值 8
```

2. 用作定时器

用作定时器时，计数脉冲输入端输入脉冲的频率是精确而且稳定的，计数脉冲一般是由具有晶体振荡器的脉冲产生电路提供的。根据输入端输入脉冲的频率和输出时间间隔，可以计算定时器的初始值，然后选用计数器来实现。

假如 CLK 输入 $f = 1\text{MHz}$，周期 $t = 1\mu\text{s}$，要求定时时间间隔为 1s，那么计数初始值：

$$1000\text{ms} \div 1\mu\text{s} = 1000000$$

由于一个计数器按照二进制计数，计数范围是 65536，小于 1000000，所以可以使用两个

计数器级联，即将两个计数器串联而成，那么，将初值分配为1000×1000，例如选用计数器0与1，分别送初始值1000，可以实现定时1秒的目的，计数器的工作方式选择方式2或方式3。

如果要定时1分钟，如何实现呢？可以把计数器2也级联起来，将1秒的脉冲信号作为计数器2的计数输入，计数器2的初值设置60，工作方式也选择方式2或方式3。那么，在OUT_2可以产生1分钟的时间间隔。

【例8-5】 根据以上的分析，选择计数器0、计数器1、计数器2，编程分别产生0.001秒、1秒、1分钟的输出。设计出电路图如图8-15所示。

从图8-15可以看出，3个计数器级联，原始计数脉冲频率是1MHz。

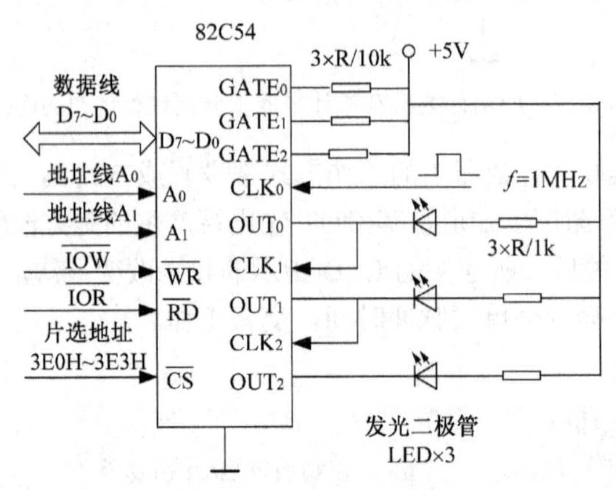

图8-15 3个计数器级联产生0.001秒、1秒、1分时间间隔的连接图

设计数器0、1、2及控制口地址分别为3E0H、3E1H、3E2H及3E3H， 编写初始化程序如下：

```
      ；计数器0初始化程序
      MOV   DX，3E3H              ；控制端口地址给DX
      MOV   AL，00110110B         ；计数器0用16位计数，方式3，二进制计数
      OUT   DX，AL
      MOV   AX，1000
      MOV   DX，3E0H
      OUT   DX，AL                ；送低8位初始值
      MOV   AL，AH
      OUT   DX，AL                ；送高8位初始值
      ；计数器1初始化程序
      MOV   DX，3E3H              ；控制端口地址给DX
      MOV   AL，01110110B         ；计数器1用16位计数，方式3，二进制计数
      OUT   DX，AL
      MOV   AX，1000
      MOV   DX，3E1H
      OUT   DX，AL                ；送低8位初始值
      MOV   AL，AH
      OUT   DX，AL                ；送高8位初始值
      ；计数器2初始化程序
      MOV   DX，3E3H              ；控制端口地址给DX
      MOV   AL，10010110B         ；计数器2用低8位计数，方式3，二进制计数
      OUT   DX，AL
```

```
MOV   AL，60
MOV   DX，3E2H
OUT   DX，AL                  ；送低 8 位初始值
```

【例 8-6】 在上例中，计数器 0 和计数器 1 级联，产生周期为 1000ms（1s）的方波输出，利用 OUT_1 输出的方波作为计数器 2 的计数输入 CLK_2，在 OUT_2 输出端产生周期为 1 分钟的方波。

现要求将计数器 2 输出时间间隔 1 分钟扩充到 1 小时，且 3 个计数器都采用 BCD 计数，编写初始化程序。

程序如下：

```
;计数器 0 初始化程序
MOV   DX，3E3H                ；控制端口地址给 DX
MOV   AL，00110111B           ；计数器 0 用 16 位计数，方式 3，BCD 计数
OUT   DX，AL
MOV   AX，1000H
MOV   DX，3E0H
OUT   DX，AL                  ；送低 8 位初始值
MOV   AL，AH
OUT   DX，AL                  ；送高 8 位初始值
；计数器 1 初始化程序
MOV   DX，3E3H                ；控制端口地址给 DX
MOV   AL，01110111B           ；计数器 1 用 16 位计数，方式 3，BCD 计数
OUT   DX，AL
MOV   AX，1000H
MOV   DX，3E1H
OUT   DX，AL                  ；送低 8 位初始值
MOV   AL，AH
OUT   DX，AL                  ；送高 8 位初始值
；计数器 2 初始化程序
MOV   DX，3E3H                ；控制端口地址给 DX
MOV   AL，10110111B           ；计数器 2 用 16 位计数，方式 3，BCD 计数
OUT   DX，AL
MOV   AX，3600H
MOV   DX，3E2H
OUT   DX，AL                  ；送低 8 位初始值
MOV   AL，AH
OUT   DX，AL                  ；送高 8 位初始值
```

8.4　定时器/计数器 8253

8253 芯片是 Intel 公司为了解决微型计算机系统中的时间控制问题而开发的可编程定时/计数器，用于早期的 IBM PC/XT 微型计算机中，也作为一种通用的定时/计数器使用。

8.4.1　82C54 与 8253 的比较

1．相同部分

82C54 与 8253 的外形都具有 24-pin DIP 封装，其引脚及其功能完全兼容，并且都与 TTL 电平兼容。

二者都有 3 个相互独立的 16 位计数器，并且都具有 6 种可编程计数模式。

82C54 与 8253 都可以选择按二进制方式计数，或十进制（BCD 码）方式进行计数。

82C54 兼容了 8253 的所有功能，因此 82C54 可以替换原系统中的 8253。

82C54 与 8253 都可以应用于 Intel 及其他大多数微处理器中。

2．主要区别

相对 8253，82C54 新增了锁存命令字，即读回命令字。

82C54 的最高工作频率可达 10MHz，8253 最高工作频率 2MHz。

82C54 芯片除了 24-pin DIP 封装之外，还具有 28-pin Plcc 封装。

82C54 芯片采用 CHMOS 工艺，有很低的功耗，按照 8MHz 频率计数，电流 I_{CC} 仅 10mA。

8.4.2　8253-5 的应用举例

8253-5 是 8253 芯片系列的一种，本节以 8253-5 的应用为例介绍计数器的工作原理。8253-5 用在 IBM PC/XT 微机中的连接如图 8-16 所示，从图中可以看出，8253-5 的一侧与微机总线连接，3 个计数器使用相同频率的脉冲计数，CLK_0~CLK_2 输入脉冲的频率都来自 PCLK（2.3863632MHz），其频率值是 PCLK 的 1/2（1.1931816MHz），经 D 触发器构成的除 2 电路分频后产生。计算机主板安排 8253-5 中 3 个计数器的端口地址先后顺序分别是 40H、41H、42H，其控制口的地址是 43H。8253-5 另一侧的 3 个输出端分别送至 IR_0、刷新电路以及功放与低通滤波电路。

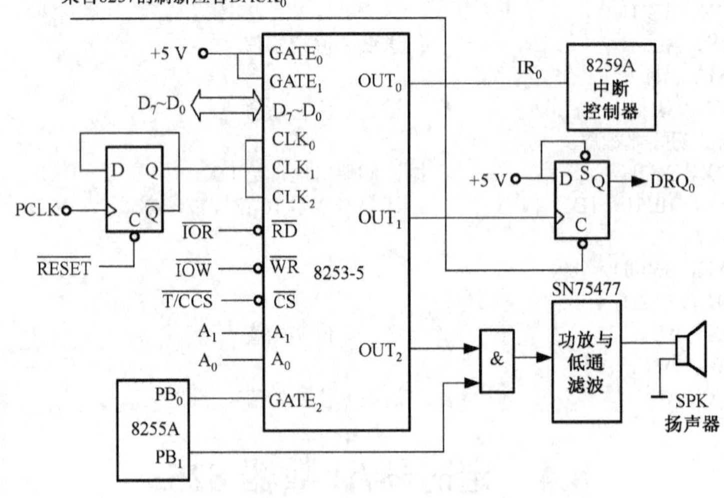

图 8-16　8253-5 在 IBM PC/XT 微机中的连接图

1．计数器 0

计数器 0 的定时输出，向计算机系统的日时钟提供定时中断信号。

计数器 0 工作在方式 3，初始化的控制字为 36H，计数的初始值预置为 0000H，即 65536，OUT_0 输出时钟频率为 1.1931816MHz/65536=18.20651Hz。OUT_0 输出端直接连接到中断控制器 8259A 的中断请求端 IR_0，即 8259A 的 8 个中断申请中优先级别的最高级，类型号 08H，每秒中断 18.2 次，即中断间隔为 54.925ms，在 OUT_0 输出脉冲的每一个上升沿产生一次中断，程序记录 18 次中断后，增加 1 秒钟。图中 $GATE_0$ 恒接+5V，允许计数器 0 计数。

ROM-BIOS 中关于计数器 0 的初始化程序段如下：

```
TC0:  MOV   AL，36H        ；选择计数器 0，16 位计数，方式 3，二进制计数
      OUT   43H，AL        ；写控制字
      MOV   AL，0          ；预置计数值 65536
      OUT   40H，AL        ；先送低 8 位
      OUT   40H，AL        ；后送高 8 位
```

2．计数器 1

通过计数器 1 的定时计数，OUT_1 的输出向 DMA 控制器定时提供动态存储器的定时刷新请求信号。

计数器 1 工作在方式 2，初始化的控制字为 54H，计数的初始值预置为 18，OUT_1 输出时钟频率为 1.19MHz/18=66.28KHz，其周期为 15.084μs，每隔 15.084μs 经 D 触发器输出一次 DMA 请求信号。图中 $GATE_1$ 恒接+5V，允许计数器 1 计数。

初始化程序段如下：

```
TC1:  MOV   AL，54H        ；选择计数器 1，低 8 位计数，方式 2，二进制计数
      OUT   43H，AL        ；写控制字
      MOV   AL，12H
      OUT   41H，AL
```

3．计数器 2

通过计数器 2 的定时计数，OUT_2 的输出脉冲被转换成与其频率相同的正弦波信号，驱动扬声器发出声音。

计数器 2 工作在方式 3，初始化的控制字为 B6H，计数的初始值预置为 533H，即 1331，OUT_2 输出时钟频率为 1.1931816MHz/1331=896Hz。在图 8-16 中，主板上 8255A 的 PB_0 控制 $GATE_2$ 输入端，控制计数器 2 是否允许计数，PB_1 控制发音时间。

8253-5 计数器 2 的初始化程序如下：

```
TC2:  MOV   AL，0B6H       ；选择计数器 2，16 位计数，方式 3，二进制计数
      OUT   43H，AL        ；写控制字
      MOV   AX，533H
      OUT   42H，AL
      MOV   AL，AH
      OUT   42H，AL
```

思考题与习题

1．说明 82C54 方式 2 与方式 3 的工作特点。

2．82C54 在写入计数初值时，如何写十进制数？

3．从应用上分析定时与计数的区别。

4．82C54 每个计数通道与外设接口有哪些信号线？每个信号的作用是什么？

5．试按如下要求分别编写 8253 的初始化程序：已知 8253 的计数器 0、1、2 和控制字端口地址依次为 310H、311H、312H 和 313H。

（1）使计数器 0 工作在方式 1，按 BCD 码计数，计数值为 3000；

（2）使计数器 1 工作在方式 3，仅用低 8 位作二进制计数，计数初值为 128；

（3）使计数器 2 工作在方式 2，按二进制计数，计数值为 0EF0H；

（4）如果使用 82C54 代替 8253，要完上述相同的功能，所编写的初始化程序还需要变动吗？

6．设 82C54 的计数器 0、1、2 和控制字端口地址依次为 200H、201H、202H 和 203H。设计数器 0 使用低 8 位计数，编写程序，要求：用 82C54 的锁存命令，锁存计数器 0 的计数值及状态信息，并读回 8 位的计数值及状态信息。

7．设 82C54 计数器 0、1、2 和控制字的端口地址依次为 28H、29H、2AH、2BH，说明如下程序的作用。

```
MOV   AL，37H
OUT   2BH，AL
MOV   AL，00H
OUT   28H，AL
MOV   AL，50H
OUT   28H，AL
```

8．假如一片 82C54 的 3 个计数器全部级联起来，外部计数脉冲的频率为 2MHz，都采用二进制方式计数，求各个计数器输出端 OUT 能够产生的最长定时间隔是多少？

9．假如一片 82C54 的 3 个计数器全部级联起来，外部计数脉冲的频率为 2MHz，都采用 BCD 方式计数，求各个计数器输出端 OUT 能够产生的最长定时间隔是多少？

10．如果一片 8253 的 3 个计数器可以级联起来，外部计数脉冲的频率为 1MHz，现要求定时 2 小时后，发出定时时间到的中断申请信号，然后关闭计数器的工作，如何设计与编程？

11．如果选用 8253 的 1 号计数器作分频器使用，对频率是 $1MH_Z$ 的信号进行 10 分频，试用方式 3 编程实现。

第9章 串行通信接口技术

并行通信适用于两台设备在较短距离之间的通信，若两台设备通信距离为几十米到几千米或更远时，并行通信不可取，可使用串行通信来实现。

串行通信是在一条线上以数据位（bit）为单位与I/O设备或通信设备进行信息传送，在这条传输线上既传输数据信息，又传输控制信息。数据位占有一个固定的时间宽度，通信双方要约定相同的波特率才能正常通信，受波特率上限的约束，串行通信的速度是有限度的。微型计算机典型的串行通信接口有：RS-232-C串行通信接口和USB接口，相应的接口设备有键盘、鼠标、U盘、打印机及RS-232-C通信设备等。

9.1 串行通信基础

1. 传送方式

串行通信时，数据通信在两个站之间进行传送，例如，微机与微机之间，微机与终端之间。根据数据传送的方向可分为如下三种传送方式：单工方式、半双工方式和全双工方式。

单工方式传送，只允许数据按照一个固定的方向传送。即一方作为发送站，另一方只能作为接收站。

半双工方式能使数据从A站传送到B站，也能从B站传送到A站，但是每次只允许有一个站发送，另一个站接收，任意一个站都不能同时进行收、发，但通信双方可以交替地进行发送和接收数据。

全双工方式的发送和接收由两条不同的通信线传输，允许通信双方同时进行发送和接收，即A、B两站在发送数据的同时，还可以接收数据。因此，通信系统的每一端都设置了发送器和接收器，能控制数据同时在两个方向上传送，没有方向切换中的时间延迟，通信效率高，目前得到了广泛的应用。例如，微机RS-232-C串口的通信、普及运用的手机通信等都采用的是全双工方式。

2. 波特率与收/发时钟

（1）串行传输的波特率

串行传输包括异步传送和同步传送两种方式，通常，同步传送的波特率高于异步传送方式，微机采用异步传送方式，下面均以异步传送方式进行讨论。

串行传输的波特率是指每秒钟传输二进制的位数，波特率也称串行传输的速率，1波特=1bps，例如，串行传输每秒钟传输1200位二进制数，则称传输的波特率是1200bps，或简称波特率是1200。

（2）发送/接收时钟脉冲

待发送和接收的序列二进制数在异步串行通信中，是以若干字符的形式传送的，对于这些连续字符信号的定时发送和接收，必须在发送/接收时钟脉冲的控制下进行。发送数据时，发送器在发送时钟脉冲的下降沿将数据串行移位输出，在接收数据时，接收器在接收时钟的上升沿作用下对接收数据进行采样。

发送/接收时钟脉冲的频率与波特率的关系如下：

$$发送/接收时钟脉冲频率 = n\times 发送/接收波特率$$

其中，n 称为波特因子，波特因子是指发送或接收 1 位数据所需要的时钟脉冲的个数。一般 $n=1$、16、32、64，对于异步通信，常取波特因子为 16，对于同步通信，则取波特因子为 1。

如果要求传输速率为 4800bps，$n=16$，则发送/接收时钟脉冲频率=4800 bps×16=76.8kHz。

3. 异步通信及其协议

异步通信（Asynchronous Data Communication）以一个字符为传输单位，用起始位表示一个字符的开始，用停止位表示一个字符的结束，一个字符一个字符地传送。异步通信传输一个字符（一帧）的格式如图 9-1 所示。

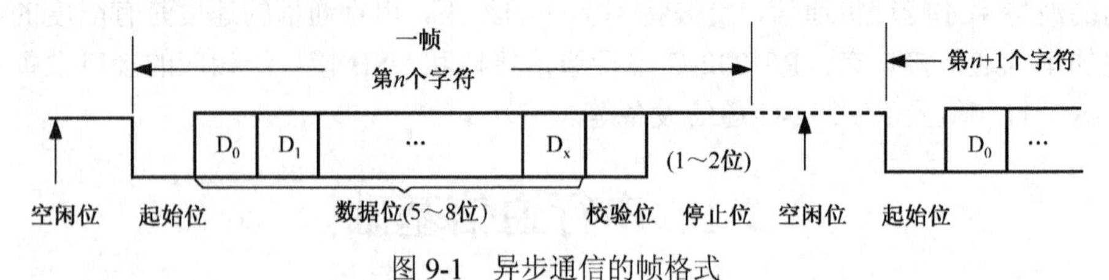

图 9-1 异步通信的帧格式

从图中可以看出，异步通信的帧格式包括起始位、数据位、奇偶校验位、停止位，以及处于休停状态时的空闲位。

起始位：首先必须发出一个逻辑 0 信号，表示传输一个字符的开始。

数据位：紧跟着起始位之后传输数据位，数据位可为 5～8 位，先传送最低有效位（LSB），最后传送最高有效位（MSB）。

奇偶校验位：奇偶校验位 1 位，通过编程可以设定为偶校验、奇校验或无校验。数据位加上奇偶校验位后，使得“1”的位数为偶数个称为偶校验，使得“1”的位数为奇数个称为奇校验。

停止位：停止位是必须的，它是一个字符传输结束标志，可以是 1 位、1.5 位、2 位的逻辑 1 电平。

空闲位：处于逻辑 1 状态，表示当前线路上没有数据传送。

字符内部位与位之间的传送是同步的。一旦字符传送开始，收/发双方则以预先约定的传输速率，在时钟脉冲的作用下，传送该字符的每一位。即要求位与位之间有严格而精确的定时，也就是说，异步通信在传送同一个字符的每一位时是同步的。

异步通信方式的“异步”如何解释呢？这是由于在字符与字符之间的传送没有严格的定时要求，传送一个字符（一帧）之后，可以休停，休停时间多少是随机的，也可能是一个字符接着一个字符传送，因此，字符与字符之间的传送是异步的。

【例 9-1】 如果一个异步传送的串行字符由 1 位起始位，7 位数据位，1 位奇偶校验位和 1 位停止位，共计 10 位构成，每秒钟传送 480 个字符，求传送数据的波特率。

解： 波特率 = 10 位/字符×480 字符/秒 = 4800 位/秒 = 4800bps = 4800 波特。

关于异步传送串行通信的波特率，国际上规定了一个标准的波特率系列，常用的波特率为 4800bps、9600bps、19200bps 和 38400bps。

4. 传输电平

在有线串行通信中，没有调制与解调器的情况下，根据实际通信的距离，传输电平通常有三种：TTL 电平，RS-232-C 电平，RS-485 电平。

TTL 电平：逻辑 1，3.6V 左右，逻辑 0，0.3V 以下。

RS-232-C 电平：逻辑 1，−3V～−15V，逻辑 0，+3V～+15V。

RS-485 电平：两线传输的差动信号，分为 A 端和 B 端，(VA−VB)≥0.2V～5V，代表逻辑 1，（VA−VB）≤−0.2V，代表逻辑 0。最大特点是传输距离远，抗共模干扰能力强。

微机采用 RS-232-C 电平实现异步通信，通常传输电平的处理方式有三种：

第一，近距离两台微机相互通信，双机直接采用 RS-232-C 电平通信，传输最远距离大约 15m。

第二，如果传输距离较远，例如大约在 15～2000m 范围，可以将 RS-232-C 电平转换成 RS-485 电平，借助 RS-485 电平传输，通信双方必须具有电平转换与逆转换的部件，转换部件可以购买或自己设计。

第三，微机可能要与单片机实现串行通信，单片机串行通信采用的是 TTL 电平，二者电平不匹配，一般是单片机通信方将 TTL 电平转换成 RS-232-C 电平后发送到个人微机，而接收到的 RS-232-C 电平转换成 TTL 电平后才能被单片机接收。

5．调制与解调器

异步通信的 RS-232-C 传输的是高、低逻辑电平，脉冲信号是具有宽频带的数字信号，不可能传输长距离。解决的办法是：在发送端将数字信号转换成音频信号，通过电话线进行传输，在接收端将收到的音频信号还原成数字信号，前者称为调制，后者称为解调。在双工通信中，收、发双方都需要接收与发送，所以，通常将调制与解调制做在一起，称之为调制与解调器，即 MODEM（Modulator-Demodulator）。

典型的调制方式有幅度调制和频率键移调制，如图 9-2 和图 9-3 所示。

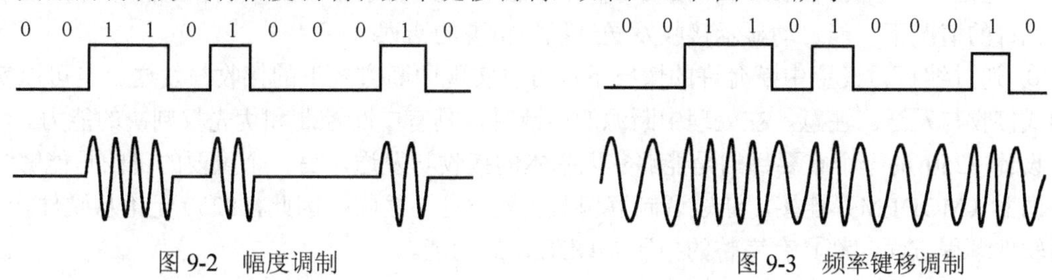

图 9-2　幅度调制　　　图 9-3　频率键移调制

（1）幅度调制

常见的调幅方式是接通固定频率正弦波时是逻辑 1，断开时为逻辑 0。

（2）频率键移调制（FSK）

频率键移调制是将逻辑 1 和逻辑 0 调制为两种不同频率的正弦波，例如，逻辑 1 的频率是逻辑 0 对应频率的两倍。所调制信号的频率应该在音频信号范围，以便在电话线上传输。

值得注意的是，MODEM 调制后的信号只适合电话线传输，但是，随着电子技术、通信及无线网络的发展，把音频信号再经过载波调制，将 RS-232-C 信号通过无线网络进行传输，已经得到了广泛的应用。

9.2　可编程异步通信接口芯片 8250

通用异步接收/发送（Universal Asynchronous Receiver/Transmitter，UART）的硬件电路有典型的集成芯片 8250、16550 等。在 CPU 的控制下，通过编程可以实现异步通信。

通用同步、异步接收/发送（Universal Synchronous Asynchronous Receiver/Transmitter，

USART）的硬件电路有典型的集成芯片8251。在CPU的控制下，通过编程选择，既能选择异步通信，还可以选择同步通信。

微型计算机的RS-232-C串行通信接口都使用了通用异步接收/发送技术。在早期的PC上，使用了INS8250作为UART的接口芯片，8250芯片的一侧与微处理器相连接，另一侧通过TTL电平和RS-232-C电平转换电路转换后，构成了微型计算机的RS-232-C串行通信接口。

UART的接口芯片得到了不断地更新发展，传输速率不断提高，当前，UART的接口已被集成到超大规模集成芯片中，同时，在硬件组成和软件编程应用方面，它保持了向上的兼容性。所以，本节仍然以8250异步接收发送芯片为例来介绍。

9.2.1 8250的基本功能、内部结构和引脚功能

1．8250的基本功能

8250的基本功能包括如下几方面：

① 8250可以支持单工、半双工或全双工通信，一般情况下使用全双工通信。

② 8250内部对发送器和接收器来说，对数据都具有两级缓冲存储的能力。

③ 通过对除数锁存器编程，可以灵活选择数据的传输波特率，传输的波特率可以是50bps、300bps、600bps、1200bps、4800bps、9600bps等，最高是9600bps。

④ 传输字符数据的位数可以选择为5～8位，停止位1、1.5或2位，可进行奇校验、偶校验，也可以选择无奇偶校验。

⑤ 通过编程，允许自动检测接收奇偶错、接收数据的帧格式错、接收重叠错等，在设置中断允许的情况下，能自动显示接收发送过程中出现的错误。

⑥ 通过编程，设置中断允许的情况下，可以实现中断方式下的接收与发送。也可以实现查询式接收与发送。注意，在处理中断源的申请时，具有中断控制和优先权判决的能力。

设计8250的一个重要目的是能够实现基本的接收与发送，另一个重要的目的是能够与调制解调器（MODEM）连接，通过调制解调器实现发送与接收，因此，8250无论从硬件接口，还是软件编程方面，都具有完整的控制MODEM的功能。

2．8250的内部结构

8250内部主要结构如图9-4所示。基本组成如下：

① 8位数据总线。连接各内部寄存器和其他部件，是内部所有传输信息的公用通路。

② 数据总线缓冲器。数据总线缓冲器是8位双向三态缓冲器，它位于内部与外部数据总线之间，一方面，它具有三态功能，使得该芯片可以直接连接到CPU或计算机系统的数据总线上，另一方面，使得数据总线上传输的数据具有双向传输的可能。

③ 读/写控制逻辑电路。读/写控制逻辑电路的功能是接收来自CPU的控制信号，包括读信号$\overline{RD}$、写信号$\overline{WR}$、几条片选信号（CS_0、CS_1、$\overline{CS_2}$）及芯片内部寄存器的寻址信号A_2、A_1、A_0等，以便CPU完成对8250各寄存器的寻址、读操作或写操作等。

④ 接收缓冲寄存器、发送保持寄存器等10个可编程的寄存器，如表9-1所示。

⑤ 接收与发送移位寄存器。接收缓冲寄存器和接收移位寄存器组成双缓冲结构的接收器，将串行接收到的数据转换为并行数据。接收移位寄存器将串行接收到的数据逐位移入接收缓冲寄存器中。

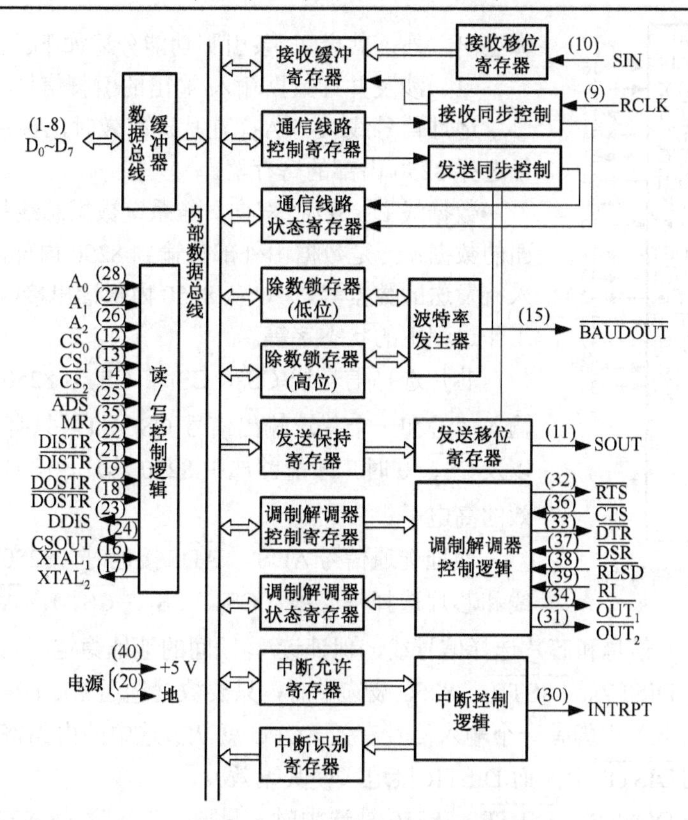

图 9-4 8250 的内部结构图

表 9-1 10 个寄存器的名称

序号	寄存器名称	只读寄存器	只写寄存器
1	接收数据寄存器（RDR）	只读	
2	发送保持寄存器（THR）		只写
3	中断允许寄存器（IER）		只写
4	波特率除数锁存器（BRDL）（低字节）		只写
5	波特率除数锁存器（BRDH）（高字节）		只写
6	中断识别寄存器（IIR）	只读	
7	线路控制寄存器（LCR）		只写
8	MODEM 控制寄存器（MCR）		只写
9	线路状态寄存器（LSR）	可读	可写（以便自查中断系统）
10	MODEM 状态寄存器（MSR）	只读	

芯片内部由发送保持寄存器和发送移位寄存器组成双缓冲结构的发送器，实现并行数据转换为串行数据，发送移位寄存器将发送保存寄存器存储的待发送的数据，逐位移出到 SOUT 输出端。发送和接收移位寄存器的时钟脉冲都由同步控制电路提供。

⑥ 调制与解调控制逻辑电路等部件。通过这些部件的引出信号线多数是面向 RS-232-C 一侧的。在同步控制（信号）的作用下，MODEM 控制逻辑实现与外部调制解调器的连接及数据传输。

⑦ 中断控制逻辑实现中断控制和优先级的判断。

3. 8250 的引脚功能

如图 9-5 所示，8250 芯片外部有 40 条引脚，除 40 号引脚 V_{CC}、20 号引脚 GND 和 29 号

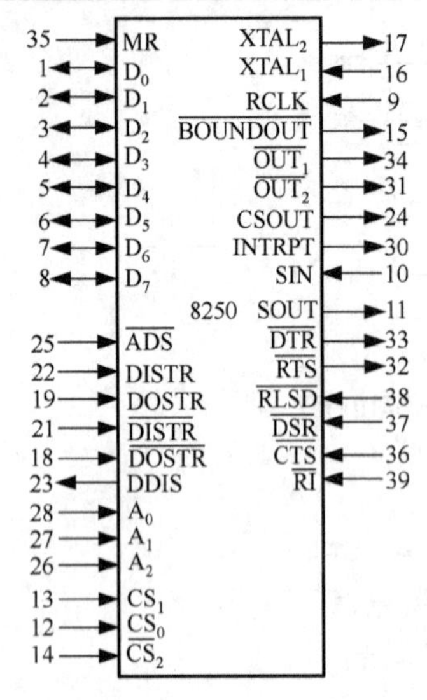

图 9-5　8250 引脚信号图

脚空出之外，其余 37 条引脚功能分述如下。

（1）涉及并行数据输入/输出的引脚信号

地址信号线 A_2～A_0。在片选有效时，A_2～A_0 组成的编码用于选择 8250 内部的寄存器。

数据线 D_7～D_0。双向，与系统数据总线相连接，包括两方面的数据：一是数据由外部传输到 8250 内部，写入控制字、写入待发送的数据等，二是从 8250 内部读出接收到的数据及 8250 工作过程中的状态字等。

芯片选择信号线 CS_0、CS_1 和 $\overline{CS_2}$。8250 设计了 3 个片选输入信号和一个片选输出信号 CSOUT。只有当 CS_0=1、CS_1=1 以及 $\overline{CS_2}$=0 时，才能够选中 8250 芯片，同时，CSOUT 输出有效的高电平。

地址选通信号 $\overline{ADS}$。$\overline{ADS}$ 接地时，8250 接受更新的地址线和芯片选择信号线（CS_0、CS_1、$\overline{CS_2}$）；$\overline{ADS}$ 为高电平时，锁存地址（A_2～A_0）信息和芯片选择信号线，保证读/写期间的地址稳定。

读数据选通线 DISTR、$\overline{DISTR}$。8250 被选中时，只要数据选通 DISTR（高电平有效）和 $\overline{DISTR}$（低电平有效）引脚有一个输入信号有效，CPU 就从被选中的内部寄存器中读出数据。一般将 $\overline{IOR}$ 连接到 $\overline{DISTR}$ 上，而 DISTR 接地（使其无效）。

写数据选通线 DOSTR、$\overline{DISTR}$。8250 被选中时，只要数据选通 DOSTR（高电平有效）和 $\overline{DISTR}$（低电平有效）引脚有一个输入信号有效，CPU 就将数据写入被选择的内部寄存器中。一般将 $\overline{IOW}$ 连接到 $\overline{DISTR}$ 上，而 DOSTR 接地（使其无效）。

数据总线驱动器禁止输出信号线 DDIS。输出线，当 CPU 从 8250 读数据时，DDIS 引脚输出低电平，用来禁止外部收发器对系统总线的驱动，其余时间 DDIS 输出高电平。

（2）涉及串行数据输入/输出的引脚信号

SIN，串行数据输入线。8250 通过它接收其他系统串行传输的数据。

SOUT，串行数据输出线。8250 发出的串行数据经 SOUT 线传输到其他系统。

SIN 和 SOUT 二者都是 TTL 电平，SOUT 经过 TTL 电平转换成 RS-232-C 电平后，连接到微机 RS-232-C 串行接口的数据发送端 T_XD。微机的串行接口将数据接收端 R_XD 信号经过 RS-232-C 电平转换成 TTL 电平后，连接至 SIN 端。

$XTAL_1$，8250 外部时钟的输入引脚。

$XTAL_2$，8250 内部基准时钟信号的输出引脚。

外部晶体振荡器电路产生的时钟信号送到时钟输入引脚 $XTAL_1$，作为 8250 的基准工作时钟。8250 内部将外部输入的基准时钟除以除数寄存器中存放的除数值，产生 8250 内部的工作时钟信号，即 8250 内部的发送时钟信号。

8250 内部有一个 16 位的除数寄存器，分为高 8 位寄存器和低 8 位寄存器，专门用来存放编程所输入的除数值，以便 8250 内部确定编程所设定的通信波特率。

$$发送时钟\ f = 基准时钟\ f \div 波特率除数锁存器值 \tag{9-1}$$

【例 9-2】 设基准时钟 f = 1.8432MHz，波特率除数锁存器值为 12，试计算发送时钟 f。

解： 发送时钟 f = 1.8432MHz/12 = 153.6kHz

发送时钟 f 与波特率的关系如下：

$$发送时钟\ f = 波特因子 \times 波特率 \tag{9-2}$$

在发送时钟 f 恒定的情况下，波特因子不同，产生的波特率也就不相同。如果波特因子取 16，则：波特率=153.6kHz/16=9600 波特。

RCLK，接收时钟输入端。

$\overline{\text{BAUDOUT}}$，波特率输出线。注意：如果将 $\overline{\text{BAUDOUT}}$ 引脚直接连接到接收时钟引脚 RCLK 上，则接收时钟 RCLK 与发送时钟相同。

（3）与通信设备联络的引脚信号

具有 RS-232-C 串口的计算机称为数据终端设备（DTE），与 RS-232-C 串口相连接的 MODEM 被称为数据通信设备（DCE），二者连接如图 9-6 所示。

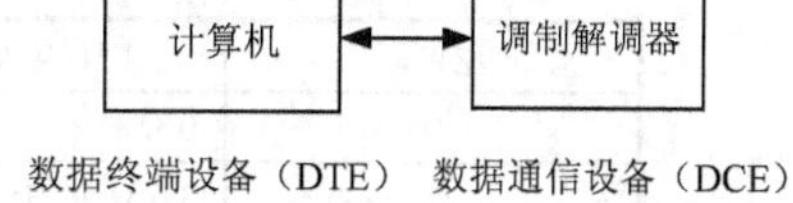

图 9-6　DTE 和 DCE

通信设备联络信号有 6 个，其中，有 4 个输入联络信号：$\overline{\text{DSR}}$、$\overline{\text{CTS}}$、$\overline{\text{RI}}$、$\overline{\text{RLSD}}$，均为低电平有效，在 MODEM 状态寄存器 MSR 中，都有相应的状态位，以便 CPU 读入计算机进行查询。2 个输出联络信号：$\overline{\text{RTS}}$ 和 $\overline{\text{DTR}}$，都是低电平有效。

数据装置准备好信号 $\overline{\text{DSR}}$。当其为低电平时，表明数据通信设备 DCE 已准备好，允许使用数据通信设备进行通信。

清除发送 $\overline{\text{CTS}}$。当其为低电平时，表明数据通信设备已经同意 8250 发送数据。$\overline{\text{RTS}}$ 和 $\overline{\text{CTS}}$ 是发送数据时使用的一对联络信号。

振铃指示信号 $\overline{\text{RI}}$。它由 MODEM 输入给 8250，当其为低电平时，表明 MODEM 已经收到电话交换台的拨号呼叫。

接收线路检测 $\overline{\text{RLSD}}$。它对应载波检测 $\overline{\text{DCD}}$，当其为低电平时，表明数据通信设备已经收到数据载波，8250 应立即开始接收解调后的数据。

请求发送信号 $\overline{\text{RTS}}$。当其为低电平时，表示 8250 请求向 MODEM 发送数据。

数据终端准备好信号 $\overline{\text{DTR}}$。当其为低电平时，表示 8250（DTE）已经做好了通信准备，通知数据通信设备（MODEM）可以进行通信。

2 个输出联络信号 $\overline{\text{RTS}}$ 和 $\overline{\text{DTR}}$ 在 MODEM 控制寄存器 MCR 中有其相应的控制输出位。

（4）中断请求及其他信号

主复位线 MR。该引脚一旦输入高电平，8250 便进入复位状态。8250 被复位后，除发送保持寄存器、接收数据寄存器和除数寄存器之外，其余内部寄存器被清除，输出引脚 SOUT、$\overline{\text{OUT}_1}$、$\overline{\text{OUT}_2}$、$\overline{\text{DTR}}$、$\overline{\text{RTS}}$ 均为无效的高电平，中断请求输出 INTRPT 也无效（低电平）。

中断请求输出信号 INTRPT，高电平有效。8250 的中断优先级分为 4 级：接收出错、接收缓冲寄存器满、发送保持寄存器空和 MODEM 的状态改变。当 8250 的中断开放时，如果有任一中断条件满足，8250 内部自动产生并从 INTRPT 引脚输出高电平，通过中断控制器 82C59A 向 CPU 请求中断。

$\overline{\text{OUT}_1}$ 和 $\overline{\text{OUT}_2}$ 两个输出信号，它们都是逻辑 0 电平有效。用户可以通过对 MODEM 控制寄存器 MCR 编程，使 MCR 的第 2 位（OUT_1）和第 3 位（OUT_2）为 1 状态，则使 8250 的这两条引脚输出 OUT_1 和 OUT_2 的非信号，即低电平。使用这两个低电平可以控制两个三态门处于工作状态，而不是高阻状态。中断请求信号 INTRPT 是经过一个三态门到 82C59A 的，那么，$\overline{\text{OUT}_1}$ 或 $\overline{\text{OUT}_2}$ 可以被用来禁止或允许中断申请输出线 INTRPT 的输出。

4．8250 和 RS-232-C 接口之间电平的转换

8250 和系统总线的连接，都是 TTL 电平，所以不需要转换。但是，在 8250 和 RS-232-C 接口之间要有一个双向电平转换的电路：从 8250 到 RS-232-C 方向传输，则要把 TTL 电平转换成 RS-232-C 电平，反方向传输时，则要把 RS-232-C 电平转换为 TTL 电平。

两种电平的比较如表 9-2 所示。从表中可以看出，RS-232-C 电平比 TTL 电平的抗干扰容限大得多，适应于计算机外部数据的传输，传输距离一般可以达 15m 左右。

表 9-2　TTL 电平和 RS-232-C 电平

逻辑值	TTL 电平	RS-232-C 电平	备　注
0	0 伏	+3 伏～+15 伏	PC 的 RS-232-C 接口一般是+10 伏
1	3.6 伏左右	–3 伏～–15 伏	PC 的 RS-232-C 接口一般是–10 伏

目前流行的 TTL 电平和 RS-232-C 电平相互转换的集成芯片有 MAX232 等，仅一片 MAX232 芯片就能够实现两种电平的相互转换，而且每种电平的相互转换都设计有两个通道，芯片只需一组+5V 电源供电，图 9-7 是 MAX232 的内部逻辑结构及引脚信号图。

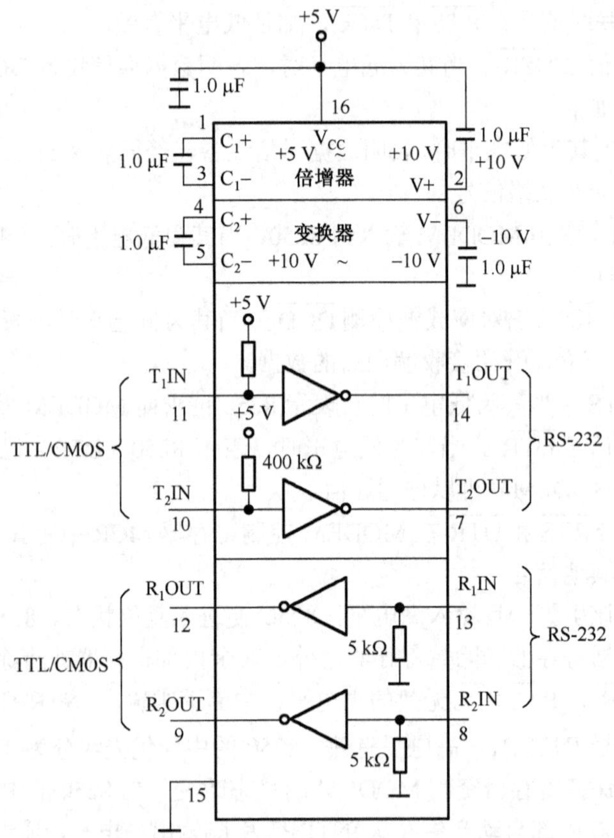

图 9-7　MAX232 内部逻辑结构及引脚信号图

从图中可以看出：

（1）由于对其供电仅+5V，而转换电路实际要产生双极性电压输出，且电压幅值比+5V 大，所以内部设有电压倍增器和电压变换器，但是，要外加 5 个 1μF 的电容。

（2）两路输入 RS-232-C 电平 R_1IN 和 R_2IN 分别转换成两路 TTL 电平输出，即 R_1OUT 和 R_2OUT 电平。内部的反相器说明对电压的转换，能使输入和输出的逻辑值保持一致。

（3）两路输入 TTL 电平 T_1IN 和 T_2IN 分别转换成两路 RS-232-C 电平，即对应于 T_1OUT 和 T_2OUT 输出。同样可以使输入和输出的逻辑值保持一致。

9.2.2　8250 编程

1. 8250 的寻址

8250 在片选信号 CS_0=1、CS_1=1、$\overline{CS_2}$=0 时被 CPU 选中，由芯片的寄存器选择输入端 A_2～A_0 来确定访问 10 个寄存器中的哪一个寄存器，由于 3 位地址只能寻址 8 个寄存器，所以 8250 采用了两种方法，解决了 10 个寄存器寻址的问题。

第一种方法，将计算机系统的读、写信号和端口地址 3F8H 进行第二次译码，即：将 3F8H 分成读端口地址和写端口地址，使得接收数据寄存器和发送保持寄存器共享 3F8H 这一个端口地址，如表 9-3 所示为 8250 内部寄存器端口地址表。

第二种方法，利用 8250 线路控制寄存器（LCR）最高位（DLAB 位）的 1 状态和 0 状态，可以增加寻址范围。首先，可以使 DLAB 位处于“1”状态，此时如果写 3F8H 端口和 3F9H 端口，即写波特率除数锁存器低 8 位和高 8 位；然后，在设置正式的通信线路寄存器（LCR）时，将 DLAB 位改成“0”状态，再通过 3F8H 和 3F9H 来寻址其他 3 个寄存器，见表 9-3。

表 9-3　8250 内部寄存器端口地址

适配器地址	DLAB	A_2 A_1 A_0	访问寄存器名称
3F8H	1	0 0 0	波特率除数锁存器（低字节）
3F9H	1	0 0 1	波特率除数锁存器（高字节）
3F8H	0	0 0 0	接收数据寄存器 发送保持寄存器
3F9H	0	0 0 1	中断允许寄存器
3FAH	×	0 1 0	中断识别寄存器
3FBH	×	0 1 1	线路控制寄存器
3FCH	×	1 0 0	MODEM 控制寄存器
3FDH	×	1 0 1	线路状态寄存器
3FEH	×	1 1 0	MODEM 状态寄存器
3FFH	×	1 1 1	保留

2. 8250 的寄存器组

8250 编程初始化的寄存器有 5 个：通信线路控制寄存器、波特率除数锁存器（低字节）、波特率除数锁存器（高字节）、中断允许寄存器和 MODEM 控制寄存器。

供计算机读取的有 3 个状态寄存器，在通信过程中，供程序查询并作出相应处理。它们是：线路状态寄存器、MODEM 状态寄存器和中断识别寄存器。

在通信过程中，频繁用于读写操作的寄存器是：接收数据寄存器和发送保持寄存器。

（1）通信线路控制器

通信线路控制寄存器 LCR，其端口地址是 3FBH。LCR 中的值规定了串行异步通信的字符格式，包括数据位的个数、停止位个数，是否进行奇/偶校验以及何种校验等，其格式如图 9-8 所示。各位的定义如下：

D_7 位，除数锁存器访问允许位（DLAB）。D_7=1，允许访问除数锁存器，D_7=0，允许访问接收数据寄存器、发送保持寄存器以及中断允许寄存器等。

D_6 位，中止设定位（SBRK）。D_6=0，正常通信工作，D_6=1，中止发送。D_6=1 时，若发送端连续发送逻辑 0（空号），当发送空号的时间超过一个完整的字符传送时间时，接收端就自动识别出发送端已经中止了发送，于是，接收端产生接收数据出错中断，即数据出错中断中的“中止中断”，由 CPU 进行中止处理。

D_5 位，附加奇偶标志位（SPB）。D_5=0，不附加奇偶标志位。D_5=1，附加一位奇偶标志位。是在已有的奇校验或偶校验的情况下，再加上一位校验位，如果已有偶校验，附加一位奇偶标志位为 0，如果已有奇校验，这个附加的标志位为 1。

D_4D_3 位，确定无校验或奇校验或偶校验。

D_2 位，停止位选择位（STB）。指定发送和接收的一帧信息中停止位的位数，可以是 1 位、1.5 位和 2 位。

D_1D_0 位，字长选择位。指定发送和接收一帧信息中数据位的长度，可以选择 5 位或 6 位或 7 或 8 位。

	D_7	D_6	D_5	D_4	D_3	D_2	D_1	D_0
LCR	DLAB	SBRK	SPB	EPS	PEN	STB	WLS_1	WLS_0
	除数寄存器访问允许： 1允许 0正常通信	中止字符控制： 1发送中止字符 0无作用	××0 无校验位 001 设置奇校验 011 设置偶校验 101 设置附加校验位为1 111 设置附加校验位为0			设置停止位个数： 0 1位 1 1.5位（当数据位5位时） 1 2位（数据位为6~8位）	数据位个数： 00 5位 01 6位 10 7位 11 8位	

图 9-8　通信线路控制寄存器（LCR）的格式及定义

【例 9-3】 通信线路控制寄存器（LCR）的编程示例。设置发送数据位为 7 位，1 位停止位，1 位偶校验位，其程序段为：

```
MOV   DX，3FBH                ；LCR 的地址
MOV   AL，00011010B           ；LCR 内容数据格式参数
OUT   DX，AL
```

（2）波特率除数锁存器低 8 位和高 8 位

波特率除数锁存器低 8 位和高 8 位的端口地址分别是 3F8H 和 3F9H。

8250 的接收器时钟和发送器时钟均由时钟输入引脚（$XTAL_1$）输入的时钟脉冲分频得到，收发时钟频率是波特率的 16 倍。8250 芯片规定当线路控制寄存器 D_7 位写入 1 时，接着对端口地址 3F8H、3F9H 可分别写入波特率的低字节和高字节。

综合式（9-1）和式（9-2）可得：

$$\text{发送时钟} f = \text{基准时钟} f \div \text{波特率除数锁存器值} = \text{波特因子} \times \text{波特率}$$

设波特因子=16，则

$$\text{基准时钟} f \div \text{波特率除数锁存器值} = 16 \times \text{波特率}$$

进一步整理得：

$$\text{波特率除数锁存器值 BRD} = \text{基准时钟} f / (16 \times \text{波特率}) \quad (9\text{-}3)$$

【例 9-4】 如果 8250 外部提供的基准时钟频率为 1.8432MHz（由外部通过 $XTAL_1$ 引脚输入），计算波特率为 9600bps 时的波特率除数锁存器的值 BRD。

解：

$$BRD=1843200/(16\times 9600)=000CH$$

在 PC 中，基于 1.8432MHz 的时钟频率，并根据式（9-3），计算所得波特率与除数锁存器值的对应关系如表 9-4 所示。

表 9-4　波特率与除数对照表

波特率（bps）	除数锁存器的值		波特率（bps）	除数锁存器的值	
	BRDH	BRDL		BRDH	BRDL
50	09H	00H	1800	00H	40H
75	06H	00H	2000	00H	3AH
110	04H	17H	2400	00H	30H
150	03H	00H	3600	00H	20H
300	01H	80H	4800	00H	18H
600	00H	C0H	7200	00H	10H
1200	00H	60H	9600	00H	0CH

【例 9-5】 如果选取波特率是 9600bps，则从表 9-4 可查得相应的高 8 位除数值为 00H，低 8 位除数值为 0CH，按照先送除数锁存器低字节，后送除数锁存器高字节的顺序，分别装入除数锁存器中。

编程如下：

```
MOV  DX，3FBH      ；置 LCR 的地址
MOV  AL，80H       ；置 D7=1，表示允许访问 BRD
OUT  DX，AL
MOV  DX，3F8H      ；除数锁存器低字节的地址
MOV  AL，0CH
OUT  DX，AL        ；写入除数锁存器的低字节
MOV  DX，3F9H      ；除数锁存器高字节的地址
MOV  AL，00H
OUT  DX，AL        ；写入除数锁存器的高字节
```

（3）中断允许寄存器

中断允许寄存器 IER 的端口地址是 3F9H，中断允许寄存器的格式如图 9-9 所示。中断允许寄存器 IER 的低 4 位可以控制 8250 所有中断源所提出的中断请求，这些中断可以开放，也可以禁止。低 4 位代表中断允许控制位，把它置 1，则允许相应的中断源请求中断，否则禁止中断。

	D_7 D_6 D_5 D_4	D_3	D_2	D_1	D_0
IER	0 0 0 0	EDSI	ELSI	ETBEI	ERBFI
	未用，写0	置1允许调制解调状态改变中断	置1允许接收线路状态中断	置1允许发送保持寄存器空中断	置1允许接收数据准备好中断

图 9-9　中断允许寄存器格式及意义

（4）MODEM 控制寄存器

MODEM 控制寄存器 MCR 的端口地址是 3FCH，它用来设置与调制解调器相关的联络信号，还设置 8250 有关的工作信号。MCR 格式及定义如图 9-10 所示。

	D_7 D_6 D_5	D_4	D_3	D_2	D_1	D_0
MCR	0 0 0	LOOP	OUT_2	OUT_1	RTS	DTR
	未用，写0	置1允许自检，8250自发自收，置0，正常通信	置1，$\overline{OUT_2}$引脚为0，否则为1	置1，$\overline{OUT_1}$引脚为0，否则为1	置1，$\overline{RTS}$引脚为0，否则为1	置1，$\overline{DTR}$引脚为0，否则为1

图 9-10 MODEM 控制寄存器格式及定义

D_4 位，循环检测位（LOOP）。设置 D_4=0 时，8250 开环正常通信；设置 D_4=1 时，8250 构成自发自收的闭环工作状态，在此状态下，计算机进行自诊断，发送端 SOUT 与接收端 SIN 在内部接通，且与外部均断开。

D_3、D_2 位，输出 2（OUT_2）和输出 1（OUT_1）。如果 D_3、D_2 位都为 1，则 8250 的两条引脚线 $\overline{OUT_1}$ 和 $\overline{OUT_2}$ 均为低电平，因此，可以设置 $\overline{OUT_1}$ 和 $\overline{OUT_2}$ 均为高电平或低电平。

D_1 位，请求发送位（RTS）。D_1=1，即 RTS 位=1，所以 8250 的引脚 $\overline{RTS}$ 为低电平。当引脚 $\overline{RTS}$ 为低电平时，计算机（DTE）告诉 MODEM（DCE），计算机请求向 MODEM 发送信息。

D_0 位，数据终端准备好（DTR）。设置 D_0=1，由于 DTR 位=1，所以 8250 的引脚 $\overline{DTR}$ 为低电平，计算机告诉 MODEM，计算机已准备好接收来自 MODEM 的信息。

【例 9-6】 如果要使引脚信号 $\overline{DTR}$、$\overline{RTS}$ 有效，$\overline{OUT_1}$、$\overline{OUT_2}$ 和 LOOP 无效，对 MODEM 控制寄存器编程如下：

```
MOV   DX，3FCH              ；MCR 的地址，
MOV   AL，00000011B         ；MCR 的控制字
OUT   DX，AL
```

【例 9-7】 通过 8250 的自发自收，实现串行通信接口的自诊断，主要程序段如下：

```
MOV   DX，3FCH              ；MCR 的地址
MOV   AL，00010011B         ；LOOP 位置“1”
OUT   DX，AL
```

（5）通信线路状态寄存器

通信线路状态寄存器 LSR 的端口地址是 3FDH。通信线路状态寄存器提供串行异步通信口的当前状态，供 CPU 读取和判断，LSR 各位的定义如图 9-11 所示。

	D_7	D_6	D_5	D_4	D_3	D_2	D_1	D_0
LSR	0	TSRE	THRE	BI	FE	PE	OE	DR
		=1，发送移位寄存器空，数据已经移出到发送线上	=1，发送保持寄存器空，数据已经移出到发送移位寄存器中	=1，正在传输中止符	=1，出现帧格式错	=1，出现奇偶错	=1，出现溢出错	=1，表示已经接收到一个数据，CPU 读取数据后，清0

图 9-11 通信线路状态寄存器（LST）各位的定义

D_6 位，发送移位寄存器（TSRE）空。当发送移位寄存器中的数据都送出到发送线路上后，D_6=1，表示发送移位寄存器空，一旦发送保持寄存器的数据被送入发送移位寄存器后，D_6=0。

D_5 位，发送保持寄存器（THRE）空。

D_5=1，表示发送保持寄存器中的数据已经移入发送移位寄存器中了。CPU 查询到 D_5=1 时，一旦 CPU 写入新数据到发送保持寄存器后，D_5 位清零。

D_4～D_1 位，都是错误状态指示位。

D_4 位，中止识别指示位（BI）。D_4=0，表示发送端是正常工作的，D_4=1，指示发送端已经进入中止状态。

D_3=1，指示接收到的一帧信息中，停止位有错，称为帧格式错（FE）。

D_2=1，指示接收到的数据有奇偶错误（PE）。

D_1=1，指示接收数据寄存器中收到的字符尚未取走，8250 又接收到新的数据，造成前面接收的数据被丢失出错（OE）。

D_0=1，表示接收数据寄存器已经收到了一个完整的字符，CPU 查询到 D_0=1 时，一旦 CPU 从接收数据寄存器读取数据后，该位清零。因此，可以采取查询式的方式，编写异步通信的收发程序。

在中断允许的情况下，只要有一位为“1”状态，则会产生错误中断，当 CPU 读取 LSR 后，这 4 位自动清零。CPU 读取 LSR 后，可以逐一判断每位的状态，识别 4 个中断源中是哪一个或几个产生了错误中断。

LSR 还可以写入数据（除 D_6 位外），通过编程设置某些错误，以便系统自检。

（6）MODEM 状态寄存器

MODEM 状态寄存器 MSR 的端口地址是 3FEH，其格式如图 9-12 所示。

MODEM 状态寄存器的高 4 位：RLSD、RI、DSR、CTS 分别是 8250 的 4 条输入信号（$\overline{RLSD}$、$\overline{RI}$、$\overline{DSR}$、$\overline{CTS}$）的逻辑非状态，CPU 通过读取 MSR，并查询这高 4 位，便可以知道 MODEM 的这 4 条联络控制信号的状态值。

MODEM 状态寄存器的低 4 位表示 MODEM 的 4 条联络控制信号 $\overline{RLSD}$、$\overline{RI}$、$\overline{DSR}$、$\overline{CTS}$ 的状态标志。在 CPU 读 MSR 时，把这 4 位清零，当某一位变成了“1”状态，说明在上次 CPU 读取 MSR 后，状态寄存器相应位对应的联络控制信号已有改变，这种改变可能由无效变为有效，或从有效变为无效。

若中断允许时，即 IER 中 D_3=1，状态的改变则会产生 MODEM 的状态改变中断。在中断处理中，通过查询高 4 位便可得知 4 条联络控制信号的改变情况。

	D_7	D_6	D_5	D_4	D_3	D_2	D_1	D_0
MSR	RLSD	RI	DSR	CTS	$\overline{RLSD}$	$\overline{RI}$	$\overline{DSR}$	$\overline{CTS}$
	=1，表示 $\overline{RLSD}$ 引脚为0，否则为1	=1，表示 $\overline{RI}$ 引脚为0，否则为1	=1，表示 $\overline{DSR}$ 引脚为0，否则为1	=1，表示 $\overline{CTS}$ 引脚为0，否则为1	=1，表示自上次读此寄存器后，$\overline{RLSD}$ 引脚已改变状态	=1，表示 $\overline{RI}$ 引脚由接通变为断开	=1，表示自上次读此寄存器后，$\overline{DSR}$ 引脚已改变状态	=1，表示自上次读此寄存器后，$\overline{CTS}$ 引脚已改变状态

图 9-12　MODEM 状态寄存器格式

（7）中断识别寄存器

中断识别寄存器 IIR 的端口地址是 3FAH，该寄存器的格式如图 9-13 所示。

8250 内部包含有 4 级中断，但是，在硬件上，只有一条中断申请输出线。当 8250 的 4 级中断中有一级或多级申请中断时，需要辨别是哪一级中断源在申请中断。中断识别寄存器提供了中断的优先级及其中断的类别，CPU 响应中断时，通过查询中断识别寄存器来辨别中断类型，并转移到相应的中断处理程序中去执行中断服务程序。

	D_7	D_6	D_5	D_4	D_3	D_2	D_1	D_0
IIR	0	0	0	0	0	ID_2	ID_1	IP
						中断类型编码		=1，无中断请求 =0，有尚未处理的中断

图 9-13　中断识别寄存器

D_0 位，D_0=1，表示无中断请求，D_0=0，有尚未处理的中断。

D_2D_1 位，中断类型标识。

中断源的中断类型编码及其中断优先级如表 9-5 所示，从表中可以看到，8250 可以提供 4 级中断优先级和 10 个中断源。

表 9-5　中断类型编码及其中断优先级

中断类型编码 ID_2　ID_1	中　断　源	中断优先级
0　0	MODEM 的状态改变（包括 $\overline{RTS}$ =1，$\overline{DSR}$ =1，$\overline{RI}$ =1，$\overline{RLSD}$ =1）	4
0　1	发送保持寄存器空（THRE=1）	3
1　0	接收数据寄存器满（DR=1）	2
1　1	接收数据出错（包括 OE=1，PE=1，FE=1 及中止操作 BI=1）	1

（8）接收数据寄存器

接收数据寄存器 RDR 的端口地址是 3F8H。当 8250 接收到完整的一帧信息时，便自动将一帧信息中的数据位由接收移位寄存器传送到 8 位的接收数据寄存器中，CPU 通过读取接收数据寄存器中的值，就实现了一帧数据的接收。

（9）发送保持寄存器

发送保持寄存器 THR 的地址是 3F8H。发送数据时，由 CPU 将 8 位数据写入该寄存器中。一旦发送移位寄存器发送完毕，发送保持寄存器便由 8250 内部硬件自动将数据并行传送到发送移位寄存器中。

3．8250 的初始化编程

在串行通信之前，必须要对 8250 进行初始化编程，一般要写入 5 个控制字，其流程如图 9-14 所示。

编程初始化之后，方可采用程序查询方式或中断方式编写通信程序。

【例 9-8】假设 RS-232-C 串口中，8250 的 8 个端口地址是 2F8H～2FFH，8250 选择 4800bps 波特率进行异步通信，每字符 8 位数据位，1 位停止位，采用偶校验，选用查询方式通信，禁止所有中断。要求把初始化程序按照子程序的结构编写。

设子程序名为 QWER，属性为 NEAR，初始化 8250 的子程序如下：

```
QWER    PROC    NEAR          ；定义子程序开始
        PUSH    AX            ；AX 值入堆栈，保护寄存器 AX 值
```

```
        PUSH    DX
        MOV     DX，  2FBH        ；8250 通信线路控制寄存器地址送 DX
        MOV     AL，  80H         ；置 DLAB=1，以便设置除数寄存器
        OUT     DX，  AL          ；写入通信线路控制寄存器
        MOV     DX，  2F8H        ；低 8 位除数锁存器地址送 DX
        MOV     AL，  18H
        OUT     DX，  AL          ；送除数低 8 位
        INC     DX                ；DX+1→DX，DX=2F9H
        MOV     AL，  00H
        OUT     DX，  AL          ；送除数高 8 位
        MOV     DX，  2FBH        ；8250 通信线路控制寄存器地址送 DX
        MOV     AL，  1BH         ；设置 8 位数据，偶校验，1 位停止位
        OUT     DX，  AL          ；送真正的通信线路控制字
        MOV     DX，  2F9H        ；中断允许寄存器地址送 DX
        MOV     AL，  00H
        OUT     DX，  AL          ；送中断允许控制字，禁止所有的中断
        MOV     DX，  2FCH        ；MODEM 控制字的地址送 DX
        MOV     AL，  03H         ；设置 MODEM 控制字，RTS=1，DTR=1
        OUT     DX，  AL          ；送 MODEM 控制字
        POP     DX
        POP     AX                ；恢复 AX 的值
        RET
QWER    ENDP                      ；子程序结束
```

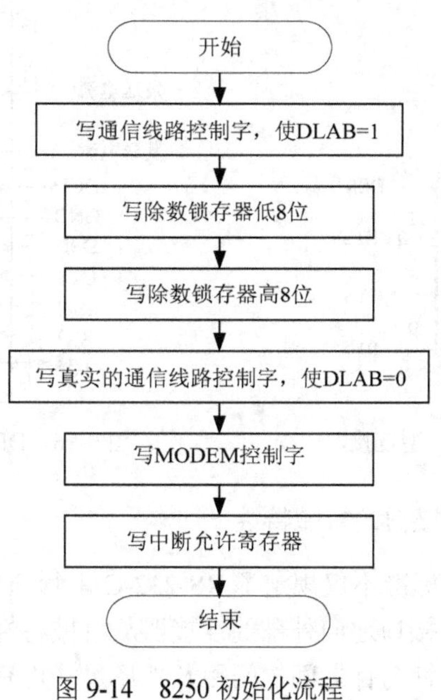

图 9-14　8250 初始化流程

9.3　EIA RS-232-C 串行通信接口及应用

EIA RS-232-C 是微型计算机（DTE）与数据通信设备（DCE）之间的接口标准，全称 EIA-RS-232-C 接口标准，通常称为 RS-232-C 接口标准。不同类型的设备，只要它们都具备 RS-232-C 标准接口，就可以直接连接并进行串行通信。

1. RS-232-C 串行通信接口的信号线

在 286 以上微机机箱上看到的串行通信接口是 9 针“D”型连接器（见图 9-15），现在计算机 RS-232-C 串行通信接口一般只使用了 9 条信号线，其中包括 2 条信号线、6 条控制信号和 1 条地线，DB-9“D”型插座脚号定义如表 9-6 所示。

早期微机除了支持美国电子工业协会电压接口外，还支持 20mA 电流环接口，如果是电流环接口，另外需要 4 条电流信号线，分别称为发送电流（+）、发送电流（–）、接收电流（+）及接收电流（–），并且分为主、辅两个信道。25 针的“D”型连接器如图 9-16 所示。

表 9-6 DB9“D”型插座脚号定义表

脚号	信号名	缩写名	方向与功能说明
1	数据载体检出	DCD	DTE←DCE，DCE 正在接收通信链路的信号
2	接收数据	RxD	DTE←DCE，数据终端设备接收串行数据
3	发送数据	TxD	DTE→DCE，数据终端设备发送串行数据
4	数据终端就绪	DTR	DTE→DCE，数据终端设备就绪
5	信号地	GND	无方向信号地，所有信号的公共地端
6	数传机就绪	DSR	DTE←DCE，DCE 应答 DTE，DCE 准备就绪
7	请求发送	RTS	DTE→DCE，数据终端设备请求数据通信设备切换到发送方向
8	清除发送	CTS	DTE←DCE，DCE 应答 DTE，DCE 已切换到发送方向
9	振铃指示器	RI	DTE←DCE，DCE 通知 DTE，通信链路有振铃，DTE 已被呼叫

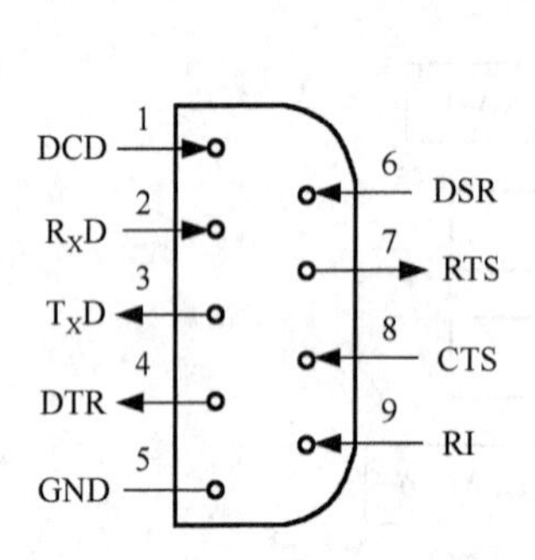

图 9-15 DB-9“D”型连接器

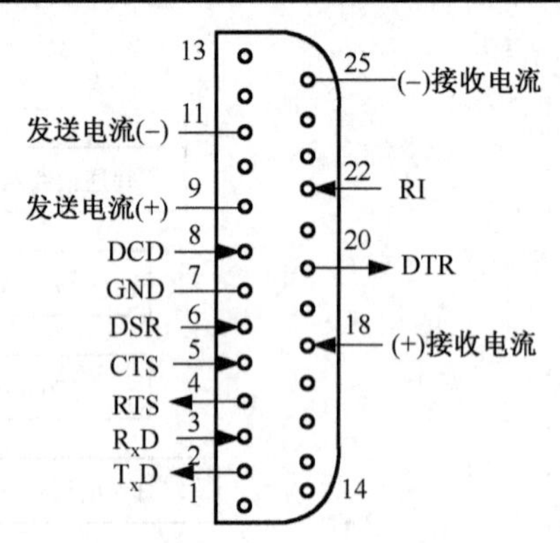

图 9-16 DB-25“D”型连接器

2. RS-232-C 串行通信接口的机械特性

RS-232-C 串行通信接口标准不仅规定了 RS-232-C 串行通信接口的电器特性，而且规定了机械特性。微机的 RS-232-C 接口通向外部的连接器从机械特性看，它是一种标准的“D”型插针，分为 25 针和 9 针两种，针与针之间的间距及外形尺寸均有固定的大小。图 9-15 和图 9-16 分别给出了 DB-9 和 DB-25 两种连接器编号及对应名称。

3. RS-232-C 串行通信接口的电气特性

（1）发送端

在 TxD 数据线上，规定–3V～–15V 表示逻辑 1（MARK 信号），用+3V～+15V 表示逻辑 0（SPACE 信号），内阻为几百欧姆，可以带 2500pF 的电容负载。负载开路时电压不得超过±25V。

（2）接收端

在 RxD 数据线上，电压低于–3 表示逻辑 1，高于+3 表示逻辑 0”。负载的输入阻抗在 3～7kΩ 之间，接口短路时不应损坏。

（3）控制线

在 RTS、CTS、DSR、DTR 和 DCD 等控制线上，信号有效称之为 ON 状态，电压在+3～+15V，信号无效称之为 OFF 状态，电压为–3～–15V 之间。

9.4　通用串行总线 USB

9.4.1　USB 总线的特点

1．USB 的简介

PC 上原有键盘接口、并行打印接口、串行通信接口等连接外设，但它们相互之间都不能通用，也不支持热插拔，性能也不相同，为了统一外设接口，满足新型外设的需要，USB（Universal Serial Bus）通用串行总线应运而生。USB 总线是一种流行的外设接口标准，被称为“外设总线”。

USB 总线对于在总线上传输的信息格式、应答方式等都有严格的规定，即总线协议，USB 总线上的所有设备都必须遵循 USB 总线协议进行操作。USB 总线协议主要包括 USB 总线的数据传输方式和 USB 的格式。

2．USB 总线的特点

USB 总线是一个通过 4 线连接的串行接口，该总线采用的是分层星形拓扑结构。USB 总线最多可以支持 127 台 USB 接口的外部设备，而且全部在扩展的集线器上，集线器可以是一个独立的集线器盒，也可以处在 PC 中任意一个 USB 外部设备中。尽管 USB 可以与多达 127 台外设相连接，但它们共享一个 USB 的带宽，也就是说，一个 USB 总线挂接的 USB 外设越多，每个 USB 外设的传输速率就越低。

USB 之所以应用如此广泛，由于它有许多特点，主要特点如下：

（1）支持即插即用，连接简单快捷

即插即用（Plug and Piay，PnP）是指在 Windows 操作系统和外部设备的支持下，不需要用户设置，由操作系统自动检测、安装和配置驱动程序，能够实现“热插拔”操作，连接简单快捷。当 USB 设备首次被插入到微机系统时，操作系统便自动检测到 USB 设备的插入，并为其加载对应的设备驱动程序，还为所插入的 USB 设备进行配置，用户不必作出任何其他的操作就可以使用该设备。

（2）扩充外设能力强，可支持多达 127 个外部设备

USB 采用星形层式结构和 Hub 技术，允许一个 USB 主控机可以连接多达 127 个外设，用户不用担心要连接的设备数目会受到限制。两个外设间的距离可达 5m，扩充方便。

对微机系统而言，USB 接口连接高达 127 个外设，也只需要占用一个中断类型号，大大节省了系统资源。

（3）传输速度快，而且支持多种操作速度

1996 年 2 月公布了 USB 1.0 版本，传输速率有低速 1.5Mbps 和全速 12Mbps 两种模式。低

速的 USB 支持低速设备，例如，调制解调器、键盘、鼠标、U 盘、移动硬盘、光驱、USB 网卡、扫描仪、手机、数码相机等。USB 全速 12Mbps 的数据传输速度比 RS-232-C 串口的 9600bps 快 1000 多倍。

USB 2.0 版本是高速 USB，数据传输速度可以高达 480Mb/s。全速和高速 USB 可用于大范围的多媒体设备，例如，大容量移动硬盘、光盘驱动器和进行视频传输的高速外部设备等。

（4）通用连接器

USB 用一种通用的连接器可以连接多种类型的外设，其外型为标准的 4 针插头。

（5）无须外接电源

USB 总线能够为外部 USB 设备提供+5V/500mA 的电源，如 USB 键盘、USB 鼠标和 U 盘等。

9.4.2　USB 物理接口及 USB 的信号

1．物理接口

在 USB 主机上是 USB 插座，而在 USB 设备上是 USB 插头，图 9-17 是 USB 电缆和连接器的示意图。USB 采用 4 线电缆实现上行集线器，下行 USB 设备的点到点连接，USB 接口标准包含 4 条信号线，用以传输信号和提供电源，4 条信号线的排列完全一致。其中，1 脚是电源 V_{BUS}，红色；4 脚是 GND，黑色；2 脚是信号负端 D–，白色；3 脚是信号正端 D+，禄色，D–和 D+是一对双绞线。由于 2 条信号线上传输的是差动信号，所以抗共模干扰信号能力很强，传输距离可以达 5m 远。其外形分为 A 型和 B 型两种。

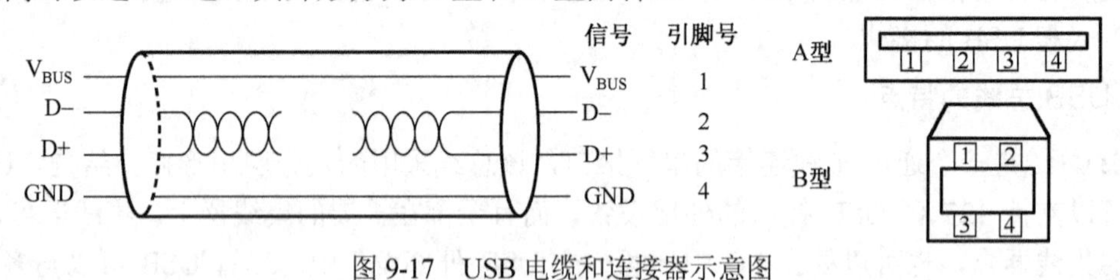

图 9-17　USB 电缆和连接器示意图

2．USB 设备的供电

USB 设备的电源供给有两种方式：总线供给方式和设备自带电源自给方式。

（1）总线供给方式

在 USB 总线系统中，总线供给方式中 USB 接口通过 V_{BUS} 和 GND 对设备提供的电源是有限的，USB 主机或根 Hub 对 USB 设备提供的对地电源电压为 4.75～5.25V，最大电流值为 500mA，并且电流可以受程序控制。当 USB 设备第一次被 USB 主机检测到时，设备从 USB Hub 吸入的电流值应小于 100mA。

根据 USB 接口最大输出电流的不同，可以分为高输出功率 USB 端口和低输出功率 USB 端口两种。高输出功率 USB 端口最大输出电流为 500mA，低输出功率 USB 端口最大输出电流为 100mA。大部分计算机的 USB 接口都是高输出功率 USB 端口，低输出功率 USB 端口主要用于 USB 集线器的下行端口中。

（2）设备自带电源自给方式

对于功率消耗比较大的 USB 设备，应该采用单独供电的方式，如扫描仪等需要自带电源。否则，会造成 USB 系统工作的不稳定，也可以采用两个 USB 接口同时向一个 USB 设备供电的方式。

USB 集线器（Hub）用于扩展主机 USB 接口，两种供电方式都可以采用，对于总线供电的 USB 集线器，它只能从主机获得 400mA 左右的电流，这是因为 USB 接口内部可能会产生一定的电功率消耗，因此，总线供电的 USB 集线器最多可以扩展 4 个 USB 下行端口，而且要求每个下行端口都必须是低输出功率 USB 端口。

由于 USB 集线器的下行端口不一定是低输出功率 USB 端口，因此，USB 集线器的供电方式一般都采用自给方式。

USB 总线协议中包含了完善的电源管理系统，USB 主机采用先进的电源管理（Advanced Power Management，APM）技术，可以有效地节省电源功耗。主机电源管理系统可以处理 USB 设备为挂起、唤醒等状态，对于暂时不使用的 USB 设备，电源管理系统将其置为挂起状态，等有数据传输时，再唤醒设备操作。

USB 设备的这种省电模式是通过供电保持来实现的，供电保持采用的是一种软件控制的方式，使 USB 设备进入挂起状态，在挂起状态下，USB 设备的电流消耗最低。

3. USB 的信号

USB 数据收发器包含了发送数据所需的差模输出驱动器和接收数据用的差模输入接收器。USB 的信号电平及对应的状态如表 9-7 所示。

表 9-7　USB 的信号电平及对应的状态

总线状态	信号电平	
	发端驱动器	接收器端
差模“1”	D+>2.8V，并且 D−<0.3V	((D+)−(D−))>200mV 并且 D+>2V
差模“0”	D+<0.3V，并且 D−>2.8V	((D+)−(D−))<−200mV 并且 D−>2V
空闲状态	低速率设备：差模“0”并且 D−>2.0V 和 D+<0.8V	
	高速率设备：差模“1”并且 D+>2.0V 和 D−<0.8V	
重新开始状态	低速率设备：差模“1”并且 D+>2.0V，D−<0.8V	
	高速率设备：差模“0”并且 D+<0.8V 和 D−>2.0V	
数据 J 状态	低速率设备：差模“1”　高速率设备：差模“0”	
数据 K 状态	低速率设备：差模“0”　高速率设备：差模“1”	
包开始（SOP）	数据线由空闲状态变 K 状态	
包结束（EOP）	D+和 D−<0.8V 应持续 2 个比特周期，再加一个比特空闲状态	D+和 D−<0.8V 应至少持续 1 个比特周期，再加一个 J 状态
断开（仅对上行方向而言）		D+和 D−<0.8V 应至少持续 1 个 2.5μs
连接（仅对上行方向而言）		D+或 D−>2.0V 应至少持续 1 个 2.5μs
复位（仅对上行方向而言）	D+和 D−<0.8V 应至少持续 10ms	D+和 D−<0.8V 应至少持续 1 个 2.5μs 识别时间 5.5μs

（1）USB 输出信号

差模输出驱动器向 USB 电缆传送 USB 输出信号，在数据线 D+和 D−之间传送的是一种差模信号，当 D+比 D−高时，信号被定义为差模“1”；当 D−比 D+高时，信号被定义为差模“0”。差模信号抗共模干扰能力强，另外接收器检测到两条线之间电压差的灵敏度高，使得信号传送的可靠性大大提高。

USB 输出信号的低输出状态，要求在 1.5kΩ 负载、外加 3.6V 电源灌电流的情况下，稳态输出值必须小于 0.3V；在信号的高输出状态，要求在 1.5kΩ 负载接到地的拉电流情况下，驱动器稳态输出值必须大于 2.8V。

输出驱动器具有三态输出功能，可以保证双向半双工通信；输出驱动器还具有高阻抗特性，将那些正在进行热插入操作，或已经连接了但电源却没有接通的下行设备同端口隔离开来。

（2）USB 输入信号

接收 USB 数据信号时，利用一个差模输入接收器进行接收。如果数据线的 D+至少比 D–高 200mV 就代表一个差模“1”，而一个差模“0”则由 D–至少比 D+高 200mV 来表示。但信号的交叉点必须在 1.3V 和 2.0V 之间。

以本地地电位为参考，接收器所能承受的稳态输入电压是–0.5V 到 3.8V 之间。每一条信号线都必须有一个单端接收器，这些接收器必须有一个位于 0.8V 到 2.0V 之间的开关阈值电压，称为接收器阈值电压 V_{SE}。

表 9-7 中指出的数据 J 状态和 K 状态是 USB 系统中数据传输的两个逻辑电平。差模信号是在数据线的信号交叉点（1.3V 和 2.0V 之间）进行测量的。只要信号的交叉电平位于共模范围之内，差模数据信号就与信号的交叉电平无关。

高速率的 J 状态和 K 状态正好与低速率的状态相反。空闲和重新开始状态在逻辑上分别等同于 J 状态和 K 状态。

9.4.3 USB 主控器/根集线器、集线器及连接

1. USB 主控器/根集线器

USB 主控器与 PCI 总线的连接如图 9-18 所示。图 9-18 是一个完整的微机硬件系统，在该系统中，有接口适配器、IDE 接口适配器、以太网适配器、显示适配器、USB 主控器/根集线器等，微机系统上各部件都以 PCI 总线为通道进行通信与联络。

微机中设有 USB 主控器/根集线器，它由 USB 主控芯片、USB 集线器控制器芯片、USB 端口连接件和控制外围电路等组成。它的一侧通过 PCI 总线接受 CPU 的控制，另一侧连接 USB 设备，而 USB 设备包括 USB 功能设备和 USB 集线器。

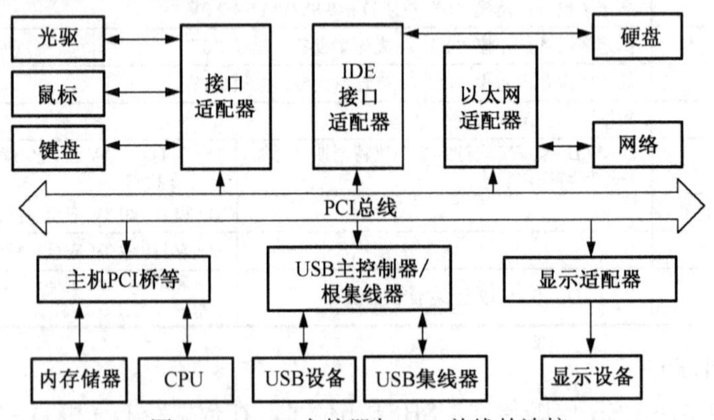

图 9-18 USB 主控器与 PCI 总线的连接

在 USB 总线系统中最重要的就是 USB 主机，包括 USB 主控器，能够控制完成主机与 USB 设备之间进行数据传输的设备称之为 USB 主机。从广义上讲，具有 USB 接口的微机也以称为 USB 主机，凡是具有 USB 主控芯片的设备都称为 USB 主机。

在 USB 数据通信中，USB 主机处于主导地位，USB 主机启动数据和命令的传输，USB 设备被动地响应 USB 主机的请求，遵照 USB 数据传输的协议，进行数据的快速传输。在一个 USB 系统中，只能允许有一个 USB 主机，不可能有多个 USB 主机的存在。

PC 内部含有一个主机控制器和一个根集线器，主机控制器负责格式化数据，以便其在总线上传输，并把收到的数据转换成操作系统可以识别的格式，主机控制器还具有执行其他与管理总线上的通信有关的功能。

根集线器有一个或多个接口来连接 USB 设备，负责检测外设的连接和断开，执行主机控制器发出的请求并在设备和主机控制器之间传递数据。

微机上的 USB 主机是由 USB 主控器/根集线器、USB 系统软件和用户软件三部分组成的，如图 9-19 所示。

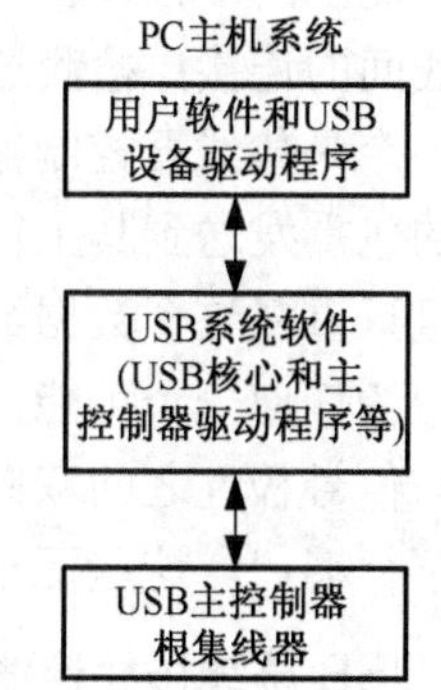

图 9-19　微机上的 USB 主机结构

2．USB 设备

USB 设备主要包括 U 盘、MP3、USB 鼠标及 USB 键盘等，在 USB 总线系统中，一般称它们为 USB 设备。一个完整的 USB 应用系统由 USB 主机、USB 电缆和 USB 设备组成，如图 9-20 所示。

USB 设备分成 Hub 设备和功能设备两种。Hub 设备即集线器，是 USB 即插即用技术中的核心部分，完成 USB 设备的添加、插拔检测和电源管理等功能。Hub 设备不仅能向下层设备提供电源和设置速度类型，而且能为其他 USB 设备提供扩展端口。功能设备能在总线上发送和接收数据或控制信息，它是完成某项具体功能的硬件设备。

在 USB 数据传输过程中，由 USB 设备向 USB 主机传送数据称之为上行通信，反之则称为下行通信。

图 9-20　USB 设备的连接

3．USB 集线器

USB 主控器/根集线器除了可以连接 USB 设备之外，还可以连接 USB 集线器（Hub）。每个 USB 集线器有一个 B 型端口或连线器，集线器通过它连接到其上行（通往计算机）方向，这上行方向可以是主机的根集线器，或另一个集线器；每个 USB 集线器也有一个或多个 A 型端口，用于连接其下行 USB 设备，参见图 9-21 中 4 端口 USB 集线器的连接，它有 1 个 B 型端口和 4 个 A 型端口。

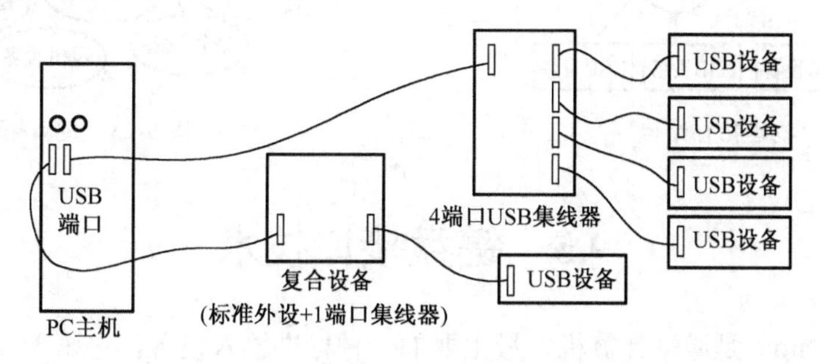

图 9-21　PC 主机 USB 端口的连接方式

每个 USB 集线器都有 2 个主要组件：

一个是集线器转发器，其功能包括：负责在主机的根集线器或另一个上行集线器与任何已连接并使能了的下行设备间传递 USB 流通量；检测设备什么时候被连接和移走；建立一个设备和总线间的连接；检测过流等总线错误以及管理对下属设备供电等。

另一个是集线器控制器，它管理主机和集线器转发器之间的通信。集线器要根据需要把它接收到的包重发送到其上行或下行，如果有低速设备连接，集线器必须检测从上行收到的低速数据并且只重复这个数据给该低速设备。集线器还可能要发送低速包到它的全速下行设备，因为它们中的任何一个可能是连接有包含低速设备的集线器。另外，集线器还要在低速和高速边缘速率与信号极性之间双向转换。当然，它也要重发所有从上行接收到的全速包给所有被使能的全速下行端口。这些下行端口包括所有连接了准备从集线器接收通信的设备端口。

4．USB 总线拓扑连线

USB 总线的基本组成是：一台主机和若干台 USB 设备，这些 USB 设备都连接在 USB 总线上。当 USB 设备更多时，主机上根集线器连接的 USB 端口不满足需要的情况下，则需要在主机的 USB 接口上连接机外的集线器。

USB 总线拓扑连线构成一个层叠星形结构，其物理拓扑结构和逻辑拓扑结构分别如图 9-22 和图 9-23 所示。

图 9-22 所示的物理拓扑结构只反映 USB 物理的连接关系，在编程应用时，对所有这些连接设备而言都属于逻辑连接，即主机与每一个逻辑设备之间的通信，就好像是与直接在根集线器上相连的设备一样，如图 9-23 所示。与一个 USB 设备通信时，主机和 USB 设备都可以不管一次通信必须通过多少个集线器，集线器自动管理这些过程。此时总线上的所有设备共享一条通往主机的数据通道，一次只能有一个 USB 设备可以与主机通信。

在传输大量数据需要更大带宽的情形下，则需通过安装一个带有另一个主机控制器和根集线器的扩展卡来增加 USB 设备，构成另一个数据通道，提高数据传输的带宽与速度。

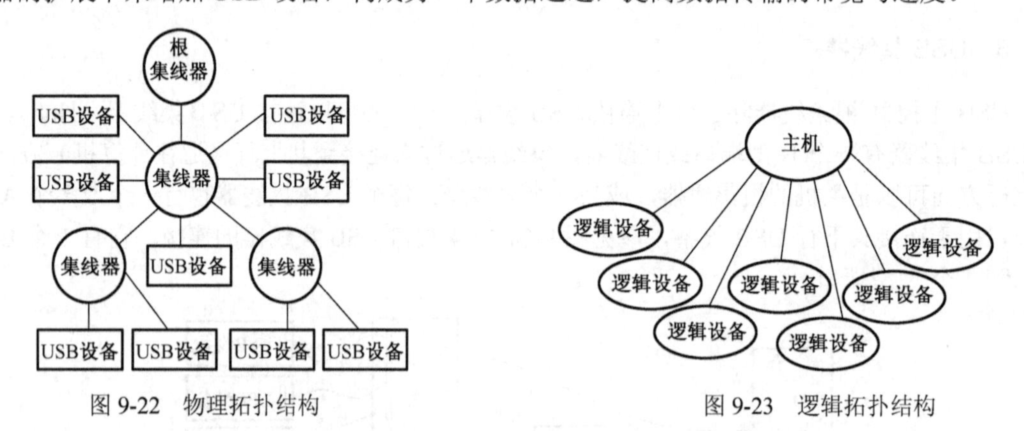

图 9-22 物理拓扑结构　　图 9-23 逻辑拓扑结构

9.5 键盘接口技术

键盘（Keyboard）是微型计算机中最主要的一种标准输入设备，它属于计算机的基本组成部分。键盘与计算机之间的通信采用了一种基于半双工的异步通信方式。

通过键盘，可以向计算机输入程序、指令、数据等。当按下某一个键时，键盘中对应的某一个开关闭合，该键的扫描码值便通过键盘接口电路及相应的接口通信程序被送入计算机中，计算机做出识别与处理操作。

9.5.1　键盘的构成与分类

1. 键盘的构成

键盘由外壳、按键和带有微处理器的电路板三部分组成。

（1）外壳

外壳用来支撑键盘和保护电路板，在外壳的右上面，通常有三个指示灯，指示三个键的功能状态，分别是："Num Lock" 指示灯，指示数字锁定键的状态；"Caps Lock" 指示灯，指示英文字母大小写转换键的状态；"Scroll　Lock" 指示灯，指示滚动锁定键的状态。

（2）按键

键盘是按一种阵列方式把若干键（电开关）排列组合在一起形成的，一般使用 101 键或 104 键的键盘，104 键是在 Ctrl 和 Alt 键之间多了 3 个键。键数虽然不同，但是，键的排列方式却大同小异。

虽然计算机有几种规格的键盘，但是，按功能分都可大致分为：字符键区、数字键区、功能键区和扩展键区。

（3）电路板

键盘电路板的作用是将每一按键按下后的状态转换成相应的二进制代码，并通过键盘接口，以串行方式传送到计算机中，供操作系统进行识别与处理。

2. 键盘的分类

键盘的工作原理基本相同，但从键盘结构、外形及其与计算机的连接方式等角度，可以从以下 4 个方面分类。

（1）按键的个数分类

键盘的发展经历了 83 键（适用于 PC/XT 机）、84 键(适用于 PC/AT 机)、101 键和 102 键（适用于 386、486 机等 32 位微机）及 104 键（适用于 Pentium 系列机）。而笔记本电脑的按键数量一般是 84 键或 87 键等。

（2）按键盘与微机的连接方式分类

按键盘与微机的连接方式分，可以分为有线键盘和无线键盘。有线键盘由主机提供电源，抗干扰能力强。无线键盘使用灵活，但是，常需要更换干电池，容易受干扰。无线键盘传输的方式分为红外线传播、蓝牙、无线电传输等。

（3）按键盘开关接触方式分类

按键盘开关接触方式分类，可以分为：机械式、导电橡胶式、电容式和塑料薄膜式，共计四种键盘。

早期的键盘是机械式键盘。与机械式键盘工作原理相同的有导电橡胶式键盘，它由导电橡胶和印刷电路板触点组成，当按下键时，导电橡胶和印刷电路板触点接通，放开按键时，二者断开。

电容式键盘是无触点键盘，每一个按键相当两个串联的电容，它由活动极、驱动极和信号检测极组成，当某一个键被按下时，按键杆上的活动极接近驱动极和检测极，两个串联电容耦合提供来自键盘上的脉冲信号，表示按键按下，否则，表示无键按下。由于成本较高，应用不多。

塑料薄膜式键盘内有四层塑料薄膜，最上层是有凸起的橡胶层，第二层和第四层有触点，第二层是正极电路，第四层是负极电路，第三层是隔离层，对第二、第四层起隔离作用。按下第一层后，凸起的橡胶层会使第二层和第四层的触点接通，放开后，自然断开。塑料薄膜式键盘应用广泛。

（4）按键盘的接口标准分类

键盘接口是微机主板上的一部分硬件电路，通过电缆线与键盘相连接，键盘接口还包括计算机操作系统中对键盘的管理程序等，严格地说键盘接口包括键盘硬件接口和相应的接口驱动程序。键盘接口以串行方式向键盘发送命令，并且接收来自键盘的扫描码，承担键盘与 CPU 之间的中转任务。

键盘接口按标准可以分为：AT 接口、PS/2 接口和 USB 接口，三种键盘接口引线图如图 9-24 所示，各键盘引线定义对照表如表 9-8 所示。

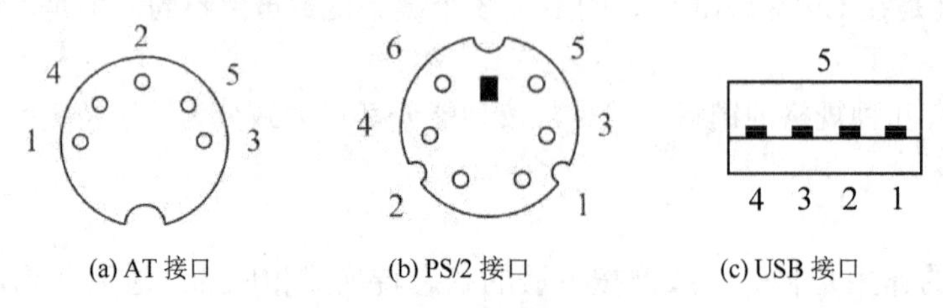

(a) AT 接口　(b) PS/2 接口　(c) USB 接口

图 9-24　键盘接口引线图

表 9-8　AT 键盘、PS/2 键盘及 USB 键盘引线定义对照表

引线号	AT 键盘		PS/2 键盘		USB 键盘	
1	时钟信号	CLK	数据信号	DATA	+5V 电源	VCC
2	数据信号	DATA	空	NC	负数据信号	–DATA
3	空/复位	—	地	GND	正数据信号	+DATA
4	地	GND	+5V 电源	VCC	地	GND
5	+5V 电源	V_{CC}	时钟信号	CLK	屏蔽	—
6	无	无	空	NC	无	无

① AT 接口

AT 接口是早期的键盘接口，在圆形 5 芯插头的 2 号引线的正对面，有一个用于定位的内凹缺口，圆形插头的直径为 13mm。AT 插头的 1 号引线是键盘时钟信号（CLK），2 号引线是键盘数据信号（DATA），计算机主板上的键盘接口电路与键盘接口运用这两条信号线串行传输数据，当主机读取键盘扫描码时，键盘时钟信号变低，当主机取走扫描码后，键盘时钟变为高电平。

圆形 5 芯插头的 3 号引线是复位线或没有使用（NC），4 号线是地线（GND），5 号线是+5V 电源（V_{CC}）。

② PS/2 接口

PS/2 接口是一个 6 芯的插头，有 3 个用于定位的内凹缺口，而且在插头内的上方处，也有一个用于定位的凸起物，圆形插头的直径为 8mm。

计算机底层硬件对于 PS/2 接口的支持是很完善的，因此，PS/2 接口键盘的兼容性比较好。

③ USB 接口

USB 接口的键盘采用了一种新型的键盘接口技术，它作为一个 USB 设备直接与计算机主板上的 USB 接口相连接。

USB 接口键盘和 PS/2 接口键盘都有各自的优点。

9.5.2　键盘的接口电路

1. 键盘接口的主要功能

CPU 是不可能直接与键盘进行通信的，而是通过微处理器等芯片构成的键盘专用接口电路和程序来实现 CPU 与键盘之间相互通信。

键盘接口的主要功能如下：

（1）键盘接口能接收主机发来的命令，以串行传输方式传送给键盘，并等候键盘的响应。

（2）在计算机启动自检时，键盘接口需要判断键盘是否能正常工作。

（3）能接收键盘送来的按键被按下、释放后的扫描码（行、列位置码），并且能将接收到的串行数据转换成并行数据，而且进行暂存。

（4）键盘接口能在收到一个按键的扫描码后，立即向主机发出中断请求信号。

（5）主机响应键盘接口的中断请求后，在键盘接口的中断服务程序中，读取扫描码，并转换成相应的 ASCII 码后再存入键盘缓冲区。

2. 键盘接口的逻辑结构

通常键盘硬件系统包括键盘和键盘接口两部分组成，图 9-25 是一种键盘和键盘接口的逻辑结构图。

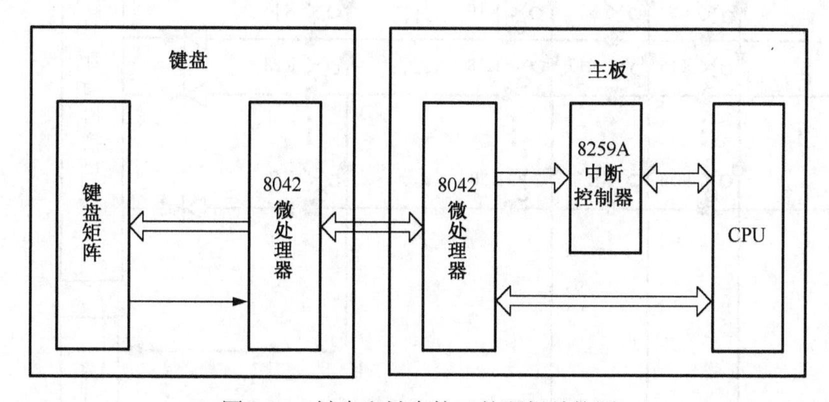

图 9-25　键盘和键盘接口的逻辑结构图

（1）键盘接口的结构

该键盘接口以 8042 微处理器（单片机）为核心所组成。它接收键盘传送来的串行扫描码，且转换为并行扫描码，并通过中断控制器 82C59A 向 CPU 发出中断请求，若 CPU 响应键盘接口的该中断请求，则中断 CPU 正在执行的程序，CPU 转到键盘中断服务程序处去执行该中断服务程序，在该中断程序中从键盘接口电路读取按键扫描码，并将按键扫描码转换为相应的二进制编码（ASCII 或扩展码），再送入计算机 BIOS 数据区中的键盘缓冲区内存放。

（2）键盘的组成

键盘是由各个键组成的键盘矩阵和微处理器（例如 8048）等组成，在逻辑上将各个键排列成16行×8列的矩阵，对每个按键编有一个与其他按键不同的二进制位置码。8048微处理器采用行、列扫描法，能识别所按键的位置。以串行方式向键盘接口电路输入按键位置的扫描码。

键盘内微处理器芯片的主要功能包括：检索来自于键盘矩阵中每一个按键按下或松开（释放键）等操作所产生的扫描码，并以串行通信方式与Intel 8042微处理器通信，最终将扫描码送给主机进行处理；键盘内微处理器芯片还配备有缓存多个键扫描码的功能；具有出错情况下的自动重发能力以及自身的控制功能等。

3．键盘矩阵

通常，键盘结构是矩阵式键盘，所谓矩阵式键盘，是指将键盘上的所有按键，按行和列排列成矩阵形式，图9-26中是一个8×8=64个键的矩阵式键盘的示意图。采用矩阵式结构，使用的引线较少，本键盘矩阵仅需要8行和8列，即16条引线，但需要一个行并行输出端口和一个列并行输入端口。由引线、按键、+5V电源和两个端口共同构成了矩阵式键盘。

行并行端口是一个输出端口，列并行端口是一个输入端口。识别按键的主要原理：首先，从行并行端口输出8位二进制数，每次仅输出一位为低电平，并且从列并行端口读入8位二进制数，根据读入8位二进制数中的一位低电平，结合行并行端口输出8位二进制数中为低电平的行，就可以判断是哪一个键被按下。

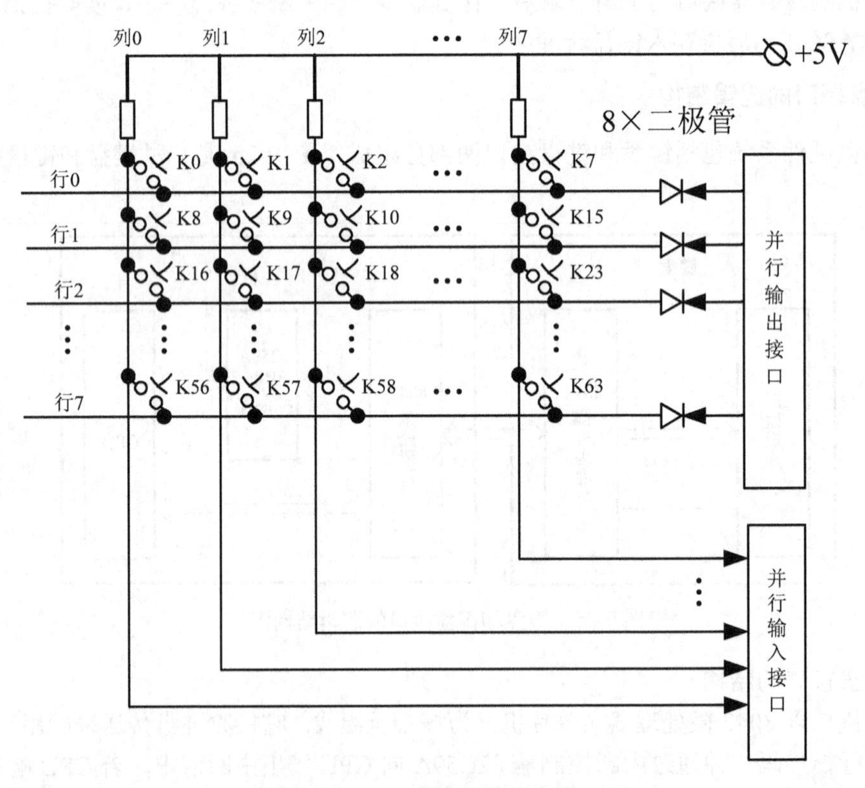

图9-26 键盘矩阵示意图

例如，行并行端口输出8位二进制数是01111111B，即行7为低电平，如果从列并行端口读入8位二进制数是11111110，即列0为低电平，则第7行线和第0列线接通而形成通路，可以识别出是K56接通，按键K56已经按下。

4．键盘典型电路

早期的键盘采用 Intel 8048 等微处理器芯片，现在的键盘采用 HT82K68A、 CY7C66113 等芯片，如果使用 CY7C66113 作控制芯片时，键盘与计算机使用 USB 接口传输键盘代码。

以具有 8 位微控制器的多媒体键盘编码器（Multimedia Keyboard Encoder 8-Bit MCU）HT82K68A 为主，所组成的键盘控制电路如图 9-27 所示，HT82K68A 内包含了 8 位的 CPU、一个 8 位可编程定时/计数器，可以产生定时/计数器溢出中断、3K × 16 位的 ROM，用于存放程序，160 × 8 位的数据 RAM，用于暂存数据。HT82K68A 微处理器具有 63 条功能强大的指令，所有指令在 1 或 2 个机器周期内完成。

HT82K68A 工作电压 V_{DD}：1.8V～5.5V，OSC1、OSC2 引脚与外接晶体振荡器相连接，构成振荡电路，产生 HT82K68A 芯片所需要的主频信号，由 3 个 8 位的双向 I / O 端口（PA7～PA0、PB7～PB0、PD7～PD0）与键盘矩阵构成键盘扫描电路。按键的代码值经数据（DATA）引线串行传输到计算机中。

从图中可以看出，键盘矩阵采用 8 列×16 行结构，最多可以设置 128 键，HT82K68A 有三个 8 位输入/输出端口，键盘矩阵的工作原理与 8 列×8 行结构的工作原理相同。在 HT82K68A 微处理器的控制下，很方便地实现对 CAP、NUM、SCR 三个键所处状态的指示，从键盘接口外形可以看出，它是 PS/2 通信协议的接口，所使用电源电压为+5V。

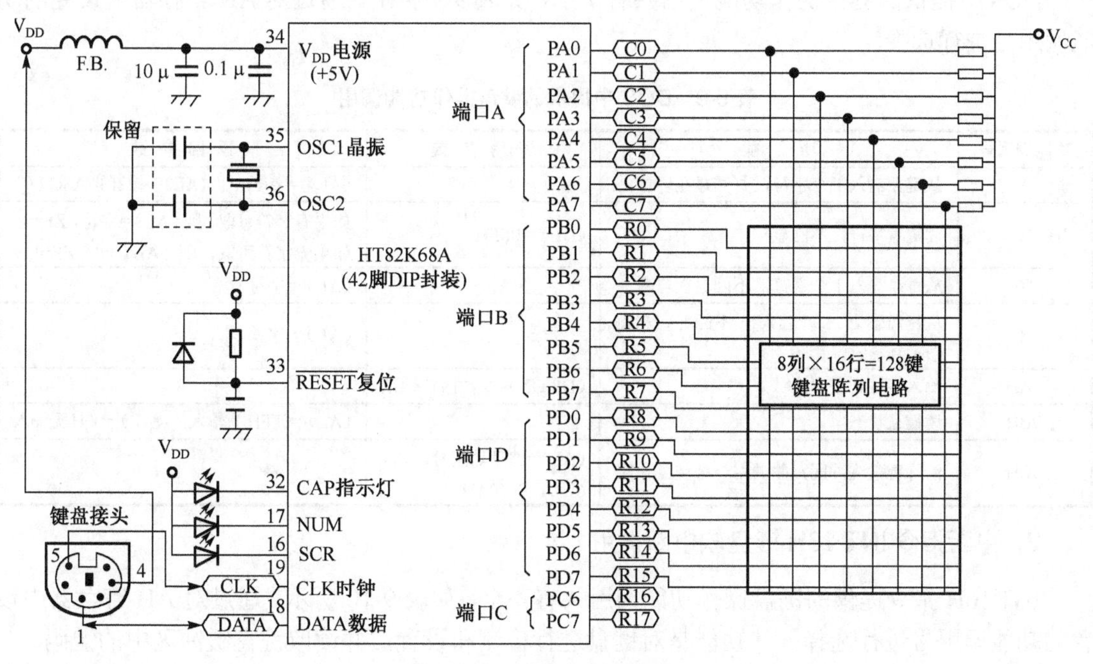

图 9-27　键盘典型电路图

5．PS/2 通信协议

键盘与主机按照 PS/2 通信协议传输数据，PS/2 通信协议是一种双向同步串行通信协议，双方通过时钟信号（CLK）同步，而串行通信类似 RS-232-C 异步通信的数据格式传送数据（DATA），也就是说，PS/2 接口在异步通信的基础上，增加了 CLK 脉冲信号作同步时钟，在时钟的下降沿对数据线进行采集。时钟信号最高频率是 33kHz，通常键盘的时钟频率在 10～20kHz 之间。

键盘与主机巧妙地通过时钟信号（CLK）为握手信号进行通信，有如下的约定：

（1）通信双方中任何一方如果要抑制对方发送数据时，只需把 CLK 降到低电平，以通知对方只能处于接收状态；

（2）当主机将 CLK 降为低电平时，键盘将要发送的数据存放到发送缓冲区，暂时不能发送数据，直到检测到 CLK 为高电平时，才能发送数据，同样，键盘必须把 CLK 时钟线降为低电平。

（3）PS/2 接口没有任何一方传输数据时，CLK 和 DATA 线都处于高电平。任何一方发送数据时，除了将 CLK 降到低电平之外，开始发送时，DATA 的起始位为“0”，每帧数据同样以“0”作为起始位。

（4）数据帧格式是：1 位起始位，起始位为逻辑 0，8 位数据位，1 位奇校验位，停止位 1 位，停止位为逻辑 1，共计 11 位。

9.5.3 键盘中断处理程序

键盘中断处理程序包括两部分，其一是 DOS 软中断（INT 21H），其二是 BIOS 的软中断（INT 16H）和键盘硬件中断（09H）。

1. 键盘 DOS 软中断调用

DOS 中提供的键盘操作功能调用共有 7 个，如表 9-9 所示。通过对 AH 寄存器中设置的功能调用号进行选择。

表 9-9 DOS 中提供的键盘操作功能调用

功能调用号	功 能	调 用 参 数	返 回 参 数
1	从键盘输入 1 个字符，并回显在屏幕上		（AL）=字符，即（AL）=按键的 ASCII 码
6	读键盘字符，不回显	（DL）=0FFH	如果有字符可取，则（AL）=字符，ZF=0；如果无字符可取，则（AL）=0，ZF=1
7	从键盘输入 1 个字符，不回显在屏幕上		（AL）=字符
8	从键盘输入 1 个字符，不回显，检测 Ctrl+Break		（AL）=字符
0AH	输入字符到缓冲区	（DS:DX)=缓冲区首地址	
0BH	读键盘状态		（AL）=0FFH 有输入，（AL）=00H 无输入
0CH	清除键盘缓冲区，并调用一种键盘功能	（AL)=键盘功能号，（1，6，7，8，0AH）	

2. 中断指令 INT 16H 键盘软中断调用

INT 16H 指令提供的键盘操作功能调用共有 4 个，如表 9-10 所示。通过对 AH 寄存器中设置的功能调用号进行选择。其功能是对键盘进行检测和设置，并读取键盘缓冲区中的键码。

表 9-10 INT 16H 指令提供的功能调用

功能调用号	功 能	返 回 参 数
0	从键盘缓冲区读取 1 个字符的键码送到 AX 中	AH=系统扫描码或扩展码 AL=字符的 ASCII 码或 0
1	检测键盘缓冲区中是否有键码	ZF=0，有键码并读入 AX 中 ZF=1，无键码
2	读取特殊键的状态标志	AL 中为 8 个特殊键对应的 8 位状态值
3	设置键盘速率和延迟时间 BL=要设置的速率，BH=延迟时间	无

表 9-10 中的 2 号功能是读取 8 个特殊键对应的 8 位状态值，它们分别是：左、右 Shift 键和 Ctrl、Alt、Caps Lock、Num Lock、Scroll Lock、Insert 等 8 个键。实际上，这些特殊键又分两类，一类如 Shift 这样的换档键，它们要和别的键组合才有效，一类如 Caps Lock 这样的双态键，按下奇数次和偶数次产生的效果不同。这些键都不具有相应的 ASCII 码，但当它们被按动时，会改变其他键所产生的代码，通常称这些键为变换键。通过 INT 16H 的 02H 号功能调用会把这些键的状态回送到 AL 寄存器中，AL 中键盘状态字节各位的含义如表 9-11 所示。

表 9-11　AL 中键盘状态字节各位的含义

键盘状态字节	含　义	键盘状态字节	含　义
D_7=1	Insert 状态改变	D_3=1	按下 Alt 键
D_6=1	Caps Lock 状态改变	D_2=1	按下 Ctrl 键
D_5=1	Num Lock 状态改变	D_1=1	按下左 Shift 键
D_4=1	Scroll Lock 状态改变	D_0=1	按下右 Shift 键

表 9-10 中 3 号功能设置键盘速率是指每秒最多允许输入字符的数量，默认值为 10 字符/秒，可通过设置来改变。BL 中的值可以设置成 1FH～00H，则对应的速率为 2～30 字符/秒。

【例 9-9】 利用 INT 16H 指令设置键盘速率为 29 字符/秒。

```
MOV    AH，3
MOV    BL，01H
INT    16H
```

表 9-10 中 3 号功能设置键盘延迟时间是指键盘按下后允许的最长时间，如果超过时间，则认为是重复压按此键。对应 BH 中的值 0、1、2、3，则将延迟时间设置为 250ms、500ms、750ms 和 1000ms。

3．键盘硬件中断 09H

09H 中断程序是通过键盘硬件中断进入的程序，每按一次键，就会产生一个键盘扫描码并送到主机键盘接口，接口中的单片机 8042 完成数字量的串/并转换，再转换为系统扫描码，最后，单片机输出一个中断请求信号到系统中断控制器的 IR_1 端，产生 09 号中断。在中断处理程序中，CPU 读取系统扫描码，然后做相应处理。键盘扫描码可分为如下几类：

（1）8 个特殊功能键

对于 8 个特殊功能键设置标志位的操作，这与 INT 16H 的 02H 号功能调用处理相同。

（2）第一类 ASCII 码键

第一类 ASCII 码键是指其 ASCII 码在 00H～7FH 范围的键，第一类 ASCII 码键压下时，执行 09H 功能调用时，先将系统扫描码转换为 ASCII 码，在存入键盘缓冲区时，低位字节为 ASCII 码，高位字节为系统扫描码。

（3）第二类 ASCII 码键

第二类 ASCII 码键是指其 ASCII 码在 80H～FFH 范围的键，第二类 ASCII 码键压下时，执行 09H 功能调用时，直接将其 ASCII 码存入键盘缓冲区低位字节，高位字节为 0。

（4）不能用 ASCII 码表示的组合键和功能键

对于一些组合键和一部分功能键，包括 Ctrl+Home、上、下、左、右箭头键、Del 键等，它们不能显示，也不能打印，而是起控制作用。中断处理是在存入键盘缓冲区时，低位字节为 0，高位字节为扩展码。

（5）特殊命令键

计算机对于按下特殊命令键的处理，是直接完成相应操作，并不形成代码。

在遇到一些特殊命令键时，09H 号中断会直接转入 BIOS 中的命令处理程序，完成相应命令键的处理功能。特殊命令键包括以下 4 个命令：

①Ctrl+Num Lock 或 Pause，暂停命令。暂时停止操作，一旦按下任意其他键后，将继续执行程序。

②Print Screen，打印屏幕命令。执行 INT 05H 指令，进入中断处理程序去打印屏幕内容。

③Ctrl+Alt+Del，系统复位并启动命令。与加电时冷启动的区别是不需要测试 RAM 和 VRAM。

④Ctrl+Break，终止程序命令。执行终止当前程序运行的 INT 1BH 指令。

9.6 鼠标接口技术

9.6.1 鼠标接口

1. 鼠标的分类

（1）按鼠标（Mouse）与微机接口连接的方式分类

可分为 RS-232-C 串口鼠标、PS2 接口鼠标、USB 接口鼠标三种。

（2）按鼠标的组成结构分类

可分为机械式鼠标、光电鼠标和光机式鼠标等。机械式鼠标与光电鼠标最大的不同之处在于其定位方式不同。

机械式鼠标是通过移动鼠标，带动可以滚动的胶球滚动，胶球的滚动又磨擦鼠标内的分管水平和垂直两个方向的栅轮滚轴，驱动栅轮转动。由内部的光栅信号传感器、红外线照射技术及相应的电子线路等，产生不同频率的脉冲信号对应于栅轮的转动速度，并不断通过与微机的连接线向主机传送鼠标移动信息，主机通过处理使屏幕上的光标同鼠标同步移动。机械式鼠标要避免外界强光，因为机械式鼠标是通过两组光电编码器来移动的，外界光线太强会干扰编码器的识别，同时机械式鼠标必须有一个可供胶球滚动的平面，故障率较高，但价格相对便宜。

光电鼠标内部主要有一个发光二极管，通过该发光二极管发出的光线，照亮光电鼠标底部表面，这就是为什么鼠标底部总会发光的原因。然后将光电鼠标底部表面反射回的一部分光线，经过一组光学透镜，传输到一个光感应器件内成像。这样，当光电鼠标移动时，其移动轨迹便会被记录为一组高速拍摄的连贯图像。最后利用光电鼠标内部的一块专用图像处理芯片对移动轨迹上摄取的一系列图像进行分析处理，通过对这些图像上特征点位置的变化进行分析，来判断鼠标的移动方向和移动距离，从而完成光标的定位。光电鼠标的最大优点是在定位精度上比机械式鼠标高得多，在普通桌面上就可以使用。

光机式鼠标取机械式和光电式鼠标之所长，底部装有可滚动的小球，从而不需要特制的鼠标垫，由于采用了光电检测技术，从而灵敏度和准确度大大提高。

（3）按其外观分类

可分为两键鼠标、三键鼠标及多键鼠标。

各类鼠标的操作和使用方法基本相同，目前使用较多的是三键鼠标。使用三键鼠标时，一般用食指和无名指分别控制鼠标的左键和右键，用中指控制鼠标的滚轮，鼠标的基本操作分为单击、右击、双击及拖动四种。

2．鼠标与主机连接的三种方式

（1）使用 USB 接口连接

USB 为通用串行总线，用扁平 4 芯插头相连，包括 2 芯串行传输信号线，2 芯电源线（+5V 和地线）。

（2）通过 RS-232-C 串行接口连接

鼠标与 RS-232-C 的 9 针引脚相连，并且只用了其中 4 针，具体如下：

TxD，数据发送端，3 号引脚，由鼠标发送数据到主机。

$\overline{\text{DTR}}$，数据终端准备好信号，4 号引脚，主机送往鼠标的应答信号，表示主机已经作好了接收鼠标数据的准备。

$\overline{\text{RTS}}$，原为请求发送端，7 号引脚，现改作为主机对鼠标电路的供电电源。

SGND，信号地。

（3）通过 PS/2 接口连接

鼠标与计算机的 PS/2 接口连接，采用 TTL 电平传输，用 6 芯圆形连接器相连。6 芯引脚的定义如下：1——数据，5——时钟，3——电源+，4——地，2、6 未用。

3．鼠标的灵敏度和数据格式

灵敏度是鼠标的主要性能，用鼠标移动 1 英寸对应于屏幕像素的数目来描述，单位是 PPI（Pixel Per Inch）。对于一般灵敏度为 300～400PPI 的鼠标，鼠标前后左右移动范围不超过 2 英寸，就可使光标到达 640×480 屏幕的每一个位置。

鼠标和主机之间的数据传输采用数据成组传输的方式，对于普通的两键鼠标，鼠标移动的距离以 3 字节为一组数据，并以此来计算 X 和 Y 方向移动的长度。

3 字节的最高位 D_7 是任意位，可为 1 也可为 0。D_6 为字节标识位，D_6=1 表示这是第 0 字节，接着读入的 2 字节依次为第 1 字节和第 2 字节，其中，D_6=0。3 字节数据格式如表 9-12 所示。

表 9-12　3 字节数据格式

字　节	D_7	D_6	D_5	D_4	D_3	D_2	D_1	D_0
第 0 字节	×	1	LB	RB	Y_7	Y_6	X_7	X_6
第 1 字节	×	0	X_5	X_4	X_3	X_2	X_1	X_0
第 2 字节	×	0	Y_5	Y_4	Y_3	Y_2	Y_1	Y_0

在 0 字节中，LB=1 对应左键，RB=1 对应右键， LB 和 RB 二者不会同时出现 1。鼠标在 X 方向和 Y 方向的位移量（X_7～X_0 和 Y_7～Y_0）与左右键标识符 LB、RB 合在一起，分别确定 X 和 Y 方向的位移值。X_7～X_0 和 Y_7～Y_0 的最高位是该数的符号位，位移量以米基为单位，1 米基= 1/200 英寸。

【例 9-10】 左键按下时，读入计算机中 3 个字节分别是：64H、3EH 和 27H，计算横向位移量和纵向位移量分别是多少？

根据表 9-12，并根据读入计算机中的 3 个字节，求得：

横向位移量 X_7～X_0 =00111110B，纵向位移量 Y_7～Y_0=01100111B。

横向位移和纵向位移的 D_7（X_7 和 Y_7）=0。

主机接收到 3 字节的数据以后，调用鼠标驱动程序进行分析，依据 3 字节数据的格式，确认当前鼠标的左键和右键是按下还是放开，并计算出鼠标在两个方向移动的位移量，最终执行鼠标移动到某位置处相应的处理程序。

9.6.2 鼠标驱动程序及其功能调用

1. 鼠标驱动程序及其功能调用的管理

在微机的操作系统中，配置了鼠标驱动程序 MOUSE.SYS 或 MOUSE.COM，MOUSE.SYS 是设备驱动程序形式，MOUSE.COM 是命令文件形式，二者功能相同。鼠标驱动程序的核心功能是硬件中断处理，并以软件中断形式提供功能调用，实现对鼠标操作的管理。

2. 驱动程序的功能调用及其鼠标操作方式

鼠标驱动程序通过 INT 33H 指令提供了几十个功能调用，实现对鼠标的初始化、调整与控制等一系列操作。INT 33H 指令的功能号放在 AL 寄存器中，或者称功能号放在 AX 中，本节介绍几个基本的功能调用。

（1）初始化鼠标程序，AX=00

```
MOV    AX，0000H
INT    33H
```

对鼠标驱动程序重新进行初始化处理，将驱动程序中所有内部变量都设置初始值，并将鼠标光标隐藏，且位于屏幕的中央隐藏。此时，可以检查鼠标的状况，如果没有安装鼠标，则返回 AX=00；如果安装了鼠标，则返回 AX=FFFFH（-1），并在 BX 中返回鼠标的键数，2 或 3 等。

（2）显示鼠标光标，AX=01

```
MOV    AX，0001H
INT    33H
```

显示鼠标的光标有两种情况：在文本方式下，鼠标对应的光为闪光的方块，在图形方式下是一箭头。两种情况下鼠标驱动程序都一直跟踪鼠标的移动。

（3）关闭鼠标光标，AX=02

```
MOV     AX，0002H
INT    33H
```

鼠标光标被隐藏。

（4）读取光标的坐标和按键状态，AX=03

```
MOV    AX，0003H
INT    33H
```

读取光标的坐标存放在寄存器中：CX=水平坐标像素序号，DX=垂直坐标像素序号；按键状态存放在 BX 中，第 0 位对应左键，第 1 位对应右键，第 2 位对应中键，0 为放开，1 为按下。

读取（AX=03）和设置（AX=04）光标水平坐标和垂直坐标均以像素序号表示。

【例 9-11】 读取光标位置的行和列值，并分别存入 MOUSE-X 和 MOUSE-Y 两个字存储单元。

```
    MOV    AX，0003H
    INT    33H
    MOV    BX，CX            ；水平坐标存于BX中
    MOV    CL，3             ；准备置换
    SHR    BX，CL            ；像素序号换算为列值
    SHR    DX，CL            ；换算为行值
    MOV    MOUSE-X，BX       ；保存列值
    MOV    MOUSE-Y，DX       ；保存行值
```

（5）设置鼠标光标位置，AX=04

入口参数：CX=水平坐标值，DX=垂直坐标值。

【例 9-12】 把文本方式下的鼠标光标位置设置在5行、10列。

```
    MOV    AX，0004H
    MOV    CX，10×8          ；水平位置，由文本方式的字符换算为图形方式的像素
    MOV    DX，5×8           ；垂直位置，由字符换算为像素
    INT    33H
```

（6）设置光标水平界限，AX=07

入口参数；CX＝ 最小水平光标位置，DX＝ 最大水平光标位置。

（7）设置鼠标光标垂直界限， AX＝08

入口参数；CX＝ 最小垂直光标位置，DX＝ 最大垂直光标位置。

光标的水平和垂直界限也都是以像素序号表示，与03、04功能的调用处理相同，在设置光标水平界限和设置光标垂直界限时，必须把行、列值换算成像素序号，通过07、08两个功能调用，方可使鼠标光标限定在给定的窗口范围内，操作时超出的范围，则不予显示。

思考题与习题

1．串行通信有什么特点？

2．什么叫异步通信方式？异步通信字符传送的帧格式如何？

3．什么叫波特率因子？什么叫波特率？设波特率因子为64，波特率为1200，那么发送时钟频率为多少？

4．设异步传输时，一帧信息包括1位起始位、7位信息位、1位奇偶校验位和1位停止位，如果波特率为9600bps，则理论上每秒钟能传输多少个字符？

5．两台PC采用异步串行通信方式传送数据。设8250接在系统中，其8个端口地址为2F8H～2FFH，若8250以2400bps波特率进行异步通信，每字符7位，1位停止位，采用奇校验，禁止所有中断，选用查询方式通信。试编写发送和接收的初始化程序段。

6．在RS-232-C串行通信中，调制解调器是数据终端设备（DTE）？还是数据通信设备（DCE）？

7．何谓调制？

8．何谓解调？

9．RS-232-C标准规定逻辑1和逻辑0的电压范围分别是多少？

10．在RS-232-C串行通信接口中，为什么要实现RS-232-C电平与TTL电平之间的转换？

11．USB主要有哪些性能特点？

12．USB总线支持哪几种传输速度？

13．USB总线最多可以连接多少个USB设备？

14．解释 USB 主机中 USB 主控器和根集线器的主要功能。

15．解释 USB 总线的逻辑拓扑结构。

16．何谓 USB 主机？

17．PS/2 通信协议是什么？

18．RS-232-C 电平和 TTL 电平的抗干扰容限各是多少？

19．鼠标与计算机的 PS/2 接口连线有哪些？

20．如何理解键盘的软中断 INT 16H 和键盘硬件中断（09H）的区别？

第 10 章　模/数和数/模转换技术

模/数（Analog to Digit，A/D）和数/模（Digit to Analog，D/A）转换技术是微型计算机与监测设备、控制对象之间的一种重要的接口技术，也是实现信号监测、过程控制的两个重要组成部分。

本章重点介绍：模拟量输入与输出通道的组成；数/模转换器的主要技术指标、数/模转换器及其应用；模/数转换器的主要技术指标、模/数转换器及其应用。

10.1　模拟量输入与输出通道的组成

在工业生产和现实生活中，许多待测量与控制的非电物理量及模拟电压、电流通常都是连续变化的模拟量，例如：压力、温度、密度、位移和流量等。为了利用计算机实现对模拟量的监测和对生产过程的自动调节与控制，必须首先将连续变化的物理量变换成连续变化的电信号，其模拟电信号的大小与极性要满足具体模/数转换器的规范，然后经过模/数转换器，变换成计算机所能接受的数字量。

模拟量输入、输出通道的一般结构如图 10-1 所示，该图描述了一个含有 A/D 转换与 D/A 转换的监控系统。

计算机对所采集的数据大多是要经过运算处理后，送至输出设备显示输出。在实时监控系统中，如果需要对生产过程进行调节与控制，那么还需要经过 PID 调节运算，微机将运算结果的数字量输出到数/模转换器，将数字量转换成模拟电信号，并经驱动放大后送往执行部件，实现对工业生产过程的自动控制。

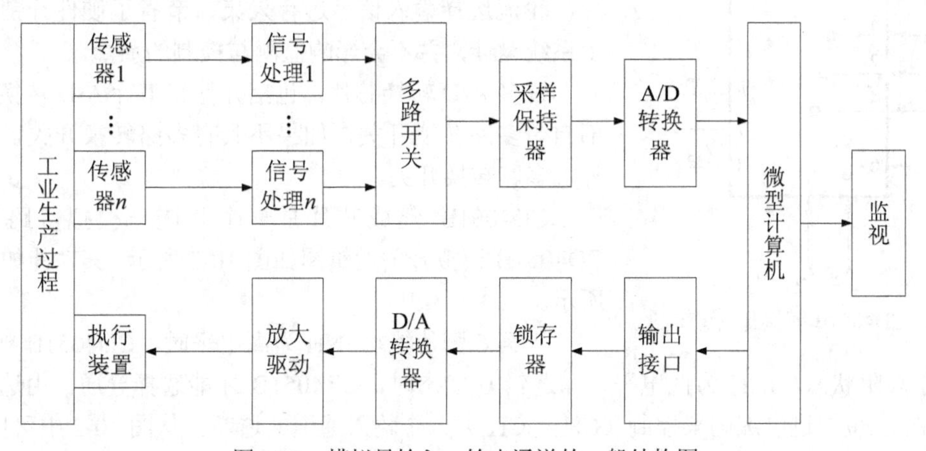

图 10-1　模拟量输入、输出通道的一般结构图

10.1.1　模拟量输入通道的组成

一般模拟量输入通道由传感器、信号处理、多路转换开关、采样保持器和 A/D 转换器组成。

1. 传感器

能够把非电物理量转换成电量（电流或电压）的器件被称为传感器。一般传感器由电容、电阻、电感或敏感材料组成，在外加激励电流或电压的驱动下，不同类型的传感器会随不同非电物理量的变化，引起传感器敏感材料的阻值发生改变，使得输出连续变化的电流或电压与非电物理量的变化成比例。

传感器组成材料发生改变引起输出电流或电压的变化是十分微弱的，传感器到信号处理之间传输的弱信号容易受外界干扰，因此，传感器厂家将十分微弱的电信号处理成0～10mA，或4～20mA电流，或0～5V电压，或0～10V电压等，以便传输或直接送A/D转换器进行A/D转换。

2. 信号处理

设置信号处理电路的主要原因有两种：

第一种，传感器输出信号与A/D转换器输入电信号大小不匹配，要进行电压调整。

第二种，传感器输出信号与A/D转换器输入电信号极性不匹配。A/D转换器输入待转换电压有两种极性电压，分为双极性电压和单极性电压，双极性电压一般有±2.5V、±5V和±10V，单极性电压一般有0～5V、0～10V和0～20V三种，而传感器输出不可能满足需要。

信号处理电路通常采用RC低通滤波器，滤除叠加在传感器输出信号上的高频干扰信号，提高测量的精确度。

对于输出0～10mA，或4～20mA电流的变送器，还需要将电流转换成电压量，然后送A/D转换器进行转换。

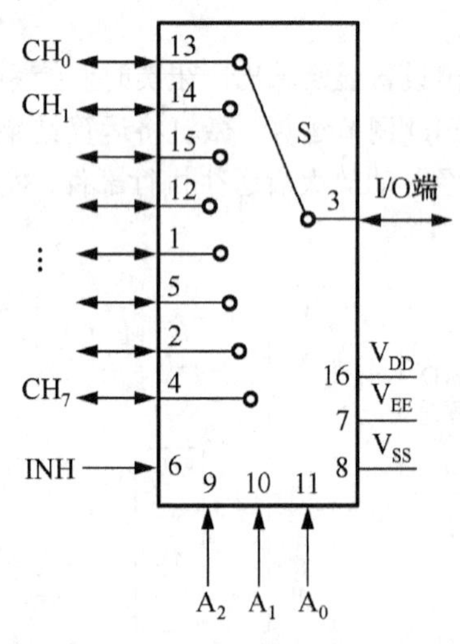

图10-2 CD4051B模拟开关逻辑图

3. 多路转换开关

在运用系统中，往往要监测或控制的模拟量不单是一个，一个数据采集系统往往要采集多路模拟信号，如果被采集的物理量是缓慢变化的，则可以只用一片A/D转换芯片，轮流选择输入信号进行采集，节省了硬件开销，简化了系统设计，并不会影响监测与控制的质量。

许多A/D转换芯片，包括并行和串行A/D转换芯片内部自带多路转换开关，如果不具有多路转换开关，则需要外加多路转换开关。

CD4051B集成芯片是一个八选一模拟多路开关，CD4051B模拟开关逻辑图如图10-2所示，其功能如表10-1所示。

当第6脚使能端INH为高电平时，CD4051B被禁止，输出处于高阻状态，INH为低电平，即逻辑0状态时，CD4051B才能选择导通，由选择输入端$A_2A_1A_0$三位二进制编码来控制（CH_0～CH_7）八个输入通道的通断。从图10-2中可以看出，该芯片能实现双向传输，即可以实现多传一或一传多两个方向的传送。

4. 采样保持器

在A/D转换器进行采样期间，保持被转换输入信号不变的电路称为采样保持电路。A/D转换器完成一次转换所需要的时间称为转换时间。不同 A/D 转换芯片，其转换时间各异，对于连续变化较快的模拟信号必须采取采样保持措施，否则将会引起转换误差。

表 10-1　CD4051B 模拟开关功能表

输　入				开关导通位置
INH	A_2	A_1	A_0	
0	0	0	0	CH_0 ↔ I/O 端
0	0	0	1	CH_1 ↔ I/O 端
0	0	1	0	CH_2 ↔ I/O 端
0	0	1	1	CH_3 ↔ I/O 端
0	1	0	0	CH_4 ↔ I/O 端
0	1	0	1	CH_5 ↔ I/O 端
0	1	1	0	CH_6 ↔ I/O 端
0	1	1	1	CH_7 ↔ I/O 端
1	×	×	×	高阻状态

图 10-3 是采样/保持器的基本原理图，它由模拟开关 S、保持电容 C_H 和运算放大器 OA 等组成，V_i 是待采样的模拟电压，V_C 为模拟开关的逻辑输入信号。在 V_C 的控制下，模拟开关 S 接通，V_i 对 C_H 充电，由于运算放大器接成同相输入方式的随极跟随器，那么 V_0 跟随 V_i 的变化，射极跟随器的输入阻抗趋于无穷大，放大回路 RC 常数很大，当模拟开关 S 断开时，电容 C_H 两端已充电后的电压短时间内保持不变，使得采样/保持器为 A/D 转换器提供了稳定的电压。

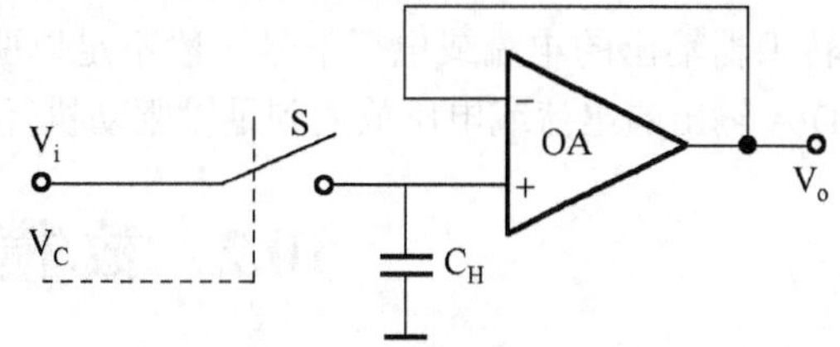

图 10-3　采样/保持器的基本原理图

采样/保持器按照性能分，可以分为四类：

① 通用采样/保持器芯片，例如 LF198、LF298、LF398、AD582K、AD583K 等。

② 高速采样/保持器芯片，例如 HTS-0025、THS-0060、THC-0300、THC-1500 等。

③ 高分辨率采样/保持器芯片，例如 SHA1144、AD389、SHA6 等。

④ 超高速采样/保持器芯片，例如 THS-0010 及 HTC-0300 等。

例如，LF398 采样/保持器芯片的原理框图和典型接法如图 10-4 和图 10-5 所示，电源电压±5V 到±18V 之间。外接保持电容 C_H，其大小的选择取决于维持时间的长短，当选用 C_H=0.01μF 时，信号达 0.01%精度的获取时间为 25μs，保持器电压下降率为每秒 3mV。若模/数转换时间是 100μs，则保持器电压下降值为 300μV，保持性能好。

图 10-5 中，Logic IN+（8 脚）输入电平与 TTL 逻辑电平相匹配。

当 Logic IN+控制电压大于 1.4V 且逻辑参考 IN-（7 脚）接地时，LF398 处于采样模式；IN+和 IN-都等于“0”时，LF398 处于保存状态；

IN-等于 0 不变时，IN+由“0”跳变到“1”时，LF398 转到采样模式。

5．A/D 转换器

A/D 转换器是模拟输入通道的核心环节，其功能是将模拟输入电信号转换成数字量（二进制数或 BCD 码等），以便由计算机读取、分析处理，并依据它发出对生产过程的控制信号。

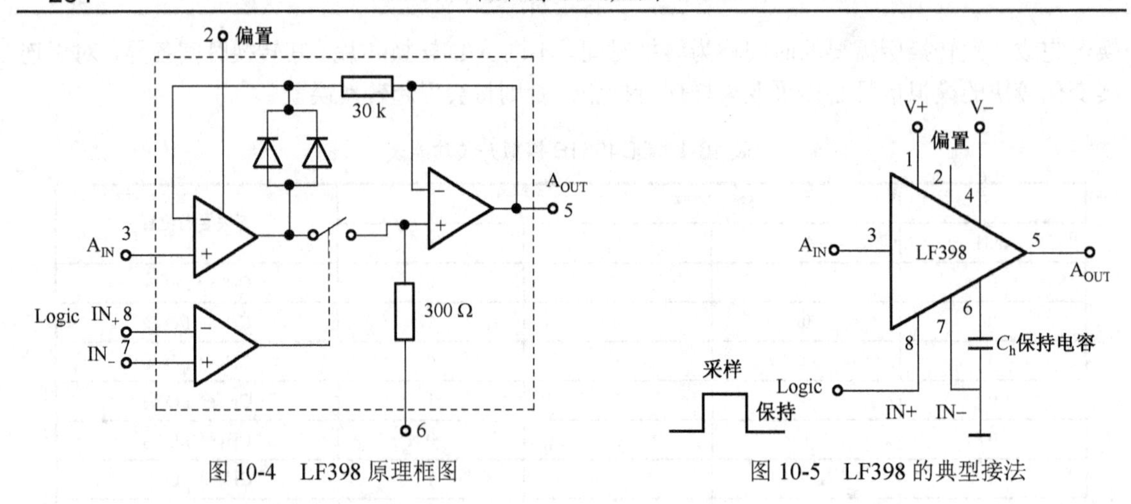

图 10-4 LF398 原理框图　　　　图 10-5 LF398 的典型接法

10.1.2 模拟量输出通道的组成

计算机输出的信号是以数字的形式给出的，而有的执行单元要求提供模拟的电流或电压，故必须要将计算机输出的数字量转换成模拟的电流或电压，这个任务主要由数/模转换器来完成。由于 D/A 转换器需要一定的转换时间，在转换期间，输入待转换的数字量应该保持不变，而计算机输出至数据总线上的稳定时间很短，所以，数/模转换应该具有锁存数据总线上数据的功能。

经过 D/A 转换器得到的模拟信号一般需要经过低通滤波器，使输出数据平滑。同时，D/A 转换器输出的电流或电压信号一般不足以驱动执行部件，因此，还需要有功率放大电路，将 D/A 输出的电流或电压放大到足以驱动执行部件。

10.2 数/模（D/A）转换器

10.2.1 D/A 转换器的基本结构

1. D/A 转换器的原理

D/A 转换器的作用是将二进制的数字量按比例转换为相应的模拟电流或电压量。数字量是指一组二进制代码。欲将数字量转换成模拟量，在转换网络中，首先把每一位代码按其权值的大小转换成相应的模拟分量，然后，将各模拟分量相加，其模拟量的总和就是数字量相应的模拟量。D/A 转换器的结构有多种形式，最常见的是 T 型电阻网络形式，如图 10-6 所示。

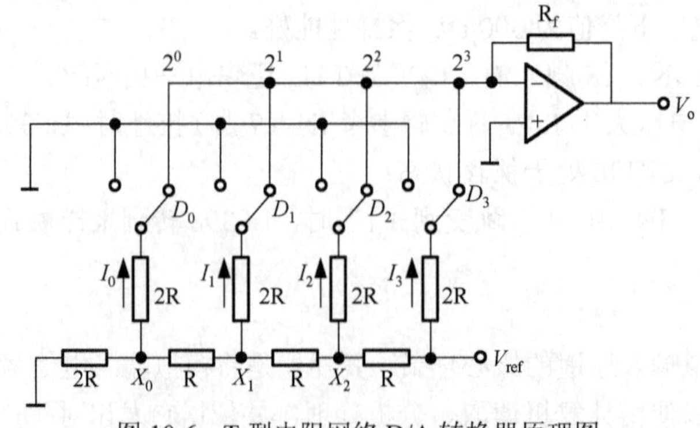

图 10-6 T 型电阻网络 D/A 转换器原理图

图中以一个 4 位数/模转换器为例，二进制的数字量 $D=D_3D_2D_1D_0$，每一位代码控制一个模拟开关，当某一位为“1”时，对应开关倒向右边，产生相应的电流输入到运算放大器的输入端，电阻网络构成了运算放大器的输入阻抗，且电阻网络接至虚地，为运算放大器提供输入电流。

当某一位为“0”时，对应开关倒向左边，且电阻网络接到真正的地端，对应的位不会产生运算放大器的输入电流。

由于电阻网络中的电阻只有 R 和 2R 两种阻值，所以，X_3～X_0 各点的电压分别固定为 V_{ref}、$V_{ref}/2$、$V_{ref}/4$、$V_{ref}/8$，注意，与各开关的方向无关，产生的电流如下：

$$\begin{aligned}\Sigma I &= \frac{V_{X3}}{2R}\cdot D_3 + \frac{V_{X2}}{2R}\cdot D_2 + \frac{V_{X1}}{2R}\cdot D_1 + \frac{V_{X0}}{2R}\cdot D_0 \\ &= \frac{V_{ref}}{2R\cdot 2^3}\cdot(D_3\cdot 2^3 + D_2\cdot 2^2 + D_1\cdot 2^1 + D_0\cdot 2^0) \qquad (10\text{-}1) \\ V_0 &= -R_f\cdot\Sigma I\end{aligned}$$

从上式可以看出，4 位代码控制电流开关，电流开关的电流信号通过电阻网络进行加权，合成一个与输入二进制数成正比例的模拟电流或电压信号。

输出电压正比于输入二进制数按权展开的十进制值。式中的 V_{ref} 是标准电压（或称参考电压），通常具有较高的精度和稳定度。可以看出，对于电压型 D/A 转换器，最后有一级由运算放大器构成的电压放大器。

2. D/A 转换器的输出类型

D/A 转换器的输出分为电压和电流两种类型，分别如图 10-7(a)和图 10-7 (b)所示。

电压输出型 D/A 转换器的输出内阻很小，相当于一个电压源，因此，与之相配接的负载电阻应该较大。

电流输出型 D/A 转换器的输出内阻较大，相当于一个电流源，因此，与之相配接的负载电阻不要过大。

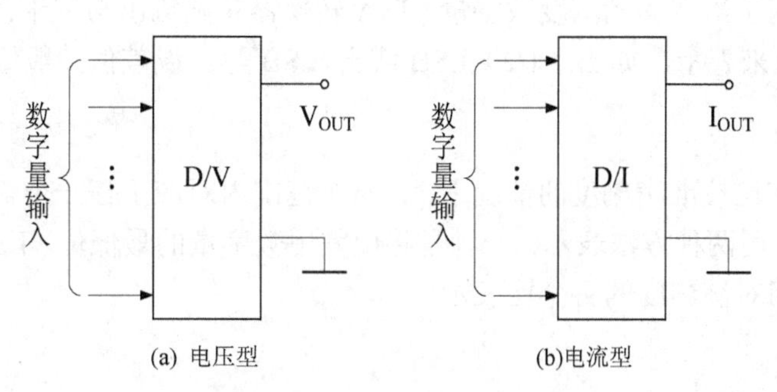

图 10-7 电压和电流两种类型

3. 电流输出型 D/A 转换器的使用

电流输出型 D/A 转换芯片在具体应用中，还必须外接运算放大器，如图 10-8 所示，选择合适的放大系数，按比例输出电压信号。

图 10-8(a)是反相连接，输出电压：$V_{OUT}=-iR$。

图 10-8 (b)是同相连接，输出电压：$V_{OUT}=iR\left(1+\dfrac{R_2}{R_1}\right)$。

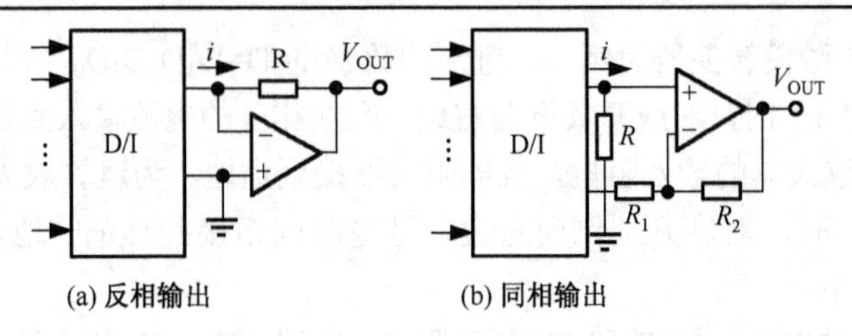

图 10-8 电流型 D/A 转换器变换成电压输出

10.2.2 D/A 转换器的主要技术指标

1. 分辨率

分辨率是指 D/A 转换器所能分辨的被测量的最小值。通常用数字量的位数来表示。如 8 位 D/A 转换器，通常称其分辨率为 8 位；反之，分辨率为 10 位的 D/A 转换器，是指 10 位的 D/A 转换器。例如，一个 D/A 转换器能够转换 8 位二进制数，转换后的电压满量程是 5V，则它能分辨的最小电压是 $5V/(2^8-1) = 19.6078mV$。

2. 转换时间

转换时间是指 D/A 转换器的输入加上满刻度范围的变化值，例如，输入由全“0”变为全“1”，输出端达到最终值并稳定为止所需的时间。

转换时间大约在几百纳秒到几微秒之内。

3. 转换输出

电压型的 D/A 转换器输出电压一般为 5V 或 10V。电流型 D/A 转换器输出电流一般为毫安级。

4. 绝对精度

绝对精度是对应于给定的满刻度数字量，D/A 转换器实际输出与理论值之间的误差。用最低位（LSB）的倍数来表示，如±（1/2）LSB 或±1LSB 等。误差值一般低于（1/2）LSB。

5. 相对精度

相对精度是指在已校准满刻度的情况下，在整个范围内对应于任一个输入二进制数的模拟输出与理论值之差。用两种方法表示：一种是将偏差用数字量的最低位（LSB）的倍数来表示，另一种是用该偏差相对满刻度的百分比表示。

6. 线性度误差

在满刻度范围内，相邻两个数字输入量之间的差应该是 1LSB，理想的 D/A 转换器的输出特性应该是线性的，但实际上有误差，模拟输出偏离理想输出的最大值称为线性误差。

10.2.3 D/A 转换芯片 DAC0832

DAC 芯片种类繁多，有通用廉价的 DAC 芯片，也有高速高精度及高分辨率的 DAC 芯片。从前面分析看出，模拟量输出端有两种类型：电压输出及电流输出。数字输入端有以下几种类型：

① 无数据锁存器；

② 带单数据锁存器；

③ 带双数据锁存器；

④ 只能接收并行数字输入；

⑤ 只能接收串行输入数字。

第 1 种在与系统总线接口时，要外加锁存器，第 2 种和第 3 种可直接与系统总线接口，第 4 种与并行总线相连接，第 5 种则与串行数据线相连接，接收数据较慢，但适用于远距离现场控制的场合。

各种类型的 DAC 芯片都具有数字量输入端和模拟量输出端及基准电压端。本节重点介绍 8 位 D/A 转换芯片 DAC0832。

1．DAC0832 的内部结构

DAC0832 的内部结构与引脚如图 10-9 所示。

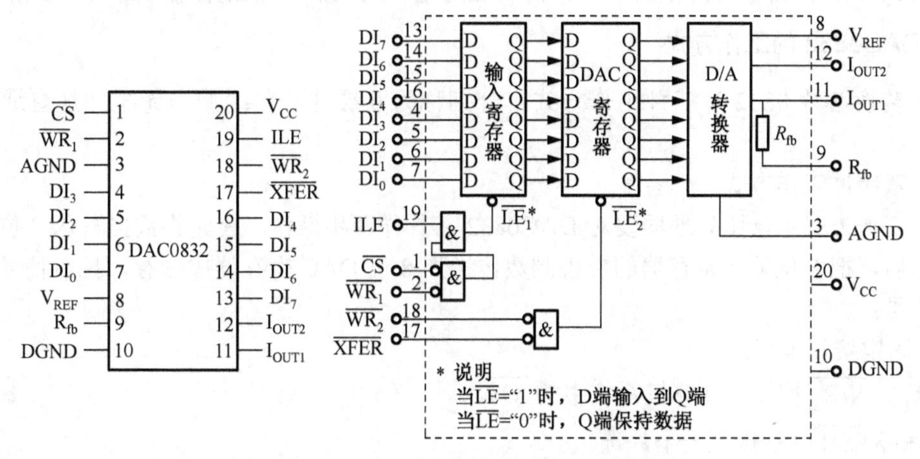

图 10-9　DAC0832 的内部结构与引脚图

DAC0832 是采用先进的 CMOS 工艺制成的双列直插式单片 8 位数/模转换器，可以直接与微机连接。片内有两个 8 位数据缓冲寄存器，即 8 位输入寄存器和 8 位 DAC 寄存器，8 位输入寄存器 DI_7～DI_0 输入端可以直接与 CPU 的数据线相连接，其逻辑电平与 TTL 电平相兼容，8 位 DAC 寄存器为 8 位 D/A 转换器提供稳定的数据。两个 8 位数据缓冲寄存器的工作状态分别受各自 $\overline{LE}$ 的控制，当 $\overline{LE}$ 为高电平时，两个 8 位数据缓冲寄存器接收数据，当 $\overline{LE}$ 由高电平跳变到低电平时，锁存所接收到的数据。DAC0832 采用 8 位输入寄存器和 8 位 DAC 寄存器二级缓冲方式，能够在 D/A 输出的同时，接受下一个待转换的二进制数据，可以提高转换速度，并且可以控制多个 DAC0832 的 8 位 DAC 寄存器同步操作。

8 位 D/A 转换器由 R-2R 结构的 T 型电阻网络组成，对参考电压提供的两条回路分别产生两个输出电流 I_{OUT1} 和 I_{OUT2}，而 I_{OUT1} 和 I_{OUT2} 是一组差动电流。

DAC0832 引脚功能定义如下。

DI_7～DI_0，8 位输入数据线。

$\overline{CS}$，选片信号，低电平有效。

ILE，输入寄存器选通信号，高电平有效。

$\overline{WR_1}$，写 8 位输入寄存器信号，低电平有效。

$\overline{WR_2}$，写 8 位 DAC 寄存器信号，低电平有效。

$\overline{XFER}$，允许 8 位 DAC 寄存器数据送到 8 位 D/A 转换器。

I_{OUT1}，DAC 输出电流 1，当 8 位 DAC 寄存器为全“1”时，此时输出电流最大，当为全“0”时，输出电流最小。

I_{OUT2}，DAC 输出电流 2，I_{OUT2}=常数 $-I_{OUT1}$。

R_{fb}，反馈电阻引出端，即片内在 R_{fb} 与 I_{OUT1} 之间制作了一个反馈电阻。

V_{REF}，参考电压输入端。该端连至片内 R-2R 结构 T 型电阻网络，由外部提供一个准确的参考电压。该电压的精度直接影响 D/A 转换的精度。

V_{CC}，电源电压，可接+5V～+15V。

AGND，模拟地。

DGND，数字地。

DAC0832 转换器输出为电流，通常需要通过运算放大器将输出电流转变成电压输出。

2. DAC0832 的工作方式

D/A 转换芯片 0832 有三种工作方式，分别称为双缓冲、单缓冲和无缓冲（直通）工作方式。

（1）双缓冲工作方式

在此工作方式下，微处理器要对 DAC0832 芯片作两步操作，首先将数据写入 8 位输入寄存器，然后，把 8 位输入寄存器的二进制数传送到 8 位 DAC 寄存器中锁存。控制信号的一般连接方式是：

ILE 固定接高电平。

$\overline{WR_1}$、$\overline{WR_2}$ 均接至计算机系统中的 $\overline{IOW}$。

$\overline{CS}$ 和 $\overline{XFER}$ 分别接至一个片选。

（2）单缓冲工作方式

在单缓冲工作方式下，使两个 8 位寄存器中任意一个处于直通状态，另一个工作在可控的锁存器状态，例如，把 $\overline{WR_2}$ 和 $\overline{XFER}$ 均接数字地，8 位 DAC 寄存器构成直通状态，只需要通过 $\overline{CS}$ 和 $\overline{WR_1}$，对 8 位输入寄存器进行写操作就可以了。

（3）无缓冲工作方式

将 ILE 固定接高电平，$\overline{CS}$、$\overline{WR_1}$、$\overline{WR_2}$ 和 $\overline{XFER}$ 都接数字地，DAC0832 芯片处于直通状态。一旦 8 位数据到达 8 位输入寄存器的输入端，便立即传送到 8 位 D/A 转换器的输入端，8 位数据直接通过两级寄存器，到达 8 位 D/A 转换器，并进行 D/A 转换。此用法不适合与计算机系统连接使用。

3. DAC0832 的应用

DAC0832 与 PC 构成单缓冲工作方式的连接如图 10-10 所示，图中 $\overline{XFER}$ 和 $\overline{WR_2}$ 接地，即 DAC0832 内部 8 位 D/A 寄存器被接成直通式，只控制 8 位输入寄存器的数据输入，当 $\overline{CS}$ 与 $\overline{WR_1}$ 同时为低电平时，8 位 D/A 寄存器接收数据，当 $\overline{CS}$ 与 $\overline{WR_1}$ 上升为高电平时，8 位 D/A 寄存器锁存数据，DI_7～DI_0 的数据被送入其内部的 D/A 转换电路进行转换。

【例 10-1】 在图 10-10 中 DAC0832 片选 $\overline{Y}_0$ 的地址范围是 200H～23FH，要求在 V_{OUT} 输出端输出方波，编写主要程序段。

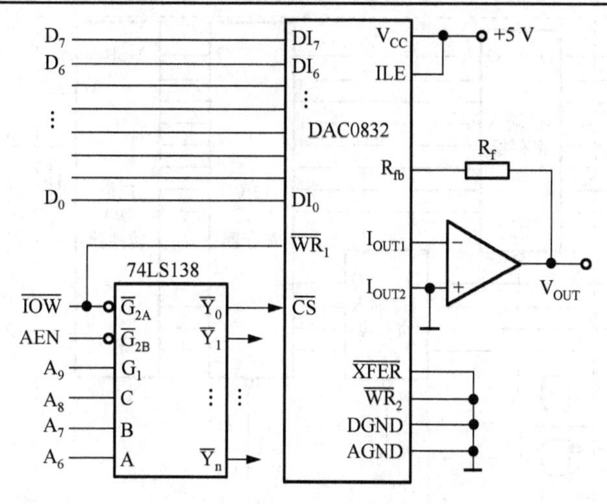

图 10-10　DAC0832 的单缓冲连接

主要程序段如下：

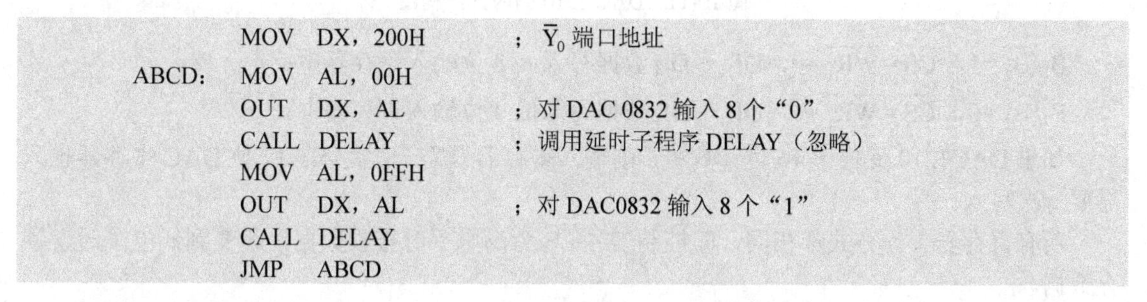

```
        MOV   DX，200H      ；Y0 端口地址
ABCD:   MOV   AL，00H
        OUT   DX，AL        ；对 DAC 0832 输入 8 个“0”
        CALL  DELAY         ；调用延时子程序 DELAY（忽略）
        MOV   AL，0FFH
        OUT   DX，AL        ；对 DAC0832 输入 8 个“1”
        CALL  DELAY
        JMP   ABCD
```

【例 10-2】 在图 10-10 中，要求在 V_{OUT} 输出端输出连续的锯齿波，编写主要程序段。

主要程序段如下：

```
START:  MOV   DX，200H      ；端口地址送给 DX
        MOV   AL，00H       ；锯齿波从最低处开始产生
BB:     OUT   DX，AL
        NOP                 ；延时
        NOP
        ADD   AL，01H       ；FFH+01H=100H,当 AL 中值加到 FFH 时，再加 1 则回到 00H
        JMP   BB
```

10.2.4　D/A 转换芯片 DAC1210

1．DAC1210 的内部结构

DAC1210 是 12 位的 D/A 转换芯片，有 24 条引脚，双列直插式，其内部结构及引脚描述如图 10-11 所示。

DAC1210 与 DAC0832 主体结构相似，都有一级输入寄存器、一级 DAC 寄存器和 DAC 转换器。但是，DAC1210 输入寄存器由高 8 位和低 4 位两个输入寄存器组成，DAC 寄存器是 12 位，DAC 转换器也是 12 位。

如果 DAC1210 受控于 8 位计算机，则 DI_3～DI_0 需要并接到 DI_{11}～DI_4 的低 4 位或高 4 位数据线上，输入寄存器分两次写入：

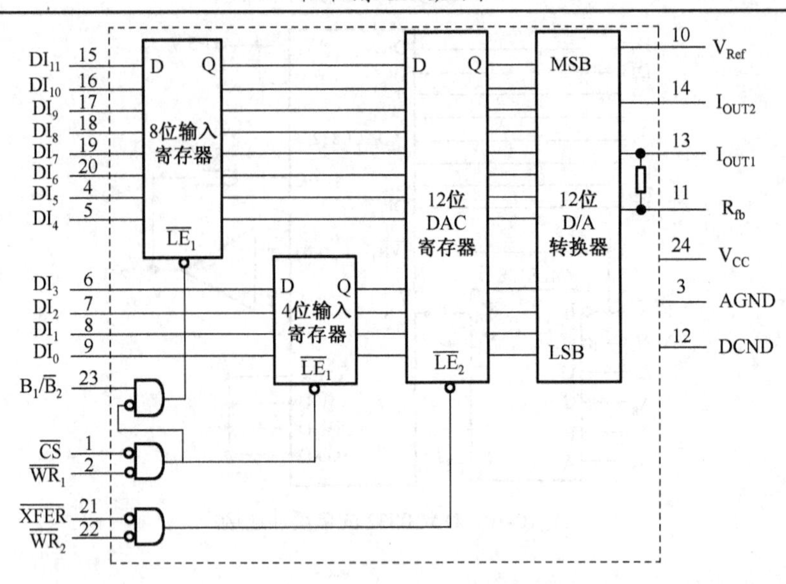

图 10-11 DAC 1210 的内部结构图

$B_1/\overline{B_2}$ =1，$\overline{CS}=\overline{WR_1}$ =0，DI_{11}～DI_4 数据写入高 8 位输入寄存器中；

$B_1/\overline{B_2}$ =0，$\overline{CS}=\overline{WR_1}$ =0，DI_{11}～DI_4 数据写入低 4 位输入寄存器中。

如果 DAC1210 受控于 16 位计算机，则输入寄存器只需一次写入。12 位 DAC 寄存器也只需要一次写入。

所有寄存器工作方式都相同，即控制信号 $\overline{LE}$ 为高电平时接收数据，跳变到低电平时，锁存数据。

DAC1210 也有三种工作方式，分别称为双缓冲、单缓冲和无缓冲（直通）工作方式。

2．DAC1210 的引脚功能

DAC1210 的 24 条引脚编号见图 10-11，各引脚的功能定义如下：

DI_{11}～DI_0，12 位输入数据线。

$B_1/\overline{B_2}$，高/低字节控制，$B_1/\overline{B_2}$ 为高电平时，12 位输入数据可以同时写入高 8 位和低 4 位输入寄存器中，DAC1210 接 8 位计算机时，仅高 8 位数据写入高 8 位输入寄存器中。$B_1/\overline{B_2}$ 为低电平时，只将 12 位输入数据中的低 4 位写入低 4 位寄存器中。

$\overline{CS}$，选片信号，低电平有效。

$\overline{WR_1}$，写输入寄存器信号，低电平有效。

$\overline{WR_2}$，写 DAC 寄存器信号，低电平有效。

$\overline{XFER}$，允许 12 位 DAC 寄存器数据送到 12 位 D/A 转换器。

I_{OUT1}，DAC 输出电流 1，当 12 位 DAC 寄存器为全 1 时，此时输出电流最大，当为全 0 时，输出电流最小。

I_{OUT2}，DAC 输出电流 2，I_{OUT2}= 常数 − I_{OUT1}。

R_{fb}，反馈电阻引出端，即片内在 R_{fb} 与 I_{OUT1} 之间制作了一个反馈电阻。

V_{Ref}，参考电压输入端。由外部提供一个准确的参考电压，该电压的精度直接影响 D/A 转换器的精度。

V_{CC}，电源电压，单一 +5V～+15V。

AGND，模拟地。

DGND，数字地。

3．DAC1210 的主要技术指标

输入：12 位数字量。

输出：模拟量电流 I_{OUT1} 和 I_{OUT2}。

输入逻辑电平：与 TTL 电平兼容。

参考电压：+10V～−10V

三种输入方式：双缓冲、单缓冲和无缓冲（直通）。

工作环境温度：−40° C～+85° C。

稳定电流时间：1μs。

功耗：20mW。

4．DAC1210 的应用

图 10-12 所示为 DAC1210 与 8 位计算机的连接示意图。DAC1210 输入数据线的高 8 位 DI_{11}～DI_4 与数据总线的 D_7～D_0 相连接，按照左对齐的方式，低 4 位 DI_3～DI_0 接到数据总线的 D_7～D_4。选用 74LS138 译码产生片选，高/低字节控制信号 B1/$\overline{B2}$ 的端口地址范围分别是（300H～30FH）和（200H～20FH），第二缓存锁存器（12 位 DAC 寄存器）选通信号 $\overline{XFER}$ 的端口地址范围是（310H～31FH），各选片的地址及功能如表 10-2 所示。写信号 $\overline{WR_1}$ 和 $\overline{WR_2}$ 直接连接到系统的 $\overline{IOW}$ 。

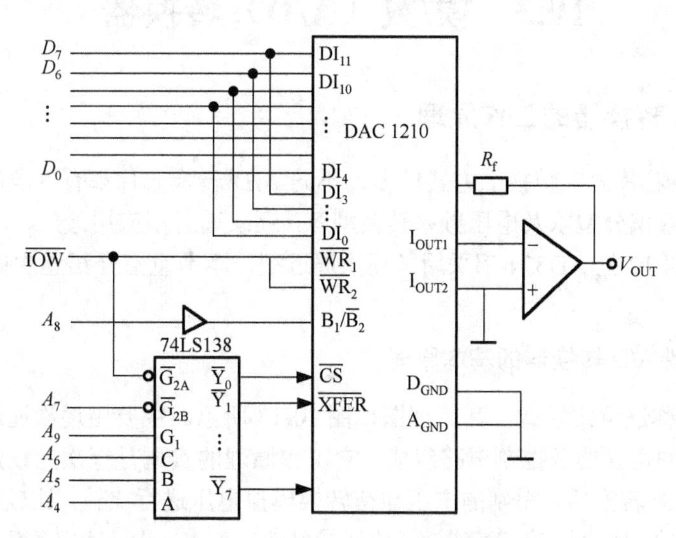

图 10-12　DAC1210 与 8 位计算机的连接

表 10-2　各片选的地址及功能

A_9 A_8 A_7	A_6 A_5 A_4	A_3 A_2 A_1 A_0	地址范围	片选	功　能
1 1 0	0 0 0	0 0 0 0 从全 0 到全 1	300H～30FH	$\overline{Y_0}$	写高 8 位输入寄存器
1 0 0	0 0 0	0 0 0 0 从全 0 到全 1	200H～20FH	$\overline{Y_0}$	写低 4 位输入寄存器
1 × 0	0 0 1	0 0 0 0 从全 0 到全 1	310H～31FH	$\overline{Y_1}$	写 12 位 DAC 寄存器

【例 10-3】 设待转换的 12 位二进制数存放在 BX 中的低 12 位，根据图 10-12，编写转换一次 12 位二进制数的子程序，BX 中的值为调用子程序的入口参数。

程序如下：

```
ZHUANH  PROC   NEAR          ；定义近的子程序 ZHUANH
        PUSH   AX            ；AX 的值入栈
        PUSH   DX            ；DX 的值入栈
        PUSH   CX            ；CX 的值入栈
        MOV    DX，300H      ；高 8 位输入寄存器的地址传送给 DX
        MOV    CL，04H       ；计数值传送给 CL
        SHL    BX，CL        ；BX 中值左移 4 次
        MOV    AL，BH        ；高 8 位传送给 AL
        OUT    DX，AL        ；写高 8 位
        MOV    AL，BL        ；低 4 位传送给 AL，在 AL 的高 4 位
        MOV    DX，200H      ；低 4 位输入寄存器的地址传送给 DX
        OUT    DX，AL        ；输出低 4 位
        MOV    DX，310H      ；12 位 DAC 寄存器的地址传送给 DX
        OUT    DX，AL        ；写入 12 位 DAC 寄存器
        POP    CX            ；恢复现场
        POP    DX
        POP    AX
        RET
ZHUANH  ENDP
```

10.3 模/数（A/D）转换器

10.3.1 A/D 转换器的工作原理

集成 A/D 转换芯片内部转换的方式较多，不同 A/D 转换芯片都有各自的转换方式，常用的有逐次逼近型、双积分型以及电压频率转换型等。逐次逼近型应用最广，常用的 8 位 A/D 转换芯片 ADC0809 和 12 位 AD574 都采用了逐次逼近型，本节重点介绍逐次逼近型 A/D 转换器的原理。

1．逐次逼近型 A/D 转换器的基本原理

逐次逼近型也称逐位比较式，其原理图如图 10-13 所示。主要由逐次逼近寄存器、D/A 转换器、比较器、缓冲寄存器及控制电路组成。它工作原理的实质是逐次把设定的逐次逼近寄存器中的数字量经 D/A 转换后，得到的电压与待转换模拟电压进行比较，比较时，先从逐次逼近寄存器的最高位开始，顺序比较，直到最低位比较结束，逐次试探，确定各位的数码是留下（为“1”）还是舍弃（为“0”）。

转换过程是在控制逻辑电路的控制下完成的，转换前，先将逐次逼近寄存器的各位清零，然后开始转换时，控制逻辑电路先设定逐次逼近寄存器的最高位为“1”，其余位为“0”，送入 D/A 转换器，经 D/A 转换后生成的模拟量（V_o）送入电压比较器和输入电压（V_i）进行比较，若 $V_o \leqslant V_i$ ，说明最高位“1”应该保留，否则，应予清除。然后，再置逐次逼近寄存器的次高位为“1”，将逐次逼近寄存器中新的数据送入 D/A 转换器，同样，将输出的 V_o 与 V_i 比较，若 $V_o \leqslant V_i$，该位的“1”被保留，否则被清除。重复此过程，直至逐次逼近寄存器中最

低位比较完成，转换结束，将逐次逼近寄存器中的数字量送入缓冲寄存器，得到最终的输出数字量。

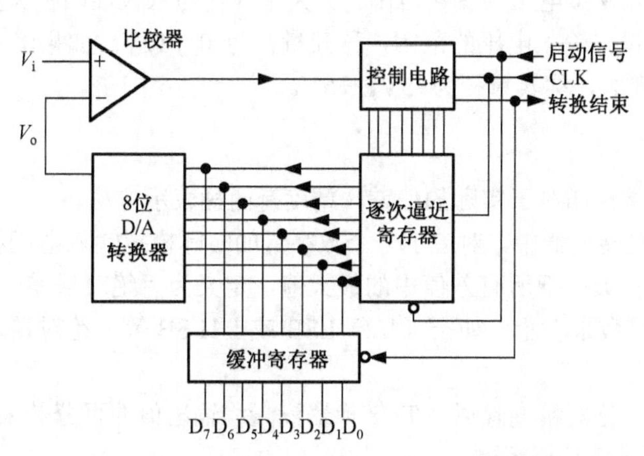

图 10-13　逐次逼近型 A/D 转换器工作原理图

逐次逼近型 A/D 转换器转换速度快，转换时间固定，不受输入信号电压幅度的影响，转换时间在 1～100μs 之间，分辨率高达 18 位。

2．电压频率转换型 A/D 转换器的基本原理

电压频率转换型 A/D 转换器由 V/F 转换芯片、计数器、定时器及相应的门控电路组成。如图 10-14 所示。其工作原理大致如下：由 V/F 转换芯片（例如 LM331）把输入的模拟电压 V 转换成频率 F 与模拟电压成正比的脉冲信号。定时器定时输出，由定时器输出的时间间隔控制计数器计数，在规定的时间内，计数器统计到的脉冲个数与输入模拟电压量成正比例，计数器输出最终的数字量。

通常情况下，无论哪种 A/D 转换器一般都需要微处理器或计算机系统来控制，图 10-14 中的定时、计数及数字量的读取，是经计算机控制来实现的。

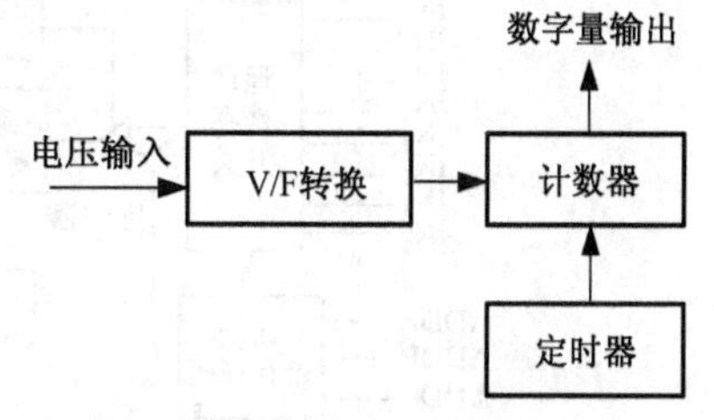

图 10-14　电压频率转换型 A/D 转换器工作原理图

10.3.2　A/D 转换器的主要技术指标

1．分辨率

分辨率是指 A/D 转换器所能分辨的最小模拟输入量。通常用输出二进制代码的位数来描述。例如 8 位 A/D 转换器的分辨率称为 8 位，对于 8 位 A/D 转换器，当输入满量程为 5V 时，即范围是 0～5V，输出数字量变化范围是 00H～FFH，转换电路对输入模拟电压的分辨能力为 5V/255=19.607mV，即 1bit 对应 19.607mV，或称最小有效位的量化单位 Δ=19.607mV，而 19.607mV 以下的电压当作 0 处理，即无法分辨出。A/D 转换器的位数越多，分辨率越高，能分辨出的电压值更小。

2．转换时间

从启动转换开始直至转换出稳定的二进代码所需的时间称为转换时间。转换时间与转换器工作原理及其位数有关。相同转换工作原理的转换器，通常位数越多，其转换时间则越长。

目前常用的 A/D 转换芯片的转换时间为几 μs～200μs 之间。

3．量程

量程是指允许输入模拟电压的变化范围。分为单极性与双极性两种类型。例如，某转换器具有 0～10V 单极性模拟输入电压的范围，称其量程为 0～10V。如果输入模拟电压的范围是 –5V～+5V 的范围，那么，称其量程为–5V～+5V。

4．精度

精度是指转换的结果相对于实际的偏差，精度有两种表示方法。

（1）绝对精度：在转换器中，对应于一个数字量的实际模拟输入电压和理想的模拟输入电压之差往往不是一个常数，把所有差值中的最大值，定义为“绝对误差”，或称为绝对精度。用最低位（LSB）的倍数来表示，如±（1/2）LSB 或±1LSB 等。绝对误差包括量化误差及其他所有的误差。

（2）相对精度：用绝对精度除以 A/D 转换器满量程输出值的百分数来表示。

【例 10-4】 精度计算分析示例。

一个 10 位 A/D 转换器满量程输出为 10V，若其绝对精度为±（1/2）LSB，则其最小有效位的量化单位 $\Delta = 9.77$mV，其绝对精度= (1/2) Δ =4.88 mV，相对精度则为 4.88 mV /10V = 0.048%。

10.3.3 A/D 转换芯片 ADC0809

ADC0809 的功能结构与引脚图如图 10-15 所示。

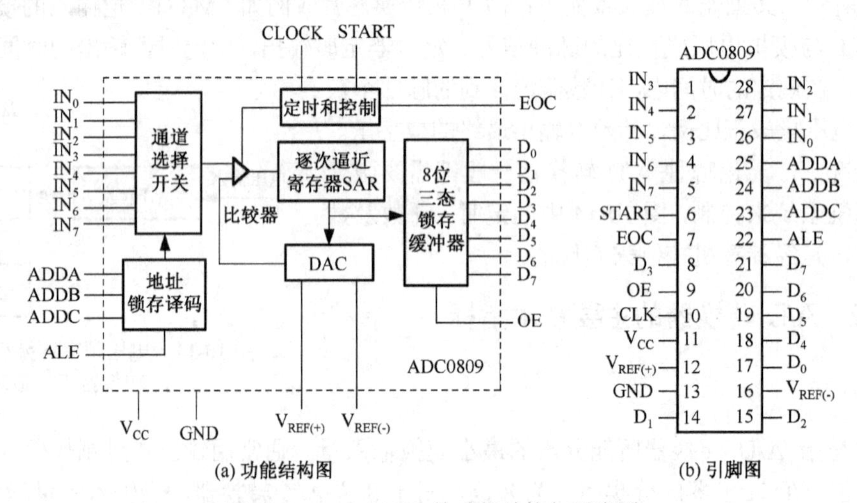

(a) 功能结构图　　(b) 引脚图

图 10-15 ADC0809 的功能结构与引脚图

1．ADC0809 的功能结构

ADC0809 是典型的 8 位 A/D 转换器，采用逐次逼近式进行 A/D 转换，如图 10-15(a)所示。ADC0809 内部由地址锁存器、D/A 转换器、逐次逼近式寄存器、比较器及定时控制等部件组成。输出端具有 8 个三态门，输出允许 OE 是高电平有效。ADC0809 的主要技术指标如下：

① 分辨率 8 位；

② 转换时间 100μs；

③ 模拟输入电压范围是 0V～+5V，不需要调零和满刻度校准；

④ 电源电压上限值是 6.5V；

⑤ 功耗约 15mW；

⑥ 转换最大误差为 1LSB。

2．ADC0809 的引脚

ADC0809 引脚信号的分布如图 10-15(b)所示，主要引脚介绍如下：

IN_0～IN_7:8 路模拟量输入。

ADDA、ADDB、ADDC：地址输入端，用于选通 8 路模拟输入中的一路，其地址编码与 8 路模拟输入被中选的关系如表 10-3 所示。

表 10-3　地址与 8 路模拟输入被中选的关系

中选模拟输入通道	ADDA	ADDB	ADDC
IN_0	0	0	0
IN_1	0	0	1
IN_2	0	1	0
IN_3	0	1	1
IN_4	1	0	0
IN_5	1	0	1
IN_6	1	1	0
IN_7	1	1	1

ALE:地址锁存允许信号，输入，AEL 为低电平时，接通某一路的模拟输入信号，AEL 为高电平时，锁存该路的模拟信号。

D_0～D_7：8 位数字量输出。

START：A/D 转换启动信号，输入，高电平有效。

EOC：A/D 转换结束信号，输出，高电平有效。

CLOCK：时钟脉冲输入，最高频率 640KH$_Z$。

$V_{REF(+)}$、$V_{REF(-)}$：基准电压。$V_{REF(+)}$为+5V 或 0V, $V_{REF(-)}$为 0V 或−5V。

3．ADC0809 的工作时序

ADC0809 的工作时序如图 10-16 所示。启动转换之前，转换结束信号 EOC 为高电平，正在转换时输出为低电平。外部提供的输出允许 OE 信号应该为无效的低电平。启动转换时，首先由外部提供 3 位地址信号，在锁存地址信号 ALE 由低电平跳变到高电平时，3 位地址被锁存，选中模拟输入通道。然后，由 START 信号启动转换，START 信号的正脉冲有效，高脉冲的宽度不小于 200ns，START 信号的上升沿将内部逐次逼近寄存器复位，下降沿启动 A/D 转换，转换结束时 EOC 上升到高电平。

在实际应用中，START 和 ALE 并接在一起，使用同一个脉冲信号，其上升沿用于锁存地址，下降沿用于启动转换。

ADC0809 内部将转换后的数字量锁存于 8 位三态锁存缓冲器中，当 OE 端输入高电平时，缓冲器中的数字量从 D_0～D_7 输出。

在实际应用中，通常把 $V_{REF(+)}$接到 V_{CC}(+5V)电源上，$V_{REF(-)}$接到地端。$V_{REF(+)}$和 $V_{REF(-)}$分别可以不连接到 V_{CC} 和 GND 上，但是，加到 $V_{REF(+)}$和 $V_{REF(-)}$上的电压必须满足以下的要求：

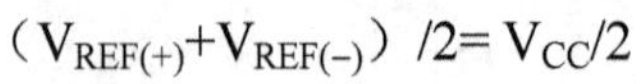

$$0 \leqslant V_{REF(-)} < V_{REF(+)} \leqslant V_{CC}$$

且

$$(V_{REF(+)}+V_{REF(-)})/2 = V_{CC}/2$$

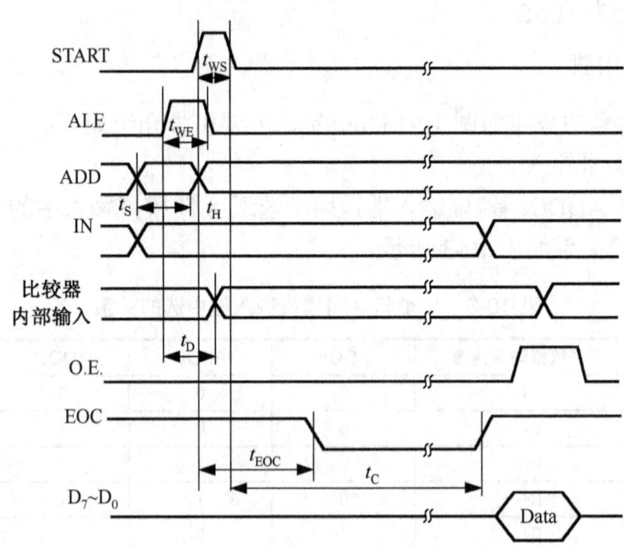

图 10-16 ADC0809 的工作时序

注：t_{WS}：最小启动脉冲宽度为 100ns，最大值 200ns。t_S：地址设置时间，典型值是 100ns，最大值是 200ns。t_C：转换时间 100μs。t_{EOC}：启动转换延迟时间，2μs+8 个时钟周期。

4．ADC0809 的应用

ADC0809 与 8 位微机的连接图如图 10-17 所示。$V_{REF(+)}$连接 V_{CC}，并接至+5V，$V_{REF(-)}$接地，CLOCK 一般接到 500KH$_Z$ 的脉冲源。ADDC、ADDB 和 ADDA 分别连接到 CPU 地址总线的 A_2、A_1 和 A_0，用以选通 IN_0～IN_7。

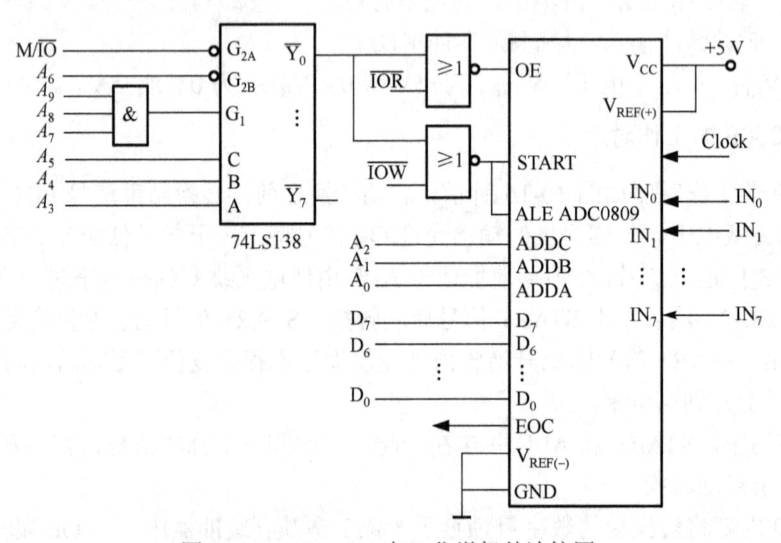

图 10-17 ADC0809 与 8 位微机的连接图

74LS138 能够译码的选通条件是：$\overline{G_{2A}}=\overline{G_{2B}}$=低电平，$G_1$=高电平，因此，M/$\overline{IO}$=低电平，$A_6$=0，$A_9$=$A_8$=$A_7$=1，所以$\overline{Y_0}$=380H～387H，其地址范围及功能如表 10-4 所示。该地址范围只

适合于 CPU 执行 I/O 指令，即访问输入/输出设备时才有效，因为执行 I/O 指令时 M/$\overline{\text{IO}}$ 是低电平。$\overline{\text{IOR}}$ 和 $\overline{\text{IOW}}$ 参与二次译码，分别产生 $\overline{Y_0}$ 的读操作片选及写操作片选。

```
MOV   DX，380H     ； A2=A1=A0=0，  IN0 的选通地址
OUT   DX，AL       ； IOW =低电平，Y0 =低电平，或非门输出使 START 及 ALE=高电平，
                      A2=A1=A0=0，所以启动选通模拟电压 IN0 转换。
MOV   DX，380H
IN    AL，DX       ； IOR =低电平，Y0 =低电平，所以 OE=高电平，A/D 转换器 8 位三态锁存
                      缓冲器输出三态门打开，读转换结果。
```

表 10-4　$\overline{Y_0}$ 的地址范围及功能

M/$\overline{\text{IO}}$　A_9 A_8 A_7 A_6	A_5 A_4 A_3	A_2 A_1 A_0	$\overline{\text{IOR}}$	$\overline{\text{IOW}}$	地址范围	片选	功　能
0　1 1 1 0	0 0 0	× × ×	1	0	380H～387H	$\overline{Y_0}$	仅写端口地址有效
0　1 1 1 0	0 0 0	× × ×	0	1	380H～387H	$\overline{Y_0}$	仅读端口地址有效

ADC0809 与计算机连接构成的模/数转换接口有三种输入方式：查询输入、中断输入和延时等待输入，所谓延时等待输入是指启动转换并延时一定时间后读取转换的结果。

【例 10-5】 采用延时等待输入方式，顺序采集 8 路模拟信号，将采集到的数字量存入内存，编写程序。程序如下：

```
DATA        SEGMENT
SHUJU       DB  8  DUP(?)
DATA        ENDS
XSTART      EQU   380H
DWORD       EQU   380H
CODE        SEGMENT
ASSUME      CS:CODE，DS:DATA
START:      MOV    AX，DATA          ；程序段的段值传送给 AX 寄存器
            MOV    DS，AX            ；再传送给 DS 寄存器
            MOV    CL，8             ；采集次数 8 传送给 CL 寄存器
            LED    SI，SHUJU         ；数据段的偏移地址传送给 SI 寄存器
            MOV    BL，0FFH
BG:         INC    BL
            MOV    DX，XSTART        ；启动转换地址传送给 DX 寄存器
            MOV    AL，BL
            OUT    DX，AL            ；启动转换
            CALL   DELAY             ；调用延时
            MOV    DX，DWORD         ；读取转换结果的地址传送给 DX 寄存器
            IN     AL，DX            ；读取转换结果
            MOV    [SI]，AL          ；结果存入内存
            INC    SI                ；地址指针增 1
            DEC    CL                ；CL 计数器减 1
            JNZ    BG                ；如果不是 0 转到标号地址 BG 处
DELAY PROC NEAR                      ；延时子程序，大于 100μs
            PUSH   CX
            MOV    CX，0F00H
            LOOP   $
            POP    CX
            RET
```

```
            DELAY   ENDP
    CODE    ENDS
    END     START
```

如果采用查询式输入，可以将转换结束信号 EOC 经过 8255A 并行输入接口送入计算机，一旦采集程序启动转换后，便查询 EOC 是否为高电平，如果是高电平则读取转换的结果，否则继续查询。

如果选用中断方式输入，将 82C59A 设置成边沿触发方式，可将 EOC 直接连接到 82C59A 的某一个中断申请输入端，利用 EOC 的上升沿引起中断。在主程序中启动 A/D 转换，在中断服务程序中读取转换的结果。

10.3.4 A/D 转换芯片 AD574

1. AD574 的引脚功能

AD574 也是一种逐次逼近型 A/D 转换芯片，转换器的分辨率是 12 位，也可以用作 8 位 A/D 转换，转换时间为 15～35μs。若转换成 12 位二进制数，可以一次读出，便于与 16 位数据总线连接。也可以分成两次读出，即先读出高 8 位，后读出低 4 位，这种读出方式适合于与 8 位数据总线连接。AD574 内部能自动提供基准电压，并具有三态输出缓冲器。

图 10-18 是 AD574 芯片引脚图，它共有 28 条引脚，各引脚定义如下：

REFOUT：内部基准电压输出端（+10V）。

REFIN：基准电压输入端，该信号输入端与 REFOUT 配合，用于满刻度校准。

BIP：偏置电压输入，用于调零。

DB_{11}～DB_0：12 位二进制数的输出端。

STS：“忙”信号输出端，高电平有效。当其有效时，表示正在进行 A/D 转换。

$12/\overline{8}$：用于控制输出字长的选择输入端。当其为高电平时，允许转换的 12 位二进制数并行输出；当其为低电平时，只允许输出高 8 位或低 4 位二进制数。

$R/\overline{C}$：数据读出与启动模/数转换。当该输入脚为高电平时，允许读 A/D 转换器输出的转换结果；当该输入脚为低电平时，启动 A/D 转换。

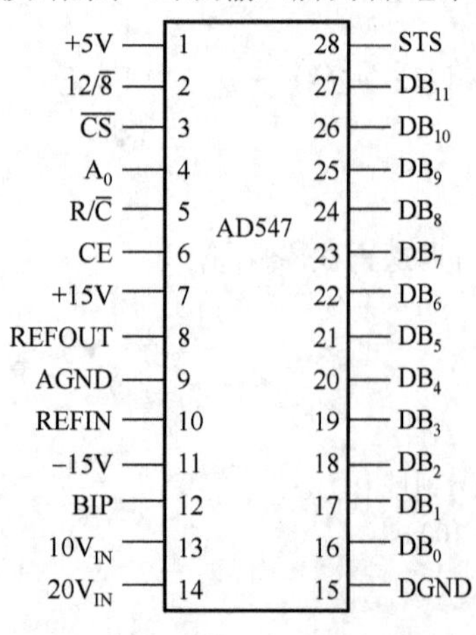

图 10-18 AD574 的引脚图

A_0：字节地址控制输入端。当启动 A/D 转换时，若 A_0=1，仅作 8 位 A/D 转换；若 A_0=0，则作 12 位 A/D 转换。当作 12 位 A/D 转换并按 8 位输出时，在读入 A/D 转换值时，若 A_0=0，可读高 8 位 A/D 转换值，若 A_0=1，则读低 4 位 A/D 转换值。

CE：工作允许输入端，高电平有效。

$\overline{CS}$：片选输入信号，低电平有效。

$10V_{IN}$：模拟信号输入端，允许输入电压范围±5V 或 0～10V。

$20V_{IN}$：模拟量信号输入端，允许输入电压范围±10V 或 0～20V。

+15V，−15V：电源输入端。

DGND：数字地。

AGND：模拟地。

AD574 芯片控制信号的组合功能描述如表 10-5 所示，从表中可以看出，当 CE=1，$\overline{CS}$=0，

$R/\overline{C}$=0 时，AD574 的转换过程将被启动，启动转换时如果 A_0=1，实现 8 位数据转换，转换后的数据从 DB_{11}～DB_4 输出，低 4 位 DB_3～DB_0 被忽略；启动转换时如果 A_0=0 时，实现 12 位数据转换，转换后的数据从 DB_{11}-DB_0 输出。

$12/\overline{8}$ 是用于控制输出长度的输入端，当 $12/\overline{8}$=高电平时，在 CE=高，$\overline{CS}$=低，$R/\overline{C}$=高的情况下，12 位数据从 DB_{11}～DB_0 同时输出；当 $12/\overline{8}$=低电平时，在 CE=高，$R/\overline{C}$=高，$\overline{CS}$=低的情况下，A_0=0，转换结果的高 8 位从 DB_{11}～DB_4 输出，而 A_0=1 时，低 4 位从 DB_3～DB_0 输出。

表 10-5　AD574 控制信号的组合功能表

CE	$\overline{CS}$	$R/\overline{C}$	$12/\overline{8}$	A_0	操　作
0	×	×	×	×	无操作
×	1	×	×	×	无操作
1	0	0	×	0	启动为 12 位 A/D 转换
1	0	0	×	1	启动为 8 位 A/D 转换
1	0	1	+5V	×	允许 12 位并行输出
1	0	1	地	0	仅允许高 8 位输出
1	0	1	地	1	仅允许低 4 位输出

2．AD574 模拟输出电路的极性选择

从图 10-18 可以看出，AD574 有两个模拟输入电压引脚 $10V_{IN}$ 和 $20V_{IN}$，模拟输入电压可以是单极性电压或双极性电压，其动态范围分别是 10V 和 20V。通过改变 AD574 有关引脚的接法来实现对单极性模拟电压或双极性模拟电压的转换，如图 10-19 所示。

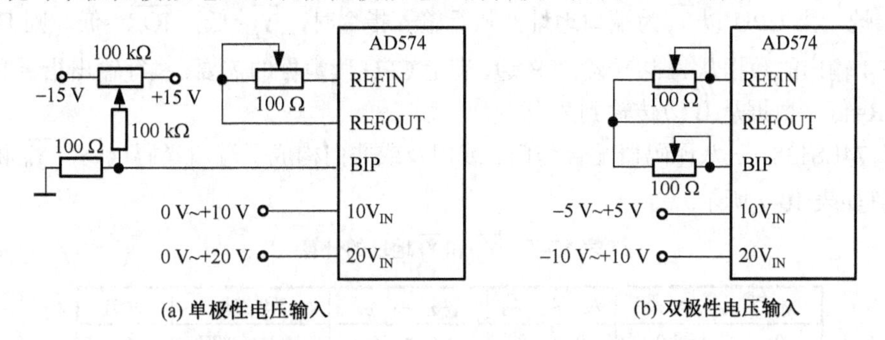

(a) 单极性电压输入　　(b) 双极性电压输入

图 10-19　AD574 单极性与双极性输入时的连接方法

启动作 8 位和 12 位 A/D 转换，转换后的二进制数与模拟输入电压对应关系各有 4 种情况，如表 10-6 所示。在实际应用中，一般将 AD574 用作 12 位模/数转换。

表 10-6　模拟输入电压与输出数字量的对应关系

模拟输入电压	8 位分辨率输出数字量	12 位分辨率输出数字量
−5V～+5V	00H～FFH	000H～FFFH
0V～+10V	00H～FFH	000H～FFFH
−10V～+10V	00H～FFH	000H～FFFH
0V～+20V	00H～FFH	000H～FFFH

3. 12 位 A/D 转换与 8 位数据总线的连接

12 位 A/D 转换与 8 位数据总线的连接如图 10-20 所示。

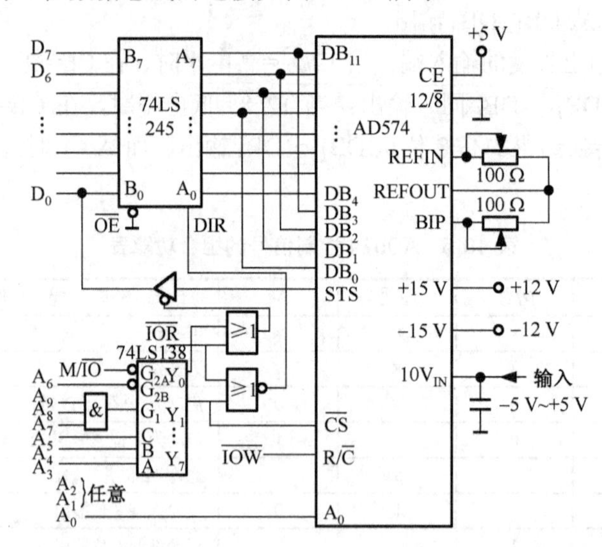

图 10-20 12 位 A/D 转换与 8 位数据总线的连接

针对图 10-20 的连接示意图，有如下三点说明：

第一，CPU 的数据总线接有双向驱动的 74LS245 芯片。它分为 A 边（A_7～A_0）和 B 边（B_7～B_0），当输出允许 $\overline{OE}$=高电平时，A 边和 B 边的输出都处于高阻状态；如果 $\overline{OE}$=低电平，方向控制 DIR=高，数据由 A 边传输到 B 边，而 DIR=低电平时，数据由 B 边传输到 A 边。由于图中的 $\overline{OE}$ 接地，当 CPU 以 $\overline{Y_1}$ 为端口地址，执行输入指令时，$\overline{Y_1}$=低，$\overline{IOR}$=低，则 DIR=高，正好 AD574 输出的数据从 A 边传输到 B 边，满足 CPU 读数据的需要，执行输出指令时，$\overline{IOR}$=高，则 DIR=低，数据从 B 边传输到 A 边。

第二，74LS138 三-八译码器配合与门、或门及或非门构成了端口译码电路。$\overline{Y_0}$ 和 $\overline{Y_1}$ 片选的地址计算如表 10-7 所示。

表 10-7 $\overline{Y_0}$ 和 $\overline{Y_1}$ 地址的计算

$M/\overline{IO}$ A_9 A_8 A_7 A_6	A_5 A_4 A_3	A_2 A_1 A_0	地址范围	片选
0 1 1 1 0	0 0 0	× × ×	380H～387H	$\overline{Y_0}$
0 1 1 1 0	0 0 1	× × ×	388H～38FH	$\overline{Y_1}$

第三，AD574 连接成双极性模拟输入（–5V～+5V），+15V 端和–15V 端分别外接+12V 和–12V 电源。12/$\overline{8}$ 接地，转换成的 12 位数字量分两次读入计算机，注意，低 4 位二进制数从数据总线的高 4 位读入。启动转换及读转换结果都使用 $\overline{Y_1}$ 片选，$\overline{Y_0}$ 片选用于查询转换是否结束。

将 $\overline{IOW}$ 直接连到 R/$\overline{C}$，因为执行输出指令时，$\overline{IOW}$=0，满足启动转换 R/$\overline{C}$=0 的逻辑需要，执行输入指令时，$\overline{IOW}$=1，满足读转换结果 R/$\overline{C}$=1 的逻辑值。

【例 10-6】 图 10-20 将 AD574 连接成 12 位 A/D 转换，数据输出与 8 位计算机接口，因此，转换后的 12 位数据分两次被读入计算机，双极性输入连接，输入模拟电压是–5V～+5V。参考表 10-7，用地址线 A_0 配合 $\overline{Y_1}$ 分别产生 AD574 所需要的奇地址和偶地址。采用查询式的方法，编写实现 12 位 A/D 转换的程序段，转换结果存入 AX 寄存器中。

查询式采集程序段如下：

```
        MOV   DX，388H      ；A0=0，片选Y1
        OUT   DX，AL        ；输出指令产生启动作 12 位 A/D 转换的各控制信号，
                            不需要输出数据锁存
        MOV   DX，380H      ；片选Y0
POI:    IN    AL，DX        ；读转换结束信号 STS
        TEST  AL，01H       ；假定查询位从 D0 位读入
        JNZ   POI           ；如果 STS 不等于“0”，转 POI
        MOV   DX，388H      ；片选Y1，通过偶地址片选读高 8 位
        IN    AL，DX        ；读高 8 位
        MOV   AH，AL
        MOV   DX，389H      ；片选Y1，通过奇地址片选读低 4 位
        IN    AL，DX        ；从数据总线 D7～D4 位读入低 4 位
        MOV   CL，4
        SHR   AX            ；逻辑右移 4 位
```

4．12 位 A/D 转换与 16 位数据总线的连接

具有 16 位数据总线的计算机易于与 12 位的 AD574 连接，方便构成 12 位数据采集系统。12 位 A/D 转换与 16 位数据总线的连接如图 10-21 所示，AD574 的 12 位数据输出线经过两片 74LS244 三态八缓冲器与计算机数据总线连接，片选 $\overline{Y}_1$ 有效时，同时读取 12 位转换结果，注意，$12/\overline{8}$ 要接+5V，允许 12 位数据一次性读出。

另外，AD574 接成单极性输入，由于模拟电压接到 $10V_{IN}$ 输入端，模拟输入电压范围是 0～+10V。$\overline{Y}_0$ 为查询端口，$\overline{Y}_1$ 是 AD574 的片选，同样用地址线 A_0 配合 $\overline{Y}_1$ 分别产生相应的奇地址和偶地址。

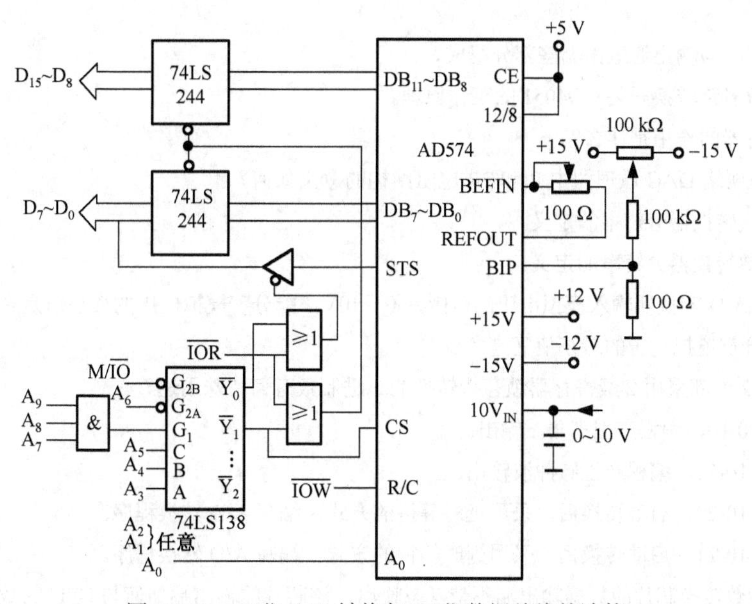

图 10-21　12 位 A/D 转换与 16 位数据总线的连接

【例 10-7】 图 10-21 将 AD574 连接成 12 位 A/D 转换，数据输出与 12 位计算机接口，转换后的 12 位数据被读入计算机只需要执行一次读操作，参考表 10-7，采用查询式的方法，编写实现 12 位 A/D 转换的程序段，转换结果存入 AX 寄存器中。

查询式采集程序段如下：

```
      MOV   DX，388H    ；A0=0，使用片选Y1的偶地址启动转换
      OUT   DX，AL      ；输出指令产生启动作12位A/D转换的各控制信号，
                          不需要输出数据锁存
      MOV   DX，380H    ；片选Y0
POI:  IN    AL，DX      ；读转换结束信号STS
      TEST  AL，80H     ；设STS从数据总线D7读入
      JNZ   POI         ；如果STS不等于“0”，转POI
      MOV   DX，388H    ；片选Y1传送给DX
      IN    AX，DX      ；从数据总线D11～D0一次性读入12位二进制数
```

综上所述，A/D转换器的功能是将模拟输入电压量转换为与其成比例的数字量，按其工作原理，可分为逐次逼近式、积分式和电压-频率转换式等。

不同的ADC芯片具有不同的连接方式，主要是输入、输出和控制信号的连接方式有区别。

从输入端来看，有单极性和双极性输入。

从输出方式来看，主要有两种：第一种，在ADC芯片内部，数据输出寄存器具有可控的输出三态门，这类芯片的数据输出线允许和计算机系统的数据总线直接相连。第二种，在ADC芯片内部没有可控的输出三态门，输出寄存器直接与芯片数据输出引脚相连，这种芯片的数据输出引脚必须通过外加的三态缓冲器才能连接到计算机系统的数据总线上。

A/D转换器通常具有转换结束信号引脚，该引脚的高低电平反映转换芯片所处的状态，可以为计算机提供转换是否结束的信息，以便计算机以查询或中断方式读取转换的数字量。

思考题与习题

1．模拟量输入与输出通道由哪些部分组成？

2．简述模拟多路转换开关CD4051的工作原理。

3．采样保持器的作用是什么？

4．T型电阻网络DAC原理图中R和2R电阻结构的意义如何？

5．解释数/模转换器分辨率的定义。

6．解释模/数转换器分辨率的定义。

7．设10位A/D转换器输入模拟电压的范围是0～10V，能分辨模拟电压的最小值是多少？若采用12位A/D转换器，能分辨模拟电压的最小值又是多少？

8．DAC0832内部采用2级寄存器锁存待转换的二进制数有何特殊用途？

9．根据图10-10，编程产生三角波输出。

10．根据图10-12，编程产生脉冲波输出。

11．根据图10-20，启动转换后，采用延时等待的方式，编写A/D转换程序。

12．根据图10-21，启动转换后，采用延时等待的方式，编写A/D转换程序。

13．如果模/数转换芯片的数据输出端不带三态输出，该芯片的输出端如何与CPU的数据总线连接？

第11章 总 线 技 术

总线是计算机各部件之间使用的一组公共通信干线。在计算机系统中，各个部件之间的信息传输是通过总线结构和时序的配合来完成的，总线结构实现了计算机各个部件之间的互联和协作，完成了信息在各个部件之间的流通。在这个通路上传输微机系统运行程序所需要的地址、数据及控制等信息，传输信息的载体是一组传输线，统称为总线。

11.1 总线的概念

11.1.1 总线标准的5个特性

总线标准是指国际工业界正式公布或推荐的把各种不同的模块组成微机系统时必须遵守的规范。它是指芯片之间、插件板之间及微机系统之间，通过总线进行连接和传输信息时，应遵守的一些协议和规范。总线标准分硬件和软件两方面，包括总线的物理特性、功能特性、电气规范、传输特性、时间特性等。不同总线有不同的总线标准，实际上把总线标准简称为总线，如ISA总线，它的全称是工业标准结构（Industry Standard Architecture），常称ISA总线。

1. 物理特性

不同总线的物理特性是不相同的，物理特性是指总线物理连接的方式。它包括总线的数量、总线插头的形状大小及引脚的排列等。

2. 功能特性

功能特性描写的是总线上每条线的功能。一般划分为数据线、地址线和控制线。数据线的宽度确定了总线一次能够与存储器或外部设备交换数据的宽度（位数）；地址总线指明了系统访问存储器的地址范围，确定了访问存储器的最大容量；控制线包括各种控制命令、同步信号、中断信号、DMA信号及其他联络信号等。

3. 电气规范

电气规范定义了总线上每条信号线信号传输的方向、有效电平的允许值等。

4. 传输特性

传输特性包括数据线的并、串传输、总线宽度、总线频率、传输速率等。总线宽度通常指示总线上数据线的位数，分为8、16、32、64位。总线频率指的是用于控制总线操作的时钟信号的频率，它指明总线在每秒钟内能够传输数据的次数，单位为MHz。例如，ISA的总线频率是8MHz，PCI的总线频率66.6MHz。

总线并行传输的速率以每秒钟内，能够传输的最多字节数，单位为MB/s，其计算公式如下：

$$传输速率 = (总线宽度/8) \times 总线频率 \qquad (11\text{-}1)$$

总线宽度越宽，总线频率越高，则总线传输速率越快。

总线的串行传输速率是以每秒钟内能够传输多少比特（bit）来描述的，通常使用的单位是波特率。

5. 时间特性

时间特性定义了每条信号线有效的时间顺序。

11.1.2 总线分类

1. 片内总线

片内总线是指微处理器内部连接各功能单元之间的信息通路，也称 CPU 总线。

2. 主板局部总线

主板局部总线是微机主板上连接各插件板的公共通路。主板上有并排的多个插槽，这就是局部总线的扩展槽。局部总线发展很快，典型的总线有：ISA、EISA、VESA 和 PCI 等。

3. 系统总线

系统总线是多处理器系统中连接各 CPU 插件板的信息通路，用来支持多个 CPU 的并行处理。在微机中一般不使用系统总线，在高性能的计算机系统中，系统总线是系统设计的关键技术。典型的系统总线有 MULTIBUS 和 STDBUS 等。

4. 通信总线

通信总线也叫外部总线，是微机系统与通信设备（外设）之间进行通信的一组信号线。常用的通信总线有：

① 应用于串行通信的 RS-232-C 总线；

② 专用于与硬盘连接的 IDE 总线、扩展的 EIDE 总线、SCSI 总线，这类总线还用于计算机系统与光盘驱动器的连接；

③ 用于并行打印机的 Centronics 总线；

④ 还有通用串行总线 USB 等。

11.1.3 总线传输操作过程

1. 总线操作周期

在微机系统中，凡是通过总线进行的信息交换，统称为总线操作。微机系统中的各种操作，包括从 CPU 把数据写入存储器、从存储器把数据读到 CPU、从 CPU 把数据写入输出端口、从输入端口把数据读到 CPU、CPU 通过 RS-232-C 与外设通信、通过 USB 总线与 USB 设备交换信息、CPU 中断操作、CPU 内部寄存器之间的数据传输等，都属于总线操作。

在总线上往往连接有多个模块，某一时刻，总线上只能允许一对模块进行信息交换。由于多个模块共享同一总线进行信息传输，只能采用分时方式，即将总线时间分成很多段，每段时间可以完成模块之间一次完整的信息交换，完成一次完整的信息交换所经历时间称为一个数据传输周期或一个总线操作周期。完成一个总线操作周期，一般要分成 4 个阶段。

（1）总线请求和仲裁阶段——需要使用总线的主模块提出请求，由总线仲裁机构确定把下一个传输周期的总线使用权分配给某一个请求主模块。

（2）寻址阶段——是指取得使用权的主模块通过总线发出本次要访问的从模块的存储器地址或I/O端口地址及命令信息，选中参与本次传输的从模块，并启动从模块的操作。

（3）传输阶段——是指主模块和从模块之间进行数据交换。在主模块发出的控制信号作用下，数据由源模块发出，经数据总线输送到目的模块。

（4）结束阶段——主、从模块的有关信息均从系统总线上撤除，让出总线，以便其他主模块占用总线，进行另外的总线数据传输。

为了保证这4个阶段正确实现，必须施加总线操作控制。对于包含中断控制器、DMA控制器和多处理器的系统，必须有某种总线管理机构来控制总线的分配和撤除。但对于只有一个主模块的单处理器系统，则不存在总线的请求、分配和撤除问题，总线始终归单一主模块占用，数据传输周期也只有寻址和传输两个阶段。

总线操作控制包括两方面的控制： 一是总线仲裁，二是总线握手。

2．总线仲裁

总线仲裁的作用是合理地控制和管理系统中需要占用总线的请求源，确保任何时刻同一总线上最多只有一个模块控制和占用总线，防止总线冲突。

总线仲裁方法也叫做总线仲裁协定。基本的仲裁方法有两种，即菊花链仲裁和并行仲裁。菊花链仲裁又叫做串行仲裁或串链仲裁，并行仲裁也叫做独立请求仲裁。

在菊花链仲裁中，为了判定总线在互连设备间的优先级，使用3条控制线：总线请求线BR；总线允许线BG；总线忙线BB。BG线按照从高到低的优先顺序，对同一时刻提出总线请求的主控设备进行判优，BG信号是在菊花链路上的传递来实现的。

并行仲裁中，每个主控器各有自己独立的BR、BG线与总线仲裁器相连，相互间没有任何控制关系。总线仲裁器直接识别所有设备的请求，并根据一定的优先级仲裁算法选中一个设备Ci，向它直接发出总线允许信号BGi。

3．总线握手

总线握手的作用是在主控模块取得总线占用权后，通过控制三大总线中与数据传输有关的基本信号线的时序关系，确保主—从模块间的正确寻址和数据的可靠传输。

总线握手的方法通常有三种： 同步总线握手、异步总线握手和半同步总线握手。

（1）同步总线握手

总线上的所有模块都是在同一时钟源的控制下，严格遵守约定的规定，按照统一步调操作，从而实现整个系统工作的同步。这种总线握手方法实际上未用握手联络线，主控模块发出地址码和读/写命令，经过一段原先约定好的时间后，就认为从模块已接收到所传达信息，或者已经按时将数据放到了总线上，模块之间数据传输的周期是固定的。

（2）异步总线握手

这是一种用得很普遍的总线握手方法，也是最可靠的是全互锁异步握手，就是总线上的主控器和受控器完全采用一问一答的方式工作。

（3）半同步总线握手

半同步总线握手方式综合了同步握手和异步握手两者的优点，形成了一种混合式总线握手方法。按这种方法设计出来的总线兼具有同步总线的速度和异步总线的可靠性与适应性。

半同步总线握手从宏观上看与异步握手十分相似，靠“时钟”和“等待”两个信号的握手来控制总线周期的长短，从微观看，又是按同步总线的方式工作，真正的总线操作过程只在时钟脉冲一个信号控制下完成，使传输操作保持与时钟同步。对快速受控设备，它不需要发出“等待”信号，只由时钟信号单独控制，在标准周期内即可实现主、从模块之间的数据传输；对于慢速受控设备，当其不能在规定的时钟周期内完成传输操作时，它可以通过发“等待”信号来通知主设备延长若干时钟周期，实现速度快、慢不一致的正确配合与数据传输。

许多 CPU 和总线采用半同步总线方式传输数据， 80x86 和 Pentium 系列 CPU 及其相应的微机系统总线，就都是半同步总线。

IBM PC/XT 系统被认为是同步总线，因为系统设计人员将 8088CPU 总线的准备好信号 READY 信号恒接了高电平，处于恒准备好状态。

11.2 局部总线 ISA 和 EISA

11.2.1 局部总线 ISA

1984 年 IBM 公司推出了 16 位微机 PC/AT，其总线称为 AT 总线。后来为了统一标准，便将 8 位和 8 位/16 位兼容的 AT 总线命名为 ISA 总线，即工业标准体系结构（Industry Standard Architecture，ISA），通常称 ISA 总线。

后来扩展为 32 位 EISA 总线，ISA 曾是使用最广泛的微型机局部总线，得到了广泛的应用，在 Pentium 4 系统上还留有一席之地。

ISA 由主槽和附加槽两部分组成，如图 11-1 所示，每个槽都有正反两面引脚。主槽有 A_{31}～A_1、B_{31}～B_1 共 62 条引脚；附加槽有 C_{18}～C_1、D_{18}～D_1 共 36 条引脚。两个槽一共 98 条引脚。A 面和 C 面主要连接数据线和地址线；B 面和 D 面则主要连接其他信号，包括+12V、+5V 电源、地、中断输入线和 DMA 信号线等。

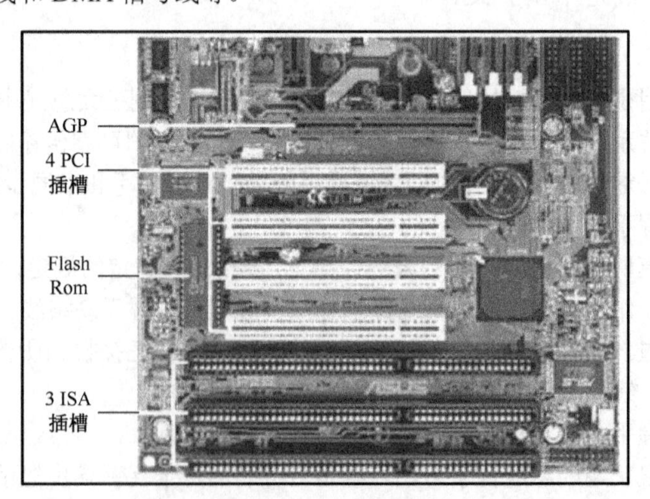

图 11-1 主板上的 ISA 和 PCI 总线插槽

ISA 信号在插槽上的分布如图 11-2 所示，按功能分为 5 类。

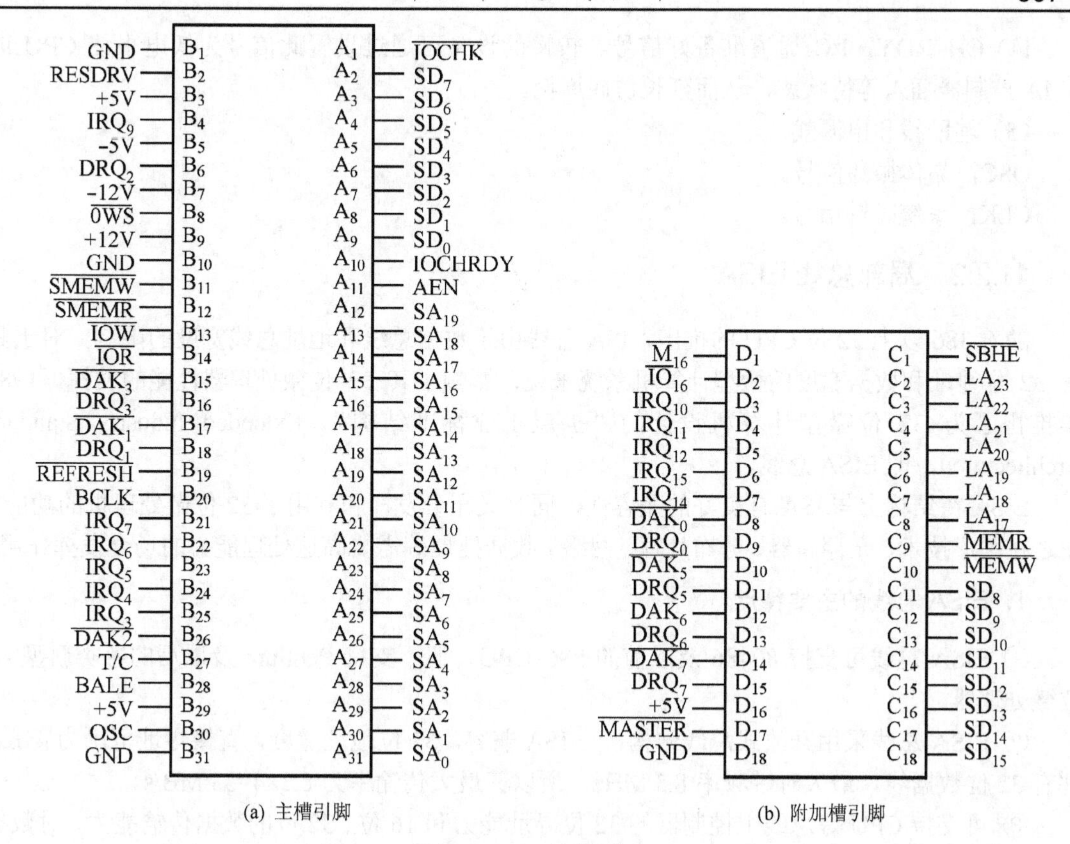

(a) 主槽引脚　　(b) 附加槽引脚

图 11-2　ISA 引脚信号

（1）16 位数据线

附加槽上的 C_{18}～C_{11} 引脚为高 8 位数据线 SD_{15}～SD_8，主槽上的 A_9～A_2 为低 8 位数据线 SD_7～SD_0。

（2）24 位地址线

附加槽中的 C_2～C_5 引脚为高 4 位地址线 LA_{23}～LA_{20}，和主槽上的 A_{19}～A_0 构成 24 位地址线，使直接寻址范围达 16MB。

（3）主要控制线

ALE，地址锁存允许信号。

IRQ_{15}～IRQ_0，中断请求信号。

$\overline{IOR}$ 和 $\overline{IOW}$，I/O 读命令和 I/O 写命令。

$\overline{MEMR}$ 和 $\overline{MEMW}$，存储器读和存储器写命令。

DRQ_7～DRQ_0，DMA 请求信号。由主板上两片主、从式 8237A 产生，对应 8 个通道，编号为 DRQ_7～DRQ_0，DRQ_0 的优先级最高，DRQ_7 的优先级最低。

$\overline{DACK_7}$ ～ $\overline{DACK_0}$，DMA 响应信号。这是对应于 DRQ_7～DRQ_0 的回答信号。

AEN，地址允许信号。

RESET DRV，系统复位信号。此信号使系统各部件复位。

SBHE，数据总线高字节允许信号。

（4）状态线

$\overline{I/OCHCHK}$，I/O 通道奇/偶校验信号。

I/O CH RDY，I/O 通道准备好信号。较慢的设备可通过设置此信号为低电平使 CPU 或 DMA 控制器插入等待状态，从而延长访问周期。

（5）辅助线和电源线

OSC，晶体振荡信号。

CLK，系统时钟信号。

11.2.2 局部总线 EISA

随着 386 以上 32 位 CPU 的推出，ISA 总线由于数据总线和地址总线宽度的限制，对于具有 32 位地址和数据宽度的微型计算机系统来说，影响了其 32 位微处理器性能的发挥。1988 年推出了为 32 位微型计算机设计的“扩展工业标准结构”（Extended Industry Standard Architecture），即 EISA 总线。

EISA 在结构上与 ISA 有良好的兼容性，同时又充分发挥和利用了 32 位微处理机的功能，使之在图形技术、光存储器、分布处理、网络、数据处理等需要高速处理能力的场合发挥作用。

1. EISA 总线的主要特点

① EISA 总线可支持 80486 及以前的 x86 CPU，但不支持 Pentium 及以后的各类新型 64 位微处理器。

② EISA 总线采用开放式总线结构，与 ISA 兼容。32 位地址宽度，直接寻址范围为 4GB，并有 32 位数据线。最大时钟频率 8.3 MHz，所以其最大传输率为 8.3×4=33 MB/s。

③ 可支持 CPU 等总线主控制器的 32 位寻址能力和 16 位、32 位的数据传输能力，对数据宽度具有变换功能。

④ 扩展和增强了 DMA 仲裁和传输能力，使 DMA 的数据传输率最高可达 33 MB/s。EISA 总线与系统主板交换数据的速率是 ISA 的 4 倍。

⑤ 可通过软件实现系统主板和扩充板的自动配置功能，无需借助 DIP 开关。

⑥ EISA 总线可管理多个总线主控器，并使用突发方式对系统存储器进行读写访问。两个总线主控器之间通过 EISA 总线也可以进行数据交换。另外，EISA 的总线主控器可不占用 DMA 通道。而 ISA 总线对于每一个总线主控器都要使用一个 DMA 通道。

⑦ 可用程序来控制中断请求采用边沿触发或电平触发方式。

2. EISA 总线的扩展功能

EISA 主要是从提高寻址能力、增加总线宽度和增加控制信号三方面进行了扩展和提高。EISA 的数据宽度为 32 位，能根据需要自动进行 8 位、16 位、32 位数据转换，从而使主机能访问不同总线宽度的存储器和外设。

EISA 共有 198 条信号线，其中，98 条是 ISA 原有的。和 ISA 相比，EISA 增加的主要信号如下：

① LA_{31}～LA_{24}、LA_{16}～LA_{2}，地址线。这些地址线与 LA_{23}～LA_{17} 及 $\overline{BE_3}$ ～ $\overline{BE_0}$ 共同对 4GB 的地址空间实现寻址，和 A_{31}～A_2 不同之处在于，这些地址线不经过锁存，所以速度较快。

② $\overline{BE_3}$ ～ $\overline{BE_0}$，字节允许信号。通常作为存储体的体选信号。

③ D_{31}～D_{16}，高 16 位数据线。它们与 D_{15}～D_0 共同组成 32 位数据线。

④ $\overline{CMD}$，命令信号。表示结束一个总线周期。

⑤ $\overline{\text{START}}$，起始信号。表示开始一个总线周期。

⑥ $\overline{\text{MREQn}}$，总线主模块请求信号。n 为相应的插槽号，当插槽上含总线主模块的插件板要求获得总线控制权时，此信号有效。

⑦ $\overline{\text{MACKn}}$，总线确认信号。n 为相应的插槽号，此信号有效表示该插槽上的总线主模块获得总线控制权。

⑧ $\overline{\text{MSBURST}}$，主模块突发传输信号。此信号有效时，表示主设备可进行突发传输。

⑨ $\overline{\text{SLBURST}}$，从模块突发传输信号。此信号有效时，表示从设备可进行突发传输。

⑩ $\text{M}/\overline{\text{IO}}$，存储器/外设选择信号。

⑪ 还有读/写信号 $\text{W}/\overline{\text{R}}$，总线锁定信号 $\overline{\text{LOCK}}$ 以及准备好信号 EXRDY 等。

为做到扩展板的完全兼容，EISA 总线插座在物理结构上，它把 EISA 总线的所有信号分成深度不同的上、下两层。上面一层包含 ISA 的全部信号，这些引脚信号的排列、信号引脚间的距离及信号的定义规约与 ISA 完全一致。下层包含全部新增加的 EISA 信号，这些信号在横向位置上与 ISA 信号线错开。既保证了 ISA 标准的适配板只能和上层 ISA 信号相连接，又保证了保证 EISA 标准的适配器板能畅通无阻地插到深处层，和上、下两层信号相连接。

11.3　局部总线 PCI

1992 年推出了局部总线——PCI（Peripheral Component Interconnect），PCI 总线比 VESA 规范定义严格，而且保证了良好的兼容性。PCI 总线主要是为奔腾微处理器的开发使用而设计的，也支持 80386/80486 微处理器系统。

PCI 总线结构中的关键部件是 PCI 总线控制器，这是一个复杂的管理部件，用来协调 CPU 与各种外设之间的数据传输，并提供统一的接口信号。

11.3.1　PCI 总线的特征

PCI 总线的特征如下：

（1）PCI 有 32 位和 64 位两种数据传输通道。

（2）最高操作时钟速度为 33MHz 的频率运行，传输率达 132MB/s，用 64 位数据宽度时，以 66MHz 的频率运行，传输率达 528MB/s。PCI 支持高传输率的多媒体传输和高速网络传输。

（3）支持由奔腾微处理器通常采用的 2-1-1-1 形式的成组数据传送方式。PCI 总线控制器中集成了高速缓冲器，PCI 总线控制器支持突发数据传输模式，当 CPU 要访问 PCI 总线上的设备时，可把一批数据快速写入 PCI 缓冲器，此后，PCI 缓冲器中的数据写入外设时，CPU 可执行其他操作，从而使外设和 CPU 并发运行，所以效率得到很大提高。

（4）支持总线主控方式，准许多处理器系统中的任意一个微处理器成为总线的主控设备，占有总线并进行控制。

（5）PCI 规范中指出了三类桥的设计：主 CPU 至 PCI 的“桥”（主桥）；PCI 至标准总线（如 ISA、EISA）之间的“标准总线桥”；PCI 至 PCI 之间的“桥”。通过 PCI 到 ISA 转换控制、PCI 到 EISA 转换控制等，组成慢速的 ISA 总线、EISA 总线，保持了良好的兼容性。微处理器快速地将数据写入转换控制电路（桥）的缓冲器中，以便 ISA 等设备读取。

PCI 到 SCSI 转换控制变换成 SCSI 接口，可以连接微机的外部存储器等。

（6）支持 5V 和 3.3V 两种扩充插件卡。

（7）能支持多达 10 个 PCI 设备。

（8）即插即用功能。PCI 总线最先引入了“即插即用”功能，使得任何扩充卡插入系统能工作而不必设置开关或跳线。这是由系统和适配器两个方面配合，通过自动配置功能来实现的。按 PCI 总线规范，每个 PCI 总线扩充卡上都有 256 字节的配置存储器，用来存放自动配置信息，一旦它插入系统，系统 BIOS 将能根据读到的关于该扩充卡的信息，结合系统实际情况，为扩充卡分配存储地址、端口地址、中断级和某些定时信息，实现了即插即用。

（9）独立于 CPU。把 PCI 局部总线（包括桥）看作一个独立的微处理器，由于 PCI 总线机制完全独立于 CPU，从而支持当前的和未来的各种 CPU，在 80x86 微机更新换代时，也不会淘汰 PCI 总线。

（10）负载能力强、易扩展。PCI 的负载能力比较强，而且 PCI 总线上还可以连接 PCI 控制器，从而形成多级 PCI 总线，每级 PCI 总线可以连接多个设备。

11.3.2 PCI“桥”

PCI“桥”的引入使 PCI 总线极具扩展性，也极大地增加了 PCI 总线的复杂性。PCI 总线的电气特性决定了在一条 PCI 总线上挂接负载的容限，当 PCI 连接的 PCI 设备超过了许可的范围，需要使用 PCI 桥来扩展 PCI 总线，增加挂接 PCI 设备的能力，包括挂接 PCI 桥。在一棵 PCI 总线树上最多可以挂接 256 个 PCI 设备，包括挂接 PCI 桥。如图 11-3 所示，是使用 PCI 桥扩展 PCI 总线的示意图。

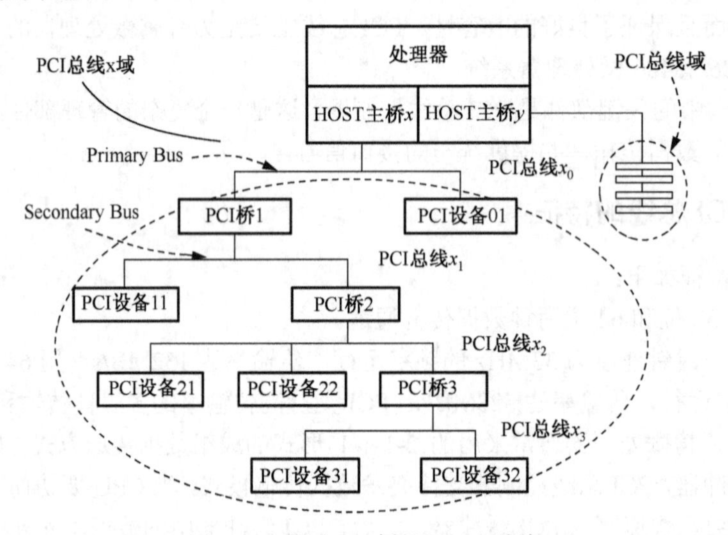

图 11-3 使用 PCI 桥扩展 PCI 总线

图 11-3 中从 CPU 接入的是 HOST 主桥 X，从主桥 X 挂接了三层 PCI 桥，分别是 PCI 桥 1、PCI 桥 2、PCI 桥 3。构成了 PCI 总线 PCIX0～PCIX3，共有四层 PCI 桥。大虚框内的所有 PCI 桥和 PCI 设备都属于 PCI 总线的 X 域，是由 HOST 主桥 X 扩展出来的 PCI 域，它们共享 4GB 的地址空间，是 PCI 总线 X 域的“PCI 地址总线空间”。与 PCI 总线 Y 域没有直接联系。

PCI 桥作为特殊的 PCI 设备，具有独立的配置空间。PCI 的配置空间可以管理其下 PCI 总线子树的 PCI 设备，并可以优化这些 PCI 设备通过 PCI 桥的数据访问。PCI 桥的配置空间是在系统软件遍历 PCI 总线树时配置的，系统软件不需要专门的驱动程序设置 PCI 桥的使用方法，因此，称 PCI 桥为透明桥。

11.3.3 基于 PCI 总线的微处理器系统

基于 PCI 总线的微处理器系统如图 11-4 所示。从图中可以看出：

（1）微处理器、存储器子系统、PCI 总线以及扩展总线之间是各自独立的，没有耦合关系；

（2）所有 PCI 总线上的部件都与 PCI 总线相连接，再由 PCI 桥依次与微处理器相连；

（3）PCI 总线桥是一种智能型的设备，它能将单一的数据请求传输归结成成组数据传输请求，然后，用成组传送方式实现 I/O 接口和存储器之间的数据传输，减少数据总线的传输时间，提高数据传输的速度。

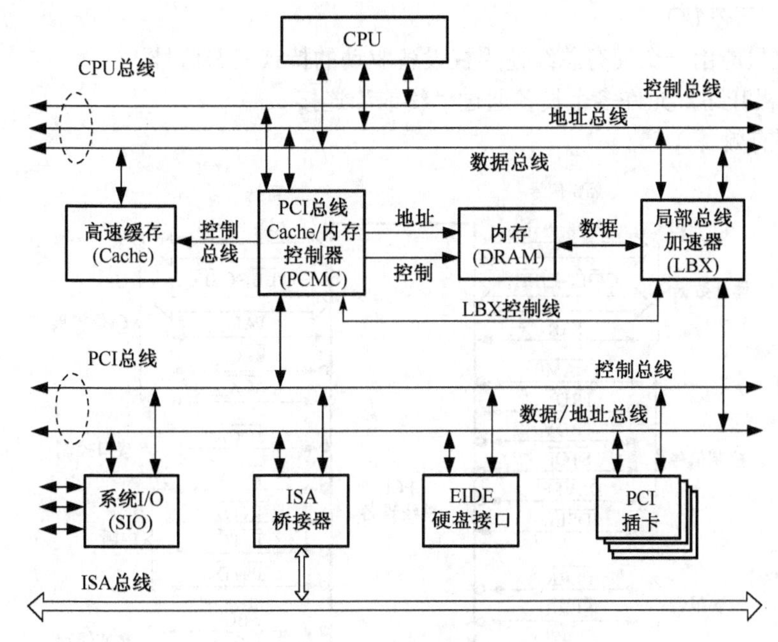

图 11-4 基于 PCI 总线的微处理器系统

11.3.4 PCI 总线信号

1. 概述

PCI 总线有两种不同的供电插槽，一种是 3.3V，另一种是 5V。PCI 板相应有两种供电的方式，那么，3.3V 的 PCI 板不能插到 5V 插槽内，反之亦然。另一种 PCI 板是通用 PCI 板，在两种类型的插槽上都能工作。

每一个 PCI 适配器都配备有一个 256 字节的配置存储器，其中，前 64 个字节为一个标准标题内容简介，包括 PCI 适配器类型、制造厂家、版本、适配器的当前状态、Cache 行大小、PCI 总线操作延迟时间等信息。其他的 192 字节信息则视不同卡而定，有许多适配器把它们设置成寄存器的基地址，可以把 PCI 适配器内 RAM、ROM 及 I/O 端口的内容映射到主存储器及 I/O 空间内指定的专用地址范围内。

计算机通电后，系统就会对 PCI 总线上所有设备的配置存储器进行扫描，然后给每一个设备都分配一个唯一的基地址和中断级。

PCI 总线上的设备分为主设备和从设备，主设备是能取得总线控制权的设备，从设备是被主设备选中进行数据传输的设备。有的设备则可能在一个时间是主设备，而另一个时间是从设备。

PCI 总线中有 49 个信号和主设备相关，47 个和从设备相关。51 个可选，用于 64 位扩展及中断请求等。

PCI 总线可分为必要信号和可选信号，如图 11-5 所示。

在下面信号的介绍中，所用的符号说明如下：

in—单向输入。

out—单向输出。

t/s—双向、三态 I/O。

s/t/s—每次只能由一个拥有总线使用权设备驱动的持续三态信号。

o/d—集电极开路，允许多个设备通过“线或”连接。

#—低电平有效。

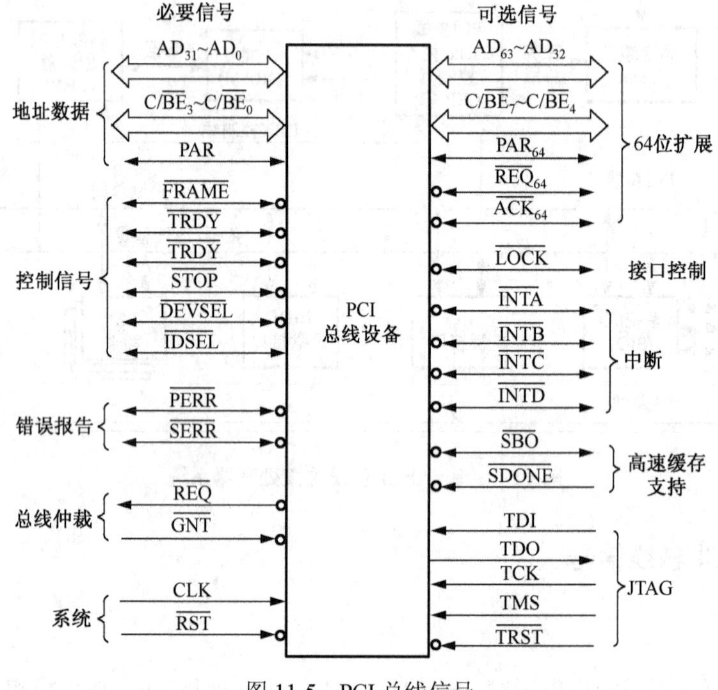

图 11-5　PCI 总线信号

2. 必要信号

PCI 总线的必要信号线按照功能可分为如下 5 组：

① 系统信号线，包括时钟和复位信号线。

② 地址和数据信号线，包括 32 条分时复用的地址/数据线。

③ 接口控制信号线，用来控制数据交换时的操作时序，并在主控设备和从属设备之间提供协调服务。

④ 仲裁信号线，它们是非共享的线，每个 PCI 主控设备都有自己的仲裁线，且被直接连到 PCI 总线仲裁设备上。

⑤ 错误报告信号线，用于报告奇偶校验错及其他一些错误。

主要信号分述如下：

（1）AD_0～AD_{31}，地址/数据线信号（t/s）。32 位地址和数据复用信号。在 PCI 总线传输时，包含一个地址传输节拍和一个（或多个）数据传送节拍，在 $\overline{FRAME}$（帧周期信号）有效时为地址传送节拍开始，在 $\overline{IRDY}$（主设备就绪信号）和 $\overline{TRDY}$（从设备就绪信号）同时有效时为数据传输节拍。

（2）$C/\overline{BE_3}$ ～ $C/\overline{BE_0}$，命令/字节允许信号（t/s）。复用的总线命令和字节允许信号。

在一个总线周期的数据时间段，传送字节允许信号，是 4 个字节的允许信号。

在一个总线周期的地址时间段，CPU 等主控设备除了传输地址外，还向从设备传输各种命令。4 位总线命令确定主设备和从设备之间的传输类型，通过 $C/\overline{BE_3}$ ～ $C/\overline{BE_0}$ 线传输命令，PCI 总线命令编码及功能如表 11-1 所示。

表 11-1 PCI 总线命令编码及功能

$C/\overline{BE_3}$ ～ $C/\overline{BE_0}$	命令类型	$C/\overline{BE_3}$ ～ $C/\overline{BE_0}$	命令类型
0000	中断识别和响应	0111	写存储器命令
0001	特殊周期命令	1000	保留
0010	I/O 读命令	1001	保留
0011	I/O 写命令	1010	读配置空间命令
0100	保留	1011	写配置空间命令
0101	保留	1100	存储器重复读
0110	读存储器命令	1101	双地址期命令
0111	写存储器命令	1110	高速缓存读
1000	保留	1111	写高速缓存

（3）PAR（Parity），奇偶校验信号（t/s）。对 AD_0～AD_{31} 和 $C/\overline{BE_3}$ ～ $C/\overline{BE_0}$ 来说为偶校验，在时间上比 AD_0～AD_{31} 和 $C/\overline{BE_3}$～ $C/\overline{BE_0}$ 延后一个时钟周期，由主控设备在写数据时来驱动 PAR，而从属设备则是在读数据时驱动 PAR。

（4）CLK，时钟信号（in）。PCI 的时钟信号，是所有时钟的基准，所有的输入都是从其上升沿采样，支持的最高时钟速率为 33MHz。

（5）$\overline{RST}$，复位信号（in/#），对连到 PCI 总线上的所有 PCI 专用的寄存器及所有设备等都复位。

（6）$\overline{DEVSEL}$，设备选择（in），如果一个 PCI 设备把自己标识成为一次 PCI 传送的目标，由 PCI 设备将这个信号置成低电平，这个信号是由从属设备驱动的，在识别出有效地址有效时，向当前的主控设备表示接收设备已经选中。

（7）$\overline{FRAME}$，帧数据有效信号（s/t/s），在每一个数据传送周期的开始，由现役的 PCI 总线主控设备将这个信号线置成低电平。主控用它指示本次传输开始并在整个传输中保持有效。当所有的数据传输完毕或传输被中断时，则撤销这个 $\overline{FRAME}$ 信号。

（8）$\overline{IRDY}$，主控设备准备就绪 （s/t/s，#），由当前总线主控设备驱动，表示总线主控设备已经将有效数据放在总线上，或者已准备好从总线上读取数据。在读操作周期，$\overline{IRDY}$ 有效，则表示主控设备准备好接收数据，在写操作周期，$\overline{IRDY}$ 有效表示有效数据已放到地址/数据总线上。

（9）EDSEL，预置设备选择信号（in、#），用来选择配置存储器。对被选择设备进行初始化，在进行读/写操作时常作为片选信号。

（10）$\overline{\text{STOP}}$，停止信号（s/t/s），低电平指示主控设备停止当前的操作。

（11）$\overline{\text{TRDY}}$，从属设备准备就绪信号（s/t/s），由被选中的从属设备驱动，表明 PCI 的从属设备可以接收写数据，或现在已经准备好去读数据。在读操作时，$\overline{\text{TRDY}}$ 有效（低电平），表示有效数据已放在地址/数据总线上；在写操作周期，表示从属设备已准备好接收数据。

（12）$\overline{\text{LOCK}}$，锁定（in/out、#），低电平有效时，表明封锁到指定的 PCI 设备的访问，但是到 PCI 其他设备的访问仍然可以执行。

（13）$\overline{\text{REQ}}$ (Request)，请求信号（t/s、#），低电平有效时表示向仲裁设备申请使用总线，作为主控设备对 PCI 总线进行控制，它是一条供设备使用的专用直接连接信号线。

（14）$\overline{\text{GNT}}$，许可信号（t/s），每一台 PCI 总线主控设备都有各自的 $\overline{\text{GNT}}$ 输入线。低电平有效时，仲裁部件向正在请求的 PCI 部件表明：它现在可以作为主控设备使用 PCI 总线。

（15）$\overline{\text{PERR}}$（Parity Error），奇偶校验错（s/t/s），低电平有效，表示出现了一次奇偶校验错。或在写数据时接收部件检测到一个数据的奇偶校验错，或在读数据时由发出部件检测到奇偶校验错。

（16）$\overline{\text{SERR}}$（System Error），系统错误（o/d），系统错误。通过一台总线主控设备将其置成低电平，用以表示一个地址奇偶检验错，或其他严重的系统错误。

3．可选信号

PCI 规范定义的 51 个可选信号线，按照其功能可分为以下 4 组：

① 中断信号线。它同仲裁信号线一样，它们是非共享的。PCI 设备有自己的仲裁线或连接到中断控制器的线。

② 支持高速缓冲存储器 Cache 的信号线。用这些信号线支持在处理器或其他设备中能进行高速缓冲操作的 PCI 上的存储器。这些信号线支持高速缓存的监视协议。

③ 64 位总线扩展信号线，包含 32 位分时复用的地址/数据线。它们与地址/数据线一起，形成 64 位地址/数据总线。

④ 两条允许两个 PCI 设备使用 64 位总线的信号线。

主要信号线分述如下：

（1）$\overline{\text{INTA}}$，中断请求 A（o/d），用于中断请求。

（2）$\overline{\text{INTB}}$，中断请求 B（o/d），用于中断请求，仅对多功能设备有意义。

（3）$\overline{\text{INTC}}$，中断请求 C（o/d），用于中断请求，仅对多功能设备有意义。

（4）$\overline{\text{INTD}}$，中断请求 D（o/d），用于中断请求，仅对多功能设备有意义。

即把信号 INTA 分配给了单功能的 PCI 设备，而多功能的设备可以使用 INTB～INTD。

（5）$\overline{\text{SBO}}$（Snoop Backoff），监视补偿（in/out），由总线主控设备将其置成低电平，用以表示已经命中已修改的 Cache 行，以支持写贯穿或写回操作。

（6）$\overline{\text{SDONE}}$，监视完成（in/out），通过一台总线主控设备将其置成高电平，表示当前查询状态，用以表示当前的查询周期已经完成，当前查询完成时有效。

（7）TCK（Test Clock），测试时钟（in），这 5 个管脚引线上的信号用于系统测试。在边界扫描阶段用 TCK 为状态信息和测试数据等提供时钟。

（8）TDI（Test Data In），测试数据输入（in），用于以串行方式将数据和指令移入设备。

（9）TDO（Test Data Out），测试数据输出（out），用于以串行方式将数据和指令移出设备。

（10）TMS（Test Mode Select），测试方式选择（in），用来对访问端口控制器的状态进行控制测试。

（11）$\overline{TRST}$，测试复位（in），用于对访问端口控制器进行初始化时的测试。

（12）AD_{32}～AD_{63}，多路复用地址和数据线（t/s），将总线扩展成64位的地址/数据复用信号，成为64位数据总线和地址总线的高端部分。

（13）$C/\overline{BE_7}$～$C/\overline{BE_4}$，扩展的多路复用命令/字节允许（t/s），在一个总线周期的数据时间段期间，这信号表明总线周期的类型在一个总线周期的地址时间段期间信号是低电平，表明在数据传送时会涉及32位数据总线上的哪些字节。在地址阶段，信号提供的是额外的总线命令。在数据阶段，信号用于指示4个扩展的字节通道中哪几个有效。

（14）PAR64，64位的奇偶校验（t/s），高或低电平，完成AD_{32}～AD_{63}地址线上和$C/\overline{BE_7}$～$C/\overline{BE_4}$的偶检验。这个信号比AD和C/BE信号延后一个时钟周期，先提供64位的偶校验。

（15）$\overline{REQ64}$，请求64位传输（s/t/s），由当前的总线主控设备将其置成低电平，用以表明希望进行的是64位的数据传输。

（16）$\overline{ACK64}$，响应64位传输（s/t/s），接收端用以表明希望进行64位的数据接收操作。

11.4 高速图形加速接口AGP

1. AGP的特点及应用

在AGP出现以前，CPU和外部设备之间交换数据时，几乎所有的数据都必须通过PCI总线。而在处理3D图形和动态视频时，数据传输的速率可以高达每秒几百兆字节，数据量相当大，如果仍然经过PCI总线传输图形数据，PCI总线133MBps带宽显然不满足需求，而且PCI总线上还有其他PCI设备要共享总线，那么用于图形显示的速度达不到133MBps带宽。同时，显卡的存储器容量达不到要求的话，也会严重影响显示器的效果。为此，提出了高速图形加速接口AGP（Accelerated Graphics Port），它是一种基于PCI总线，专为提高视频带宽而设计的总线规范，如图11-6所示为AGP接口的系统结构。AGP从逻辑上独立于PCI总线，它可以直接访问系统内存，解决了显卡缓存容量不够的问题。AGP图形加速接口解决了显示3D图形速度不够的瓶颈，同时，还能够适应PC将来完全移动视频的速度需求。

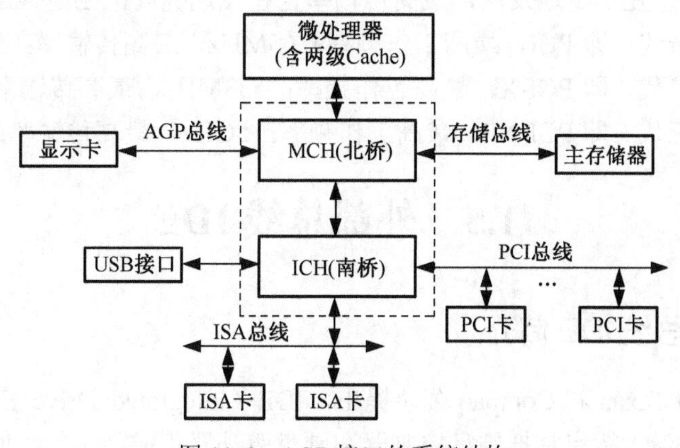

图11-6 AGP接口的系统结构

1996 年 7 月，Intel 发布了 AGP1.0 规范，其工作频率 66MHz，工作电压 3.3V，分为 266 MBps（1×模式）和 533 MBps（2×模式）。

1998 年 5 月，Intel 发布了 AGP2.0 规范，其工作频率 66MHz，工作电压 1.5V，新增 1066 MBps（4×模式）。

1998 年 8 月，Intel 又发布了一种新规范，称为 AGP Pro 1.0，1999 年修改为 AGP Pro 1.1a，定义了比 AGP4×模式的物理插槽略长一些的接口，加长的插槽两端增加了电源引脚，可以驱动功耗更大的 AGP 显卡。所有标准的 AGP 显卡都可以插入这种插槽中。

目前，AGP3.0 规范使得 AGP 显卡传输速率可以达到 2133MBps（8×模式）。

2. AGP 和 PCI 比较

AGP 是一种专用于图形加速的接口，严格地讲它不属于真正的总线，不可能像 PCI 总线可以挂接许多 PCI 设备。AGP 和 PCI 都可以连接显卡，但后者传输速率低，不能满足图形与视频信号的传输。AGP 接口技术是基于 PCI 总线技术所构建的，在电气特性上，AGP 标准完全兼容 PCI 标准。一个 AGP 设备既可以通过 AGP 规范，还可以通过 PCI 规范与内存交换数据，但是，PCI 插槽和 AGP 插槽物理结构不相同，不能交叉使用。

AGP 为了对高速图形进行处理，对 PCI 总线进行了多方面的改进，主要包括：

（1）AGP 接口将地址与数据信息分离之后，可以充分利用数据传输之间的空闲和读/写请求来传输数据，大大提高了总线操作的效率。还可以有效地分配确定的资源，最大限度的利用总线。

（2）通过 PCI 总线读内存的速度通常是写内存速度的 1/2，通过 AGP 接口读取内存采用了流水线技术，充分利用等待时间，使得读内存时间与写内存时间相当。

（3）AGP 专为视频显示卡所设计，使用 AGP 接口可以直接访问内存。

（4）PCI 使用了 DMA 模式，可以控制内存到显存之间大量数据的传输，系统中内存的数据只有调入显卡内存中后才能被图形加速芯片所寻址访问。而 AGP 接口新增了一种执行模式（Execute Mode），它将系统内存与显卡内存视作同一空间，保证加速芯片可以直接从系统内存读取数据。

（5）AGP 采用了内存直接使用（DIME）技术，本来在显存中进行的函数被扩展到系统内存中去运算，减轻了显存的压力，提高了显示处理的速度。

其实，PCI 总线也在不断地发展，最高传输率也在飞速提高，已经推出了三代产品：

1992 年推出第一代：即 PCI，最高工作频率：66MHz，最高传输率：528 MBps；

2000 年推出第二代，即 PCI-X，最高工作频率：533MHz，最高传输率：2132 MBps；

2002 年推出第三代，即 PCI-XP，最高工作频率：5GHz，最高传输率：16GBps。

11.5 外部总线 IDE

11.5.1 外部总线 IDE 简介

IDE 接口最早由 Taxan 和 Compaq 公司提出，IDE（Integrated Drive Electronic）称为集成驱动器电路。IDE 的最大特点是把硬盘控制器和硬盘驱动器集成到一起，使得硬盘接口的电缆数目与长度减少，使数据传输稳定可靠。IDE 可以准许多个硬盘驱动器连接到主机系统中，无需担忧会出现总线冲突或控制器冲突。IDE接口通常还包含至少256KB～2MB的Cache，加速磁盘数据传输的速度，IDE驱动器的存取时间一般小于8ms。IDE接口作为一种接口标准被广泛的推广应用，光驱和磁带机等设备与主机的连接也逐步使用了IDE接口。

IDE采用40线的单组电缆进行连接，使得用户使用方便。1993年发表的IDE标准的3.1版本，成为正式的ANSI标准，并命名为ATA（AT Attachment）接口，因此，IDE接口也称ATA接口。

IDE/ATA技术标准在不断地发展，可细分为ATA-1（IDE）、ATA-2（EIDE）、ATA-3（Fast ATA-2）、ATA-4（包括Ultra ATA、Ultra ATA/33、Ultra ATA/66）、Ultra ATA/100、Ultra ATA/133、Serial ATA、ATA-5、ATA-6 Ultra DMA等各阶段的接口标准。

Intel公司开发的串行接口 Serial ATA，最大外部数据传输率由开始的100MBps （Serial ATA-100支持），达到了150MBps（Serial ATA 1x 支持）。Serial ATA接口上的硬盘不必有主、从之分，也无需跳线。串行接口仅由四针构成：第1针是输出信号、第2针是输入信号、第3针为电源正端、第4针为地线。

11.5.2　IDE接口引脚定义

IDE接口实际上是对ISA总线I/O通道的扩充，40针扁平线连接硬盘驱动器和主机IDE接口，IDE接口的信号与TTL电平兼容。系统总线与IDE接口的硬盘驱动器通信的程序存放在ROM BIOS中。

通用并行IDE接口采用40针的连接器，针脚间距2.54mm，在主板和硬盘驱动器两端是40针的插座，电缆两端及其中间是40孔的插头，如图11-7所示。

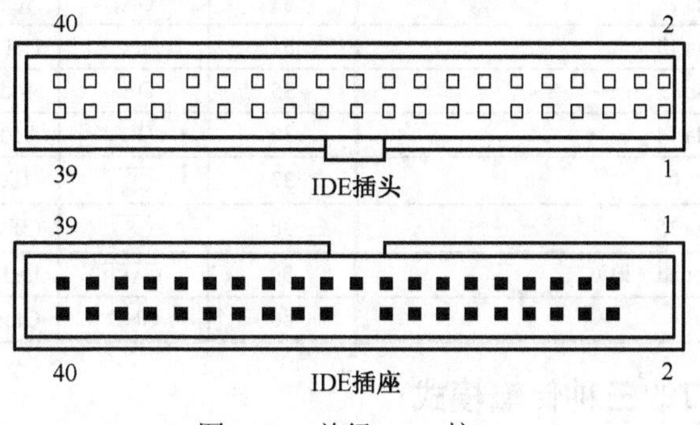

图11-7　并行ATA接口

40针引脚定义如下。

Pin1，$\overline{RESET}$，该信号是主机发送给主、从驱动器，并对主、从驱动器进行复位的信号。

Pin37、Pin38，即$\overline{CS_0}$和$\overline{CS_1}$，两个选通信号。

Pin33、35、36（DA_0～DA_2），这些地址信号来自ISA总线中的地址信息。它们可以用于选通硬盘控制器中的某一个寄存器。

DD_0～DD_{15}，它们是来自ISA总线的数据线，是主机系统与硬盘驱动器之间的数据传输线。

Pin23、25（$\overline{IOW}$和$\overline{IOR}$），这两个信号是对磁盘驱动器进行写与读的控制信号。

Pin27（IORDY）：输入/输出准备好信号。该信号的使用是可选择的。

Pin31（IRQR），中断请求触发信号。

Pin32（$\overline{IOCS16}$），低电平有效，该信号有效时，将要进行一个16位的数据传输。

Pin39，$\overline{DASP}$，驱动器激活/从设备存在指示，属同步多路复用信号。该信号在上电初始化时指示其接口上是否存在从驱动器，然后，每个驱动器维持该信号以说明自己是激活的。

Pin28，ALE，轴同步或电缆选择信号。

为防止安装时反相连接，通常用接口中的Key（20针）来控制。一般将第从凸出的连接器上移去并阻塞内孔电缆连接器的第20针，以防止用户安装电缆时插反。表10-2中的第20引脚为“key”，就是保留作键控。有些电缆还在上部装了一个凸起，以匹配设备连接上的凹槽。表11-2是IDE接口的引脚定义表。

表11-2　IDE接口引脚定义表

引　脚	名　称	描　　述	引　脚	名　称	描　　述
1	$\overline{RESET}$	Reset（复位信号）	21	n/c	Not connected（空）
2	GND		22	GND	Ground（地）
3	DD_7	Ground（地）	23	$\overline{IOW}$	Write Strobe(写选通)
4	DD8	Data 7	24	GND	Ground（地）
5	DD_6	Data 8	25	$\overline{IOR}$	Read Strobe(读选通)
6	DD9	Data 6	26	GND	Ground（地）
7	DD_5	Data 9	27	IORDY	I/O准备好
8	DD_{10}	Data 5	28	ALE	Address Latch Enable
9	DD_4	Data 10	29	n/c	Not connected（空）
10	DD_{11}	Data 4	30	GND	Ground（地）
11	DD_3	Data 3	31	IRQR	Interrupt Request
12	DD_{12}	Data 12	32	$\overline{IOCS16}$	IO ChipSelect 16
13	DD_2	Data 2	33	DA_1	Address 1
14	DD_{13}	Data 13	34	n/c	Not connected（空）
15	DD_1	Data 1	35	DA_0	Address 0
16	DD_{14}	Data 14	36	DA_2	Address 2
17	DD_0	Data 0	37	$\overline{CS_0}$	(1F0-1F7)
18	DD_{15}	Data 15	38	$\overline{CS_1}$	(3F6-3F7)
19	GND	Ground（地）	39	$\overline{DASP}$	Led driver 指示灯驱动
20	KEY	key	40	GND	Ground（地）

11.5.3　IDE接口的三种传输模式

随着计算机技术的发展及计算机系统对硬盘数据传输速度要求的提高，IDE接口硬盘的数据传输模式的发展经历了三个不同的技术变化，由最初的PIO模式，到DMA模式，再到Ultra DMA模式。它们都支持硬盘驱动器的高速传输。

1．PIO传输模式

PIO（Programming Input/Output Model）是一种通过CPU执行I/O端口指令来进行数据读/写的数据交换模式。PTO是最早先的硬盘数据传输模式，数据传输速率低下，CPU占有率也很高，大量传输数据时会因为占用过多的CPU资源而导致系统停顿，无法进行其他的操作。PIO数据传输模式又分为PIO mode 0、PIO mode 1、PIO mode 2、PIO mode 3、PIO mode 4几种模式，数据传输速率从3.3MB/s到16.6MB/s不等。受限于传输速率低下和极高的CPU占有率，这种数据传输模式很快就被淘汰。

PIO 模式及传输速率如表 11-3 所示。表中给出的比较参数是在一个总线周期内、16 位数据传输的条件下所提供的。

表 11-3　PIO 模式及传输速率

PIO 模式	总线周期	总线速率（MHz）	传输速率（MB/s）	ATA 规范
0	600	1.67	3.33	ATA-1
1	383	2.61	5.22	ATA-1
2	240	4.17	8.33	ATA-1
3	180	5.56	11.11	ATA-2
4	120	8.33	16.67	ATA-2

2. DMA 传输模式

DMA（Direct Memory Access）即直接存储器访问传输模式，它是一种不经过 CPU 而直接从内存存取数据的数据交换模式。PIO 模式下硬盘和内存之间的数据传输是由 CPU 来控制的，而在 DMA 模式下，CPU 只须向 DMA 控制器下达指令，让 DMA 控制器来处理数据的传送，数据传送完毕再把信息反馈给 CPU，这样就很大程度上减轻了 CPU 资源占有率。DMA 模式与 PIO 模式的区别就在于，DMA 模式不过分依赖 CPU，可以大大节省系统资源，二者在传输速度上的差异并不十分明显。

DMA 传输分为单字和多字两种方式。单字 DMA 的最高传输率达 8.33MB/s，多字的最高传输率为 16.67MB/s，如表 11-4 所示。

表 11-4　DMA 模式及传输速率

传输字数	8 位 DMA 模式	处理周期（ns）	传输速率（MB/s）	ATA 标准
单字	0	960	2.1	ATA
单字	1	480	4.2	ATA
单字	2	240	8.3	Fast ATA/ATA-2
多字	0	480	4.2	ATA
多字	1	150	13.3	Fast-ATA/ATA-2
多字	2	120	16.7	Fast-ATA-2/ATA-2

3. Ultra DMA 模式

Ultra DMA （Ultra Direct Memory Access）模式简称 UDMA 模式，是指高级直接内存访问。UDMA 模式采用 16 位多字节 DMA 模式为基准，可以理解为 DMA 模式的增强版本，它在 DMA 模式的基础上，增加了 CRC（Cyclic Redundancy Check 循环冗余码校验）技术，提高了数据传输过程中的准确性与可靠性。在以往的硬盘数据传输模式下，一个时钟周期只传输一次数据，而在 UDMA 模式中应用了双倍数据传输技术，即在时钟的上升沿和下降沿各进行一次数据传输，使得数据传输速度成倍增长。

在 UDMA 模式发展到 UDMA133 之后，由于 IDE 接口技术规范的限制，无论是连接器、连接电缆、信号协议都表现出了很大的技术瓶颈，而且其支持的最高数据传输率也有限。在 IDE 接口传输率提高，也就是工作频率提高的情形下，带来了 IDE 接口信号的交叉干扰，因此，出现了新一代的 SATA 接口。

Ultra DMA 模式 0 至 5 的传输速率及 ATA 标准如表 11-5 所示。

表 11-5 Ultra DMA 模式及传输速率

Ultra DMA 模式	处理周期（ns）	传输速率（MBps）	ATA 标准
0	240	16.67	ATA-4
1	160	25.00	ATA-4
2	120	33.33	ATA-4
3	90	44.44	ATA-5
4	60	66.67	ATA-5
5	40	133.00	ATA-6

思考题与习题

1．什么叫总线？

2．总线标准有哪 5 条？

3．PCI 总线频率为 66MHz，总线宽度是 64 位，求 PCI 总线的传输速率。

4．PCI-X 总线频率为 533MHz，总线宽度是 32 位，求 PCI-X 总线的传输速率。

5．AGP 接口对 PCI 总线进行了哪些改进？

6．设总线宽度 32，总线频率是 16MHz，求总线并行传输的速率是多少？

7．总线分为哪几类？

8．总线操作由哪几个阶段组成？

9．PCI 桥有哪些技术特性？

10．IDE 接口分哪三种传输模式？

11．IDE 接口传输最高速率是多少？

12．UDMA 模式发展到 UDMA133 之后的技术瓶颈有哪些？

参 考 文 献

[1] 戴梅萼. 微型机原理与技术（第 2 版）. 北京：清华大学出版社，2009.

[2] 钱晓捷等. 微机原理与接口技术. 北京：机械工业出版社，2010.

[3] 李华贵. 微型计算机技术及应用. 北京：科学出版社，2005.

[4] 李华贵，李鹏，赵立辉等. 微机原理与接口技术. 北京：电子工业出版社，2010.

[5] 李继灿，李华贵. 新编 16-32 位微型计算机原理及应用. 北京：清华大学出版社，1997.

[6] 杨素行等. 微型计算机系统原理及应用. 北京：清华大学出版社，1995.

[7] 艾德才等. 微机接口技术实用教程. 北京：清华大学出版社，2009.

[8] 王克义. 微机原理. 北京：清华大学出版社，2009.

[9] 宁飞等. 微型计算机原理及接口技术. 济南：山东大学出版社，2002.

[10] 易建勋，杨续波等. 计算机维修技术. 北京：清华大学出版社，2009.

[11] 郭军. 数字逻辑原理与应用. 北京：机械工业出版社，2009.1.

[12] 马兴录等. 32 位微机原理与接口技术. 北京：化学工业出版社，2009.

[13] 吴秀清等. 微型计算机原理与接口技术（第 2 版）. 合肥：中国科技大学出版社，2003.

[14] 卞静等. 微机原理与接口技术. 北京：冶金工业出版社，2003.

[15] TRIBEL W. A.. *The 80386, 80486 and Pentium Processors Hardware Software and Interfacing*. Prentice Hall, 1998.

反侵权盗版声明

举报电话：（010）88254396；（010）88258888
传　　真：（010）88254397
E-mail：　dbqq@phei.com.cn
通信地址：北京市万寿路 173 信箱
　　　　　电子工业出版社总编办公室
邮　　编：100036